高等职业教育“十四五”规划教材

高等职业教育产教融合新形态教材

乳制品生产技术

李晓红　刘希凤　主编

中国农业大学出版社

·北京·

内容简介

本书紧密联系生产实际，突出典型乳制品的生产工艺技能操作，强化职业技能要点，体现高职教育的特色。本书以典型乳制品的生产为载体，内容包括原料乳的验收、原料乳的预处理、液态乳的加工、酸乳的加工、乳粉的加工、冷饮乳制品的加工、炼乳的加工、奶油的加工、干酪的加工、乳品厂设备的清洗杀菌及乳品厂废水的处理共10个工作项目。本教材每个项目都设计了思维导图、案例导入并配有丰富的教学资源（视频、微课、动画等），通过扫描书上的二维码可以查看对应的资源，内容通俗易懂，便于自学。

本书主要作为高等职业教育食品类专业的教学用书，同时，也可作为现代食品企业技术人员及专业技术工人的参考用书。

图书在版编目(CIP)数据

乳制品生产技术/李晓红，刘希凤主编. —北京：中国农业大学出版社，2022.8
ISBN 978-7-5655-2843-9

Ⅰ.①乳… Ⅱ.①李… ②刘… Ⅲ.①乳制品-生产工艺-高等职业教育-教材 Ⅳ.①TS252.4

中国版本图书馆CIP数据核字(2022)第138510号

书　　名 乳制品生产技术
作　　者 李晓红　刘希凤　主编

策划编辑 张　玉　　**责任编辑** 张　玉
封面设计 郑　川
出版发行 中国农业大学出版社
社　　址 北京市海淀区圆明园西路2号　　**邮政编码** 100193
电　　话 发行部 010-62733489,1190　　读者服务部 010-62732336
编辑部 010-62732617,2618　　出　版　部 010-62733440
网　　址 http://www.caupress.cn　　**E-mail** cbsszs@cau.edu.cn
经　　销 新华书店
印　　刷 北京中兴印刷有限公司
版　　次 2022年11月第1版　　2022年11月第1次印刷
规　　格 185 mm×260 mm　　16开本　　20.5印张　　512千字
定　　价 60.00元

"高等职业教育产教融合新形态教材"
食品类专业系列教材
编审委员会

"高等职业教育产教融合新形态教材"
食品类专业系列教材
专　家　组

编 写 人 员

主　编	李晓红	黑龙江农业经济职业学院
	刘希凤	山东畜牧兽医职业学院
副主编	杜　鹃	新疆农业职业技术学院
	樊金山	江苏农林职业技术学院
	邵　辉	黑龙江农业工程职业学院
	刘淑玲	黑龙江民族职业学院
参　编	孙盟璐	黑龙江农垦职业学院
	隋春光	黑龙江农业经济职业学院
	卫　琳	山东药品食品职业学院
	韩明亮	青岛迎春乐乳业(集团)有限公司
	马英丽	黑龙江红星集团食品有限公司
	陈明君	潍坊紫鸢乳业发展公司
	迟　涛	国家乳业工程技术研究中心

出版说明

为贯彻落实《国家职业教育改革实施方案》(国发〔2019〕4 号,又称“职教二十条”)以及《高等职业学校专业教学标准》等相关文件精神,有效推进产教融合、校企合作,建设一批校企“双元”合作开发的高质量教材,经向行业专家咨询及与有关高等职业院校沟通,借鉴与物化高等职业教育食品类专业教育教学改革成果,中国农业大学出版社开展了高等职业教育产教融合新形态食品类专业系列教材建设工作。

“高等职业教育产教融合新形态教材”食品类专业系列教材建设是食品类专业高技能人才培养的基础性工作,也是促进社会与经济发展的客观需求。近 20 年来,随着加入世贸组织,我国食品工业得到了持续与快速的发展,食品工业进入产业升级、调整改革的关键时期,食品产业从数量扩张向质量提升转变。原有的高等职业教育食品类专业教材从内容到表现形式,要满足现代食品工业人才培养的需要,就必须改革创新,在实践中不断探索高等职业教育食品类专业新形态系列教材建设的新路子,才能为高等职业教育食品类专业高技能人才培养奠定坚实的基础、发挥应有的作用。

“高等职业教育产教融合新形态教材”食品类专业系列教材具有如下特点:

1. 精心组织编审队伍。在征集相关高等职业院校的申报材料的基础上,充分考虑不同院校的专业优势及教学创新改革进程及成果等,慎重确定参加编审的骨干人员,并根据教师提供的编写提纲、编写思路与样章等,由食品类专业系列教材编审委员会及专家组遴选组建编写团队。同时,邀请高等职业院校、行业及生产企业的专家参与教材建设,审核编写提纲,后期对书稿进行严格审定。教材编写过程中,作者与审稿人员充分沟通,书稿反复修改,从而确保了教材内容的前瞻性、科学性及对一线岗位的适应性。

2. 创新编写体例。本次教材建设重点在食品类专业基础课程和专业核心课程。以“项目引领,任务驱动”作为教材的基本框架,以职业岗位确立典型工作任务,以典型工作任务确定岗位能力需求,以能力需求确定学习项目与任务,突出了实践性、企业案例化与职业化,并与项目紧密关联。内容新颖、趣味性强是本系列教材的一大亮点。对专业基础课程教材,创新了传统的学科编写体例,参考模块式总体思路设计,使教材精炼、实用,有利于提高学生的学习效果与效率,较以往传统教材有较大突破。

3. 突出职业教育特色。教材编写体现了现代职业教育体系教学改革精神,该新形态系列教材将努力体现课程内容与职业标准对接、教学过程与生产过程对接的要求,反映高等职业教育专业课教学与思想政治理论课教学同向同行、职业技能与职业精神培养高度融合的特点,尤其是“项目引领,任务驱动”式教材,每一任务的活动规程,力求按工作任务的环节以表格任务单或实际案例形式进行编写与训练,突出操作环节与质量要求,促进职业技能培养与职业精神养成的紧密结合,实现教学与职业岗位的“零距离对接”。

4.新形态信息技术在系列教材中广泛应用。努力对食品类专业教材中的知识点与技能点进行信息化处理，使其表现形式更加多元化，提高智能化水平，突出趣味性与直观性，实现手机终端推送学习，采用微课、视频、动画等展示相关知识、专项实验、任务拓展与测试题答案等内容，充分体现了高等职业教育教材多元化创新的全新特色。

“高等职业教育产教融合新形态教材”食品类专业系列教材基本覆盖了食品加工、食品生物技术、食品营养与检测等食品类专业的专业基础课程与专业核心课程。系列教材既充分强调了食品科学的实践性，又充分考虑了食品产业与基础理论的有机结合，努力做到每种教材间内容相互补充、相互衔接，构成一个完整的课程体系。系列教材既可作为高等职业教育食品类专业的相关课程教材，也可作为现代食品企业相关技术人员及专业技术工人的培训、参考用书。

“高等职业教育产教融合新形态教材”食品类专业系列教材的顺利出版，是全国近60所高职学院及部分食品企业等共同奋斗的结果。在编写过程中所做的许多探索，为进一步推进高等职业教育教材建设的改革与创新提供了宝贵的经验。我们真诚地希望，以此为契机，进一步有效加强与各高等职业院校及食品企业的交流与合作，不断拓展食品类专业新形态系列教材合作开发的思路，创新教材开发的模式与服务方式。让我们共同努力，为深化高等职业教育食品类专业教育教学改革与人才培养质量的提高，发挥积极的推动作用。

中国农业大学出版社

2022年3月

前 言

为深入学习贯彻《国家职业教育改革实施方案》(国发〔2019〕4 号，简称“职教二十条”)和《关于实施中国特色高水平高职学校和专业建设计划的意见》，推进高等职业教育专业教学标准的落实，有效推进产教融合、校企合作及“学历证书＋若干职业技能等级证书”(简称“1＋X”证书制)制度试点工作，紧紧围绕培养现代食品生产第一线需要的高等职业教育技能型人才，并遵循高等职业教育的基本特点和规律，我们组织编写了《乳制品生产技术》教材。

本书依据高职食品类专业人才培养目标和基本要求，根据乳制品生产企业的实际操作要求，以职业岗位为导向、以技术应用能力培养为重点进行体例架构设计。为突出培养学生的实践能力，以工作任务为载体实施教学，根据我国乳制品的种类和乳制品生产企业的实际生产工艺，确定了 10 个工作项目，每个项目包含若干任务，本教材所涉及的加工过程与企业的加工工艺流程和技术要求相一致，并融合了部分国内外先进技术；依据国家标准确定原料乳检测的内容，按照标准规定的检测项目和方法设计工作任务。全书配有丰富的教学资源，包括视频、动画、微课等，是一部融合性的教材，实用性强。针对每个工作任务的重点和难点内容，融入相关资源，展示在教材以及教学服务平台上起到辅助学习的目的，并能够使学习者利用碎片化时间随时通过手机学习。考虑到学生毕业后可以将本书作为参考书使用，本书内容略多，教师可在教学过程中根据实际情况和教学学时数进行取舍，部分内容可作为拓展项目，供学生自学。

本教材重点内容包含原料乳的验收、原料乳的预处理、液态乳的加工、酸乳的加工、乳粉的加工、冷饮乳制品的加工、炼乳的加工、奶油的加工及干酪的加工等内容。教材内容深入浅出、通俗易懂，具有很强的针对性和实用性，是高等职业教育食品专业学生的专用教材，也可作为食品企业在职员工的培训教材，还可供相关专业人员作为参考用书使用。

本教材由李晓红和刘希凤担任主编，杜鹃、樊金山、邵辉、刘淑玲担任副主编，孙盟璐、隋春光、卫琳等 7 人参编。具体编写分工为：李晓红编写引言、项目一、项目二；刘希凤编写项目三；杜鹃编写项目四；卫琳编写项目五；樊金山编写项目六；刘淑玲编写项目七；孙盟璐编写项目八；邵辉编写项目九；隋春光编写项目十。全书由李晓红统稿。韩明亮[青岛迎春乐乳业(集团)有限公司]、马英丽(黑龙江红星集团食品有限公司)、陈明君(潍坊紫鸢乳业发展公司)、迟涛(国家乳业工程技术研究中心)作为本书的技术顾问，对本书的编写提出了许多宝贵的建设性的指导意见，并参与了部分内容的编写，保证教材内容与乳制品企业行业生产实际相结合，适合乳制品企业的用人需要。江苏食品药品职业技术学院翟玮玮教授、黑龙江民族职业学院姜旭德教授和原农业部农民科技教育培训中心陈肖安同志等对教材内容进行了初审与最终审定，在此一并表示感谢。

由于编者水平有限，加之时间仓促，教材中存在着不同程度和不同形式的错误和不妥之处，衷心希望广大读者及时发现并提出，更希望广大读者对教材编写质量提出宝贵意见，以便修订和完善，进一步提高教材质量。

编　者

2022 年 9 月

目　　录

引 言

一、世界乳品工业发展概况及前景展望

2018年，全球生鲜乳产量8.38亿t，其中包括81%的牛奶、15%的水牛奶和4%的山羊奶、绵羊奶及骆驼奶。2018年生鲜乳产量比2017年增长1.6%。生鲜乳产量增长由畜群数量扩张和单产提高共同推动。世界最大的奶业生产国印度，2018年生鲜乳产量增长3.0%，达到1.74亿t；新西兰良好的草场牧草长势带动奶牛单产提升，2018年生鲜乳产量增长3.2%。此外，欧盟和美国也分别有0.8%和1.1%的增长。

自2005年起，经济合作与发展组织（OECD）和联合国粮食及农业组织（FAO）联合开展农业展望活动，每年发布世界农业展望报告，其中2018年对奶制品市场未来10年的发展有如下展望：

2019—2028年，全球生鲜乳产量预计将以每年1.7%的速度增长，到2028年达到9.81亿t。畜群数量扩张是产量的主要增长点。与过去10年相比，未来10年，奶牛单产水平较低的国家，畜群数量年均增长率达到1.2%，高于单产水平0.4%的年均增长率。

未来10年，印度和巴基斯坦将成为全球奶业生产增长的新星，全球生鲜乳产量增量中超过一半的数量预计由这两个国家贡献，增长主要来自户均不足10头的奶牛或水牛养殖，预计2028年生鲜乳产量将占到全球的30%以上。

欧盟生鲜乳产量增速将低于世界平均水平。基于欧盟对奶酪、黄油、奶油等需求的小幅增长以及全球乳制品需求增加，在奶牛单产水平提高的推动下，2019—2028年欧盟生鲜乳产量预计年均增长1.1%。欧盟将有超过10%的奶牛进行有机生鲜乳生产，主要分布在奥地利、瑞典、拉脱维亚、希腊和丹麦，占欧盟生鲜乳产量的3%以上。

未来10年，美国和加拿大的牛群数量基本稳定，产量增长将来自单产的进一步增加，北美依旧是奶牛平均单产最高的地区。土地利用率和环境承载能力是新西兰奶业发展的限制，在高效的草地管理和全年可放牧的自然条件下，以出口为导向的生产模式将促进新西兰生鲜乳产量保持增长趋势。

非洲畜群数量也将出现增长，这些畜群除了产奶外，还兼做役用牛、肉用牛、肉用羊等，

来自山羊和绵羊的生鲜乳将占据相当部分。展望期末，非洲畜群数量将达到全球的 1/3 以上，产奶量占到全球的 5%左右。

二、我国乳品行业发展现状及前景展望

(一)我国乳品行业发展现状

乳制品业被誉为 21 世纪的朝阳产业，是发展现代农业的支柱性产业。发展乳制品业是促进我国农民增收、改善农业产业结构、提高农村经济发展水平、建设社会主义新农村的重要举措；是提高全民营养水平，增强全民体质的重要举措。2017 年 1 月 24 日，习近平总书记到某乳品生产企业考察时明确指出，“让祖国的下一代喝上好奶粉”“要下决心把乳业做强做优，生产出让人民群众满意、放心的高品质乳业产品，打造出具有国际竞争力的乳业产业，培育出具有世界知名度的乳业品牌”。乳品工业对于发展国民经济及提高人民生活水平具有重要的意义。

我国乳制品行业虽然起步晚，起点低，但发展迅速。根据数据显示，我国乳制品生产量保持在 2 600 万 t 以上水平。2019 年，我国乳制品产量为 2 719.4 万 t，同比增长 1.2%。2020 年我国乳制品产量达 2 780.4 万 t，同比增长 2.24%。

我国乳制品的人均消费量约为世界人均消费量的 1/3 和发展中国家人均消费量的 1/2。伴随着经济持续发展，人均消费量将持续提升，市场将不断扩大。2019 年我国乳制品销量达 2710.63 万 t，同比增长 1.1%。

从产销量来看，我国乳制品供需基本平衡，产销率保持在 98%以上，行业整体产销衔接情况较好，整体供求关系相对平衡。2018—2019 年市场对乳制品需求明显上升，预计后疫情时代，消费者对乳制品的需求更加旺盛。

我国乳制品行业竞争激烈，受奶源分布、产品物流配送和储存条件的限制，当前乳制品行业呈现少数全国性大企业与众多地方企业并存的竞争格局。2019 年，乳制品行业整体市场份额中，伊利和蒙牛分别为 24.5%和 20.3%。我国乳制品市场已经呈现出高度集中的双寡头竞争型，预计未来我国乳制品行业竞争格局较为稳定。

从进口情况来看，2019 年我国乳制品进口总量 297.3 万 t，同比增长 12.8%，进口金额为 111.3 亿美元，同比增长 10.6%。2020 年我国共进口各类乳制品 347.83 万 t，同比增加 17%，进口额 125.99 亿美元，同比增加 13.2%。进出口产品结构方面来看，我国主要进口干乳制品，出口业态奶。2020 年 1—9 月我国进口干乳制品 166.96 万 t，占比 69%，出口干乳制品 9 830.42 t，占比 30%，出口液态奶 22 588.35 t，占比 70%。（资料来源：一文看懂|我国乳制品行业现状 — 分析行业新闻 (antpedia.com). 发布日期 2022 年 8 月 23 日）

(二)我国乳品行业未来的发展

随着各项政策的影响日益显现、消费者信心的逐渐恢复以及乳品行业的重新整合，我国乳品行业将迎来一个健康成长期。乳业发展回归理性，从注重数量型向质量型转变。伴随着频频发生的乳品质量安全事件，政府部门和消费者对乳品的质量安全要求不断提高，食品安全成为决定乳品企业发展的关键，也成为我国乳业整体健康、高质量发展的关键。

发达国家乳品工业发展经验表明，现代科学技术在乳品加工、乳源基地建设、乳品质量提升、营销网络扩大中具有重要作用。我国乳业在近几年虽然发展迅速，但是技术的缺乏成为制约乳业发展的关键性因素。为了推动乳品工业在质量和数量两方面同时实现跨越

式发展。重点应加强以下几方面的建设。

(1)加强原料乳的质量标准与安全检测体系建设。参照国际标准,结合国情,建立国家食品标准和统一、规范的食品认证认可体系,完善食品安全检测和监控系统体系,确保乳在原料、加工、包装、运输和食用等全过程中的卫生和安全。

(2)合理调整产品结构。重视新的乳源和新产品的开发,通过学习和融入国外先进的科学技术与管理水平,推动我国乳品工业向着健康、可持续发展的方向前进。

(3)加大创新力度,引入先进科技。瞄准世界乳品加工技术与产业发展前沿,推进科技创新和技术进步,增强乳品工业的原始创新、集成创新和引进消化吸收再创新能力。积极采用高新技术和先进适用技术改造乳品工业,加快科技成果推广应用和产业化步伐,提高产品的科技含量。人才是乳品工业发展的动力源泉,加大人才培养和引进的力度,为加强和提高我国乳业的整体技术水平奠定基础。

(4)提高生产工艺和质量水平。充分运用先进的科学技术改良和提高乳制品的生产工艺水平与产品质量,同时提高乳制品的加工能力。

(5)乳及乳制品检验向自动化、微量化、专用型发展。为了节省时间及测量方便,测定乳品的营养成分时,可用乳品自动分析仪,样品不需要进行预处理,直接进样,通过计算机系统即可迅速得到乳品中的成分分析,实现了全过程的自动化,免除了繁重的手工操作,且准确度高,分析迅速快捷。

三、乳制品生产技术的主要内容

乳制品生产技术主要是阐明原料乳和乳制品的性质、生产方法、生产工艺及产品品质控制技术的一门课程。其主要包括原料乳和乳制品加工两部分。

乳制品生产技术课程的内容来源于乳品生产企业的实际生产过程。通过对乳制品加工企业的调研分析,我们发现现有乳制品生产企业工艺流程大致相似,大中小型乳制品生产企业的主要区别在于设备的自动化程度和生产能力的大小,而在加工工艺、设备主体结构、操作要求上无大的差异。毕业生在乳品企业中主要从事的岗位有鲜奶验收员、乳品化验员、生产技术员、品质控制员、质检员、操作员等。这些岗位要求从业人员具备原料乳检验、原料乳预处理、典型乳制品生产以及依据生产要求完成部分工艺设计等专业能力,同时还需要从业人员能够恪守职业道德,具备严谨的工作作风,保证产品的质量;养成爱护设备、热爱乳品加工事业,遵循传统文化的大国工匠精神;具备吃苦耐劳、爱岗敬业的精神;具备团队合作和团队互助意识等职业素养。

项目一

原料乳的验收

【知识目标】

①掌握乳的概念、分类、化学组成及物理性质；②掌握生鲜牛乳验收的国家标准。

【技能目标】

①能按照国家标准熟练完成乳的感官检验、理化检验、掺假检验和微生物检验；②能根据检验结果进行数据分析并得出准确的结论；③能熟练操作相关仪器设备，能处理在乳的检验过程中出现的问题，并提出解决方案。

【项目描述】

本项目主要介绍原料乳的概念、分类、物理化学性质及原料乳验收的国家标准；阐述依据国家标准如何完成原料乳的感官检验、理化检验和微生物检验；结合案例，依据国家检验标准，通过具体工作任务的实施指导化验人员完成原料乳的验收过程。

【思维导图】

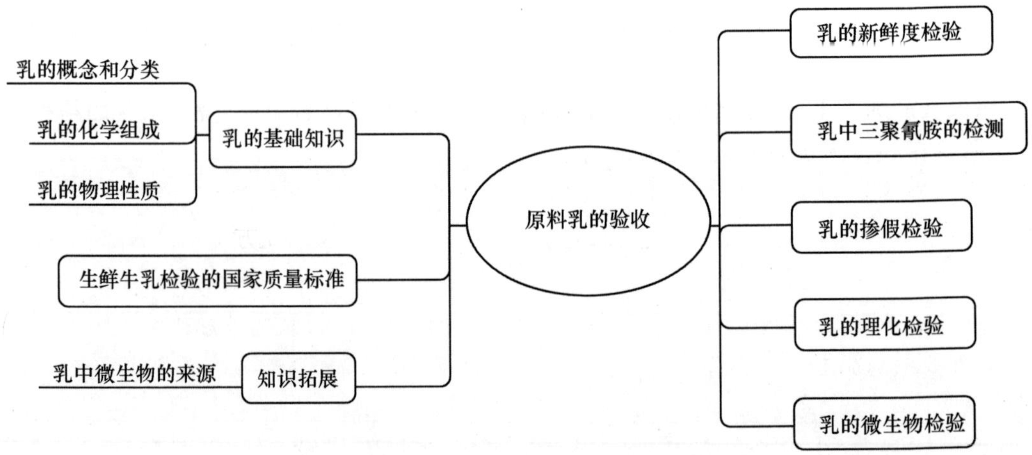

【相关知识】

原料乳的检验是把握原料质量的一个重要环节，是乳制品生产、销售和新产品研制的基础，严格检验和监督原料乳的质量才能生产出合格的产品。在学习原料乳的检验前我们先来了解与原料乳相关的基础知识。

一、乳的基础知识

（一）乳的概念和分类

1. 乳的概念

乳是哺乳动物分娩后为哺育幼儿由乳腺分泌的一种色泽呈乳白色或稍带有微黄色，味微甜并具有香气的、不透明的液体。乳具有胶体特性，含有婴幼儿生长发育必需的全部营养成分，是婴幼儿赖以生长发育的最易于消化吸收的完全食物。生鲜牛乳系指从正常饲养的、无传染病和乳房炎的健康母牛乳房分泌的乳汁。

2. 乳的分类

在乳品工业上通常按乳的加工性质将乳分为常乳和异常乳两大类。

常乳是指乳牛产犊后 7 d 至干奶期前所分泌的乳汁。通常乳牛产后要 30 d 左右乳成分才趋于稳定。常乳通常是用来加工乳制品的原料乳。

异常乳是指当乳牛受到饲养管理、疾病、气温以及其他各种因素的影响时，乳的成分和性质发生变化的乳汁。

异常乳又分为生理异常乳、化学异常乳、微生物污染乳及病理异常乳等几类。

（1）生理异常乳　生理异常乳是由于生理因素的影响，而使乳的成分和性质发生改变。主要有初乳、末乳以及营养不良乳。

初乳是指乳牛分娩 7 d 内采集的乳汁，色黄、浓厚并由特殊气味，随着泌乳期的延长，牛初乳相对密度呈规律性下降，pH 逐渐上升，酸度下降。牛初乳中干物质含量较高，平均总干物质为 14.4%，其中蛋白质 5.0%、脂肪 4.3%、灰分 0.9%，并且含有丰富的维生素 A、维生素 D、维生素 E、维生素 B_{12} 和铁。初乳中含铁量为常乳的 3～5 倍，铜含量约为常乳的 6 倍。牛初乳还含有多种生物活性蛋白，包括免疫球蛋白、乳铁蛋白、溶菌酶、乳过氧化物酶、血清白蛋白、β-乳球蛋白、α-乳白蛋白、维生素 B_{12} 结合蛋白、叶酸结合蛋白、胰蛋白酶抑制剂和各种生长刺激因子，但是血清白蛋白、β-乳球蛋白、α-乳白蛋白等均呈热敏性，其变性温度在 60～72 ℃，变性后生物活性即丧失，无再开发利用的价值。

末乳是指乳牛一个泌乳期结束前 1 周所分泌的乳。末乳的成分与常乳也有明显的差别。末乳中除脂肪外，其他成分均比常乳高，略带苦味而微咸，酸度降低，因其中脂酶含量增高，所以带有油脂氧化味。末乳 pH 达 7.0 左右，细菌数达 250 万 CFU/mL，氯浓度为 0.16%左右。这种乳不适合作为乳制品的原料乳。

营养不良乳是指饲料不足、营养不良的乳牛所产的乳，这种乳对皱胃酶几乎不凝固，所以，这种乳不能制造干酪。当喂以充足的饲料，加强营养之后，牛乳即可恢复正常，对皱胃酶即可凝固。

（2）化学异常乳　化学异常乳是指由于乳的化学性质发生变化而形成的异常乳。包括酒精阳性乳、低成分乳、风味异常乳、混入杂质乳等。

（3）微生物污染乳　微生物污染乳是指原料乳被微生物严重污染产生异常变化的乳。由于挤乳前后的污染、器具的洗涤杀菌不完全或未及时冷却等原因，鲜乳被大量微生物污染，导致鲜乳中的细菌数大幅度增加，以致不能用作加工乳制品的原料，而造成浪费和损失。另外，即使有冷冻设备的工厂，贮乳罐的材料、结构（洗涤的难易）、冷却的性能（例如从32 ℃的鲜乳冷却到4 ℃的时间和这一期间质量的变化）、搅拌性能（脂肪率的分布情况）、耐久性、倾斜度也对贮藏期间的乳质有很大影响。尤其要重视的是低温菌，微生物的繁殖对乳质量的影响很大。

微生物污染乳中酸败乳是由乳酸菌、丙酸菌、大肠杆菌、小球菌等造成的，这些细菌会导致牛乳酸度增加，稳定性降低；黏质乳是由嗜冷、明串珠菌属等造成的，常导致牛乳黏质化、蛋白质分解；着色乳是由嗜冷菌、球菌类、红色酵母引起的，使乳色泽黄变、赤变、蓝变；异常凝固分解乳由蛋白质分解菌、脂肪分解菌、嗜冷菌、芽孢杆菌引起，导致乳胨化、碱化和脂肪分解，导致臭及苦味的产生；细菌性异常风味乳由蛋白质分解菌、脂肪分解菌、嗜冷菌、大肠杆菌引起，导致乳产生异臭、异味；噬菌体污染乳由噬菌体引起，主要是乳酸菌噬菌体，常导致乳中菌体溶解、细菌数减少。

(4)病理异常乳　病理异常乳主要包含乳房炎乳和其他病牛乳。乳房炎乳是由于外伤或者细菌感染，使动物乳房发生炎症，这时乳房所分泌的乳，其成分和性质都发生变化，乳糖含量降低，氯含量增加，球蛋白含量升高，酪蛋白含量下降，并且细胞（上皮细胞）数量多，以致无脂干物质含量较常乳少。造成乳房炎的原因主要是乳牛体表和牛舍环境卫生不合乎卫生要求，挤奶方法不合理，尤其是使用挤乳机时，使用不合理或不彻底清洗杀菌，使乳房炎发病率升高。乳牛患乳房炎后，牛乳的凝乳张力下降，用凝乳酶凝固乳时所需要的时间比常乳要长，这是因为乳蛋白异常所致。另外，乳腺炎乳中维生素 A、维生素 C 的影响不大，而维生素 B_1、维生素 B_2 含量减少。

其他病牛乳，主要是患口蹄疫、布氏杆菌病等的乳牛所产的乳，乳的质量变化大致与乳腺炎乳相类似。另外，乳牛患酮体过剩、肝机能障碍、繁殖障碍等，易分泌酒精阳性乳。

（二）乳的化学组成

乳的成分比较复杂，含有上百种化学成分，主要包括水分、脂肪、蛋白质、乳糖、盐类、维生素、酶类、气体等。牛乳的基本组成见表 1-1。

表 1-1　牛乳的主要化学成分及含量　%

成分	水分	总固体含量	蛋白质	脂肪	乳糖	无机盐
变化范围占比	85.5～89.5	10.5～14.5	2.9～5.5	2.5～6.5	3.6～5.5	0.6～0.9
平均值	87.5	13.0	3.4	4.0	4.8	0.8

1. 乳蛋白质

蛋白质是乳中的主要含氮物质，含量为 2.8%～3.8%，牛乳中的含氮化合物 95%是乳蛋白质，5%为非蛋白态氮。乳蛋白质由共约 20 种以上的氨基酸组成，包括酪蛋白、乳清蛋白及少量脂肪球膜蛋白，乳清蛋白中有对热不稳定的乳白蛋白和乳球蛋白，还有对热稳定的小分子蛋白和胨。乳蛋白质，特别是酪蛋白，是典型的全价蛋白质。

乳中的含氮物质除了乳蛋白质外，还有少量的非蛋白态氮，如游离氨基酸、氨、尿素、尿酸、肌酸及嘌呤碱等。这些物质基本上是机体蛋白质代谢的产物，是通过乳腺细胞进入乳中的。另外，牛乳含氮物质中还有少量的维生素态氮。

(1)酪蛋白　在温度 20 ℃时，调节脱脂乳的 pH 至 4.6 时沉淀的一类蛋白质称为酪蛋白，占乳蛋白质总量的 80%～82%。

酪蛋白不是单一的蛋白质，是以含磷蛋白质为主体的几种蛋白质的复合体。酪蛋白很容易形成含有几种不同类型分子的聚合物。由于酪蛋白分子上存在大量亲水基和亲油基以及电离化基团，因此由酪蛋白形成的分子聚合物十分特殊，该分子聚合物由数百乃至数千个单个分子构成，并且形成胶体溶液，这种结构使得脱脂乳带有蓝白色的色泽。

酪蛋白在乳中以酪蛋白胶束状态存在(其中包含大约 1.2%的钙和少量的镁)，另外再与磷酸钙形成复合体，称作“酪蛋白酸钙-磷酸钙复合体”(Ca-phospho-caseinate)。其中含酪蛋白酸钙 95.2%，磷酸钙 4.8%。

①酪蛋白与酸碱的反应　酪蛋白属于两性电解质，它在溶液中既具有酸性也具有碱性，也就是说它能形成两性离子。

当酪蛋白与酸发生反应时(也就是分散剂的 pH 低于等电点时)，酪蛋白本身具有碱的作用。于是酪蛋白与酸结合生成酸性酪蛋白，重新溶解。这种溶解作用，随酸的性质而不同，加弱酸时溶解作用徐徐进行，如加大量的强酸，则迅速溶解。例如，牛乳中加入大量浓硫酸时，开始酪蛋白凝固，立即生成硫酸酪蛋白而后再溶解。

当酪蛋白中加入碱时，则酪蛋白具有酸的作用。酪蛋白与碱结合生成一种盐，形成一种近乎透明的溶液。

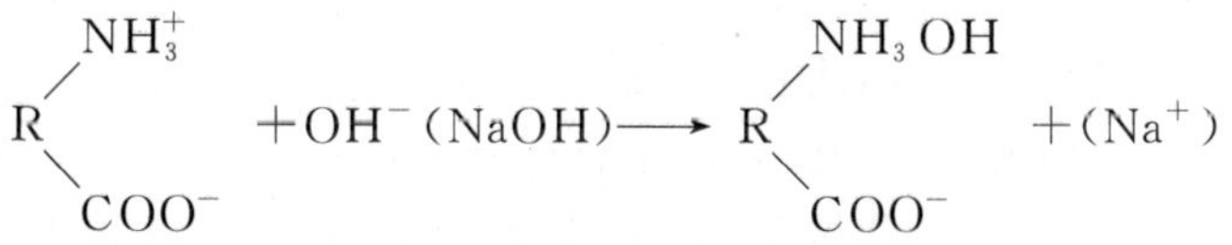

酪蛋白在酸性介质中具有碱的作用而带正电荷，在碱性介质中具有酸的作用而带负电荷。新鲜的牛奶通常 pH 为 6.6 左右，因此酪蛋白具有酸的作用，而与牛乳中的钙结合，以酪蛋白钙的形式存在于乳中。

②酪蛋白与醛反应　酪蛋白除与酸碱能起作用外，还可与醛基反应。但由于所处环境不同，其性质也有区别。当酪蛋白在弱酸介质中与甲醛反应时，形成亚甲基桥，可将两个分子的酪蛋白联结起来。

$$2R-NH_2+HCHO \longrightarrow R-NH-CH_2-NH-R+H_2O$$

在上述反应式中，1 g 酪蛋白约可连接 12 mg 甲醛。所得的亚甲基蛋白质不溶于酸碱溶液，不腐败也不能被酶所分解。

当酪蛋白在碱性介质中与甲醛反应时，则生成亚甲基衍生物。

$$R-NH_2+HCHO \longrightarrow R-NH=CH_2+H_2O$$

在这个反应中，1 g 酪蛋白约需 24 mg 甲醛。

以上这两种反应被广泛应用于塑料工业、人造纤维的生产及检验乳样的保存方面。

③酪蛋白与糖反应　自然界中的醛糖、葡萄糖、转化糖等与酪蛋白作用后变成氨基糖而产生芳香味。如黑面包芳香酒即有此作用。这种作用也表现在产生色素方面，可使食品具有某种颜色，如黑色素。

酪蛋白和乳糖的反应，在乳品工业中有特殊的指导意义。乳品(如乳粉、乳蛋白粉和其他乳制品)在长期贮存中，乳糖与酪蛋白发生反应，产生颜色、风味及改变营养价值。在贮存中如有氧存在时，则能加速这种变化，因此贮存乳粉应保持在真空状态。此外，湿度也能加速这种过程。工业用干酪素由于洗涤不干净、贮存条件不佳，同样也能发生这种变化。炼乳罐头也同样有这种反应过程，特别是含转化糖多时变化更剧烈。

④酪蛋白的酸凝固　牛乳中加酸，酪蛋白酸钙的钙被酸夺取，渐渐地生成游离酪蛋白，达到等电点时，钙完全被分离，游离的酪蛋白凝固而沉淀。

$$\begin{pmatrix}\text{酪蛋白酸钙}\\ Ca_3(PO_4)_2\end{pmatrix}+2HCl \longrightarrow \text{酪蛋白}+2Ca(H_2PO_4)_2+CaCl_2$$

由于加酸程度不同，酪蛋白酸钙－磷酸钙复合体中钙被酸取代的情况也有差异，当牛乳中加酸后 pH 达 5.2 时，磷酸钙先行分离，酪蛋白开始沉淀，继续加酸而使 pH 达到 4.6 时，钙又从酪蛋白酸钙中分离，游离的酪蛋白完全沉淀。在加酸凝固时，酸只和酪蛋白酸钙－磷酸钙作用。所以除了酪蛋白外，白蛋白、球蛋白都不起作用。

在制造工业用干酪素时，往往用盐酸作凝固剂，此时如加酸不足，则钙不能完全被分离，于是在干酪素中往往包含一部分的钙盐。如果要获得纯的酪蛋白，就必须在等电点下使酪蛋白凝固。硫酸也能很好地沉淀乳中的酪蛋白，但由于硫酸钙不能溶解，因此有使灰分增多的缺点。

此外，由于牛乳在乳酸菌的作用下使乳糖生成乳酸，乳酸将酪蛋白酸钙中的钙分离而形成乳酸钙，同时生成游离的酪蛋白而沉淀。由于乳酸能使酪蛋白形成硬的凝块，并且稀乳酸及乳酸盐皆不溶解酪蛋白，因此乳酸是最适于沉淀酪蛋白的酸。

⑤酪蛋白系以酪蛋白酸钙－磷酸钙的复合体状态存在于乳中。钙和磷的含量直接影响乳汁中酪蛋白微粒的大小，也就是大的微粒要比小的微粒含有较多量的钙和磷。由于乳中的钙和磷呈平衡状态存在，所以鲜乳中的酪蛋白微粒具有一定的稳定性。当向乳中加入氯化钙时，则破坏平衡状态，因此在加热时酪蛋白会发生凝固现象。

在乳汁中甚至只需加入 0.005 mol/L 氯化钙，经加热后就会使酪蛋白凝固，并且加热温度越高，氯化钙的用量也越省。

氯化钙除了使酪蛋白凝固外，也能凝固乳清蛋白。利用氯化钙凝固乳时，如果加热到 95 ℃，则乳汁中蛋白质总含量的 97%可以被利用。此时加入氯化钙的量以 1～1.25 g/L 为最适宜。

采用钙凝固时，乳蛋白质的利用程度要比酸凝固法高 5%，比皱胃酶凝固法约高 10% 以上。此外，利用氯化钙沉淀所得到的蛋白质，一般都含有大量的钙和磷。所以钙凝固法不论在脱脂乳的蛋白质综合利用方面，或是在有价值的矿物质（钙和磷）的利用方面，都比目前生产食用酪蛋白所采用的酸凝固法和皱胃酶凝固法优越得多。

(2)乳清蛋白　乳清蛋白是指溶解于乳清中的蛋白质，占乳蛋白质的 18%～20%，可分为热稳定和热不稳定的乳清蛋白两部分。

热不稳定的乳清蛋白质：调节乳清 pH 至 4.6～4.7 时，煮沸 20 min，发生沉淀的一类蛋白质为热不稳定的乳清蛋白，约占乳清蛋白的 81%，包括乳白蛋白和乳球蛋白两类。

热稳定的乳清蛋白：当将乳清煮沸 20 min，pH 4.6～4.7 时，仍溶解于乳中的乳清蛋白为热稳定的乳清蛋白。它们主要是小分子蛋白和胨类，约占乳清蛋白的 19%。

(3)脂肪球膜蛋白　牛乳中除酪蛋白和乳清蛋白外，还有一些蛋白质称为脂肪球膜蛋白。它们是吸附于脂肪球表面的蛋白质与磷脂质，构成脂肪球膜，1 分子磷脂质约与 2 分子蛋白质结合在一起。100 g 乳脂肪含脂肪球膜蛋白质 0.4～0.8 g，其中还含有脂蛋白、碱性磷酸酶和黄嘌呤氧化酶等，这些物质可以用洗涤和搅拌稀奶油的方法分离出来。脂肪球膜蛋白因含有卵磷脂，因此也称为磷脂蛋白。

脂肪球膜蛋白对热较为敏感，且含有大量的硫，牛乳在 70～75 ℃瞬间加热，则—SH 基就会游离出来，产生蒸煮味。脂肪球膜蛋白质中的卵磷脂易在细菌性酶的作用下形成带有鱼腥味的三甲胺而被破坏；也易受细菌性酶的作用而分解，是奶油贮存过程中风味变坏的原因之一。加工奶油时，大部分脂肪球膜蛋白质被留在酪乳中，故酪乳不仅含蛋白质，而且富含卵磷脂，酪乳最好加工成酪乳粉，可作为食品乳化剂加以利用。

(4)其他蛋白质　除了上述的几种蛋白质之外，乳中还含有数量很少的其他蛋白质和酶蛋白，在分离酶时，可按不同部分将其分开。例如，淀粉酶是含在乳球蛋白内，过氧化酶含在乳白蛋白内，蛋白酶含在酪蛋白中，而黄嘌呤氧化酶和碱性磷酸酶是在脂肪球膜中。乳中的过氧化酶和黄嘌呤氧化酶都是结晶的。除了这些酶蛋白质之外，乳中也含有少量的酒精可溶性蛋白以及与血纤蛋白相类似的蛋白质等。

(5)非蛋白含氮物　牛乳的含氮物中，除蛋白质外，还有非蛋白含氮物，约占总氮的 5%，其中包括氨基酸、尿素、尿酸、肌酸及叶绿素等。这些含氮物是活体蛋白质代谢的产物，从乳腺细胞进入乳中。

乳中约含游离态氨基酸 23 mg/100 mL，其中包括酪氨酸、色氨酸和胱氨酸。

尿素、肌酸及肌酐是蛋白质代谢的产物，尿酸在蛋白质分解过程中形成；肌酸也可以在蛋白质代谢过程中形成；叶绿素从牲畜的饲料进入乳中。

2. 乳脂肪

乳脂质中有 97%～99%的成分是乳脂肪，还含有约 1%的磷脂和少量的甾醇、游离脂肪酸、脂溶性维生素等。所谓乳脂肪是指采用哥特里—罗兹法测得的那一部分乳脂质。乳脂肪是中性脂肪，在牛乳中的含量平均为 3.5%～4.5%，是牛乳的主要成分之一。乳脂肪不溶于水，呈微细球状分散于乳浆中，形成乳浊液。

(1)乳脂肪的存在形式　乳脂肪是以中性脂肪状态存在于乳中，所谓中性脂肪，即三元醇—甘油与脂肪酸的复合酯，是由 1 个甘油分子与 3 个脂肪酸(相同的或不同的)所组成的甘油酯的混合物，其中最主要的为甘油三酸酯。构成甘油三酸酯的 3 个脂肪酸残基可能是饱和的或是不饱和的，而不饱和的还可能是单不饱和、双不饱和或多不饱和的脂肪酸，因此乳腺中形成的乳脂肪的组成非常复杂。

$$\begin{array}{l}CH_2OH\\ |\\ CHOH\\ |\\ CH_2OH\end{array} + \begin{array}{l}R_1COOH\\ |\\ RCOOH\\ |\\ R_2COOH\end{array} \longrightarrow \begin{array}{l}CH_2OCOR_1\\ |\\ CHOCOR\\ |\\ CH_2OCOR_2\end{array} + 3H_2O$$

(2)乳脂肪的特点　①乳脂肪中含有 20 种左右的脂肪酸，其他动植物脂肪中只含有 5～7 种脂肪酸。②乳脂肪中含有低级(C_{14} 以下)挥发性脂肪酸(丁酸、己酸、辛酸、癸酸、月桂酸)多达 14%，其中水溶性脂肪酸(丁酸、己酸、辛酸)达 8%左右，而其他油脂中不超过 1%。这些脂肪酸在室温下呈液态，易挥发，因此使乳脂肪具有特殊的香味和柔软的质地。③乳中的不饱和脂肪酸含量较多，对乳脂肪的组织状态有很重要的影响。乳中的不饱和脂肪酸主要有：油酸、十六碳烯酸、十四碳烯酸、癸烯酸、花生酸、亚麻酸、亚油酸等。在室温下是液态，不溶于水，不能同水蒸气挥发。

不饱和脂肪酸具有特殊作用，起到维生素的作用，因此曾将某些不饱和脂肪酸的复合体叫维生素F。乳中的不饱和脂肪酸是由亚油酸（十八碳二烯酸）、亚麻酸（十八碳三烯酸）、花生酸所组成，通常也称这些不饱和脂肪酸为必需脂肪酸。人体缺乏这类脂肪酸时不仅生长停止，而且会发生皮肤炎及脱毛现象，甚至身体各部分出血而死亡。

（3）构成乳脂肪的脂肪酸　乳中的脂肪酸可分为3类：第一类为水溶性挥发性脂肪酸，例如乙酸、丁酸、辛酸和癸酸等；第二类是非水溶性挥发性脂肪酸，例如月桂酸等；第三类是非水溶性不挥发性脂肪酸，例如十四碳酸、二十碳酸、十八碳烯酸和十八碳二烯酸等。

乳脂肪的脂肪酸组成受饲料、营养、环境、季节等因素的影响。一般夏季放牧期间不饱和脂肪酸含量升高，而冬季舍饲期不饱和脂肪酸含量降低，所以夏季加工的奶油其熔点比较低。

（4）乳脂肪球及脂肪球膜　乳中脂肪是以微小脂肪球的状态分散于乳中，呈一种水包油型的乳浊液。脂肪球表面被脂肪球膜包裹着，使脂肪在乳中保持稳定的乳浊液状态，并使各个脂肪球独立地分散于乳中。脂肪球的直径在0.1～22 μm，平均为3 μm，大部分在4 μm以下，10 μm以上的很少。1 mL牛乳中含有$(2\times10^9)\sim(4\times10^9)$个脂肪球，形状呈球形或椭球形。

每一个乳脂肪球外包有一层薄膜，厚度为5～10 nm。脂肪球被膜完整包住，膜的构成相当复杂。乳脂肪组成包括：甘油三酸酯（主要组分）、甘油二酸酯、单酸甘油酯、脂肪酸、甾醇、胡萝卜素（脂肪中的黄色物质）、维生素A、维生素D、维生素E、维生素K和其余一些痕量物质。

脂肪球膜由蛋白质、磷脂、高熔点甘油三酸酯、甾醇、维生素、金属离子、酶类及结合水等复杂的化合物所构成，其中起主导作用的是卵磷脂－蛋白质络合物，它们有层次地定向排列在脂肪球与乳浆的界面上。膜的内侧为磷脂层，它的疏水基朝向脂肪球中心，并吸附着高熔点甘油三酸酯，形成膜的最内层。磷脂层间还夹着甾醇与维生素A。磷脂的亲水基向外朝向乳浆，并联结着具有强大亲水基的蛋白质，构成了膜的外层，其表面有大量结合水，从而形成了脂相到水相的过渡。脂肪球膜具有保持乳浊液稳定的作用，脂肪球即使上浮分层，仍能保持着脂肪球的分散状态。在化学物质作用或机械搅拌下，脂肪球膜遭到破坏后，脂肪球才会互相聚结在一起。因此，可以利用这一原理生产奶油和测定乳的含脂率。

3. 乳中的碳水化合物

乳中的碳水化合物主要是乳糖，占总碳水化合物的99.8%以上，其他碳水化合物虽然也有存在，但含量极微。乳糖是哺乳动物从乳腺中分泌的一种特有的化合物，在动、植物的组织中几乎不存在乳糖，其仅存在于乳中。牛乳的甜味主要来自乳糖，乳糖的甜度为蔗糖的1/6，在牛乳中的含量为3.6%～5.5%，平均为4.6%。

（1）乳糖的结构　乳糖为D-葡萄糖与D-半乳糖以β-1,4糖苷键结合的双糖，又称为1,4-半乳糖苷葡萄糖，分子式为$C_{12}H_{22}O_{11}$，属还原糖。因D-葡萄糖分子中游离苷羟基位置的不同，有α-乳糖和β-乳糖2种异构体。α-乳糖很容易与1分子结晶水结合，变为α-乳糖水合物，所以乳糖实际上共有3种构型。

①α-乳糖水合物　α-乳糖通常含有1分子结晶水，其无水物亦存在。α-乳糖水合物是在93.5 ℃以下的水溶液中结晶而成的，因其结晶条件的不同而有各种晶型。市售乳糖一般为α-乳糖水合物。

②α-乳糖无水物　α-乳糖水合物在真空中缓慢加热到100 ℃或迅速加热至120～

125 ℃，均可失去结晶水而成为 α-乳糖无水物，其在干燥状态下稳定，但在有水分存在时，易吸水而成为 α-乳糖水合物。

③β-乳糖　β-乳糖是以无水物形式存在的，是在 93.5 ℃以上的水溶液中结晶而成的。β-乳糖比 α-乳糖易溶于水，且较甜。

(2)乳糖的溶解度　乳糖的溶解度比蔗糖小，α-乳糖与 β-乳糖的溶解度也存在着差异。将乳糖投入水中后，即有部分乳糖溶解于水，达到饱和时的溶解度就是 α-乳糖水合物的溶解度，也称为最初溶解度。乳糖的最初溶解度低，但受水温的影响较小，将上面的饱和溶液振荡或搅拌时再加入乳糖仍可溶解，而最后达到饱和点，这就是乳糖的最终溶解度。所以乳糖的最终溶解度是指 α-乳糖水合物和 β-乳糖在某一温度下的平衡溶解度。

乳糖的溶解度随温度的升高而增加，受温度影响较大。表 1-2 为乳糖在不同温度时的溶解度。

表 1-2　乳糖在不同温度时的溶解度　　g/100 mL 水

温度/℃	最初溶解度		最终溶解度
	α-乳糖水合物	β-乳糖	
0	5.0	45.1	11.9
15.0	7.1	—	16.9
25.0	8.6	—	21.6
39.0	12.6	—	31.5
49.0	17.8	75.0	42.4
59.1	—	—	59.1
63.9	—	—	64.2
64.0	26.2	—	65.8
73.5	—	85.0	84.5
79.1	—	—	98.4
87.2	—	—	122.5
88.2	—	—	127.3
89.0	55.7	—	139.2
100.0	—	94.7	157.6

(3)乳糖的性质　乳糖远较麦芽糖难溶于水，被酸水解时也较蔗糖及麦芽糖稳定，与酸水解一样，在乳糖酶的作用下也可以将乳糖水解。

乳糖在消化器官内经乳糖酶作用而水解后才能被吸收。如果体内缺少乳糖酶，未被消化的乳糖进入大肠，经厌氧微生物发酵成乳酸或其他成分。

乳糖具有调节胃酸、促进钙的吸收、促进胃肠蠕动和消化腺分泌的作用，也为婴儿肠道内双歧杆菌的生长所必需。乳糖水解后产生的半乳糖是形成脑神经中重要成分(糖脂质)的主要来源，所以在婴儿发育旺盛期时，乳糖有很重要的作用。同时由于乳糖水解比较困难，因此一部分被送至大肠中，在肠内由于乳酸菌的作用使乳糖形成乳酸而抑制其他有害细菌的繁殖，所以对于防止婴儿下痢也有很好的作用。

一部分人随着年龄的增长，消化道内缺乏乳糖酶，不能分解和吸收乳糖，饮用牛乳后出现呕吐、腹胀、腹泻等不适应症，称为乳糖不耐症。世界上至少 90%的成年人不同程度地缺乏乳糖酶，只保留原乳糖酶活力的 5%～10%。婴儿乳糖酶单位是 29(每克蛋白质)，而耐受乳糖的成年人为 17，不耐受乳糖的成年人为 3，当然个体差异很大。在乳品加工中利用乳糖酶，将乳中的乳糖分解为葡萄糖和半乳糖；或利用乳酸菌将乳糖转化成乳酸，不仅可预防乳糖不耐症，而且可提高乳糖的消化吸收率，改善制品口味。

(4)乳中的其他碳水化合物　乳中除了乳糖，还含有少量其他的碳水化合物。例如在常乳中含有极少量的葡萄糖(100 mL 中含 4.08～7.58 mg)，而在初乳中可达 15 mg/100 mL，分娩后经过 10 d 左右恢复到常乳中的数值。这种葡萄糖并非由乳糖的加水分解所生成，而是从血液中直接移至乳腺内。除了葡萄糖以外，乳中还含有约 2 mg/100 mL 的半乳糖。另外，还含有微量的果糖、低聚糖、己糖胺。其他糖类的存在尚未被证实。

4. 乳中的无机物

乳中的无机物也称为矿物质，含量在 0.35%～1.21%，主要有磷、钙、镁、氯、钠、硫、钾等。此外还有一些微量元素。牛乳中的无机物含量随泌乳期及个体健康状态等因素而异。

牛乳中的盐类含量虽然很少，但对乳品加工，特别是对热稳定性起着重要作用。牛乳中的盐类平衡，特别是钙、镁等阳离子与磷酸、柠檬酸等阴离子之间的平衡，对于牛乳的稳定性具有非常重要的意义。当受季节、饲料、生理或病理等影响，牛乳发生不正常凝固时，往往是由于钙、镁离子过剩，盐类的平衡被打破的原因。此时，可向乳中添加磷酸及柠檬酸的钠盐，以维持盐类平衡，保持蛋白质的热稳定性。生产炼乳时常常利用这种特性。乳与乳制品的营养价值，在一定程度上受矿物质的影响。例如，由于牛乳中钙的含量较人乳多 3～4 倍，因此牛乳在婴儿胃内所形成的蛋白凝块比人乳要坚硬，不易消化。100 mL 牛乳中铁的含量为 10～90 μg，比人乳要少，所以人工哺育幼儿时应该适当地补充铁。

5. 乳中的酶类

乳中的酶类在 60 种以上，其来源有 3 个：①乳腺分泌的酶；②来自乳腺细胞的白细胞在泌乳时崩解所出现的；③由于乳中生长的微生物所产生的。与乳品生产有密切关系的酶类主要为水解酶类和氧化还原酶类。

(1)水解酶类

①脂酶　牛乳中的脂酶至少有 2 种：一种是只附在脂肪球膜间的膜脂酶，它在常乳中不常见，而在末乳、乳腺炎乳及其他一些生理异常乳中常出现。另一种是与酪蛋白相结合的乳浆脂酶，存在于脱脂乳中。

脂酶的相对分子质量一般为 7 000～8 000，最适温度为 37 ℃，最适 pH 9.0～9.2。钝化温度至少 80 ℃。钝化温度与脂酶的来源有关。来源于微生物的脂酶耐热性高，已经钝化的酶有恢复活力的可能。

乳脂肪在脂酶的作用下水解产生游离脂肪酸，从而使牛乳带上脂肪分解的酸败气味，这是乳制品特别是奶油生产上常见的问题。为了抑制脂酶的活性，在奶油生产中，一般采用不低于 80～85 ℃的高温或超高温处理。另外，加工过程也能使脂酶增加其作用机会，例如均质处理，由于破坏脂肪球膜而增加了脂酶与乳脂肪的接触面，使乳脂肪更易水解，故均质后应及时进行杀菌处理。

②磷酸酶　牛乳中的磷酸酶有 2 种：一种是酸性磷酸酶，存在于乳清中；另一种为碱性磷酸酶，吸附于脂肪球膜处。其中碱性磷酸酶的最适 pH 为 7.6～7.8，经 63 ℃，30 min 或 71～75 ℃，15～30 s 加热后可钝化，故可以利用这种性质来检验低温巴氏杀菌法处理的消毒牛乳的杀菌程度是否完全。

近年发现,牛乳经 80～180 ℃及以下瞬间加热杀菌,已使碱性磷酸酶钝化,但若是在 5～40 ℃放置后,已钝化的碱性磷酸酶又能重新活化。这是由于牛乳中含有可渗析的对热不稳定的抑制因子和不能渗析的对热稳定的活化因子。牛乳经 63 ℃、30 min 或 71～75 ℃、15～30 s 加热后,抑制因子不会被破坏,所以能抑制残存磷酸酶的活力;在 80～180 ℃加热时,抑制因子遭到破坏,而对热稳定的活化因子则不受影响,从而使磷酸酶重新活化。故高温短时杀菌处理的消毒牛乳装瓶后应立即在 4 ℃条件下冷藏。

③蛋白酶　牛乳中含有非细菌性的蛋白酶,其作用类似胰蛋白酶,存在于脱脂乳部分,在等电点时,与酪蛋白酶在贮藏中复活,对 β-酪蛋白有特异作用。

细菌性的蛋白酶使蛋白质水解后形成蛋白胨、多肽及氨基酸,是干酪成熟的主要因素。蛋白酶多属细菌性的,其中由乳酸菌形成的蛋白酶在乳中特别是在干酪中具有特别重要的意义。在干酪成熟时,干酪中的蛋白质主要靠干酪中微生物群落所分泌的酶的影响而分解。

蛋白酶在高于 75～80 ℃的温度中即被破坏。在 70 ℃以下时,可以稳定地耐受长时间的加热;在 37～42 ℃时,这种酶在弱碱性环境中的作用最大,中性及酸性环境中作用减弱。

④乳糖酶　这种酶对乳糖分解成葡萄糖和半乳糖具有催化作用,在 pH 5.0～7.5 时反应较弱。最近已经证明,一些成人和婴儿由于缺乏乳糖酶,往往产生对乳糖吸收不完全的症状,从而引起下痢,服用乳糖酶时则有良好的效果。

⑤淀粉酶　牛乳中存在的是 α-淀粉酶,这种酶在初乳和乳腺炎乳中多见。α-淀粉酶的最适 pH 为 7.4,最适温度为 30～34 ℃,在 65～68 ℃经 30 min 加热可将其钝化,而钙和氯可使其活化,淀粉酶可将淀粉分解为糊精。

(2)氧化还原酶类　主要包括过氧化氢酶、过氧化物酶和还原酶。

①过氧化氢酶　牛乳中的过氧化氢酶主要来自白细胞的细胞成分,特别在初乳和乳腺炎乳中含量较多。所以,利用对过氧化氢酶的测定可判定牛乳是否为乳腺炎乳或其他异常乳。经 65 ℃、30 min 加热,95%的过氧化氢酶会钝化;经 75 ℃、20 min 加热,则 100%钝化。

②过氧化物酶　过氧化物酶是最早从乳中发现的酶,它能促使过氧化氢分解产生活泼的新生态氧,从而使乳中的多元酚、芳香胺及某些化合物氧化。过氧化物酶主要来自白细胞的细胞成分,其数量与细菌无关,是乳中固有的酶。

过氧化物酶作用的最适温度为 25 ℃,最适 pH 是 6.8,钝化温度和时间大约为 76 ℃、20 min;77～78 ℃、5 min;85 ℃、10 s。通过测定过氧化物酶的活性可以判断牛乳是否经过热处理或判断热处理的程度。

③还原酶　还原酶是由挤乳后进入乳中的微生物代谢产生的,最主要的是脱氢酶。这种酶随微生物进入乳及乳制品中,在乳中的数量与细菌污染程度直接有关。这种酶能促使亚甲蓝还原成无色,所以挤下后经完全灭菌的乳就不能产生亚甲蓝的褪色作用。在生产上利用此原理来测定乳的质量(细菌的含量),即所谓还原酶试验。

乳中还原酶作用的最适条件为 pH 5.5～8.5,温度 40～50 ℃。如将乳加热到 60 ℃时,酶的反应减弱,而在 69～70 ℃下加热 30 min 或在 75 ℃下加热 5 min 被完全破坏,这时即不能使亚甲蓝褪色。

6. 乳中的维生素

牛乳含有几乎所有已知的维生素。牛乳中的维生素包括脂溶性维生素 A、维生素 D、维生素E、维生素K和水溶性的维生素B_1、维生素B_2、维生素B_6、维生素B_{12}、维生素C等两大类。牛乳中的维生素,部分来自饲料中的维生素,如维生素E;有的要靠乳牛自身合成,如B族维生素。

7. 乳中的其他成分

除上述成分外,乳中尚有少量的有机酸、色素、细胞成分、风味成分及激素等。

(1)有机酸　乳中的有机酸主要是柠檬酸等。在酸败乳及发酵乳中,在乳酸菌的作用下,马尿酸可转化为苯甲酸。

乳中柠檬酸的含量为0.07%～0.40%,平均为0.18%,以盐类状态存在。除了酪蛋白胶粒成分中的柠檬酸盐外,还存在有分子、离子状态的柠檬酸盐,主要为柠檬酸钙。柠檬酸对乳的盐类平衡及乳在加热、冷冻过程中的稳定性均起重要作用。同时,柠檬酸还是乳制品芳香成分丁二酮的前体。

(2)气体　主要为二氧化碳、氧气和氮体等,占鲜牛乳的5%～7%(V/V),其中二氧化碳最多,氧最少。在挤乳及贮存的过程中,二氧化碳由于逸出而减少,而氧、氮则因与大气接触而增多。

(3)细胞成分　乳中所含的细胞成分主要是白细胞和一些乳房分泌组织的上皮细胞,也有少量红细胞。牛乳中的细胞含量的多少是衡量乳房健康状况及牛乳卫生质量的标志之一,一般正常乳中细胞数不超过50万个/mL,平均为26万个/mL。

(三)乳的物理性质

乳的物理性质是鉴定牛乳品质的重要指标,也是合理安排乳制品加工工艺流程的重要依据。乳的物理性质主要包括乳的色泽、滋味和气味、相对密度、冰点、沸点、比热、折射率、导电性等。主要分述如下。

1. 色泽

新鲜正常的牛乳呈不透明的白色并稍呈淡黄色,这是乳的基本色调。乳的色泽是乳中酪蛋白胶粒及脂肪球对光的不规则反射的结果。

在波长为578 nm时,牛乳的反射光量约70%,较脱脂乳少,较均质乳多,透射的有效深度为24 mm,在该深度内受到照射的维生素B_2、维生素B_6、维生素C等会有损失。

牛乳的折射率由于有溶质的存在而比水的折射率大,因此在全乳脂肪球的不规则反射影响下,不易正确测定。由脱脂乳测得的较准确的折射率为$n_D^{20}=1.344$～1.348,此值与乳固体的含量有一定比例关系,以此可判定牛乳是否掺水。

2. 滋味和气味

乳中含有挥发性脂肪酸及其他挥发性物质,所以牛乳带有特殊的香味,这些物质是牛乳滋(气)味的主要构成成分。这种香味随温度的高低而异,乳经加热后香味强烈,冷却后减弱。牛乳除固有的香味之外,还很容易吸收外界的各种气味。所以,挤出的牛乳如在牛舍中放置时间太久,会带有牛粪味或饲料味;与鱼虾放在一起会有鱼虾味;贮存器不良时则产生金属味;消毒温度过高则产生焦糖味。所以每一个处理过程都必须保持周围环境的清洁,以避免各种因素的影响。

新鲜纯净的乳滋味稍甜,这是由于乳中含有乳糖。乳中含有氯离子则稍带咸味;常乳中的咸味因受乳糖、脂肪、蛋白质等调和而不易觉察,但异常乳如乳腺炎乳中氯的含量较高,故有浓厚的咸味。

3. 酸度

乳蛋白分子中含有较多的酸性氨基酸和自由的羧基，而且受磷酸盐等酸性物质的影响，所以乳是偏酸性的。

通过酸度的测定可鉴别原料乳的新鲜度，了解微生物的污染情况。新鲜乳的酸度称为固有酸度或自然酸度。我国滴定酸度用吉尔涅尔度（简称“°T”）来表示。新鲜乳的自然酸度16～18°T，这种酸度与贮存过程中因微生物繁殖所产生的酸无关。挤出后的乳在微生物的作用下产生乳酸发酵，导致乳的酸度逐渐升高。由于发酵产酸而升高的这部分酸度称为发酵酸度。自然酸度和发酵酸度之和称为总酸度。一般条件下，乳品生产中所测定的酸度就是总酸度。

乳品工业中酸度，是指以标准碱液用滴定法测定的滴定酸度。我国GB 5009.239—2016《食品安全国家标准　食品酸度的测定》中就规定酸度检验以滴定酸度为标准。滴定酸度也有多种测定方法及其表示形式。

4. 相对密度和密度

乳的密度是指一定温度下单位体积的质量，而乳的相对密度主要有两种表示方法：①以15 ℃为标准，指在15 ℃时一定容积牛乳的质量与同容积、同温度水的质量之比d_{15}^{15}，正常乳的比值平均为$d_{15}^{15}=1.032$；②指乳在20 ℃时的质量与同容积水在4 ℃时的质量之比d_{4}^{20}，正常值平均为$d_{4}^{20}=1.030$。两种比值在同温度下，其绝对值相差甚微，后者较前者小0.002。乳品生产中常以0.002的差数进行换算。

乳的相对密度在挤乳后1 h内最低，其后逐渐上升，最后可大约升高0.001，这是由于气体的逸散、蛋白质的水合作用及脂肪的凝固使容积发生变化的结果。故不宜在挤乳后立即测试相对密度。

测定牛乳的相对密度通常采取比重计（或称乳稠计、乳汁计）。测定范围为1.015～1.045。在乳稠计上刻有15～45的刻度，以度来表示。如刻度读数为30，即相当于相对密度1.030。乳稠计有两种：一种为15 ℃/15 ℃乳稠计（又称为比重乳稠计），另一种是20 ℃/4 ℃乳稠计（又称密度乳稠计），如将后者读数换算为前者读数，则在后者读数上加2即得。

相对密度与密度乳稠计的读数两者之间可用下列关系式表示：

$$X=(d_{4}^{20}-1.000)\times 1\,000$$

式中：X—密度乳稠计的读数；d_{4}^{20}—相对密度。

乳稠计具体操作与比重计使用方法相同，要注意向量筒倒牛乳时防止产生气泡，将乳稠计放入量筒中要静止1～3 min，稳定后读取牛乳液面上的刻度。但要注意牛乳温度不是20 ℃时，要校正，需要用温度计量取牛乳的温度，如果温度比20 ℃高出1 ℃，要在得出的乳稠计读数上加0.2°，如果牛乳温度低于20 ℃时，每低1 ℃，需减去乳稠计读数0.2°，也可以查表得出。

[例] 温度16 ℃时测得密度乳稠计读数为31°，则20 ℃时的相对密度应该为多少？

解：20 ℃密度乳稠计的读数 $X=31°-0.2°\times(20-16)=31°-0.8°=30.2°$

20 ℃的密度 $d_{4}^{20}=1+30.2/1\,000=1.030\,2(\mathrm{kg/m^3})$

对于读出的乳稠计数值不是整数时，可查表。查表时要注意，有15 ℃时的度数换算表，也有 20 ℃时的度数换算表，因为 20 ℃/4 ℃测出的比 15 ℃/15 ℃低 2，所以查表时应注意温度。

5. 乳的冰点和沸点

牛乳的冰点为－0.565～－0.525 ℃，平均值为－0.542 ℃。

作为溶质的盐类与乳糖是冰点下降的主要因素。由于它们在牛乳中的含量较稳定，因此正常新鲜牛乳的冰点是物理性质中较稳定的一项。牛乳中如果掺水，可导致冰点回升。掺水 10%，冰点约上升 0.054 ℃。可根据冰点的变动用下列公式来推算掺水量：

$$w=\frac{t-t'}{t}(100-w_s)$$

式中：w—以质量计的加水量，%；t—正常乳的冰点，℃；t'—被检乳的冰点，℃；w_s—被检乳的乳固体含量，%。

以上计算对新鲜牛乳是有效的，但酸败乳冰点会降低。另外贮藏与杀菌条件对乳的冰点也有影响，所以测定冰点必须是对酸度在 20°T 以下的新鲜乳。

牛乳的沸点，理论上比水高 0.15 ℃，而实际上 1 个大气压下为 100.17 ℃左右。沸点受固体物质的含量所影响，因此牛乳越浓缩沸点越上升。

6. 牛乳的黏度和表面张力

20 ℃时水的绝对黏度为 0.001 Pa·s，正常乳的黏度为 0.001 5～0.002 Pa·s。牛乳的黏度随温度升高而降低，在乳的成分中，脂肪和蛋白质对黏度的影响最大。在一般正常的牛乳成分范围内，非脂乳固体含量一定时，随着含脂率的增高，牛乳的黏度亦增高。当含脂率不变时，随着乳固体的含量增高，黏度也增高。初乳、末乳的黏度都比正常乳高。在加工中，黏度受脱脂、杀菌、均质等操作的影响。黏度在乳品加工上有重要意义，例如浓缩乳制品生产中，黏度过高或过低都不是正常情况，都会影响生产。甜炼乳生产中，黏度过低则可能分离或糖沉淀，黏度过高则可能发生浓厚化。贮藏中的淡炼乳，如黏度过高则可能发生矿物质的沉积或形成冻胶体。

牛乳表面张力在 20 ℃时为 0.04～0.06 N/cm。牛乳的表面张力随温度的上升而降低，随含脂率的减少而增大。乳经均质处理，则脂肪球表面积增大，由于表面活性物质吸附于脂肪球界面处，从而增加了表面张力。但如果不将脂肪酶先经热处理而使其钝化，均质处理会使脂肪酶活性增加，乳脂水解生成游离脂肪酸，表面张力降低。牛乳的表面张力与牛乳的起泡性、乳浊状态、微生物的生长发育、热处理、均质作用及风味等有密切关系。测定表面张力的目的是鉴别乳中是否混有其他添加物。

7. 折射率

乳汁的折射率比水大，这是因为乳中含有多种固体物质，其中主要受无脂干物质的影响。通常乳的折射率为 1.347 0～1.351 5。初乳的折射率较常乳高(约 1.372 0)，此后则随泌乳期的延续逐渐降低。乳清的折射率为 1.343 0～1.344 2。

乳清的折射率决定于乳糖含量，即乳糖含量愈高，折射率愈大。整个泌乳期间乳清折射率的差异不大。因此可以根据折射率来确定乳的正常状态及乳中乳糖的含量，这方法在牛乳分析中已加以采用。但此时所用的乳清需用氯化钙将蛋白质除去。乳的折射率也受乳牛品种、泌乳期、饲料及疾病等的影响而变化。

二、生鲜牛乳的国家质量标准

生鲜牛乳验收要符合《食品安全国家标准—生乳》GB 19301—2010。

《食品安全国家标准—生乳》GB 19301—2010

任务 1　乳的新鲜度检验

【任务设计】

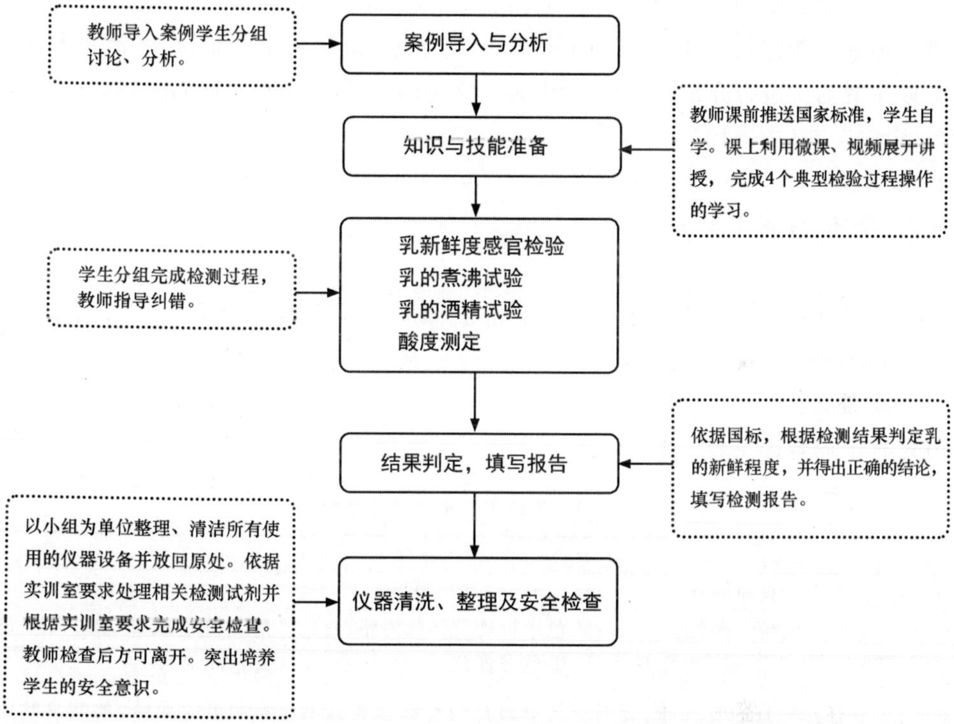

【案例导入】

有很多喜欢乳制品的人都曾听说生牛乳是所有奶制品中营养价值最高，也是最安全的一种乳。真的是这样吗？我们所食用的乳制品多数都是以生鲜牛乳为主要原料进行生产加工的，生鲜牛乳是否可以用于生产和食用必须要进行严格的检验才能够确定，由于生乳中有可能含有对人身体有害的物质，还有可能由于贮存、运输等卫生条件的影响而发生腐败变质，对人身体造成危害，因此我们不能够直接食用未经检验的生乳。那么生乳有保质期吗？当然有，由于贮存条件等因素的影响，生乳的保质期并不是不变的，那么如何确定什么样的生乳可以食用和用于生产加工呢？这就需要食品从业人员进行生乳新鲜度的检验，如何检验就是我们这个任务需要学习的内容。

【任务实施】

乳及乳制品既含有丰富的营养成分，又非常容易被人体消化吸收，同时它也容易被微生物侵染而发生腐败变质，腐败变质的乳及乳制品会危害人们的身体健康，导致一些疾病。因此对于乳及乳制品新鲜程度的检验尤为重要，检验方法主要包括感官检验、煮沸试验、酒精试验、酸度测定等。检验合格的乳才能够进行乳制品的生产、加工及销售，不合格产品坚决不能用于乳制品的生产。我们作为食品加工和检验人员必须要按国家标准进行严格的检验，以保证乳的新鲜度，保证食品安全。

本任务依据国标 GB 19301—2010 、GB 5009.239—2016 要求在食品检验相关实训室内完成。

一、乳的感官检验

乳的感官检验指的是通过人的感觉器官，来鉴别被检样品的外观、颜色、气味和滋味等。乳类原料一般包括牛乳、羊乳、马乳等，其中又以牛乳原料生产量最大，消费人群最广，本任务以牛乳为例进行介绍。生鲜牛乳感官检验的方法和步骤依据 GB 19301—2010，可在化验室或实验室中进行。

1. 仪器

量筒、烧杯、纸杯等。

2. 检验方法

取适量试样置于 50 mL 烧杯中，在自然光下观察色泽和组织状态。闻其气味，用温开水漱口，品尝滋味。

3. 判定标准

判定标准内容详见表 1-3。

表 1-3　生鲜牛乳感官判定标准

项目	标准		
	良质鲜乳	次质鲜乳	劣质鲜乳
色泽	乳白色或稍带微黄色	色泽较良质鲜乳为差，白色中稍带青色	呈浅粉色或显著的黄绿色，或是色泽灰暗
气味	具有乳特有的乳香味，无其他任何异味	乳中固有的香味消失或有异味	有明显的异味，如酸臭味、牛粪味、金属味、鱼腥味、汽油味等
滋味	具有鲜乳独具的纯香味，滋味可口而稍甜，无其他任何异常滋味	有微酸味（表明乳已开始酸败），或有其他轻微的 异味	有酸味、咸味、苦味等
组织状态	呈均匀一致液体，无凝块、无沉淀、无正常视力可见异物	呈均匀的流体，无凝块，但可见少量微小的颗粒，脂肪聚粘表层呈液化状态	呈稠而不匀的溶液状，有乳凝结成的致密凝块或絮状物

4. 记录及结果处理(表 1-4)

表 1-4　感官检验记录

项目		检验结果	结论
样品 1	色泽 滋味、气味 组织状态		
样品 2	色泽 滋味、气味 组织状态		

5. 说明及注意事项

(1)实验室应安静,无异味。

(2)盛放样品的器皿应洁净无异味,色泽、大小应一致。

(3)检验时间的选择应在饭后 2～3 h 内。要求在检验前不得吸烟,不得吃强刺激性的食物。

二、乳的煮沸试验

1. 仪器

吸管、试管、试管夹、水浴锅等。

2. 检验方法

取乳样 10 mL 于试管中,置沸水浴中加热 5 min,取出观察管壁有无絮状片出现或发生凝固现象。

3. 判定标准

如有凝块或絮片状物产生,表示乳不新鲜,而且其酸度>26°T。

4. 记录及结果处理(表 1-5)

表 1-5　乳的煮沸试验结果记录

项目	检验结果	结论
样品 1		
样品 2		

三、乳的酒精试验

1. 仪器和试剂

(1)仪器　试管、吸管。

(2)试剂　68%乙醇(V/V,中性)、70%乙醇(V/V,中性)、72%乙醇(V/V,中性)。

中性酒精的制备:在乙醇中加入 3 滴酚酞,然后用 0.1 mol/L NaOH 滴定液滴定,至酚酞显示淡粉色,即为中性酒精。

2. 检验方法

于试管内用等量的乙醇(中性)与牛乳混合(一般用 1～2 mL 等量混合),振摇后不出现絮片的牛乳符合酸度标准,出现絮片的牛乳为酒精试验阳性乳,表示其酸度较高。试验温度以 20 ℃为标准，不同温度需进行校正。根据收乳标准，采用 68°、70°和 72°的酒精。

3. 判断标准

结果判断详见表 1-6。

表 1-6 酒精试验结果判断

酒精浓度	不出现絮片的酸度
68°	20°T 以下
70°	19°T 以下
72°	18°T 以下

4. 记录及结果处理(表 1-7)

表 1-7 酒精试验结果及结论

酒精浓度	检验结果	结论
68°		
70°		
72°		

5. 说明及注意事项

(1)注意乳样与酒精是等体积混合的。

(2)所用仪器应洁净干燥。

(3)配置酒精时，所用的水必须是煮沸过的，且水温保持室温。同时要充分混匀。

四、乳的酸度测定

生鲜牛乳酸度测定方法和步骤依据 GB 5009.239－2016。

(一)酚酞指示剂法

1. 试剂和材料

除非另有说明，本方法所用试剂均为分析纯，水为 GB/T 6682 规定的三级水。

(1)氢氧化钠标准溶液(NaOH)　0.100 0 mol/L。

配制 0.1 mol/L NaOH 标准溶液：称取氢氧化钠 120 g 于 250 mL 烧杯中，加入蒸馏水 100 mL 振摇使其溶解，冷却后置于聚乙烯塑料瓶中，密封，放置澄清后备用。准确吸取上述溶液的上清液 5.6 mL，加新煮沸过并已冷却的蒸馏水至 1 000 mL，摇匀，贴上标签。

标定：精密称取 0.75 g(准确至 0.001 g)在 105～110 ℃电烘箱中干燥至恒重的基准物邻苯二甲酸氢钾，加 50 mL 新煮沸过的无二氧化碳冷蒸馏水，振摇使其溶解，加 2 滴酚酞指示液(10 g/L)，用配制的 NaOH 标准溶液(0.1 mol/L)滴定至溶液呈粉红色，并保持 30 s 不褪色。同时做空白试验。

计算：

$$c=\frac{m\times 1\ 000}{(V_1-V_2)\times 204.2}\times 100\%$$

式中：c—氢氧化钠标注溶液浓度，mol/L；V_1—标定时消耗氢氧化钠标准溶液的体积，mL；

V_2—空白试验时消耗氢氧化钠标准溶液体积，mL；m—基准物邻苯二甲酸氢钾的质量，g；204.2—基准物邻苯二甲酸氢钾的摩尔质量，g/mol。

(2)酚酞指示液　称取 0.5 g 酚酞溶于 75 mL 体积分数为 95 %的乙醇中，并加入 20 mL 水，然后滴加氢氧化钠标准溶液至微粉色，再加入水定容至 100 mL。

(3)不含二氧化碳蒸馏水　将水煮沸 15 min，逐出二氧化碳，冷却，密闭。

2. 仪器和设备

分析天平：感量为 0.001 g；碱式滴定管：容量 25 mL，最小刻度为 0.1 mL；水浴锅；锥形瓶：150 mL；移液管：10 mL、20 mL。

3. 检验方法

称取 10 g(精确到 0.001 g)已混匀的试样，置于 150 mL 锥形瓶中，加 20 mL 新煮沸冷却至室温的水，混匀，加入 2.0 mL 酚酞指示液，混匀后用氢氧化钠标准溶液滴定，边滴加边转动至颜色呈微红色，且 5 s 内不褪色，整个滴定过程在 45 s 内完成，记录消耗的氢氧化钠标准滴定溶液体积(V_3)。同时做空白实验，记录消耗的氢氧化钠标准滴定溶液体积(V_0)。代入下面公式进行计算。

4. 分析结果的计算

试样中的酸度数值以(°T)表示，按下式计算：

$$X_1 - \frac{c_1 \times (V_3 - V_0) \times 100}{m_1 \times 0.1}$$

式中：X_1—试样的酸度，°T[以 100 g 样品消耗的 0.1 mol/L 氢氧化钠毫升数计，mL/100 g]；c_1—氢氧化钠标准溶液的摩尔浓度，mol/L；V_3—滴定时消耗氢氧化钠标准溶液体积，mL；V_0—空白实验所消耗氢氧化钠标准溶液体积，mL；100—100 g 试样；m_1—试样的质量，g；0.1—酸度理论定义氢氧化钠的摩尔浓度，mol/L。

在重复性条件下获得的两次独立测定结果的算术平均值表示，结果保留三位有效数字。

(二)电位滴定仪法

1. 试剂和材料

除非另有说明，本方法所用试剂均为分析纯，水为 GB/T 6682 规定的三级水。

氢氧化钠标准溶液(0.100 0 mol/L)的配制及标定过程与上面酚酞指示剂法一致。

动画：直接电位法测定样品的 pH

2. 仪器和设备

分析天平：感量为 0.001 g；碱式滴定管：容量 25 mL，最小刻度为 0.1 mL；电位滴定仪；水浴锅；锥形瓶：150 mL；移液管：10 mL、20 mL。

3. 检验方法

称取 10 g(精确到 0.001 g)已混匀的试样，置于 150 mL 锥形瓶中，加 20 mL 新煮沸冷却至室温的水，混匀，用氢氧化钠标准溶液电位滴定至 pH 8.3 为终点，记录消耗的氢氧化钠标准滴定溶液体积(V_4)。同时做空白实验，记录消耗的氢氧化钠标准滴定溶液体积(V_0)。代入下面公式进行计算。

4. 分析结果的计算

试样中的酸度数值以°T 表示，按下式计算：

$$X_2=\frac{c_2\times(V_4-V_0)\times 100}{m_2\times 0.1}$$

式中：X_2—试样的酸度，°T（以 100 g 样品所消耗的 0.1 mol/L 氢氧化钠毫升数计，mL/100 g）；c_2—氢氧化钠标准溶液的摩尔浓度，mol/L；V_4—滴定时消耗氢氧化钠标准溶液体积，mL；V_0—空白实验所消耗氢氧化钠标准溶液体积，mL；100—100 g 试样；m_2—试样的质量，g；0.1—酸度理论定义氢氧化钠的摩尔浓度，mol/L。

在重复性条件下获得的两次独立测定结果的算术平均值表示，结果保留三位有效数字。

任务 2　乳中三聚氰胺的检验——液相色谱法

【任务设计】

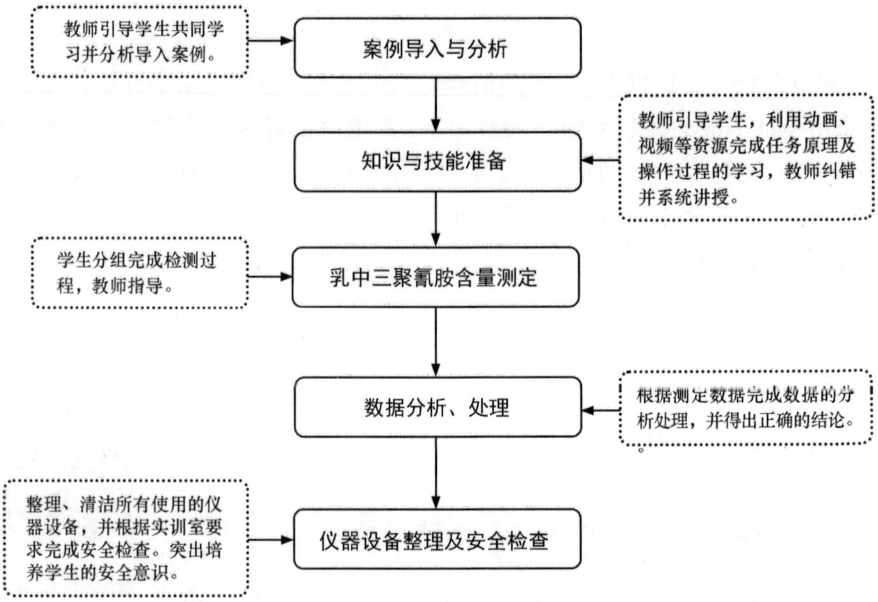

【案例导入】

从 2008 年 3 月开始，某知名企业陆续接到投诉，一些婴幼儿食用其生产的某品牌婴幼儿乳粉后出现肾结石等泌尿系统疾病，2008 年 8 月经专家鉴定，该品牌的问题奶粉中查出导致肾病的工业用三聚氰胺，事件引起高度关注和对乳制品安全的担忧。2008 年 9 月 24 日，中国国家质检总局表示，牛奶事件已得到控制，2008 年 9 月 14 日以后新生产的酸乳、巴氏杀菌乳、灭菌乳等主要品种的液态奶样本的三聚氰胺抽样检测中均未检出三聚氰胺。为什么工业用三聚氰胺被用于乳制品的生产呢？

【任务实施】

三聚氰胺(Melamine)(化学式：$C_3H_6N_6$)，俗称密胺、蛋白精，IUPAC命名为“1,3,5-三嗪-2,4,6-三氨基”，是一种三嗪类含氮杂环有机化合物，被用作化工原料。它是白色单斜晶体，几乎无味，微溶于水(3.1 g/L常温)，可溶于甲醇、甲醛、乙酸、热乙二醇、甘油、吡啶等，不溶于丙酮、醚类，对身体有害，不可用于食品加工或食品添加物。但由于三聚氰胺可以提高蛋白质含量的检测值，所以一些不法的商家把它用作食品添加剂，加入原料乳、奶粉等食品当中，测出其中的蛋白质含量比较高。食用被三聚氰胺污染的乳及乳制品，会出现泌尿系统疾病、肾脏结石和营养不良等。因此，食品加工和检验人员必须要按国家标准进行严格检验，保证食品 安全。

本任务依据国标GB/T 22400—2008，要求在食品检验相关实训室内完成。

一、仪器和试剂

动画：高效液相色谱原理

动画：液相色谱的种类

高效液相色谱(HPLC)仪：配有紫外检测器或二极管阵列检测器；分析天平：感量为0.000 1 g和0.01 g；离心机：转速不低于4 000 r/min；超声波水浴；固相萃取装置；氮气吹干仪；涡旋混合器；具塞塑料离心管：50 mL；研钵；甲醇：色谱纯；乙腈：色谱纯；氨水：含量为25%～28%；三氯乙酸；柠檬酸；辛烷磺酸钠：色谱纯；甲醇水溶液：准确量取50 mL甲醇和50 mL水，混匀后备用；三氯乙酸溶液(1%)：准确称取10 g三氯乙酸于1 L容量瓶中，用水溶解并定容至刻度，混匀后备用；氨化甲醇溶液(5%)：准确量取5 mL氨水和95 mL甲醇，混匀后备用；离子对试剂缓冲液：准确称取2.10 g柠檬酸和2.16 g辛烷磺酸钠，加入约980 mL水溶解，调节pH至3.0后，定容至1 L备用；三聚氰胺标准品：CAS108-78-01，纯度>99.0%；三聚氰胺标准贮备液：准确称取100 mg(精确到0.1 mg)三聚氰胺标准品于100 mL容量瓶中，用甲醇水溶液(10)溶解并定容至刻度，配制成浓度为1 mg/mL的标准贮备液，于4 ℃避光保存；阳离子交换同相萃取柱：混合型阳离子交换同相萃取柱，基质为苯磺酸化的聚苯乙烯-二乙烯基苯高聚物，填料质量为60 mg，体积为3 mL，或相当者，使用前依次用3 mL甲醇、5 mL水活化；定性滤纸；海砂：化学纯，粒度0.65～0.85 mm，二氧化硅(SiO_2)含量为99%；微孔滤膜：0.2 μm，有机相；氮气：纯度≥99.999%。

除另有说明外，所用试剂均为分析纯或以上规格，水为GB/T 6682—2008规定的一级水。

二、操作过程

1. 提取

称取牛乳 2 g(精确至 0.01 g)试样于 50 mL 具塞塑料离心管中，加入 15 mL 三氯乙酸溶液和 5 mL 乙腈，超声提取 10 min，再振荡提取 10 min 后，以不低于 4 000 r/min 离心 10 min。上清液经三氯乙酸溶液润湿的滤纸过滤后，用三氯乙酸溶液定容至 25 mL，移取 5 mL 滤液，加入 5 mL 水混匀后作待净化液。

2. 净化

将上述待净化液转移至固相萃取柱中。依次用 3 mL 水和 3 mL 甲醇洗涤，抽至近干后，用 6 mL 氨化甲醇溶液洗脱。整个固相萃取过程流速不超过 1 mL/min。洗脱液于 50 ℃下用氮气吹干，残留物(相当于 0.4 g 样品)用 1 mL 流动相定容，涡旋混合 1 min，过微孔滤膜后，供 HPLC 测定。

3. 高效液相色谱测定

(1)HPLC 参考条件　色谱柱：C8 柱，250 mm×4.6 mm(i.d.)，5 μm，或相当者；C18 柱，250 mm×4.6 mm(i.d.)，5 μm，或相当者。流动相：C8 柱，离子对试剂缓冲液-乙腈(85+15，体积比)，混匀。C18 柱，离子对试剂缓冲液-乙腈(90+10，体积比)，混匀。流速：1.0 mL/min。柱温：40 ℃。波长：240 nm。进样量：20 μL。

(2)标准曲线的绘制　用流动相将三聚氰胺标准贮备液逐级稀释得到的浓度为 0.8、2、20、40、80 μg/mL 的标准工作液，浓度由低到高进样检测，以峰面积－浓度作图，得到标准曲线回归方程。基质匹配加标三聚氰胺的样品 HPLC 色谱图参见对应图谱。

(3)定量测定　待测样液中三聚氰胺的响应值应在标准曲线线性范围内，超过线性范围则应稀释后再进样分析。

(4)结果计算　试样中三聚氰胺的含量由色谱数据处理软件或按下式计算：

$$X=\frac{A\times c\times V\times 1\ 000}{A_s\times m\times 1\ 000}\times f$$

式中：X—试样中三聚氰胺的含量，mg/kg；A—样液中三聚氰胺的峰面积；c—标准溶液中三聚氰胺的浓度，μg/mL；V—样液最终定容体积，mL；A_s—标准溶液中三聚氰胺的峰面积；m—试样的质量，g；f—稀释倍数；分子上 1 000—1 g 样品换算 1 kg 样品；分母上 1 000—1 μg 三聚氰胺换算为 1 mg 三聚氰胺。

4. 空白实验

空白实验除不称取样品外，均按上述测定条件和步骤进行。

5. 方法定量限

本方法的定量限为 2 mg/kg。

6. 回收率

在添加浓度 2～10 mg/kg 浓度范围内，回收率在 80%～110%，相对标准偏差＜10%。

7. 允许差

在重复性条件下获得的两次独立测定结果的绝对差值不得超过算术平均值 10%。

任务3　乳的掺假检验

【任务设计】

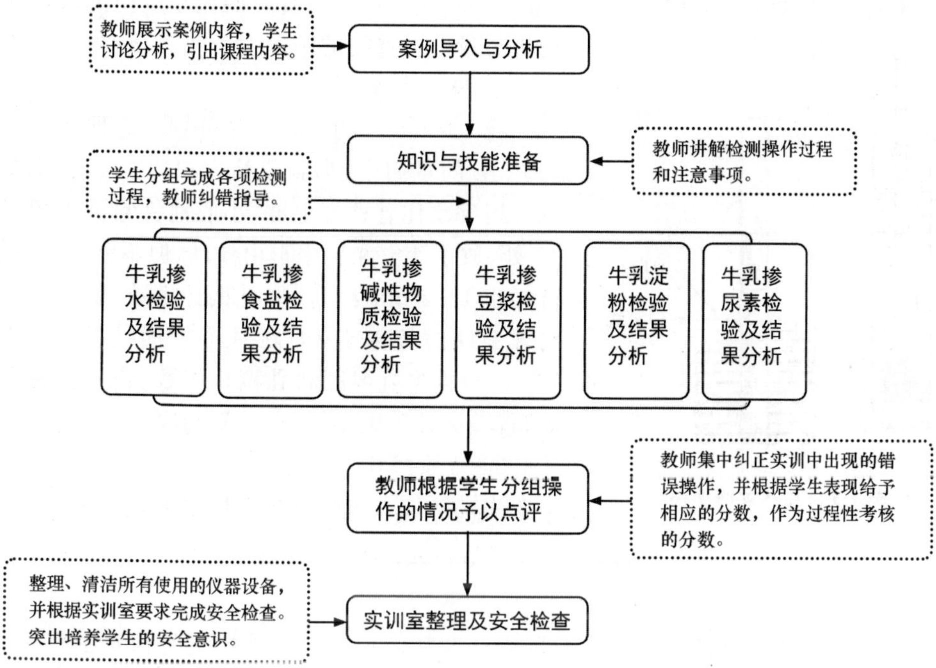

【案例导入】

按照国家规定，生鲜牛乳是禁止掺水、掺杂、掺入有毒有害物质及其他物质的。但是2007年某著名访谈节目针对牛奶掺假进行了揭秘。经记者调查发现，很多奶站在收购生鲜牛乳时存在着掺假行为，为了增加分量多卖钱，先往奶罐里注水，之后，为了达到乳品企业收奶的标准，将蛋白、脂肪等掺入已经注过水的牛奶中。

奶站掺假时使用的脂肪油、蛋白粉、脂肪粉、麦芽糊精、维生素C钠等添加剂在兽医店、食品添加剂商店都可以很容易地买到。据了解，掺假所获得的利润十分惊人，500多元的原料就能用水凭空兑出2 000多元的"牛奶"掺到真牛奶中。专家表示，如果原料奶在源头上就已经掺假，那么乳品企业就不可能生产出合格的奶产品，如何在奶源上把掺假牛奶控制住已经是当务之急。

【任务实施】

随着国民经济的发展，人们生活水平的提高，乳及乳制品逐渐成为人们的生活必需品，营养价值越来越被广大消费者认同，在我国的销量也逐年增加。同时一些不法生产人员，为了获得更高的利益，在牛乳中添加一些有害的物质，严重危害消费者的身心健康。当前发现的掺假的主要物质有淀粉、糊精、脂肪粉、豆浆、小苏打、面碱、尿素等。掺假现象严重影响乳及乳制品的质量安全。本任务主要针对乳中的掺假物质进行定性和定量检测，以确保乳制品的食品安全性。

一、牛乳掺水的检验

牛乳加水的影响表现在各种组成含量的降低及其物理性质的改变。掺水乳的检验可用比重度数法估计掺水量。

1. 试剂与仪器

乳稠计；温度计：0～50 ℃或0～100 ℃；量筒：250 mL，直径的大小应使沉入的乳稠计周边与量筒内壁间的距离大于0.5 cm。

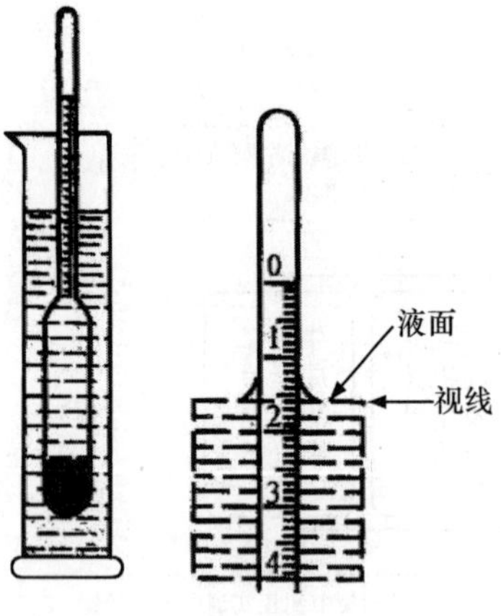

图 1-1　乳稠计的使用

2. 操作步骤

将10～25 ℃的牛乳样品分别小心地注入容积为250 mL的量筒中，加到量筒容积的3/4，勿使发生泡沫。用手拿住乳稠计上部，小心地将它沉入相当标尺30°处，放手让它在乳中自由浮动，但不能与筒壁接触。待静止1～2 min后，读取乳稠计度数，以牛乳表面层与乳稠计的接触点，即新月形表面的顶点为准（图1-1）。根据牛乳温度和乳稠计度数，查牛乳温度换算表，将乳稠计度数换算成20 ℃的度数。

3. 结果判断

牛乳所加入水的百分率可用下式计算。

$$X=\frac{(d_1-d_2)\times 100\%}{d_1}$$

式中：d_1—正常牛乳的相对密度（20 ℃乳稠计度数表示）；d_2—被检乳的相对密度（20 ℃乳稠计度数表示）；X—估计掺水量，%。

二、牛乳中掺食盐的检验

牛乳掺水后，相对密度降低，为了增加相对密度，掺假者可能会在掺入水后加盐来增加密度，我们可以根据以下方法进行检验。

1. 仪器和试剂

(1)仪器　试管；移液管：1 mL、5 mL。

(2)试剂　0.01 mol/L硝酸银溶液；10%铬酸钾溶液。

2. 分析步骤

取2 mL乳样于试管中，加5滴10%铬酸钾指示剂，混合均匀，加0.01 mol/L硝酸银试剂1.5 mL，混匀。

3. 结果判断

呈红色者证明该乳样为无盐乳；若呈黄色，判定为有盐，再继续滴加硝酸银试剂，边加边混匀，直至呈红色为止，计量。例如，某乳再次消耗硝酸银试剂量为0.7 mL，该乳中氯化物为

$$(1.5+0.7)\times 100=220(\text{mg/kg})$$

折合掺食盐量为：

$$(220-150)\times 1.65=115.5(\text{mg/kg})$$

正常值：泌乳期<150 mg/kg；秋、冬季 170 mg/kg。

根据反应后溶液的颜色深浅的不同，含盐量可判断为微量、中量、大量。

4. 注意事项

(1)硝酸银必须烘干后使用，否则会影响实验结果。

(2)试剂加入一定要按照操作规程进行，否则会影响检测结果，先加入硝酸银其结果偏高 10～20 mg/dL，因此，要严格按照牛乳 → 指示剂 → 硝酸银顺序进行。

三、牛乳中掺碱性物质的检验

为了掩蔽牛乳的酸败作用，防止牛乳因变质变酸发生凝结，因而在牛乳中加入少量的碱(碳酸钠或碳酸氢钠)来中和部分酸。但是加入碱后的牛乳滋味不佳，而且易使腐败菌生长，同时有些维生素也被破坏，对饮用者健康不利，因而对生鲜牛乳中加碱的检验非常必要。

(一)玫瑰红酸法

1. 仪器和试剂

(1)仪器　5 mL 移液管；试管。

(2)试剂　0.05%玫瑰红酸酒精溶液：溶解 0.05 g 玫瑰红酸于 100 mL 95%酒精中。

2. 分析步骤

移取 5 mL 牛乳于试管中，加入 5 mL 玫瑰红酸液，用手指堵住管口，摇匀。

3. 结果判断

乳中如无碱性物质则是黄色，有碱时则呈玫瑰红色，其加入量与颜色的深浅成正比(在检验时应做对照试验)。

(二) 溴麝香草酚蓝法

1. 试剂

(1)仪器　5 mL 移液管；试管；胶头滴管。

(2)溴麝香草酚蓝指示剂　称取 0.05 g 溴麝香草酚蓝溶解于 100 mL 95%酒精中。

2. 分析步骤

把 5 mL 被检牛乳注入试管中，将试管保持倾斜位置，再沿管壁小心加入溴麝香草酚蓝溶液 5 滴。把试管小心倾斜旋转 2～3 次，以便这些液体更好地相互接触(但切忌液体相互混匀)，然后把试管垂直放置 2 min 后，根据指示剂颜色的特征确定结果，同时需要做空白对照实验。

3. 结果判断

两液界面呈绿色→青色为掺碱，正常乳为黄色，详见表 1-8，并将结果记录于表 1-9 中。

表 1-8　碳酸钠掺入量显色对照表

乳中掺碱的浓度/%	界面环层颜色特点	乳中掺碱的浓度/%	界面环层颜色特点
无	黄色	0.5	青绿色
0.03	黄绿色	0.7	淡青色
0.05	浅绿色	1.0	青色
0.1	绿色	1.5	深青色
0.3	深绿色		

表 1-9 牛乳中掺碱实验结果记录

项目	现象	结果判断
空白(正常乳)试验		
试样 1		
试样 2		

四、牛乳掺豆浆、豆饼水的检验

牛乳中掺豆浆、豆饼水的检验方法有两种，一种是黄色反应法，一种是铁定性法，下面介绍黄色反应法的具体步骤。

1. 仪器和试剂

(1)仪器　50 mL 三角瓶;20 mL 量筒;5 mL 移液管。

(2)试剂　25%氢氧化钠;乙醇-乙醚(1∶1)混合液。

2. 分析步骤

取被检乳样 20 mL,放入 50 mL 三角瓶中,加乙醇-乙醚(1∶1)混合液 3 mL,混入后加入 25%氢氧化钠溶液 5 mL,摇匀。

同时做空白对照试验。试样呈微黄色,表示有豆浆掺入。本法灵敏度不高,当豆浆掺入量大于 10%时才呈阳性反应。

3. 结果判断

结果判定见表 1-10,将检验结果记录在表 1-11 中。

表 1-10 牛乳掺豆浆检验结果判定表

现象	结果判断	现象	结果判断
微黄或黄色	有豆浆掺入	正常牛乳色	无豆浆掺入

表 1-11 牛乳掺豆浆检验结果记录

样品	现象	结果判断
空白		
试样 1		
试样 1		

五、牛乳中掺淀粉的检验

为了提高牛乳的稠度和非脂固体的含量,不法经营者常向牛乳中掺入淀粉或糊精,或直接加入米汤、面粉等淀粉类物质。用以下方法可以进行鉴别。

1. 仪器和试剂

(1)仪器　5 mL 移液管;100 mL 容量瓶。

(2)试剂　碘液:用蒸馏水溶解碘化钾 4 g,碘 2 g,移入 100 mL 容量瓶中,加蒸馏水至刻度。

2. 分析步骤

取被检牛乳 5 mL 于试管中,稍煮沸,加入数滴碘液,观察颜色变化。

3. 结果判断

如有淀粉掺入,则出现蓝色或蓝青色反应。结果填入表 1-12。

表 1-12　牛乳中掺淀粉实验结果记录

项目	现象	结果判断
试样 1		
试样 2		

六、牛乳中掺牛尿、尿素(化肥)的检验

(一)乳中掺牛尿的检测

1. 仪器和试剂

(1)仪器　试管;5 mL 移液管。

(2)试剂　①钨酸蛋白沉淀剂:水 800 mL;0.34 mol/L 硫酸 100 mL;85%磷酸;0.1 mL;10%钨酸盐 10 mL;将上述试剂依次加入水中,混合均匀。②10%氢氧化钠溶液。③碱性苦味酸盐试剂:取 5 mL 饱和苦味酸,加 1 mL 10%氢氧化钠溶液,临用前混合。

2. 分析步骤

(1)取 5 mL 乳样于试管中,加 5 mL 钨酸蛋白沉淀剂,摇匀,离心,取上清液 5 mL 于另一试管中,加 4～5 滴 10%氢氧化钠溶液。

(2)再加 0.5 mL 碱性苦味酸盐试剂,充分混匀,放置 15 min,观察试管中液体颜色变化。同时做空白对照试验。

3. 结果判断

如牛乳中掺入牛尿,则呈红褐色,正常乳仍为苦味酸试剂固有的黄色。

(二)掺尿素的检测

1. 仪器和试剂

(1)仪器　试管;1 mL、5 mL 移液管。

(2)试剂　1%亚硝酸钠溶液;格里斯试剂:称取 89 g 酒石酸、10 g 对氨基苯磺酸,1 g 萘胺,混合研磨成粉末,贮存于棕色试剂瓶中,暗处保存;浓硫酸。

2. 分析步骤

(1)取 3 mL 待检乳于试管中,加 1 mL1%亚硝酸钠溶液,1 mL 浓硫酸,摇匀放置 5 min。

(2)待泡沫消失后,加 0.5 g 格里斯试剂,摇匀,观察试管中液体颜色的变化,同时作空白对照试验。

3. 结果判断

如牛乳中掺有尿素,则试管中颜色呈黄色,正常牛乳试管中颜色为紫红色。

任务 4　乳的理化检验

【任务设计】

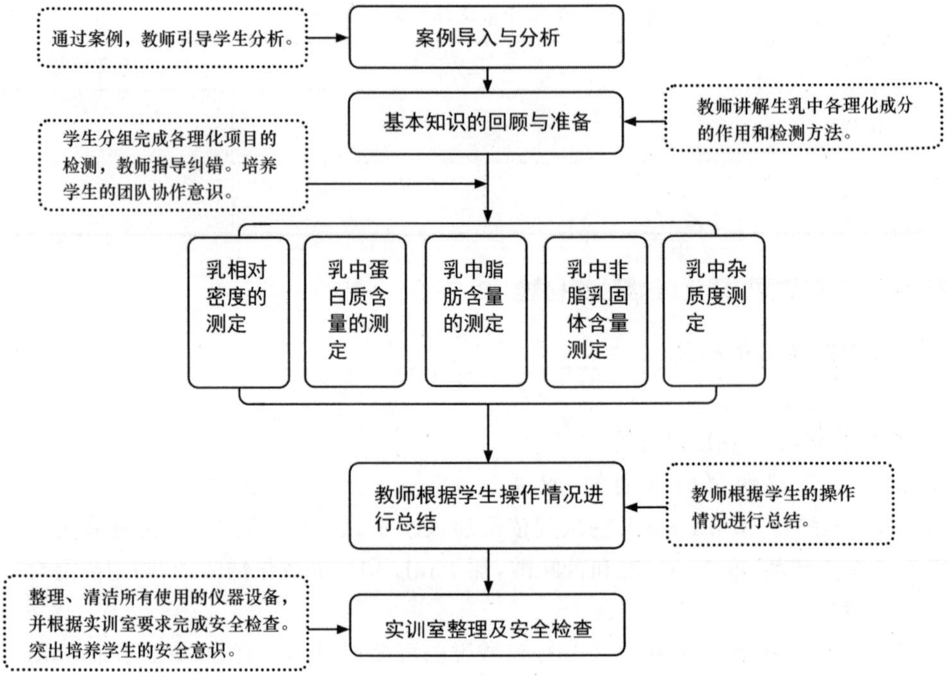

【案例导入】

有很多婴幼儿的家长认为生鲜牛乳营养丰富，而且与母乳成分接近，非常适合婴儿食用。真的是这样吗？经过检测和研究发现，牛乳和母乳蛋白的生物学价值几乎无差别，但牛乳中的酪蛋白含量较母乳中高出很多，为人乳的5倍，且牛乳中酪蛋白与乳清蛋白的比例为5∶1(人乳接近1∶1)，远远高出母乳的比例，这些成分易导致婴儿消化不良，并且容易加重婴儿肾脏的代谢负担。因此，测定乳中营养成分的含量是乳制品加工的基础和必要环节。

【任务实施】

生乳的理化检验是乳制品加工、贮存及流通过程中质量保证体系的一个重要组成部分，它是依据物理、化学性质，运用现代科学技术和手段，对乳的主要成分、含量和物理指标进行检测，以保证生产出质量合格的乳制品。它可以分为物理分析和化学分析。物理分析是根据生乳的物理常数进行测定的方法，如相对密度、折射率等；化学分析是根据生乳中各组分的化学性质进行的测定，其特点是检测设备简单，测定结果较为准确，是生产过程中最常见的方法，如生乳中蛋白质含量测定、脂肪含量测定等。

一、乳相对密度的测定

生乳相对密度测定依据 GB 5009.2—2016 采用第三法比重计法进行测。

1. 仪器和设备

乳稠计(乳比重计)：上部细管中有刻度标签，表示密度读数；量筒：250 mL，直径的大小应使沉入的乳稠计周边与量筒内壁间的距离大于 0.5 cm；温度计：0～50 ℃或 0～100 ℃。

2. 分析步骤

将 10～25 ℃的牛乳样品小心地注入容积为 250 mL 的量筒中，加到量筒容积的 3/4，勿使发生泡沫。用手拿住乳稠计上部，小心地将它沉入相当标尺 30°处，放手让它在乳中自由浮动，但不能与筒壁接触。待静止 1～2 min 后，读取乳稠计度数，以牛乳表面层与乳稠计的接触点，即新月形表面的顶点为准。根据牛乳温度和乳稠计度数，查牛乳温度换算表，将乳稠计度数换算成 20 ℃的度数。

3. 分析结果表述

相对密度 d_4^{20} 与乳稠计刻度的关系式：

$$d_4^{20}=\frac{X}{1\,000}+1.000$$

式中：X—乳稠计的读数；d_4^{20}—试样的相对密度。

注意牛乳温度不是 20 ℃时要校正，需要用温度计量取牛乳的温度，如果温度比 20 ℃高出 1 ℃，要在得出的乳稠计读数上加 0.2，如果牛乳温度低于 20 ℃时，每低 1 ℃，需减去乳稠剂读数 0.2，也可以查表得出。

[例] 温度 16 ℃时测得密度乳稠计读数为 31°，则 20 ℃时的相对密度应该为多少？

解：20 ℃密度乳稠计的读数 $X=31°-0.2°\times(20-16)=31°-0.8°=30.2°$

$$20\ ℃的密度\ d_4^{20}=1+30.2/1\,000=1.030\,2(\text{kg/m}^3)$$

对于读出的乳稠计数值不是整数时，可查表。

4. 精密度

在重复性条件下获得的两次独立测定结果的绝对差值不得超过算术平均值的 5%。

二、乳中蛋白质含量的测定

依据国家标准 GB 5009.5—2016，采用第一法凯氏定氮法测定生乳中蛋白质含量。

1. 试剂及配制

硫酸铜；硫酸钾；硫酸标准滴定溶液 $\left[c\left(\frac{1}{2}H_2SO_4\right)\right]$ 0.050 0 mol/L 或盐酸标准滴定溶液[c(HCl)]0.050 0 mol/L；硼酸溶液(20 g/L)：称取 20 g 硼酸，加水溶解后并稀释至 1 000 mL。甲基红指示剂；溴甲酚绿指示剂；亚甲基蓝指示剂；氢氧化钠溶液(400 g/L)：称取 40 g 氢氧化钠加水溶解后，放冷，并稀释至 100 mL；95%乙醇；甲基红乙醇溶液(1 g/L)：称取 0.1 g 甲基红，溶于 95%乙醇，用 95%乙醇稀释至

蛋白质含量测定——自动凯氏定氮仪法

100 mL;亚甲基蓝乙醇溶液(1 g/L):称取 0.1 g 亚甲基蓝,溶于 95%乙醇,用 95%乙醇稀释至 100 mL;溴甲酚绿乙醇溶液(1 g/L):称取 0.1 g 溴甲酚绿,溶于 95%乙醇,用 95%乙醇稀释至 100 mL;A 混合指示液:2 份甲基红乙醇溶液与 1 份亚甲基蓝乙醇溶液临用时混合;B 混合指示液:1 份甲基红乙醇溶液与 5 份溴甲酚绿乙醇溶液临用时混合。

2. 仪器和设备

天平:感量为 1 mg;定氮蒸馏装置:如图 1-2 所示;自动凯氏定氮仪。

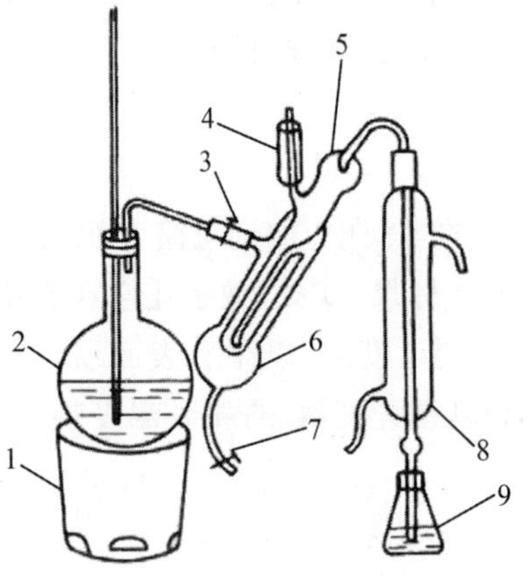

图 1-2 定氮蒸馏装置图

1. 电炉 2. 水蒸气发生器(2 L 烧瓶) 3. 螺旋夹 4. 小玻杯及棒状玻塞 5. 反应室 6. 反应室外层 7. 橡皮管及螺旋夹 8. 冷凝管 9. 蒸馏液接收瓶

3. 分析步骤

(1)凯氏定氮法

①试样处理:称取充分混匀的牛乳试样 10~25 g(相当于 30~40 mg 氮),精确至 0.001 g,移入干燥的 100 mL、250 mL 或 500 mL 定氮瓶中,加入 0.4 g 硫酸铜、6 g 硫酸钾及 20 mL 硫酸,轻摇后于瓶口放一小漏斗,将瓶以 45°角斜支于有小孔的石棉网上。小心加热,待内容物全部炭化,泡沫完全停止后,加强火力,并保持瓶内液体微沸,至液体呈蓝绿色并澄清透明后,再继续加热 0.5~1 h。取下放冷,小心加入 20 mL 水。放冷后,移入 100 mL 容量瓶中,并用少量水洗定氮瓶,洗液并入容量瓶中,再加水至刻度,混匀备用。同时做试剂空白试验。

②测定:按图 1-2 装好定氮蒸馏装置,向水蒸气发生器内装水至 2/3 处,加入数粒玻璃珠,加甲基红乙醇溶液数滴及数毫升硫酸,以保持水呈酸性,加热煮沸水蒸气发生器内的水并保持沸腾。

③向接受瓶内加入 10.0 mL 硼酸溶液及 1~2 滴 A 混合指示剂或 B 混合指示剂,并使冷凝管的下端插入液面下,根据试样中氮含量,准确吸取 2.0~10.0 mL 试样处理液由小玻杯注入反应室,以 10 mL 水洗涤小玻杯并使之流入反应室内,随后塞紧棒状玻塞。将 10.0 mL 氢氧化钠溶液倒入小玻杯,提起玻塞使其缓缓流入反应室,立即将玻塞盖紧,并水封。夹紧螺旋夹,开始蒸馏。蒸馏 10 min 后移动蒸馏液接收瓶,液面离开冷凝管下端,再蒸馏 1 min。然后用少量水冲洗冷凝管下端外部,取下蒸馏液接收瓶。尽快以硫酸或盐酸标准滴定溶液滴定至终点,如用 A 混合指示液,终点颜色为灰蓝色;如用 B 混合指示液,终点颜色为浅灰红色。同时做试剂空白。

(2)自动凯氏定氮仪法 称取充分混匀的牛乳试样 10~25 g(相当于 30~ 40 mg 氮),精确至 0.001 g,至消化管中,再加入 0.4 g 硫酸铜、6 g 硫酸钾及 20 mL 硫酸于消化炉进行消化。当消化炉温度达到 420 ℃之后,继续消化 1 h,此时消化管中的液体呈绿色透明状,取出冷却后加入 50 mL 水,于自动凯氏定氮仪(使用前加入氢氧化钠溶液、盐酸或硫酸标准溶液以及含有混合指示剂 A 或 B 的硼酸溶液)上实现自动加液、蒸馏、滴定和记录滴定数据的过程。

4. 分析结果

$$X=\frac{(V_1-V_2)\times c\times 0.0140}{m\times V_3/100}\times F\times 100\%$$

式中：X—试样中蛋白质的含量，g/100 g；V_1—试液消耗硫酸或盐酸标准滴定液的体积，mL；V_2—试剂空白消耗硫酸或盐酸标准滴定液的体积，mL；c—硫酸或盐酸标准滴定溶液浓度，mol/L；0.0140—1.0 mL 硫酸[c（$1/2H_2SO_4$）＝1.000 mol/L]或盐酸[c（HCl）＝1.000 mol/L]标准滴定溶液相当的氮的质量，g；m—试样的质量，g；F—氮换算为蛋白质的系数，纯乳为 6.38；V_3—吸取消化液的体积，单位为毫升(mL)； 100 —换算系数。

蛋白质含量≥1 g/100 g 时，结果保留三位有效数字；蛋白质含量＜1 g/100 g 时，结果保留两位有效数字。

5. 说明及注意事项

(1)蒸馏前给水蒸气发生器内装满水至 2/3 体积处，加甲基橙指示剂数滴计硫酸数毫升以使其始终保持酸性，这样可以避免水中的氨被蒸出而影响测定结果。

(2)加碱应足量，操作应迅速；漏斗应采用水封措施，以免氨由此逸出损失。

所用的试剂溶液应用无氨蒸馏水配制。

(3)在蒸馏时，蒸汽发生要均匀充足，蒸馏过程中不得停火断汽，否则将发生倒吸。

6. 精密度

在重复性条件下获得的两次独立测定结果的绝对差值不得超过算术平均值的 10%。

三、乳中脂肪含量的测定

依据国家标准 GB5009.6—2016，采用碱水解法和盖勃法测定生乳中脂肪含量，此处重点介绍盖勃法的测定过程。

1. 试剂和材料

硫酸(H_2SO_4)：分析纯，ρ_{20} 约 1.84 g/L；异戊醇($C_5H_{12}O$)：分析纯。

2. 仪器和设备

乳脂离心机；盖勃氏乳脂计：最小刻度值为 0.1%，见图 1-3；10.75 mL 单标乳吸管；水浴锅。

3. 分析步骤

于盖勃氏乳脂计中先加入 10 mL 硫酸，再沿着管壁小心准确加入 10.75 mL 试样，使试样与硫酸不要混合，然后加 1 mL 异戊醇，塞上橡皮塞，使瓶口向下，同时用布包裹以防冲出，用力振摇使呈均匀棕色液体，静置数分钟(瓶口向下)，置 65～70 ℃水浴中 5 min，取出后置于乳脂离心机中以 1 100 r/min 的转速离心 5 min，再置于 65～70 ℃水浴水中保温 5 min(注意水浴水面应高于乳脂计脂肪层)。取出，立即读数，即为脂肪的百分数。

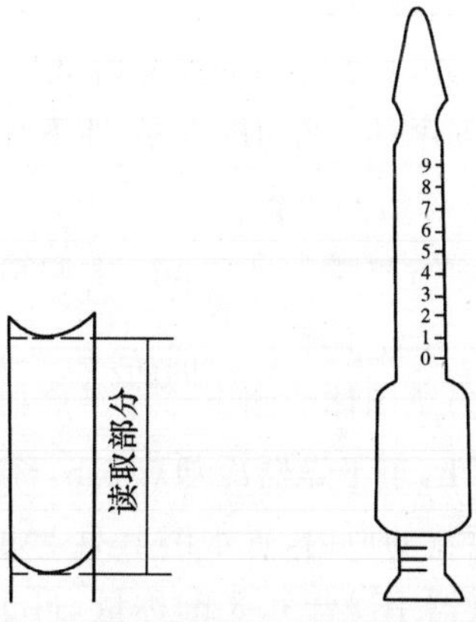

图 1-3　盖勃氏乳脂计

4. 精密度

在重复性条件下获得的两次独立测定结果的绝对差值不得超过算术平均值的5%。

5. 说明与注意事项

(1)硫酸的浓度要严格遵守规定的要求。

(2)盖勃氏法中所有异戊醇的作用是促进脂肪析出,并能降低脂肪球的表面张力,以利于脂肪的析出。

(3)加热的和离心的目的是促进脂肪离析。

四、乳中非脂乳固体含量的测定

非脂乳固体是生乳验收的一个重要的理化指标,在生乳中除去水分后剩下的组分即为总固体,它在牛乳中含量在11.3%～14.5%。而非脂乳固体即总固体(也称为全乳固体)扣除脂肪后剩下的组分总称为非脂乳固体。它在牛乳中的含量一般在8.0%～10.0%,总固体中含有许多成分,如蛋白质、脂肪、乳糖、维生素等。依据国标GB 5413.39—2010测定生乳中非脂乳固体的含量,要求在食品检验相关实训室内完成。

1. 试剂和材料

除非另有规定,本方法所用试剂均为分析纯,水为GB/T 6682规定的三级水。

(1)平底皿盒　高20～25 mm,直径50～70 mm的带盖不锈钢或铝皿盒,或玻璃称量皿。

(2)短玻璃棒　适合于皿盒的直径,可斜放在皿盒内,不影响盖盖。

(3)石英砂或海砂　可通过500 μm孔径的筛子,不能通过180 μm孔径的筛子,并通过下列适用性测试:将约20 g的海砂同短玻棒一起放于一皿盒中,然后敞盖在(100±2) ℃的干燥箱中至少烘2 h。把皿盒盖盖后放入干燥器中冷却至室温后称量,准确至0.1 mg。用5 mL水将海砂润湿,用短玻棒混合海砂和水,将其再次放入干燥箱中干燥4 h。把皿盒盖盖后放入干燥器中冷却至室温后称量,精确至0.1 mg,两次称量的差不应超过0.5 mg。如果两次称量的质量差超过了0.5 mg,则需对海砂进行下面的处理后,才能使用:将海砂在体积分数为25%的盐酸溶液中浸泡3 d,经常搅拌。尽可能地倾出上清液,用水洗涤海砂,直到中性。在160 ℃条件下加热海砂4 h。然后重复进行适用性测试。

2. 仪器和设备

天平:感量为0.1 mg;干燥箱;水浴锅。

3. 分析步骤

(1)总固体的测定　在平底皿盒中加入20 g石英砂或海砂,在(100±2) ℃的干燥箱中干燥2 h,于干燥器冷却0.5 h,称量,并反复干燥至恒重。称取5.0 g(精确至0.000 1 g)试样于恒重的皿内,置水浴上蒸干,擦去皿外的水渍,于(100±2) ℃干燥箱中干燥3h,取出放入干燥器中冷却0.5 h,称量,再于(100±2) ℃干燥箱中干燥1 h,取出冷却后称量,至前后两次质量相差不超过1.0 mg。

(2)生乳中脂肪含量的测定(按本任务前面提到的碱水解法或盖勃法测定)。

4. 分析结果计算

(1)生乳中总固体含量计算

$$X=\frac{m_1-m_2}{m}\times 100\%$$

式中：X—试样中总固体的含量，g/100 g；m_1—皿盒、海砂加试样干燥后质量，g；m_2—皿盒、海砂的质量，g；m 试样的质量，g。

(2)生乳中非脂乳固体含量计算

$$X_{NFT}=X-X_1$$

式中：X_{NFT}—试样中非脂乳固体的含量，g/100 g；X—试样中总固体的含量，g/100 g；X_1—试样中脂肪的含量，g/100 g。

五、乳杂质度的测定

依据国家标准 GB 5413.30—2016 测定生乳中杂质度。

1. 原理

生鲜乳样品经杂质度过滤板过滤，根据残留于杂质度过滤板上直观可见的非白色杂质，与杂质度参考标准板比对，确定样品杂质的限量。

2. 试剂和材料

除非另有说明，本方法所用试剂均为分析纯，水为 GB/T 6682 规定的三级水。

(1)杂质度过滤板：直径 32 mm、质量(135±15) mg、厚度 0.8～1.0 mm 的白色棉质板，应符合国家检验要求。

(2)杂质度参考标准板。

3. 仪器和设备

(1)过滤设备　杂质度过滤机或抽滤瓶，可采用正压或负压的方式实现快速过滤(每升水的过滤时间为 10～15 s)。安放杂质度过滤板后的有效过滤直径为(28.6±0.1) mm。

(2)天平　感量为 0.1 g。

(3)量筒。

4. 分析步骤

乳样品充分混匀后，用量筒量取 500 mL 立即测定。将杂质度过滤板放置在过滤设备上，将制备的样品溶液倒入过滤设备的漏斗中，但不得溢出漏斗，过滤。用水多次洗净烧杯，并将洗液转入漏斗过滤。分次用洗瓶洗净漏斗过滤，滤干后取出杂质度过滤板，与杂质度标准板比对即得样品杂质度。

5. 分析结果

过滤后的杂质度过滤板与杂质度参考标准板比对得出的结果，即为该样品的杂质度。当杂质度过滤板上的杂质量介于两个级别之间时，应判定为杂质量较多的级别。如出现纤维等外来异物，判定杂质度超过最大值。

6. 精密度

按上述方法对同一样品做两次测定，其结果应一致。

任务5　乳的微生物检验

【任务设计】

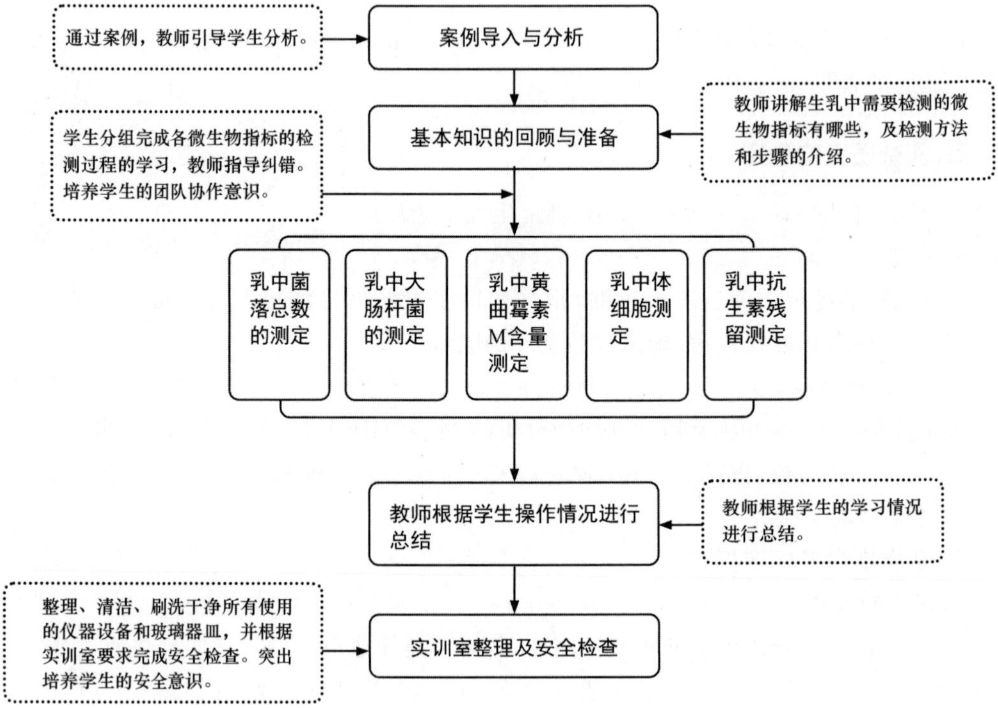

【案例导入】

一些消费者觉得来自牧场的现挤生鲜奶比超市卖的纯牛奶更新鲜、更原生态。在电商平台上及线下，生鲜奶销售商家并不少，零售价普遍在每千克16～20元。我国《生鲜乳生产收购管理办法》《乳品质量安全监督管理条例》规定，禁止其他单位或个人收购生鲜乳，禁止收购“经检测不符合健康标准或未经检疫合格的奶畜产的生鲜乳”。但在“高价”的诱惑下，存在安全风险的、甚至未经检测的生鲜奶正以网上零售、线下批发这两条“地下”交易路线涌向消费者的餐桌。尽管商家们对生鲜奶使用冰块、冰袋等简单的冷链配送，还建议煮沸，但其安全性远不是这么简单就能保证的。国家食品药品监督管理总局2015年7月10日发表《食品安全风险解析》，专门组织专家对生鲜奶的营养价值及安全性进行全面解析，指出生鲜奶在营养上并无特别之处，反而存在感染布鲁氏菌等微生物的健康风险，生鲜乳微生物检测必不可少。

【任务实施】

乳中含有丰富的营养成分，为微生物的生长、繁殖提供了充足的物质基础，是微生物良好的培养基，因而，微生物污染生乳后很容易生长繁殖，导致生乳变质。生鲜乳在生产、销售等各个环节中，被微生物污染往往是不可避免的。生鲜乳中微生物检验的指标有菌落总数、大肠菌群、黄曲霉毒素、体细胞、抗生素残留等。接下来我们将学习生鲜乳中微生物检测的方法及步骤。

一、乳中菌落总数测定

依据国标 GB 4789.2—2016 测定生乳中菌落总数，要求在食品微生物检验相关实训室内完成。

1. 仪器和设备

除微生物实验室常规灭菌及培养设备外，其他设备和材料如下：

恒温培养箱：(36±1) ℃，(30±1) ℃；冰箱：2～5 ℃；恒温水浴箱：(46±1) ℃；天平：感量为 0.1 g；均质器；振荡器；无菌吸管：1 mL(具 0.01 mL 刻度)、10 mL(具 0.1 mL 刻度)或微量移液器及吸头；无菌锥形瓶：容量 250 mL、500 mL；无菌培养皿：直径 90 mm；pH 计或 pH 比色管或精密 pH 试纸；放大镜或/和菌落计数器。

动画：乳中菌落总数的测定

2. 培养基和试剂

平板计数琼脂培养基、磷酸盐缓冲液、无菌生理盐水。

3. 操作步骤

(1)样品的稀释　①以无菌吸管吸取 25 mL 样品置盛有 225 mL 磷酸盐缓冲液或生理盐水的无菌锥形瓶(瓶内预置适当数量的无菌玻璃珠)中，充分混匀，制成 1∶10 的样品匀液。②用 1 mL 无菌吸管或微量移液器吸取 1∶10 样品匀液 1 mL，沿管壁缓慢注于盛有 9 mL 稀释液的无菌试管中(注意吸管或吸头尖端不要触及稀释液面)，振摇试管或换用 1 支无菌吸管反复吹打使其混合均匀，制成 1∶100 的样品匀液。③另取 1 mL 灭菌吸管，按上述操作顺序，做 10 倍递增稀释，如此每递增稀释一次，即换用 1 支 1 mL 灭菌吸管。④根据对样品污染状况的估计，选择 2～3 个适宜稀释度的样品匀液(液体样品可包括原液)，在进行 10 倍递增稀释时，吸取 1 mL 样品匀液于无菌平皿内，每个稀释度做两个平皿。同时，分别吸取 1 mL 空白稀释液加入两个无菌平皿内作空白对照。⑤及时将 15～20 mL 冷却至 46 ℃的平板计数琼脂培养基[可放置于(46±1) ℃恒温水浴箱中保温]倾注平皿，并转动平皿使其混合均匀。

(2)培养　①待琼脂凝固后，将平板翻转，(36±1)℃培养(48±2) h。②如果样品中可能含有在琼脂培养基表面弥漫生长的菌落时，可在凝固后的琼脂表面覆盖一薄层琼脂培养基(约 4 mL)，凝固后翻转平板，按①条件进行培养。

(3)菌落计数　①可用肉眼观察，必要时用放大镜或菌落计数器，记录稀释倍数和相应的菌落数量。菌落计数以菌落形成单位(colony-forming units，CFU)表示。②选取菌落数在 30～300 CFU、无蔓延菌落生长的平板计数菌落总数。低于 30 CFU 的平板记录具体菌落数，大于 300 CFU 的可记录为多不可计。每个稀释度的菌落数应采用两个平板的平均数。③其中一个平板有较大片状菌落生长时，则不宜采用，而应以无片状菌落生长的平板作为该稀释度的菌落数；若片状菌落不到平板的一半，而其余一半中菌落分布又很均匀，即可计算半个平板后乘以 2，代表一个平板菌落数。④当平板上出现菌落间无明显界线的链状生长时，则将每条单链作为一个菌落计数。

4. 结果与报告

(1)菌落总数的计算方法　①若只有一个稀释度平板上的菌落数在适宜计数范围内，

计算两个平板菌落数的平均值，再将平均值乘以相应稀释倍数，作为每克（或每毫升）样品中菌落总数结果。②若有两个连续稀释度的平板菌落数在适宜计数范围内时，按下面公式计算。

$$N=\frac{\sum C}{(n_1+0.1n_2)d}$$

式中：N—样品中菌落数；$\sum C$—平板（含适宜范围菌落数的平板）菌落数之和；n_1—第一稀释度（低稀释倍数）平板个数；n_2—第二稀释度（高稀释倍数）平板个数；d—稀释因子（第一稀释度）。

③若所有稀释度的平板上菌落数均大于 300 CFU，则对稀释度最高的平板进行计数，其他平板可记录为多不可计，结果按平均菌落数乘以最高稀释倍数计算。④若所有稀释度的平板菌落数均小于 30 CFU，则应按稀释度最低的平均菌落数乘以稀释倍数计算。⑤若所有稀释度（包括液体样品原液）平板均无菌落生长，则以小于 1 乘以最低稀释倍数计算。⑥若所有稀释度的平板菌落数均不在 30～300 CFU，其中一部分小于 30 CFU 或大于 300 CFU 时，则以最接近 30 CFU 或 300 CFU 的平均菌落数乘以稀释倍数计算。

(2)菌落总数的报告　①菌落数小于 100 CFU 时，按“四舍五入”原则修约，以整数报告。②菌落数大于或等于 100 CFU 时，第 3 位数字采用“四舍五入”原则修约后，取前 2 位数字，后面用 0 代替位数；也可用 10 的指数形式来表示，按“四舍五入”原则修约后，采用两位有效数字。③若所有平板上为蔓延菌落而无法计数，则报告菌落蔓延。④若空白对照上有菌落生长，则此次检测结果无效。⑤称重取样以 CFU/g 为单位报告，体积取样以 CFU/mL 为单位报告。

二、乳中大肠菌群的测定

大肠菌群是指一群能发酵乳糖、产酸、产气、需氧和兼性厌氧的革兰氏阴性无芽孢杆菌。该菌主要来源于人畜粪便，故以此作为粪便污染指标来评价食品的卫生质量，推断食品中是否有污染肠道致病菌存在。大肠杆菌对健康有潜在的危险性。依据 GB 4789.3—2016 来进行牛乳中大肠菌群的测定，有两种方法，详细介绍大肠菌群 MPN 计数法。

1. 设备和材料

除微生物实验室常规灭菌及培养设备外，其他设备和材料如下：

恒温培养箱：(36±1) ℃；冰箱：2～5 ℃；恒温水浴箱：(46±1) ℃；天平：感量 0.1 g；均质器；振荡器；无菌吸管：1 mL（具 0.01 mL 刻度）、10 mL（具 0.1 mL 刻度）或微量移液器及吸头；无菌锥形瓶：容量 500 mL；无菌培养皿：直径 90 mm；pH 计或 pH 比色管或精密 pH 试纸；菌落计数器。

2. 培养基和试剂

月桂基硫酸盐胰蛋白胨（Laury Sulfate Tryptose，LST）肉汤；煌绿乳糖胆盐（Brilliant Green Lactose Bile，BGLB）肉汤；结晶紫中性红胆盐琼脂（Vioet Red Bile Agar，VRBA）；磷酸盐缓冲液。

3. 操作步骤

(1)样品稀释　①以无菌吸管吸取 25 mL 生乳样品，置盛有 225 mL 磷酸盐缓冲液或生理盐水的无菌锥形瓶（瓶内预置适当数量的无菌玻璃珠）中，充分混匀，制成 1∶10 的样品匀液。②样品匀液的 pH 应在 6.5～7.5，必要时分别用 1 mol/LNaOH 或 1 mol/LHCl 调节。③用 1 mL 无菌吸管或微量移液器吸取 1∶10 样品匀液 1 mL，沿管壁缓缓注入 9 mL 磷酸盐缓冲液或生理盐水的无菌试管中（注意吸管或吸头尖端不要触及稀释液面），振摇试管或换用 1 支 1 mL 无菌吸管反复吹打，使其混合均匀，制成 1∶100 的样品匀液。④根据对样品污染状况的估计，按上述操作，依次制成 10 倍递增系列稀释样品匀液。每递增稀释 1 次，换用 1 支 1 mL 无菌吸管或吸头。从制备样品匀液至样品接种完毕，全过程不得超过 15 min。

（2）初发酵试验　每个样品，选择 3 个适宜的连续稀释度的样品匀液（液体样品可以选择原液），每个稀释度接种 3 管月桂基硫酸盐胰蛋白胨（LST）肉汤，每管接种 1 mL（如接种量超过 1 mL，则用双料 LST 肉汤），（36±1）℃培养（24±2）h，观察管内是否有气泡产生，如未产气则继续培养至（48±2）h。记录在 24 h 和 48 h 内产气的 LST 肉汤管数。未产气者为大肠菌群阴性，产气者则进行复发酵试验。

（3）复发酵试验（证实试验）　用接种环从所有（48±2）h 内发酵产气的 LST 肉汤管中分别取培养物 1 环，移种于煌绿乳糖胆盐（BGLB）肉汤管中，（36±1）℃培养（48±2）h，观察产气情况。产气者，计为大肠菌群阳性管。

（4）大肠菌群最可能数（MPN）的报告　根据大肠菌群阳性管数，检索 MPN 表（1-13），报告每克（或每毫升）样品中大肠菌群的 MPN 值。

表 1-13　大肠菌群最可能数（MPN）检索表

阳性管数			MPN	95%可信限		阳性管数			MPN	95%可信限	
0.10	0.01	0.001		下限	上限	0.10	0.01	0.001		下限	上限
0	0	0	＜3.0	—	9.5	2	2	0	21	4.5	42
0	0	1	3.0	0.15	9.6	2	2	1	28	8.7	94
0	1	0	3.0	0.15	11	2	2	2	35	8.7	94
0	1	1	6.1	1.2	18	2	3	0	29	8.7	94
0	2	0	6.2	1.2	18	2	3	1	36	8.7	94
0	3	0	9.4	3.6	38	3	0	0	23	4.6	94
1	0	0	3.6	0.17	18	3	0	1	38	8.7	110
1	0	1	7.2	1.3	18	3	0	2	64	17	180
1	0	2	11	3.6	38	3	1	0	43	9	180
1	1	0	7.4	1.3	20	3	1	1	75	17	200
1	1	1	11	3.6	38	3	1	2	120	37	420
1	2	0	11	3.6	42	3	1	3	160	40	420
1	2	1	15	4.5	42	3	2	0	93	18	420
1	3	0	16	4.5	42	3	2	1	150	37	420
2	0	0	9.2	1.4	38	3	2	2	210	40	430
2	0	1	14	3.6	42	3	2	3	290	90	1000
2	0	2	20	4.5	42	3	3	0	240	42	1000
2	1	0	15	3.7	42	3	3	1	460	90	2000
2	1	1	20	4.5	42	3	3	2	1100	180	4100
2	1	2	27	8.7	94	3	3	3	＞1100	420	—

注：1. 本表采用 3 个稀释度[0.1 g（或 0.1 mL）、0.01 g（或 0.01 mL）和 0.001 g（或 0.001 mL）]，每个稀释度接种 3 管。

2. 表内所列检样量如改用 1 g（或 1 mL）、0.1 g（或 0.1 mL）和 0.01 g（或 0.01 mL）时，表内数字应相应降低 10 倍；如改用 0.01 g（或 0.01 mL）、0.001 g（或 0.001 mL）、0.000 1 g（或 0.000 1 mL）时，则表内数字应相应增高 10 倍，其余类推。

三、乳中黄曲霉毒素 M_1 测定

黄曲霉毒素是由霉菌 *Aspergillus flavus* 及 *Aspergillus parasiticus* 产生的致癌的高毒性代谢产物。黄曲霉毒素 M_1，即所谓的牛奶黄曲霉毒素是黄曲霉毒素 B_1 的代谢产物，它隐藏于由食用了含黄曲霉毒素 B_1 的饲料的奶牛所产的牛奶中。黄曲霉毒素 M_1 能在常规的巴氏法消毒后继续存活，因此它是生产原材料样品和成品的必检项目。乳中黄曲霉毒素 M_1 的测定方法依据国标 GB 2761，我们这里介绍的是企业中普遍使用试剂盒快速检测法——酶联免疫法定量检测黄曲霉毒素 M_1。

1. 试剂盒组分

盒中的组分如下：

抗黄曲霉毒素 M1 抗体包被板(96 孔微孔板)1 个。

黄曲霉毒素 M1 标准品 6 瓶：0 ppt(零标准品)，5 ppt，10 ppt，20 ppt，40 ppt，80 ppt。

黄曲霉毒素 M1 抗体浓缩液 1 瓶。

酶连接物 1 瓶：过氧化物酶标记的黄曲霉毒素 M1 浓缩液。

底物/发色剂 1 瓶。

反应终止液 1 瓶。

样品稀释缓冲液 1 瓶。

酶标记物、抗体稀释缓冲液和洗涤缓冲液(盐)。

2. 另需的试剂和设备

(1)设备　微孔板酶标仪(450 nm)；离心机；巴氏吸液管；刻度移液管；可调式 20～200 μL 和 200～1 000 μL 微量移液管；振荡器(仅用于奶酪样品)；水浴锅(仅用于奶酪样品)。

(2)试剂(仅用于奶酪样品)　甲醇；正己烷；二氯甲烷。

3. 样品处理

样品应当冷藏保存。

(1)奶类样品　用冷冻离心机在 10 min/3 500*g*/10 ℃ 条件下去除脂肪(如果没有冷冻离心机，必须在离心前将样品冷却 10 ℃)，离心后可用巴氏吸液管彻底去除表面的奶油，取脱脂牛奶用于检测(每孔 100 μL)。

(2)奶粉样品　称取 10 g 奶粉样品于烧杯中，加入去离子水至 100 mL，搅拌使其充分溶解，溶解后的样品在 50 ℃的水浴中温育 30 min，然后按上述奶类样品进行处理。

(3)奶酪样品　对采集的代表性样品进行粉碎和混合，不要加入任何液体。对于表面长有霉菌的样品须去掉表面，因为其会影响检测结果。

①称取 2 g 粉碎后的奶酪样品于可密闭的玻璃容器中，加入 8 mL 二氯甲烷搅拌或者振荡充分，将均匀振荡混合后的样品在 50 ℃条件下温育 30 min。

②过滤或离心(10 min/4 000*g* 或更高/10～15 ℃)。取 4 mL 澄清滤液(相当于 1 g 样品)，蒸干(微弱氮气流中，60 ℃)。油状残留物用 0.5 mL 100%的甲醇溶液复溶，复溶后加入 0.5 mL 蒸馏水，再加入 2 mL 正己烷，充分混合。离心(10 min/4 000*g*/15 ℃)，完全去除上层正己烷层。

③用巴氏吸液管小心吸出下层的部分甲醇-水溶液，取吸出的下层与样品稀释缓冲液进行 1∶10(1+9)的稀释(例如，50 μL 下层液和 450 μL 样品稀释缓冲液混合)，每孔取

100 μL。

4. 检测步骤

(1)检测前的准备　使用之前将所有试剂回温至室温(20～25 ℃)。

黄曲霉毒素 M_1 酶连接物为浓缩液。因为稀释的酶连接物的弱稳定性,所以应严格根据用量用酶连接物稀释缓冲液进行稀释。在使用酶连接物前要仔细地轻轻振摇。用酶连接物稀释缓冲液对酶连接物浓缩液按照 1∶11(1+10)的比例进行稀释(例如,400 μL 浓缩液+4 mL 缓冲液,足够进行 4 条微孔板条的检测)。

黄曲霉毒素 M_1 抗体为浓缩液。因为稀释的抗体溶液的弱稳定性,所以应严格根据用量用抗体稀释缓冲液进行稀释。在使用抗体前要仔细地轻轻振摇。用抗体稀释缓冲液对抗体浓缩液按照 1∶11(1+10)的比例进行稀释(例如,400 μL 浓缩液+ 4 mL 缓冲液,足够进行 4 条微孔板条的检测)。

酶连接物稀释缓冲液、抗体稀释缓冲液和洗涤缓冲液是 PBS-Tween 缓冲液,为此试剂盒中提供了一袋洗涤缓冲液盐。使用 1 L 蒸馏水溶解一袋洗涤缓冲液盐制得洗涤缓冲液。制备好的洗涤缓冲液可在 2～8 ℃下保存 4～6 周。或者用 100 mL 蒸馏水溶解袋中的洗涤缓冲液盐,得到 10 倍的洗涤缓冲液盐浓缩液,此溶液能在室温(20～25 ℃)下储存 8～12 周。使用时,用 9 份蒸馏水溶解 1 份此浓缩液得到洗涤缓冲液。

(2)检测操作　仔细进行洗板的操作非常重要。在使用中不要让微孔出现干燥。①将足够标准品和样品检测所需数量的孔条插入微孔板架,均做平行实验。记录标准品和样品的位置。②将 100 μL 稀释后的抗体溶液加入相应的微孔中。充分混合后,在室温下(20～25 ℃)孵育 15 min。③倒出孔中的液体,将微孔板架倒置在吸水纸上拍打(每轮拍打 3 次)以保证完全除去孔中的液体。加入 250 μL 洗涤缓冲液洗涤,上述操作重复进行两遍。④将 100 μL 标准品或者按照上面样品处理步骤处理后的样品加入相应的微孔中,均做两个平行实验。充分混合后,在室温下(20～25 ℃)暗处孵育 30 min。⑤倒出孔中的液体,将微孔板架倒置在吸水纸上拍打(每轮拍打 3 次)以保证完全除去孔中的液体。加入 250 μL 洗涤缓冲液洗涤,上述操作重复进行两遍。⑥然后向对应的微孔中加入 100 μL 稀释后的酶连接物溶液,小心用手振荡混合后在室温下(20～25 ℃)暗处孵育 15 min。⑦倒出孔中的液体,将微孔板架倒置在吸水纸上拍打(每轮拍打 3 次)以保证完全除去孔中的液体。加入 250 μL 洗涤缓冲液洗涤,上述操作重复进行两遍。⑧向每一个微孔中加入 100 μL 底物/发色剂,充分混合后在室温下(20～25 ℃)暗处孵育 15 min。⑨向每一个微孔中加入 100 μL 反应终止液,充分混合。在加入反应终止液后 15 min 内于 450 nm 处测量吸光度值。

5. 结果评估

请使用产品设计的应用软件来进行结果分析。

$$\frac{\text{标准品的吸光度值(或样品)}}{\text{零标准品的吸光度值}}\times 100\% = \text{吸光度比值}$$

吸光度值以百分比表示,因此零标准品等同于 100%。计算标准品相应的比值,并绘成一个与黄曲霉毒素 M_1[ng/L] 相关的半对数坐标系统的曲线图。为了真实反映黄曲霉毒素 M_1 的浓度,从校正曲线上读出的浓度值必须乘以相对应样品的稀释倍数。按照说明书中给出的方法进行操作,可得到以下样品稀释倍数:

奶类样品 …………………………………………………………………………… 1
奶粉样品(相对于溶解后的液态样品) ………………………………………… 1
奶粉样品(相对于所称量的奶粉质量)………………………………………… 10
奶酪样品 …………………………………………………………………………… 10

6. 注意事项

(1)操作注意事项　建议由经过相关培训的实验人员进行本试剂盒的使用操作。请严格按照不同试剂盒说明书的要求使用试剂盒。标准品中含有黄曲霉毒素 M_1,应特别小心。避免皮肤接触(使用手套)。玻璃器具和有毒溶液用次氯酸钠溶液[10% (V/V)]浸泡消毒过夜(用 HCl 调节溶液 pH 为 7)。

(2)储存条件　保存试剂盒于 2~8 ℃,不要冷冻。将不用的微孔板放进原锡箔袋中并且与提供的干燥剂一起重新密封储存于 2~8 ℃条件下。黄曲霉毒素对光敏感,因此标准品要避免直接暴露在光线下。底物/发色剂对光敏感,因此要避免直接暴露在光线下。对过了有效期(见试剂盒标签)的试剂盒不再提供任何质量保证。不能交叉使用不同批号的盒中试剂。

四、乳中体细胞测定

生鲜牛乳中体细胞测定依据我国农业行业标准 NY/T 800—2004 规定的方法进行操作,下面具体叙述显微镜法。

1. 试剂

乙醇,95%;四氯乙烷($C_2H_2Cl_4$)或三氯乙烷($C_2H_3Cl_3$);亚甲基蓝($C_{16}H_{18}ClN_3S \cdot 3H_2O$);冰醋酸($CH_3COOH$);硼酸($H_3BO_3$)。

2. 仪器

显微镜:放大倍数×500 或×1 000,带刻度目镜、测微尺和机械台;微量注射器:容量 0.01 mL;载玻片:具有外槽圈定的范围,可采用血球计数板;水浴锅:恒温(65±5)℃;水浴锅:恒温(35±5)℃;电炉:加热温度(40±10)℃;砂芯漏斗:孔径≤10 μm;干发型吹风机;恒温箱:恒温 40~45 ℃。

3. 操作步骤

(1)染色溶液制备　在 250 mL 三角瓶中加入 54.0 mL 乙醇和 40.0 mL 四氯乙烷,摇匀;在 65 ℃水浴锅中加热 3 min,取出后加入 0.6 g 亚甲基蓝,仔细混匀;降温后,置入冰箱中冷却至 4 ℃;取出后,加入 6.0 mL 冰醋酸,混匀后用砂芯漏斗过滤;装入试剂瓶,常温贮存。

(2)试样的制备　①采集的生鲜牛乳应保存在 2~6 ℃条件下。若 6 h 内未测定,应加硼酸防腐。硼酸在样品中的浓度不大于 0.6 g/100 mL,贮存温度 2~6 ℃,贮存时间不超过 24 h。②将生鲜牛乳样品在 35 ℃水浴锅中加热 5 min,摇匀后冷却至室温。③用乙醇将载玻片清洗后,用无尘镜头纸擦干,火焰烤干,冷却。④用无尘镜头纸擦净微量注射器针头后抽取 0.01 mL 试样,用无尘镜头纸擦干微量注射器针头外残样。将试样平整地注射在有外围的载玻片上,立刻置于恒温箱中,水平放置 5 min,形成均匀厚度样膜。在电炉上烤干,将载玻片上干燥样膜浸入染色溶液中,计时 10 min,取出后晾干。若室内湿度大,则可用干发型吹风机吹干;然后,将染色的样膜浸入水中洗去剩余的染色溶液,干燥后防尘保存。

(3)测定

①将载玻片固定在显微镜的载物台上，用自然光或为增大透射光强度用电光源、聚光镜头、油浸高倍镜。②单向移动机械台对逐个视野中载玻片上染色体细胞计数，明显落在视野内或在视野内显示，一半以上形体的体细胞被用于计数，计数的体细胞不得少于400个。

4. 结果计算

$$X=\frac{100\times N\times S}{a\times d}$$

式中：X—样品中体细胞数，个/mL；N—显微镜体细胞计数，个；S—样膜覆盖面积，mm^2；a—单向移动机械台进行镜下计数的长度，mm；d—显微镜视野直径，mm。

注：相对相差≤5%。

五、牛乳中抗生素残留

依据GB/T 4789.27—2008采用第一法嗜热链球菌抑制法（TTC法）来进行鲜乳中抗生素残留的检测。

1. 设备和材料

除微生物实验室常规灭菌及培养设备外，其他设备和材料如下：

冰箱：2～5 ℃、−20～−5 ℃；恒温培养箱：(36±1) ℃；带盖恒温水浴锅：(36±1) ℃、(80±2) ℃；天平：感量0.1 g、0.001 g；灭菌吸管：1 mL（具0.01 mL刻度）、10.0 mL（具0.1 mL刻度）或微量移液器及吸头；灭菌试管：18 mm×180 mm；温度计：0～100 ℃；漩涡混匀器。

2. 菌种、培养基和试剂

(1)菌种　嗜热链球菌。

(2)灭菌脱脂乳　无抗生素的脱脂乳经115 ℃灭菌20 min；也可采用无抗生素的脱脂牛乳粉，以蒸馏水10倍稀释，加热至完全溶解，115 ℃灭菌20 min。

(3)4% 2,3,5-氯化三苯四氮唑（TTC）水溶液。

(4)青霉素G参照溶液　青霉素G钾：30.0 mg；无菌磷酸盐缓冲液：适量；无抗生素的脱脂乳：适量。

精密称取青霉素G钾盐标准品，溶于无菌磷酸盐缓冲液中，使其浓度为100～1 000 IU/mL。再将该溶液用灭菌的无抗生素的脱脂乳稀释至0.006 IU/mL，分装于无菌小试管中，密封备用。−20 ℃保存不超过6个月。

3. 操作步骤

(1)活化菌种　取一接种环嗜热链球菌菌种，接种在9 mL灭菌脱脂乳中，置(36±1) ℃恒温培养箱中培养12～15 h后，置2～5 ℃冰箱保存备用。每15 d转种一次。

(2)测试菌液　将经过活化的嗜热链球菌菌种接种灭菌脱脂乳，置于(36±1) ℃培养(15±1) h，加入相同体积的灭菌脱脂乳混匀稀释成为测试菌液。

(3)培养　取样品9 mL，置18 mm×180 mm试管内，每份样品另外做一份平行样。同时再做阴性和阳性对照各一份，阳性对照管用9 mL青霉素G参照溶液，阴性对照管用

9 mL 灭菌脱脂乳。所有试管置(80±2) ℃水浴加热 5min,冷却至 37 ℃以下,加入测试菌液 1 mL,轻轻旋转试管混匀。(36±1) ℃水浴培养 2 h,加 4%TTC 水溶液 0.3 mL,在漩涡混匀器上混合 15s 或振动试管混匀。(36±1) ℃水浴避光培养 30 min,观察颜色变化。如果颜色没有变化,于水浴中继续避光培养 30 min 作最终观察。观察时要迅速,避免光照过久出现干扰。

(4)判断方法　在白色背景前观察,试管中样品呈乳的原色时,指示乳中有抗生素存在,为阳性结果。试管中样品呈红色为阴性结果。如最终观察现象仍为可疑,建议重新检测。

4. 结果报告

最终观察时,样品变为红色,报告为抗生素残留阴性。样品依然呈乳的原色,报告为抗生素残留阳性。

本方法检出几种常见抗生素最低检出限为:青霉素 0.004 IU,链霉素 0.5 IU,庆大霉素 0.4 IU,卡那霉素 5 IU。

【知识拓展】

乳中的微生物

一、乳中微生物的来源

(一)来源于乳房内的污染

乳房中微生物多少取决于乳房的清洁程度,许多细菌通过乳头管栖生于乳池下部,这些细菌从乳头端部浸入乳房,由于细菌本身的繁殖和乳房的物理蠕动而进入乳房内部。因此,第一股乳流中的微生物数量是最多的。正常情况下,随着挤乳的进行乳中细菌含量逐渐减少,所以在挤乳时最初挤出的乳应单独存放,另行处理。

除此之外,如果乳畜患病,也会引起微生物超标。乳腺炎是乳牛常见的疾病,它通常是由于奶牛感染了病原微生物引起的,患病后牛乳的微生物含量明显增加。当乳畜患有结核病、布鲁氏杆菌病、炭疽、口蹄疫、李氏杆菌病、伪结核、胎儿弯曲杆菌病等传染病时,产出的乳是人类疾病的传染来源。因此,对乳畜的健康状况必须严格监督,定期检查。

(二)挤乳过程中的微生物的污染

(1)来源于牛体的污染　挤奶时新鲜乳受乳房周围和牛体其他部分污染的机会很多。因为牛舍空气、垫草、尘土以及牛体本身的排泄物中都含有大量的细菌,当挤乳时细菌就会侵入牛乳中。不洁的牛体附着的尘埃每克含菌量可达到几亿个到几十亿个,这些污染菌中,多数属于带芽孢的杆菌和大肠杆菌等。所以在挤乳时,为了提高牛乳的卫生质量,不论是在牛舍或特设的挤奶台,都要用温水彻底清洗乳房和腹部,并用清洁的毛巾擦干。

(2)来源于空气的污染　在挤乳及收乳过程中,鲜乳经常暴露于空气中,因此受空气中微生物污染的机会很多。牛舍内的空气含有很多的细菌,尤其是在灰尘较多的空气中含带芽孢的杆菌和球菌属居多,此外霉菌的孢子也很多。现代化的挤乳站、机械化挤乳、管道封闭运输,可减少来自于空气的污染。

(3)来源于挤乳和装乳用具的污染　挤乳时所用的桶、挤乳机、过滤布、洗乳房用布和盛乳容器等,如果不事先进行清洗消毒,则通过这些用具也会使鲜乳受到污染。据调查,只用清水清洗过的乳桶装乳，鲜乳每毫升含菌量可达250多万个；而使用蒸汽消毒过的奶桶装乳，鲜乳含菌量只有23 253个/mL。所以乳桶的清洗杀菌，对防止微生物的污染有重要意义。

(4)来源于操作人员的污染　操作人员的手不清洁，或者混入苍蝇、蚊虫及其他昆虫等，也是污染的原因。还须注意勿使污水溅入桶内，并防止其他直接或间接的原因从桶口侵入微生物。

二、乳中微生物的种类及其性质

在健康的乳房中牛乳已有某些细菌存在，加上在挤乳和处理过程中外界的微生物不断侵入，因此乳中微生物的种类很多，主要有下列各种。

(一)细菌

牛乳中的细菌，在室温或室温以上温度大量增殖，根据其对牛乳所引起的变化可分为以下几种。

(1)产酸菌　主要为乳酸菌，指能分解乳糖产生乳酸的细菌。在乳和乳制品中主要有乳球菌科和乳杆菌科，包括链球菌属、明串珠菌属、乳杆菌属。

(2)产气菌　这类菌在牛乳中生长时能生成酸和气体。例如大肠杆菌和产气杆菌是常出现于牛乳中的产气菌。产气杆菌能在低温下增殖，牛乳低温贮藏时能使牛乳变酸败的一种重要菌种。另外，可从牛乳和干酪中分离得到费氏丙酸杆菌和谢氏丙酸杆菌。生长温度范围为15～40 ℃。用丙酸菌生产干酪时，可使产品具有气孔和特有的风味。

(3)肠道杆菌　是群寄生在肠道的革兰氏阴性短杆菌。在乳品生产中是评定乳制品污染程度的指标之一。其中主要的有大肠菌群和沙门氏菌族。

(4)芽孢杆菌　该菌因能形成耐热性芽孢，故杀菌处理后，仍残存在乳中。可分为好气性杆菌属和嫌气性梭状菌属两种。

(5)球菌类　一般为好气性，能产生色素。牛乳中常出现的有微球菌属和葡萄球菌属。

(6)低温菌　7 ℃以下能生长繁殖的细菌称为低温菌；在20 ℃以下能繁殖的称为嗜冷菌。乳品中常见的低温菌属有假单胞菌属和醋酸杆菌属。这些菌在低温下生长良好，能使乳中蛋白质分解引起牛乳胨化、分解脂肪使牛乳产生哈喇味，引起乳制品腐败变质。

(7)高温菌和耐热性细菌　高温菌或嗜热性细菌是指在40 ℃以上能正常发育的菌群。如乳酸菌中的嗜热链球菌、保加利亚乳杆菌、好气性芽孢菌(如嗜热脂肪芽孢杆菌)和放线菌(如干酪链霉菌)等。特别是嗜热脂肪芽孢杆菌，最适发育温度为60～70 ℃。耐热性细菌在生产上系指低温杀菌条件下还能生存的细菌。用超高温杀菌时(135 ℃，数秒)，上述细菌及其芽孢都能被杀死。

(8)蛋白分解菌和脂肪分解菌

①蛋白分解菌　蛋白分解菌是指能产生蛋白酶而将蛋白质分解的菌群。生产发酵乳制品时的大部分乳酸菌能使乳中蛋白质分解，属于有用菌。也有属于腐败性的蛋白分解菌，能使蛋白质分解出氨和胺类，可使牛乳产生黏性、碱性、陈化。

②脂肪分解菌　脂肪分解菌系指能使甘油酯分解生成甘油和脂肪酸的菌群。脂肪分解菌中，除一部分在干酪生产方面有用外，一般都是使牛乳和乳制品变质的细菌，尤其对稀

奶油和奶油危害更大。主要的脂肪分解菌(包括酵母、霉菌)有:荧光极毛杆菌、蛇蛋果假单胞菌、无色解脂菌、解脂小球菌、干酪乳杆菌、白地霉、黑曲霉、大毛霉等。大多数的解脂酶有耐热性,并且在 0 ℃以下也具活力。因此,牛乳中如有脂肪分解菌存在,即使进行冷却或加热杀菌,也往往带有脂肪分解味。

9. 放线菌

与乳品方面有关的有分枝杆菌属、放线菌属、链霉菌属。分枝杆菌属以嫌酸菌而闻名,是抗酸性的杆菌,无运动性,多数具有病原性。放线菌属中与乳品有关的主要是干酪链霉菌,属于胨化菌,能使蛋白质分解导致腐败变质。

(二)酵母

乳与乳制品中常见的酵母有脆壁酵母、膜醭毕赤氏酵母、汉逊氏酵母和圆酵母属及假丝酵母属等。

(1)脆壁酵母能使乳糖形成酒精和二氧化碳。该酵母是生产牛乳酒、酸马奶酒的珍贵菌种。乳清进行酒精发酵时常用此菌。

(2)毕赤氏酵母能使低浓度的酒精饮料表面形成干燥皮膜,故有产膜酵母之称。膜醭毕赤氏酵母主要存在于酸凝乳及发酵奶油中。

(3)汉逊氏酵母多存在于干酪及乳腺炎乳中。

(4)圆酵母属是无孢子酵母的代表。能使乳糖发酵,污染有此酵母的乳和乳制品,产生酵母味,并能使干酪和炼乳罐头膨胀。

(5)假丝酵母属的氧化分解力很强。能使乳酸分解形成二氧化碳和水。由于酒精发酵力很强,因此也用于开菲尔乳和酒精发酵。

(三)霉菌

牛乳及乳制品中存在的霉菌主要有根霉、毛霉、曲霉、青霉、串珠霉等,大多数(如污染奶油、干酪表面的霉菌)属于有害菌。与乳品有关的主要有白地霉、毛霉及根霉属等,如生产卡门贝尔干酪、罗奎福特干酪和青纹干酪时依靠霉菌。

(四)噬菌体

噬菌体是侵入微生物中病毒的总称,故也称细菌病毒。它只能生长于宿主菌内,并在宿主菌内裂殖,导致宿主的破裂。当乳制品发酵剂受噬菌体污染后,就会导致发酵的失败,是干酪、酸乳生产中必须注意的问题。

三、生乳存放期间微生物的变化

(一)牛乳在室温贮藏时微生物的变化

新鲜牛乳在杀菌前期都有一定数量的、不同种类的微生物存在,如果放置在室温(10～21 ℃)下,乳液会因微生物的活动而逐渐变质。室温下微生物的生长过程,可分为以下几个阶段:

(1)抑制期　新鲜乳液中均含有抗菌物质,其杀菌或抑菌作用在含菌少的鲜乳中可持续 36 h(在 13～14 ℃);若在污染严重的乳液中,其作用可持续 18h 左右。在此期间,乳液含菌数不会增高,若温度升高,则抗菌物质的作用增强,但持续时间会缩短。因此,鲜乳放置在室温环境中,一定时间内不会发生变质现象。

(2)乳链球菌期 鲜乳中的抗菌物质减少或消失后,存在乳中的微生物即迅速繁殖,占优势的细菌是乳酸链球菌、乳酸杆菌、大肠杆菌和一些蛋白分解菌等,其中以乳酸链球菌生长繁殖特别旺盛。乳链球菌使乳糖分解,产生乳酸,因而乳液的酸度不断升高。如有大肠杆菌繁殖时,将有产气现象出现。由于乳的酸度不断地上升,就抑制了其他腐败菌的生长。当酸度升高至一定酸度时(pH 4.5),乳酸链球菌本身生长受到抑制,并逐渐减少。这时有乳凝块出现。

(3)乳酸杆菌期 pH 下降至 6 左右时,乳酸杆菌的活动力逐渐增强。当 pH 继续下降至 4.5 以下时,由于乳酸杆菌耐酸力较强,尚能继续繁殖并产酸。在此阶段乳液中可出现大量乳凝块,并有大量乳清析出。

(4)真菌期 当酸度继续升高至 pH 3.5~3 时,绝大多数微生物被抑制甚至死亡,仅酵母和霉菌尚能适应高酸性的环境,并能利用乳酸及其他一些有机酸。由于酸的被利用,乳液的酸度会逐渐降低,使乳液的 pH 不断上升接近中性。

(5)陈化菌期 当乳液中的乳糖大量被消耗后,残留量已很少,适宜分解蛋白质和脂肪的细菌生长繁殖,这样就产生了乳凝块被消化、乳液的 pH 逐渐提高向碱性方向转化,并有腐败的臭味产生的现象。这时的腐败菌大部分属于芽孢杆菌属、假单胞菌属以及变形杆菌属。

(二)牛乳在冷藏中微生物的变化

在冷藏条件下,鲜乳中适合于室温下繁殖的微生物生长被抑制;而嗜冷菌却能生长,但生长速度非常缓慢。这些嗜冷菌包括:假单胞杆菌属、产碱杆菌属、无色杆菌属、黄杆菌属、克雷伯氏杆菌属和小球菌属。

冷藏乳的变质主要在于乳液中的蛋白质、脂肪分解。多数假单胞杆菌属中的细菌均具有产生脂肪酶的特性,这些脂肪酶在低温下活性非常强并具有耐热性,即使在加热消毒后的乳液中,还残留脂酶活性。而低温条件下促使蛋白分解胨化的细菌主要为产碱杆菌属、假单胞杆菌属。

【项目测试题】

一、选择题

1. 下列哪种不属于生理异常乳?(　　)

A. 初乳　　B. 末乳　　C. 营养不良乳　　D. 酒精阳性乳

2. 在我国生鲜牛乳收购理化指标规定中,要求牛乳的相对密度(20 ℃/4 ℃)为(　　)。

A. ≥1.027　　B. ≥1.106%　　C. ≥1.068%　　D. 2.028

3. 在温度 20 ℃时,调节脱脂乳的 pH 至 4.6 时沉淀的一类蛋白质称为酪蛋白,占乳蛋白总量的(　　)。

A. 60%~62%　　B. 70%~72%　　C. 80%~82%　　D. 90%~92%

4. 在我国生鲜牛乳收购指标规定中,酒精(72°)实验,不出现絮片时,牛乳酸度为(　　)。

A. 18°T 以下　　B. 19°T 以下　　C. 20°T 以下　　D. 12°T 以下

5. 牛乳中的蛋白质是乳中的主要含氮物质,含量为(　　)。

A. 2.5%~3.5%　　B. 2.8%~3.8%　　C. 2.6%~3.8%　　D. 3.0%~3.8%

6. 生乳的冰点范围是(　　)℃。

A. −0.490～−0.540　　B. −0.500～−0.540

C. −0.500～−0.560　　D. −0.565～−0.525

7. 牛乳中掺碱性物质的检验方法为(　　)。

A. 玫瑰红酸法　　B. 黄色反应法　　C. 铁定性法　　D. 比重计法

8. 生乳中三聚氰胺的测定方法为(　　)。

A. TTC 法　　B. 液相色谱法　　C. 碱水解法　　D. 凯氏定氮法

二、判断题

1. 乳脂肪中含有 20 种左右的脂肪酸,其他动、植物脂肪中只含有 5～7 种脂肪酸。(　　)

2. 乳中的碳水化合物主要是乳糖,占总碳水化合物的 99.8% 以上,其他碳水化合物虽然也有存在,但含量极微。乳糖在动、植物的组织中几乎不存在,乳中都能够检测到。(　　)

项目二

原料乳的预处理

【知识目标】

①掌握鲜乳处理设备的选择及消毒方法;②掌握原料乳的过滤与净化等预处理的基础理论知识及方法;③掌握原料乳的冷却、贮存及其作用。

【技能目标】

①能熟练完成原料乳的收集、净化、标准化、均质、冷却等操作过程;②能熟练操作离心净乳机、过滤器、均质机、换热器等原料乳预处理过程中的典型设备;③能简单处理在乳的预处理过程中出现的问题,并提出解决方案。

【项目描述】

本项目主要介绍经过原料乳的验收,检验合格后的生鲜乳如何进行原料乳的预处理过程,以及预处理过程都包括哪些方面。以任务为载体详细阐述原料乳的收集、净化、标准化、脱气与均质、冷却与贮存的全过程,并结合实际的案例,强化预处理操作过程中的具体要求。

【思维导图】

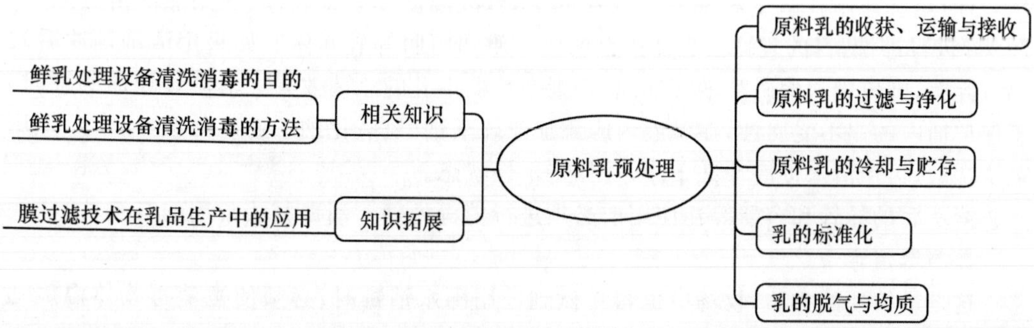

【相关知识】

一、鲜乳处理设备清洗消毒的目的

(一)清洗消毒的目的

处理鲜乳用的一切器具和设备,用后都应立即进行清洗消毒,否则很容易形成乳垢,易造成原料乳的细菌数大量增加。如果长期不进行彻底的清洗消毒,很容易产生黏泥状黄垢,这些黄垢大多是藤黄八叠球菌和其他耐热性细菌所形成。故清洗消毒的目的主要是彻底除去残留乳成分,防止细菌滋生。利用洗涤剂的化学作用和洗刷机械的物理作用,除去细菌和杂质等。因清洗消毒后容器均进行干燥,故可除去细菌繁殖所必需的水分。奶桶等盛乳容器清洗消毒后,应冷却至低于细菌繁殖所需温度,以抑制细菌繁殖。

(二)清洗剂的选择

食品加工厂选择清洗剂,必须考虑清洁程度和经济效益,同时也要考虑环境污染问题。关于清洗剂,过去多使用复氧化钠、磷酸盐、硅酸盐等碱性清洗剂和磷酸、硝酸、盐酸、硫酸等酸性清洗剂。近年来,又在这些清洗剂中添加表面活性剂或金属螯合物,使其更容易除去污物和改善洗涤性能,以及防止乳垢沉着,清洗性能方面有了显著进步。碱性清洗剂虽对金属有腐蚀作用和对垫圈有不良影响,但目前仍以其为主。清洗剂选择时有必要对其耐热、耐磨耗和耐药性等加以充分考虑。此外,无机清洗剂的危害问题和有机清洗剂对 BOD(生物需氧量)、COD(化学需氧量)的影响也需引起注意。食品工厂采用的主要清洗剂原料有氢氧化钠、硅酸盐、过氧化物、硝酸、盐酸、硫酸、葡萄糖酸盐、氨基三醋酸盐、阴离子表面活性剂、阳离子表面活性剂等。

清洗剂的作用主要为乳化、润湿、松散、悬浊、洗涮、螯合、软化、溶解等。通常可分为 5 类,即碱性、磷酸盐类、润湿剂类、酸类、螯合剂类等。各种清洗剂的洗净能力存在差别,可根据实际需要进行选择。

二、鲜乳处理设备清洗消毒的方法

设备在生产结束后,一定要认真清洗和消毒。但是清洗和消毒必须分开,不可同时进行,因为未经清洗的导管和设备,消毒效果不好。清洗时首先用 38～60 ℃的温水进行冲洗,目的是洗掉附在管壁和桶壁上残存的牛奶,故温度不宜太高;其次用热的清洗剂(71～72 ℃)进行冲洗,目的是除去容器内壁的蛋白质和脂肪等乳固体。如果用清洗剂冲后发现仍有乳垢,则应用六偏磷酸钠等处理,否则会影响牛乳的杀菌效果。清洗挂锡的奶桶时,为了保护桶内的锡不受腐蚀,在碱液内应添加亚硫酸钠(氢氧化钠∶亚硫酸钠＝4∶1)。用洗剂清洗后,再用清水彻底冲洗干净,并保持干燥状态。

清洗后的导管和容器等在使用前必须进行消毒处理。消毒方法常用的有三种.

1. 沸水消毒法

这是最简便的方法,牧场中也容易做到。用沸水消毒时,必须使被消毒物体温度达到 90 ℃以上,并保持 2～3 min。

2. 蒸汽消毒法

此法将蒸汽直接喷射在流水线物体上。流水线导管和保温缸等设备蒸汽消毒时,应使冷凝水出口温度达 82 ℃,然后把冷凝水彻底放尽。

3. 次氯酸盐消毒法

这是乳制品生产中常用的消毒方法。消毒时须将消毒物件充分清洗，以除去有机质。因次氯酸盐容易腐蚀金属（包括不锈钢），特别是使用软水而 pH 很低时，更易腐蚀，所以必须注意浓度和 pH。通常杀菌剂溶液中，有效氯的含量为 200～300 μL/L，如使用软水时，应在水中添加 0.01% 的碳酸钠。用这种方法消毒时，必须彻底冲洗干净，直到无氯味为止。

使用次氯酸盐消毒时，为了控制有效氯的含量，应测定有效氯的浓度。其方法为：取 50 mL 次氯酸盐溶液于三角瓶中，加 15% 的碘化钾溶液 5 mL 和 50% 的醋酸溶液 2 mL，在暗处静置 5～6 min 后，加 5% 的可溶性淀粉溶液 1～2 mL，用 0.02 mol/L 的硫代硫酸钠溶液滴定游离碘，直至无色为止。每毫升 0.02 mol/L 的硫代硫酸钠溶液相当于 14.2 μL/L 有效氯。

任务 1　原料乳的收集、运输与接收

【任务设计】

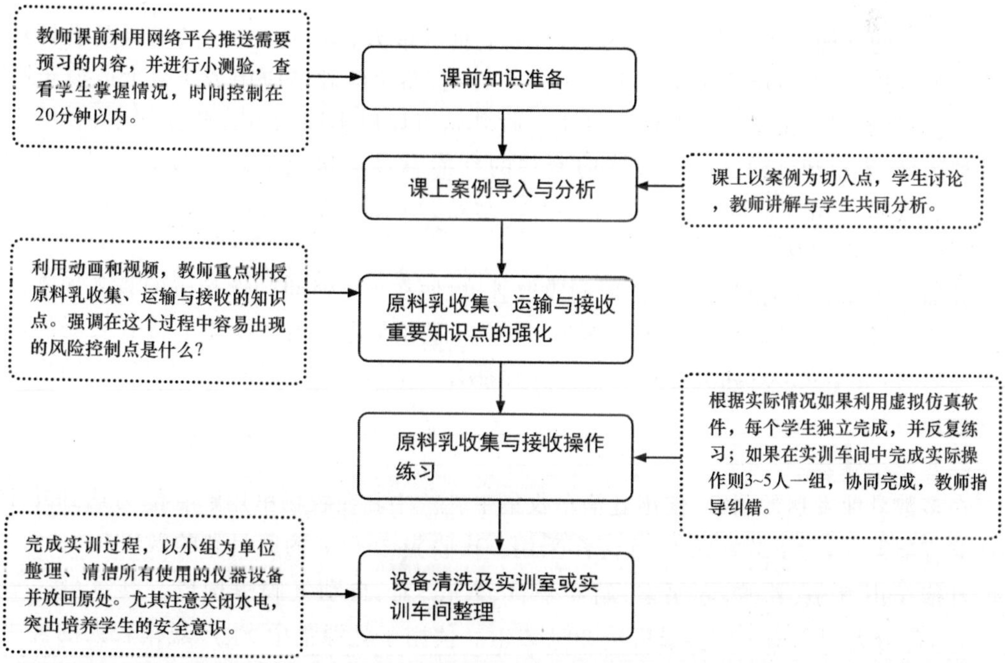

【案例导入】

在牛奶产业链中，对源头原料乳质量控制的水平决定了牛奶在加工时质量的高低。为了维持原料乳在加工之前的质量稳定，要从挤乳、贮存和运输 3 个方面来对其中的关键控制点进行严格详尽的质量控制，通过将 GMP 与 HACCP 在乳制品工业中的应用，制定原料乳在挤乳、贮存与运输过程中的操作规程，提高原料乳的质量，保证奶牛产出的优质乳汁安全运输至工厂，确保原料乳的稳定，减少污染损坏。现在我们多数的乳企都采用了全程监控、冷链运输的方式，保证原料乳的质量与安全。

【任务实施】

原料牛乳经挤奶器直接用管道运送到生乳贮藏室，避免了人员和环境对牛乳质量的影响。为保证牧场挤出的高品质生乳不被污染，要保证全程低温运输，运输生乳的奶罐车是根据需要定制的，并全程监控和定位。为确保运送过程中的安全性，对生乳取出口进行封印、上锁，直到安全运输到工厂，以保证乳的新鲜度。本部分内容将对原料乳的收集、运输进行详细的讲述。

一、原料乳的收集与运输

牛乳从农场或收乳站被送至乳品厂进行加工。在世界范围内，各种容器都被用来进行收乳，从 2～3 L 的容器至上万升的现代化乳罐。从前，乳品厂规模不大，收乳范围局限在附近的农场。由于距离短且每日收乳，所以用有限的冷却就能使牛乳中的微生物得到控制。现在的趋势是逐渐向大型乳品厂发展，牛乳要从很远的地方运来，一般来说，每天收乳是不方便的。现在大多是 2 d 收乳一次，但也有 3 d 甚至 4 d 收乳一次的情况，这就要求产量增加的同时产品质量不能下降。

(一)原料乳的收集

1. 乳桶收集

运输乳的乳桶有各种容量规格，最常用的乳桶容量为 30L 或 50L。装有乳的乳桶从农场被运到路边，马上就由收乳车运走。为防止日晒，路边的乳桶应用苫布盖上或放于阴凉棚内，或最好放置在聚苯乙烯的保温套中。收乳站可以以不同的方式建立起来，农场主们有几种选择：未冷却乳桶乳或保温罐内冷却的乳能直接运送至道路交叉口的乳桶车内；未冷却乳还可以用乳桶运送至位于中心的冷却站；小农场主将他们的未冷却的牛乳用乳桶送至临近的大农场。

乳桶车按照一个周密计划好的时间表取乳，以便在预定时间到达相应的收乳地点。当把乳桶装到货车上后，乳桶可用苫布覆盖，以防日照和灰尘。当把线路上所有农场的乳桶收集完之后，货车立即返回乳品厂。每个乳桶都有一个编码，代表不同的农场，乳品厂据此向农场主付款。

2. 乳槽车收集

在多数乳业发达的国家，使用乳槽车收集牛乳。牛乳在牧场里用贮存能力达到几千升的冷藏容器贮存，为了节省成本，实际多采用一次收集 2～3 d 的原料乳的做法。

乳槽车由汽车、乳槽、乳泵室、站立平台、人孔、盖、自动气阀等构成。其容量一般在 5～10 t，部分大型乳槽车的容量可达 20 t 以上。使用于乳源集中、生产规模较大的乳牛场和乳品厂。乳槽车一般需每天清洗，清洗照例在收乳一轮结束后进行。如果乳槽车一天收乳数轮，则每一轮后就应清洗一次。清洗可以在收乳区域进行，把乳槽车与清洗系统相连，或者在专门的清洗站进行。许多乳品厂每天也清洗乳槽车的外部，这样它们在路上行驶时也显得更为整洁。

用乳槽车收集牛乳，乳槽车必须一直开到贮乳间。乳槽车上的输乳软管与农场的牛乳冷却罐的出口阀相连。通常乳槽车上装有一个流量计和一台泵，以便自动记录收集的乳的数量。另外收乳的数量可根据所记录的不同液位来计算，一定容积的乳槽，一定的液位代表一定体积的乳。在多数情况下乳槽车上装有空气分离器。冷藏贮罐一经抽空，乳泵应立即停止工作，这样避免将空气混入牛乳中，乳槽车的乳槽分成若干个间隔，以防牛乳在运输期间晃动，每个间隔依次充满。当乳槽车按收乳路线完成收乳工作后，应立即返回乳品厂。

用乳槽车收乳时，乳槽车司机在农场收集乳样以便在乳品厂进行检验。用乳桶收集乳时，取样在乳桶接收处进行。滋味、气味与正常牛乳有差距的，质量评定较低，这样会影响生乳的收购价格，如果滋味、气味与正常牛乳有明显不同，乳品厂将拒收。

图 2-1　乳桶

（二）原料乳的运输

原料乳的运输也是乳品生产上的重要环节，运输不善会造成很大损失，甚至无法进行生产。目前我国乳源分散的地方，多采用乳桶运输（图 2-1）；乳源集中的地方，采用乳槽车运输（图 2-2）；国外先进地区则采用地下管道运输。

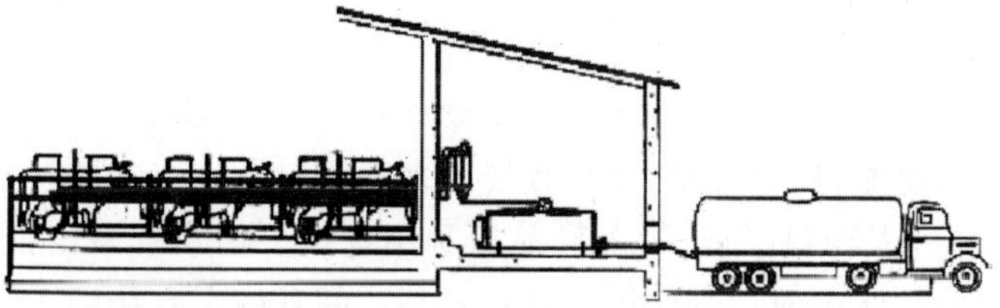

图 2-2　乳槽车运输鲜奶

1. 乳桶

国家标准规定，生鲜乳的盛装应采用表面光滑、无毒的铝桶、塑料桶或不锈钢桶。镀锌桶和挂锡桶尽量少用。乳桶的容量有 25 L、40 L 和 50 L 不等。乳桶须符合下列要求：有足够的强度和韧性，体轻耐用；内壁光滑，肩角小于 45°，空桶倒斜立重心平衡点夹角 15°～20°；盛乳后斜立重心平衡点夹角 30°；桶内转角呈弧形，便于清洗。颈部两侧提手柄长不得小于 10 cm，与桶盖内侧边缘距离应保持 4 cm，手柄角度要适于搬运；桶盖易开关，且不漏乳（图 2-3）。

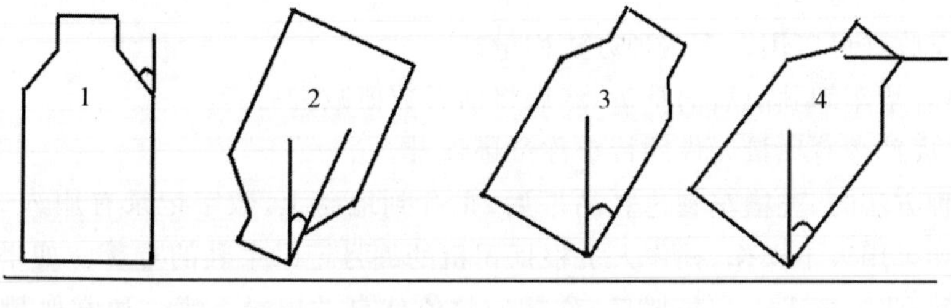

图 2-3　乳桶不同重心平衡点夹角及肩角

1. 肩角小于 45°　2. 倒斜立重心平衡点夹角 15°～20°　3. 盛牛乳后斜立重心平衡点夹角约为 30°

4. 牛乳溢流斜立重心平衡夹角大于 30°

2.乳槽车

乳槽车由不锈钢制成,隔热良好,车后带有离心乳泵,装卸方便。

3.地下管道运输

采用不锈钢的密封管道,并装有离心式乳泵。

4.注意事项

无论采用哪种运输方式,都应注意以下几点:①防止乳在途中升温,特别是在夏季,乳温在运输途中往往很快升高。因此,最好在夜间或早晨运输。如在白天运输,要采用隔热材料遮盖乳桶。②保持清洁。运输时所用的容器必须保持清洁卫生,并加以严格杀菌;乳桶盖应有特殊的闭锁扣,盖内应有橡皮衬垫,不要用布块、油纸、纸张等当乳桶的衬垫物。因为布块可成为带菌的媒介物,用油纸或其他物作衬垫时,不仅带菌,而且不容易把乳桶盖严。此外,更不允许用麦秆、稻草、青草或树叶等作衬垫。③防止振荡。容器内必须装满并盖严,以防止振荡。④严格执行责任制,按路程计算时间,尽量缩短中途停留时间,以免鲜乳变质。⑤长距离运送牛乳时,最好采用乳槽车。

二、原料乳的接收

乳品厂有专门的收原料乳部门处理从牧场运来的原料乳。在收乳时,首先测量进乳的数量,计量后的牛乳进入物料平衡系统,乳品厂利用物料平衡系统来比较进乳量与最终产品量。进乳的数量可按体积或重量计算。到达乳品厂的乳槽车直接驶入收乳间,收乳间通常能同时容纳数辆乳槽车。

(一)容量法计量

这种方法使用流量计,但流量计在计量乳的同时也能把乳中的空气计量进去,因此结果不十分可靠。使用这种方法重要的是要防止空气进入牛乳中。可在流量计前装一台脱气装置,以提高计量的精确度。乳槽车的出口阀与一台脱气装置相连,牛乳通过脱气装置被泵送至流量计,流量计不断显示牛乳的总流量。当所有牛乳卸车完毕,把一张卡放入流量计,记录下牛乳的总体积。乳泵的启动由与脱气装置相连的传感控制元件控制。在脱气装置中,当牛乳达到能防止空气被吸入管线的预定液位时,乳泵开始启动。当牛乳液位降至某一高度时,乳泵立即停止。经计量后,牛乳进入一个大的贮乳罐。

(二)重量法计量

用乳槽车收乳可以用以下两种方法称量。

(1)称量乳槽车卸乳前后的重量,然后将前者数值减去后者。

(2)用在底部带有称量元件的特殊称量罐称量。

用第一种方法时,乳槽车到达乳品厂后,车开到地磅上,数字记录有用人工的,也有自动记录的。如果用人工操作,操作人员根据司机的编号记录牛乳的重量。如果是自动记录的,当司机把一张卡插入卡扫描器后,称量的数值就自动记录下来。通常乳槽车在称重前先通过车辆清洗间进行冲洗,这一步骤在恶劣天气条件下尤为重要。当记录下乳槽车的毛重后,牛乳通过封闭的管线经脱乳装置,而不是流量计进入乳品工厂。牛乳排空后,乳槽车再次称重,同时用前面记录的毛重减去车身自重就是牛乳的净重。

用称量罐称量时,牛乳从乳槽车被泵入一个罐脚装有称量元件的特殊罐中。该元件发出一个与罐重量成比例的信号。当牛乳进入罐中时，信号的强度随罐的重量增加而增加。因此，所有的乳交付后，该罐内牛乳的重量被记录来下来，随后牛乳被泵入大贮乳罐。

任务 2　原料乳的过滤与净化

【任务设计】

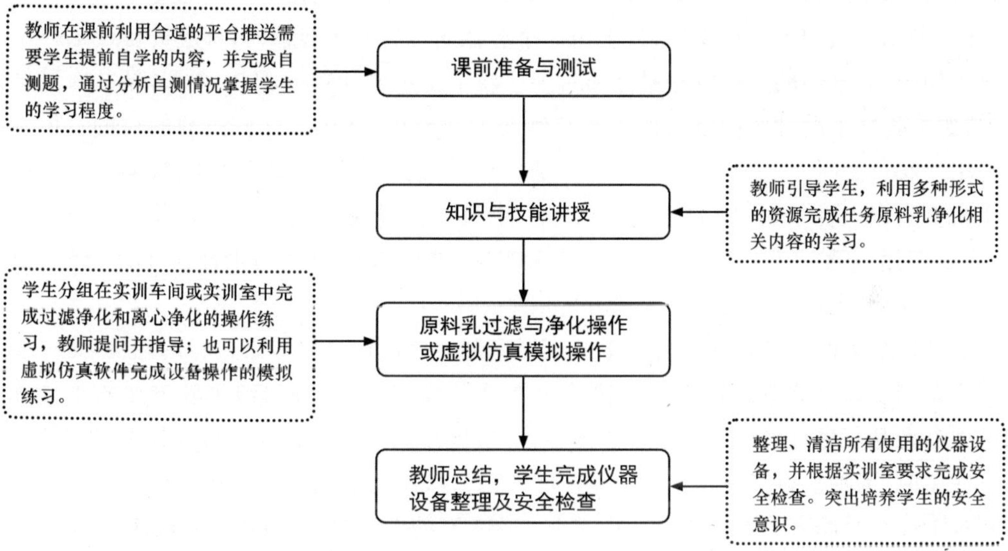

【案例导入】

某乳品企业接到投诉，他们生产的某一批次的保鲜乳中发现了一些不明物质，经过质检部分的检验分析发现，这些不明物质的成分类似于牛舍中的垫草。那么原料乳在预处理的时候哪一个步骤出现了问题呢？该乳品企业经过检查发现，这是由于他们在预处理过程中使用的过滤净化器的过滤网出现问题导致的。

【任务实施】

原料乳的质量好坏是影响乳制品生产质量的关键，只有优质的原料乳才能保证生产出优质的乳制品。为了保证原料乳的质量，从牧场收集、验收合格的原料乳必须进行过滤和净化的操作，其目的是除去机械杂质并减少微生物数量，否则就会影响后续乳制品的品质。本任务着重讲解原料乳的过滤与净化相关操作。

一、原料乳的过滤

所谓过滤就是将液体微粒的混合物，通过多孔质的材料（过滤材料）将其分开的操作。牛乳过滤除了用于除去鲜乳的杂质和在液体乳制品生产过程中的凝固物等以外，也应用于尘埃试验。过滤方法，有常压（自然）过滤、吸滤（减压过滤）和加压过滤等。由于牛乳是一种胶体，因此多使用滤孔比较粗的纱布、滤纸、金属绸或人造纤维等为过滤材料，并采用吸滤或加压过滤等方法，也可采用膜技术(如微滤)去除杂质。

常压过滤时，滤液是以低速通过滤渣的微粒层和由滤材形成的毛细管群的层流；滤液流量与过滤压力成正比，与滤液的黏度及过滤阻力成反比。加压或减压过滤时，由于滤液的液流不正规，滤材的负荷加大，致使圈状组织变形，显示出复杂的过滤特性。膜技术的应用则可使过滤能长时间连续进行。牛乳过滤时温度和干物质含量尤其是胶体的分散状况会使过滤性能受到影响。

在奶牛场中如果没有严格遵守卫生条件挤乳，乳容易被大量粪屑、饲料、垫草、牛毛和蚊蝇所污染，因此挤下的乳必须及时进行过滤。另外，凡是将乳从一个地方送到另一个地方，从一个工序送到另一个工序，或者由一个容器送到另一个容器时，都应进行过滤。

牧场中，乳常用的过滤方法是纱布过滤。将消毒过的纱布折成 3～4 层，结扎在乳桶口上，挤奶员将挤下的乳经称重后倒入扎有纱布的奶桶中，就可以达到过滤的目的。但是要注意用纱布过滤时，一定要保证纱布的清洁，否则不仅失去了过滤的作用，反而会使杂质和微生物重新侵入乳中，污染原料乳。纱布一个过滤面过滤不超过 50 kg 乳。使用后的纱布，要立即用温水清洗，并用 0.5%的碱水清洗，然后再用清洁的水冲洗干净，最后煮沸 10～20 min，并存放在清洁干燥的地方备用。

乳品厂简单的过滤是在受乳槽上装不锈钢制金属网加多层纱布进行的粗滤，进一步的过滤可采用管道过滤器。管道过滤器可设在受乳槽与乳泵之间，与牛乳输送管道连在一起。中型乳品厂也可采用双筒牛乳过滤器，一般连续生产都设有两个过滤器交替使用。使用过滤器时，为加快过滤速度，含脂率在 4%以上时，须把牛乳温度提高到 40 ℃左右，但不能超过 70 ℃；含脂率在 4%以下时，应采取 4～15 ℃的低温过滤，但要降低流速，不宜加压过大。在正常操作情况下，过滤器进口与出口之间压力差应保持在 6.86×10^4 Pa($0.7\ kg/cm^2$)以内。如果压力差过大，易使杂质通过滤层。见图 2-4。

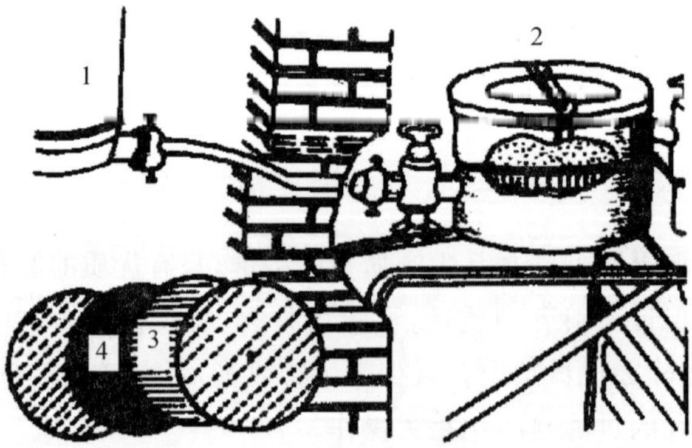

图 2-4　管式过滤器

1.贮乳槽　2.过滤器　3.过滤棉　4.金属网板

二、原料乳的离心净化

净乳机的原理及使用

原料乳经过数次过滤后，虽然除去了大部分杂质，但乳中污染的很多极微小的细菌细胞和机械杂质、白细胞及红细胞等，难以用一般的过滤方法除去。为了达到最高的纯净度，需要用离心净乳机进一步净化。普通净乳机在运转 2～3 h后，需要停机进行排渣处理，所以目前大型工厂采用自动排渣净乳机或三用分离机（净乳、奶油分离、标准化），以提高乳的质量和产量。

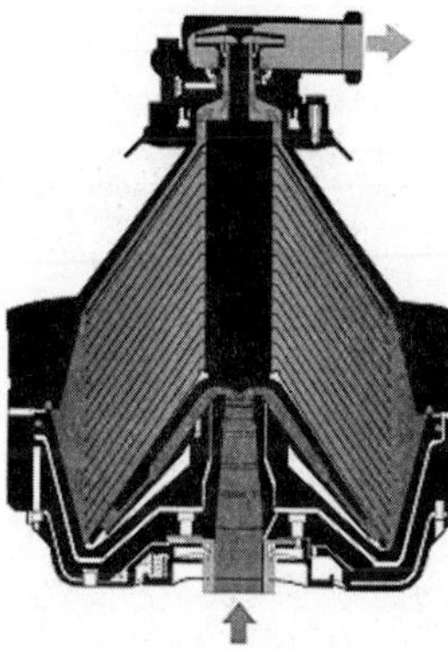

图 2-5　离心净乳机工作示意图

离心净乳机的工作原理是将牛乳通入一组高速旋转的分离钵中，钵体安装在一个垂直的轴上，此轴由一组上、下轴承支撑，分离钵具有较大的聚尘空间，杯盘设有孔，上部有分配杯盘。使用离心净乳机可以显著提高净化效果，有利于提高制品质量。离心净乳机还能除去乳中的乳腺体细胞和某些微生物。乳在分离钵内受强大离心力的作用，将大量的机械杂质留在分离钵内壁上，而乳被净化（图 2-5）。净乳机的转速一般都在 6 000～7 000 r/min 及以上。

采用 4～10 ℃低温净化时，应在原料乳冷却以后，送入贮乳槽之前进行；采用 40 ℃中温或 60 ℃高温净化后的乳，最好直接加工。如不能直接加工时，必须迅速冷却到 4～6 ℃ 贮藏，以保持乳的新鲜度。

三、离心净乳机的操作流程

（一）开机前的检查

检查齿轮箱润滑油液是否正常，刹车有无松动（现净乳机均无刹车），高位水箱是否有水，并在启动设备前打开供应净乳机的进水阀门。

（二）开机

（1）在无料的情况下启动净乳机。

（2）净乳机达全速。

（3）打开进料阀以水代料，与巴式板热一起进行生产前清洗消毒，按《CIP 清洗操作流程》执行，同时观察排液缸口有无漏奶，确认密封完好，此时电流为 16～18A。

（4）生产过程中按工艺要求规定的时间进行排渣，排渣操作如下：①关闭进料泵；②关闭进料阀；③关掉净乳机进出料阀门；④将控制阀转到“开启”位置，待听到冲击噪音后，将控制阀转到“补偿”；排渣完毕后，将控制阀转至“密封”位置，待指示管有水急速流出时，将控制阀转到“空位”位置；⑤排渣完毕，重新打开进出料阀门，开始正常净乳运行；⑥打开进料阀；⑦打开进料泵。

（三）关机

①关闭进料阀；②将控制阀转至“开启”位置排渣；③按下停机按钮，让设备自然停机。异常情况下，可采用刹车停机。

(四)注意事项

①分离机运行时操作工不能离开岗位,必须密切注意净乳机的运行情况,如有异常声音,或震动转大应立即停车,检查原因待排除故障后重新启动;②每次拆洗后安装时,应轻拿轻放,避免造成机械损失;安装完毕,人工转动确无碰撞声、摩擦声方可开机;③正常生产,电机内电流不能超过 20 A;④电机转动离心摩擦联轴器严禁进水,以防打滑;⑤高位水箱每月清洗一次;⑥严禁用酸对净乳机进行 CIP 清洗;⑦润滑油采用 46＃机油,第一次换油在运行 250 h 后进行,以后视油质决定换油期限,换油时应仔细清理油箱底部。

(五)清洗、消毒

生产结束,进行清洗,消毒。

任务 3　冷却与贮存

【任务设计】

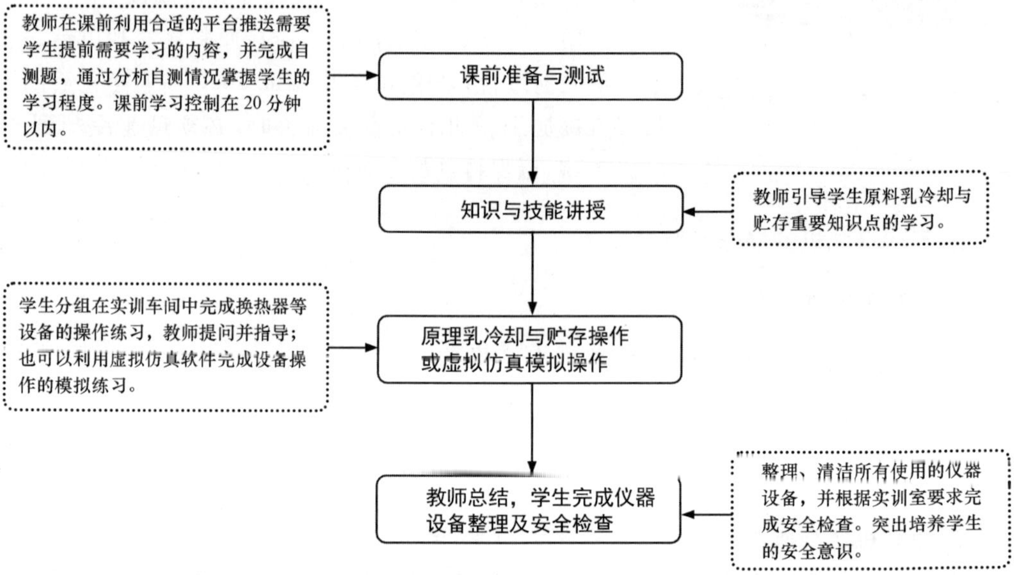

【案例导入】

某乳品企业收购的原料乳经过验收合格后,准备用于保鲜乳的生产,但是在生产前发现这批收购的原料乳的酸度明显升高,风味变差,微生物也超标。这批原料乳在验收时明明已经经过了严格的检验,所有指标都合格,为什么会出现这种情况呢?经调查发现,该批原料乳经过净化后未立即进行冷却处理,而是选择了进行简单的贮藏,这才导致以上不良现象的出现。

【任务实施】

原料乳营养丰富,室温下原料乳非常适合微生物的生长繁殖,如果不及时冷却,将会影响原料乳的质量，只有优质的原料乳才能保证生产出优质的乳制品。本任务着重讲解原料乳的冷却和贮存的相关操作及要求。

一、原料乳的冷却

（一）冷却的作用

刚挤下的乳的温度为 36 ℃左右，是微生物繁殖最适宜的温度，如不及时冷却，混入乳中的微生物就迅速繁殖，使乳的酸度增高、凝固变质、风味变差。原料乳经过净化后应立即冷却到 4～10 ℃，以抑制细菌的繁殖，保证加工之前原料乳的质量。冷却对乳中微生物的抑制作用见表 2-1。

表 2-1　乳的冷却与乳中细菌数的关系　cpcl/mL

贮存时间	刚挤出的乳	3 h	6 h	12 h	24 h
冷却乳	11 500	11 500	8 000	7 800	62 000
未冷却乳	11 500	18 500	102 000	114 000	1300 000

由表 2-1 看出，未冷却的乳其微生物增加迅速，而冷却乳则增加缓慢，6～12 h 微生物还有减少的趋势，这是因为乳中自身抗菌物质——乳烃素使细菌的繁育受到抑制。乳中这种物质抗菌特性持续时间的长短，与原料乳温度的高低和细菌污染程度有关（表 2-2）。

表 2-2　乳温与抗菌特性作用时间的关系

乳温/℃	抗菌特性作用时间/h	乳温/ ℃	抗菌特性作用时间/h
37	2 以内	5	36 以内
30	3 以内	0	40 以内
25	6 以内	10	240 以内
10	24 以内	−25	720 以内

由表 2-2 可以看出，新挤出的乳迅速冷却到低温可以使抗菌特性保持较长的时间。另外，原料乳污染越严重，抗菌作用时间越短（表 2-3）。

表 2-3　抗菌特性与细菌污染程度的关系

抗菌特性作用时间	乳温/℃			
	37	30	16	13
挤乳时严格遵守卫生制度时/h	3.0	5.0	12.7	36.0
挤乳时未严格遵守卫生制度时/h	2.0	2.3	7.6	19.0

由表 2-3 可以看出，挤乳时严格遵守卫生制度，刚挤出的乳迅速冷却，是保证鲜乳较长时间保持新鲜度的必要条件。

（二）冷却的方法

乳的冷却方法很多，常用的有以下几种方法。

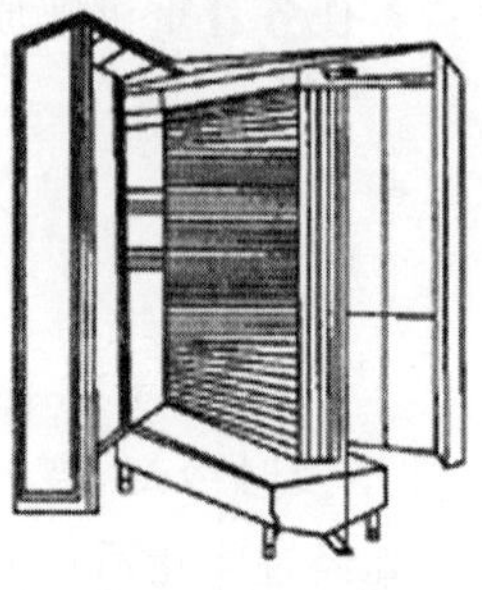

图 2-6　表面冷却器

1. 水池冷却法

这是一种最普通而简易的方法，是将装乳的乳桶放在水池中用冰水或冷水进行冷却(图 2-6)。

用水池冷却牛乳时，可使乳冷却到比冷却用水的温度高 3～4 ℃。在北方由于地下水水温低，即使在夏天也在 10 ℃以下，直接用地下水即可达到冷却的目的。在南方为了使乳冷却到较低的温度，可在池水中加入冰块。

为了加速冷却，需经常进行搅拌，并按照水温进行排水和换水，池中水量应为冷却乳量的 4 倍。每隔 3 d 应将水池彻底洗净后，再用石灰溶液洗涤一次。挤下的乳应随时进行冷却，不要将所有的乳挤完后才将乳桶浸在水池中。水池冷却的缺点是：冷却缓慢和消耗水量较多。

2. 表面冷却器(冷排)冷却法

表面冷却器由金属排管组成(图 2-7)，所以也叫冷排冷却器。乳从上到下从分配槽底部的细孔流出，形成波层，流过冷却器的表面再流入贮乳槽中，冷却剂(冷水或冷盐水)从冷却器的下部自下而上通过冷却器的每根排管，以降低沿冷却器表面流下的乳的温度。

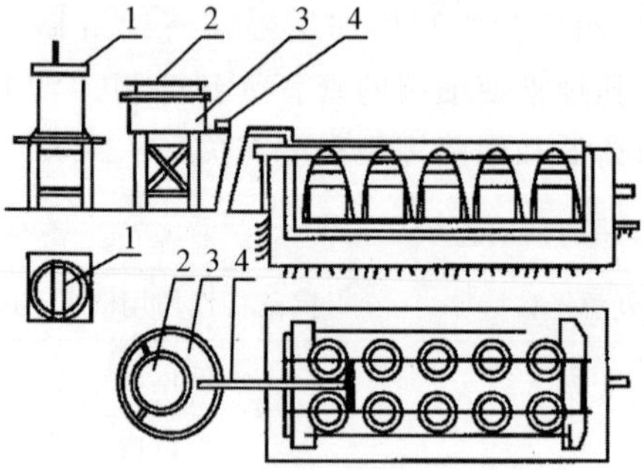

图 2-7　水池冷却乳的方法

1. 量乳器　2. 过滤器　3. 接收槽　4. 开关

动画：板式换热器
工作原理

这种冷却器构造简单，价格低廉，冷却效率也比较高，适于小规模加工厂及乳牛场使用。

3. 浸没式冷却法

这是一种小型轻便、灵巧的冷却器，可以插入贮乳槽或乳桶中以冷却牛乳(图 2-8)。

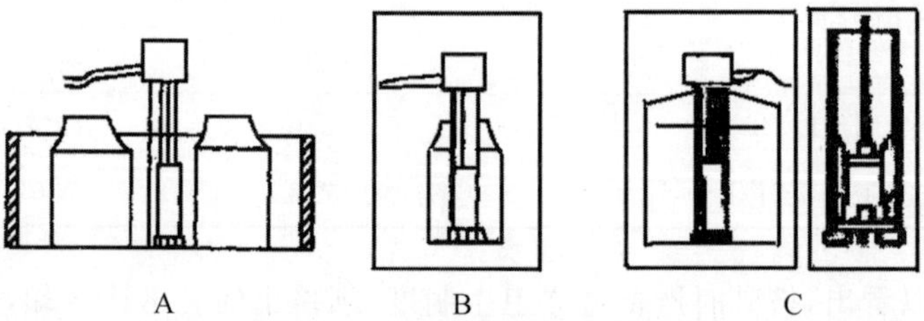

图 2-8　片式预冷器结构图

A. 乳桶外冷却　B. 乳桶内冷却　C. 奶罐中冷却

浸没式冷却器中带有离心式搅拌器，可以调节搅拌速度，并带有自动控制开关，可以定时自动进行搅拌，故可使牛乳均匀冷却，并防止稀奶油上浮。

在较大规模的乳牛场冷却牛乳时，为了提高冷却器效率，节约制冷机的动力消耗，在使用浸没式冷却器以前，最好能先用片式预冷器使牛乳温度降低，然后再由浸没式冷却器来进一步冷却。片式预冷器如采用 15 ℃的冷水为冷剂来冷却牛乳时，刚刚挤下的牛乳（35 ℃左右）通过片式预冷器后，可以冷却到 18 ℃左右，然后直接流入贮乳槽内，再用浸没式冷却器进一步冷却。

4. 板片式热交换器法

一般中、大型乳品厂多采用板片式热交换器法来冷却鲜牛乳。板片式热交换器（图 2-9）克服了表面冷却器因乳液暴露在空气中易受污染的缺点，同时，牛乳以薄膜形式进行热交换，提高了热交换率，采用冷盐水为冷却介质时，可使乳温迅速降到 4 ℃左右。

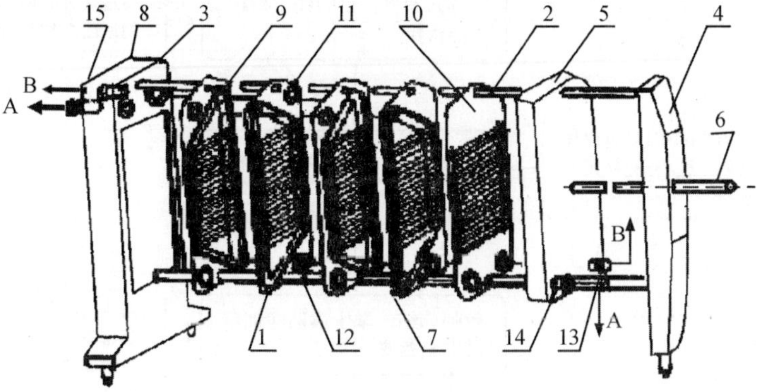

图 2-9　浸没式冷却器

1. 传热板　2. 导杆　3. 前支架（固定板）　4. 后支架　5. 紧压板　6. 压紧螺杆　7. 板框橡胶垫圈　8. 连接管　9. 上角孔　10. 分界板　11. 圆环橡胶垫圈　12. 下角孔　13，14，15. 连接管　A. 乳液　B. 冷水

二、原料乳的贮存

为了保证工厂连续生产的需要，必须有一定的原料乳贮存量。一般工厂总的贮乳量应不少于 1 d 的处理量。贮存原料乳的设备，要有良好的绝热保温措施，要求贮乳经 24 h 温度升高不超过 2～3 ℃，并配有适当的搅拌机构定时搅拌乳液，防止脂肪上浮而造成分布不均匀（图 2-10）。

鲜乳贮存中，贮乳罐的隔热尤为重要，必须要在低温下能保持相当长的时间。贮乳罐的容量，应根据各厂每天牛乳总收纳量、收乳时间、运输时间及能力等因素决定。一般贮乳罐的总容量应为日收纳总量的 2/3～1。而且每只贮乳罐的容量应与每班生产能力相适应。每班的处理量一般相当于两个贮乳罐的乳容量，否则用多个贮乳罐会增加调罐、清洗的工作量和增加牛乳的损耗。贮乳罐使用前应彻底清洗、杀菌，待冷却后贮入牛乳。每罐须放满，并加盖密封，如果装半罐，会加快乳温上升，不利于原料乳的贮存。贮存期间要开动搅拌机，24 h 内搅拌 20 min，乳脂率的变化在 0.1%以下。

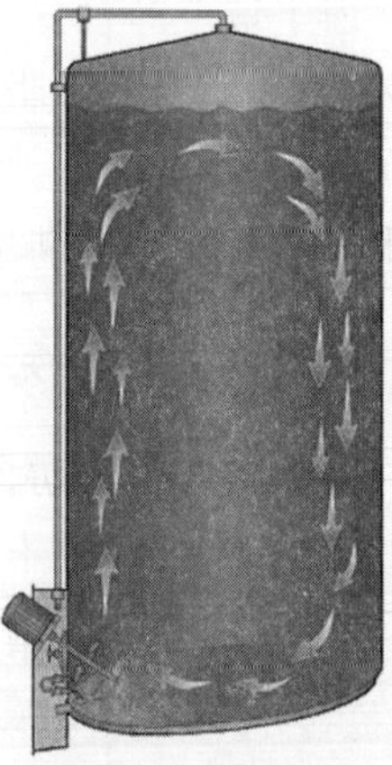

图 2-10　贮乳罐示意图

任务4 乳的标准化

【任务设计】

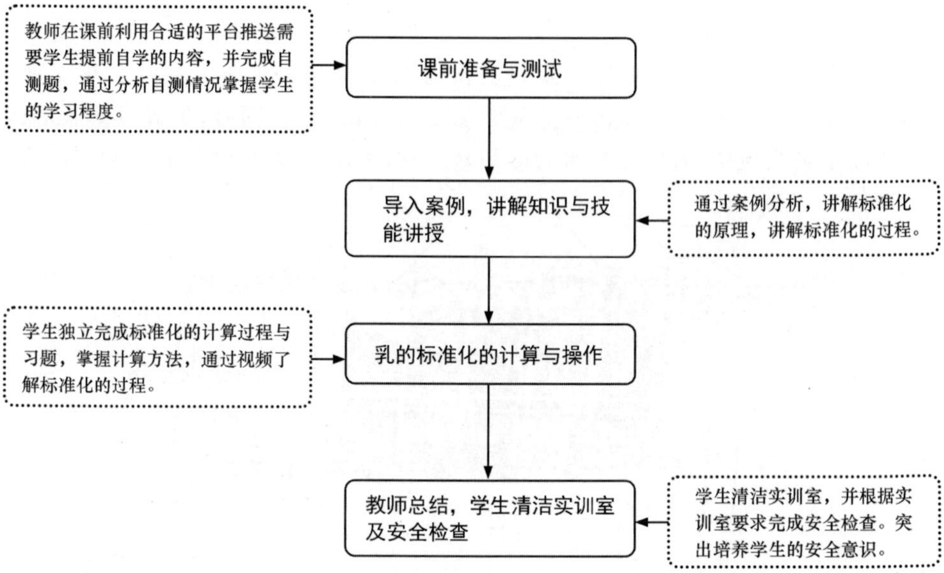

【案例导入】

某乳品企业抽样结果显示，这个季度生产的巴氏消毒乳脂肪含量比前一个季度生产的产品脂肪含量明显偏低，经过产品追溯，发现原因是这一季度收购的原料牛乳脂肪含量低，但是原料牛乳一直在固定的牧场收购，那究竟是什么原因呢？这是因为牛乳中脂肪含量受季节、地区、饲养条件等因素的影响，为了保证产品的稳定性，必须要进行标准化处理，何为标准化处理？接下来我们将详细介绍。

【任务实施】

为了使产品符合要求，保证产品的品质，乳品中脂肪与无脂干物质含量要求保持一定比例，但是原料乳中脂肪与无脂干物质的含量随乳牛品种、地区、季节和饲养管理等因素不同而有较大的差别。因此，必须调整原料乳中脂肪和无脂干物质之间的比例关系。本任务着重讲解原料乳标准化的相关操作。

一、标准化的基本计算方法

若原料乳中脂肪含量不符合要求，则对其进行调整，使其符合要求。乳品厂在生产中一般采用皮尔逊法（十字交叉图解法）进行标准化计算。

设：原料乳的含脂量为 p；脱脂乳或稀奶油的含脂率为 q；标准化乳的含脂率为 r；原料乳数量为 X；脱脂乳或稀奶油的数量为 Y（$Y>0$ 为添加，$Y<0$ 为提取）；用十字交叉图表示它们的关系：

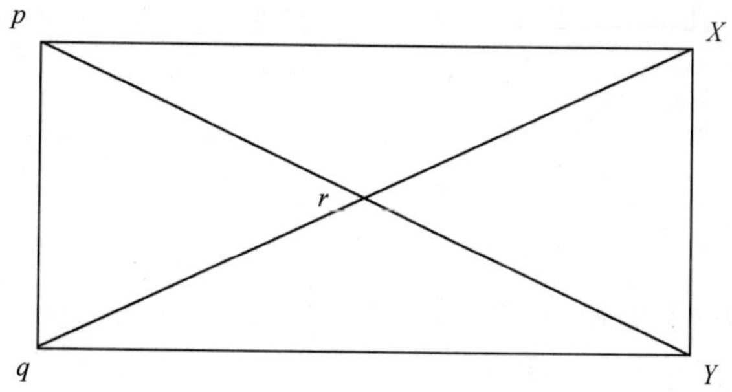

则形成下列关系式：

$$pX + qY = r(X + Y)$$

$$\frac{X}{Y} = \frac{r - q}{p - r}$$

式中：若 $p>r$、$q<r$，表示需要添加脱脂乳（或提取部分稀奶油）；若 $p<r$、$q>r$，表示需要添加稀奶油（或除去部分脱脂乳）。

［例 1］ 今有含脂率为 3.6%的原料乳 1 000 kg，要求标准化后乳的含脂率为 3.2%，试计算进行标准化时，需加入多少 kg 含脂率为 0.1%的脱脂乳？

解：由于标准化后乳中的含脂率降低了，所以我们标准化过程需要加入的是 0.1%的脱脂乳。

根据公式

$$\frac{X}{Y} = \frac{r - q}{p - r}$$

$p=3.6, q=0.1, r=3.2, X=1\,000$，

代入公式计算：$\frac{1\,000}{Y} = \frac{3.2-0.1}{3.6-3.2}$

$Y=129(\text{kg})$

则需要在原料乳中加入 0.1%的脱脂乳 129 kg。

［例 2］ 今有含脂率为 3.6%的原料乳 1 000 kg，要求标准化后乳的含脂率为 3.2%，试计算进行标准化时，需提取多少 kg 含脂率为 35%的稀奶油？

解：根据公式

$$\frac{X}{Y} = \frac{r - q}{p - r}$$

$p=3.6, q=35, r=3.2, X=1\,000$，

代入公式计算：$\frac{1\,000}{Y} = \frac{3.2-35}{3.6-3.2}$

$Y=-12.6(\text{kg})$（$Y<0$ 为提取）

则需要在原料乳中提取 35%的稀奶油 12.6 kg。

［例 3］ 今有含脂率为 3.6%的原料乳 1 000 kg，要求标准化后乳的含脂率为 5.0%，试计算进行标准化时，需加入多少 kg 含脂率为 35%的稀奶油？

解：由于标准化后乳中的含脂率升高了，所以我们标准化过程需要加入的是35%的稀奶油。

根据公式

$$\frac{X}{Y}=\frac{r-q}{p-r}$$

$p=3.6,q=35,r=5.0,X=1\ 000$，

代入公式计算：$\frac{1\ 000}{Y}=\frac{5-35}{3.6-5}$

$Y=46.7(\text{kg})$

则需要在原料乳中加入35%的稀奶油46.7 kg。

二、标准化的方法

标准化主要包括脂肪含量、蛋白质含量及其他一些成分的调整，但对于乳制品来说主要是脂肪含量的调整，因此我们下面所说的标准化指的就是乳中脂肪含量的标准化。为了保证乳制品达到法定要求的脂肪含量，必须调整原料乳中脂肪和无脂干物质之间的比例，这个过程我们称为标准化。在半脱脂乳和标准化乳生产中需要进行标准化，而脱脂乳是一种稀奶油分离产品，原则上无须标准化。我国的国家标准规定全脂、部分脱脂和脱脂巴氏杀菌乳的脂肪含量分别为≥3.1%、1.0%～2.0%、≤0.5%。如果原料乳中脂肪含量不足时，应添加稀奶油或分离一部分脱脂乳；当原料乳中脂肪含量过高时，则可添加脱脂乳或提取一部分稀奶油。标准化在贮乳罐的原料乳中进行或在标准化机中连续进行。

无论人工控制还是计算机控制，标准化的原理是一致的，以处理100 kg，含脂率为4%的全脂乳的图例说明。要求是生产出脂肪含量为3%的标准化乳和脂肪含量为40%的多余的标准化稀奶油的最适宜量。如图2-11。

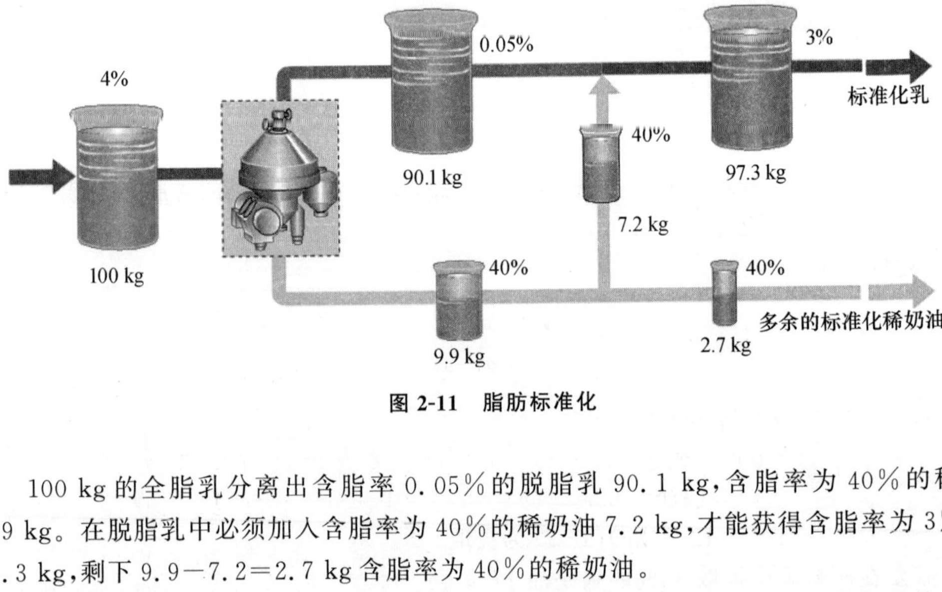

图2-11 脂肪标准化

100 kg的全脂乳分离出含脂率0.05%的脱脂乳90.1 kg，含脂率为40%的稀奶油9.9 kg。在脱脂乳中必须加入含脂率为40%的稀奶油7.2 kg，才能获得含脂率为3%的乳97.3 kg，剩下9.9－7.2＝2.7 kg含脂率为40%的稀奶油。

常用的标准化方法有三种：即预标准化、后标准化、直接标准化。这三种方法的共同点是：标准化之前的第一步必须把全脂乳分离成脱脂乳和稀奶油。

1. 预标准化

指在杀菌之前进行标准化。当原料乳中的含脂率低于或高于标准要求时，为了调高或降低含脂率，将分离出来的脱脂乳或稀奶油与全脂乳在乳罐中混合，以达到制品的含脂率。当标准化含脂率高于原料乳时，可将稀奶油按计算比例与原料乳混合至达到要求的含脂率；当标准化含脂率低于原料乳时，则需将脱脂乳按计算比例与原料乳在罐中混合达到稀释的目的。经分析和调整后，标准化的乳再进行巴氏杀菌。

2. 后标准化

指在巴氏杀菌后进行标准化。而含脂率的调整方法则与预标准化相同。后标准化由于是在杀菌后再对产品进行混合，因此会有多次污染的危险。

上述两种方法都需要使用大型的、笨重的混合罐，分析和调整都很费工，因此近年来越来越多地使用直接标准化。

3. 直接标准化

将全脂乳加热至 55～65 ℃，然后，按预先设定好的含脂率，分离出脱脂乳和稀奶油，把来自分离机的定量稀奶油立即在管道系统内重新与脱脂乳定量混合，以得到所需含脂率的标准乳(图 2-12)。多余的稀奶油会流向稀奶油巴氏杀菌机。

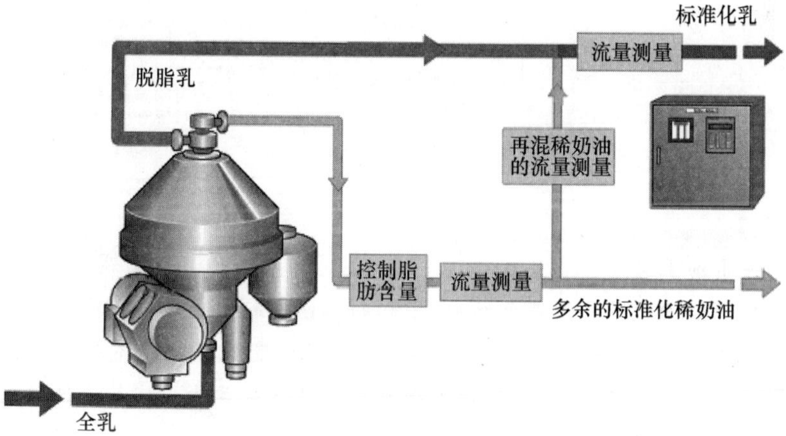

图 2-12 直接标准化示意图

直接标准化的特点为：快速、稳定、精确、与分离机联合运作、单位时间处理量大。

该系统由以下 3 条线路组成。

第一条线路调节分离机脱脂乳出口的外压。在流量改变或后序设备压力降低的情况下，保持外压不变。

第二条线路调节分离机稀奶油出口的流量。不论原料乳的流量或含脂率发生任何变化，稀奶油的含脂率都能保持稳定。

第三条线路调节稀奶油数量。实现稀奶油与脱脂乳重新定量混合，生成含脂率符合要求的标准乳，并排出多余的稀奶油。这条线路能按一定的稀奶油和脱脂乳比率，连续地调节稀奶油的混合量。

为了达到工艺中要求的精确度，必须控制流量的波动、进乳含脂率的波动和预热温度的波动。

任务5 脱气与均质

【任务设计】

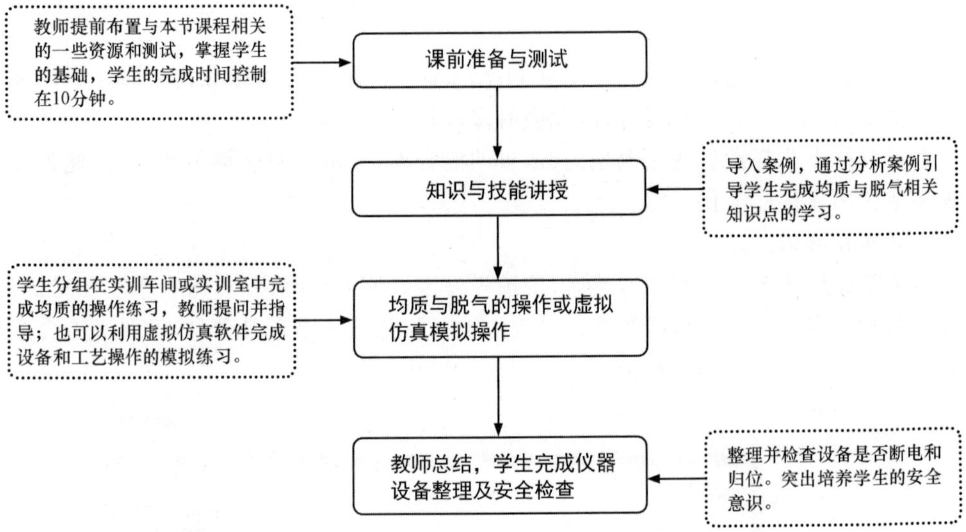

【案例导入】

某位同学在市场上买了一瓶巴氏杀菌牛奶，发现这瓶牛奶和以前喝的不太一样，瓶子上方到盖子部分积聚了大量的淡黄色物质，牛奶的颜色看起来也比以前喝过的牛奶更黄一些，这是外观的感受。打开瓶盖，发现瓶口被完全堵住，覆盖物呈固体状，像是奶酪一样。这位同学用微波炉把牛奶热了一下，发现上面竟然漂着一层黄油。这是为什么呢？

【任务实施】

牛乳中含有一定量的气体，而气体对乳的加工有破坏作用，因此脱气也是原料乳预处理的一个重要步骤。均质也称匀浆，是使悬浮液（或乳化液）体系中的分散物微粒化、均匀化的处理过程，这种处理同时起到降低分散物尺度和提高分散物分布均匀性的作用。均质是食品或化工行业生产中经常要运用的一项技术。本任务着重讲解脱气和均质的相关操作。

一、脱气

牛乳挤出后含5.5%～7%的气体，经过贮存、运输、收购、计量、泵送后，一般气体含量在10%以上，这些气体绝大多数是非结合分散存在的，对牛乳加工有不利的影响：影响牛乳计量的准确度，增加杀菌机中的结垢，影响乳的分离效果，影响标准化的准确度，促使脂肪球聚合影响奶油的产量，促使发酵乳中的乳清析出等。此外当给奶牛饲喂了洋葱等饲料，或原料乳在牛舍中存放时间过长，原料乳中会存在挥发性的异味，必须进行脱气处理，才能使牛奶保持良好口感。

乳品厂使用真空脱气罐进行脱气，牛乳经预热后，泵入真空脱气罐，则牛乳温度立刻降低，这时，牛乳中的空气和部分牛乳蒸发到罐顶部，而空气及一些非冷凝气体(异味)由真空泵抽吸出去，把异味带走。

在牛乳处理的不同阶段进行脱气是非常必要的，真空脱气罐(图 2-13)可以合理地处理这一工艺。工作时，将牛乳预热至 68 ℃后泵入真空脱气罐，则牛乳温度立即降到 60 ℃，这时牛乳中的空气和部分水分蒸发到罐顶部，遇到罐冷凝器后，蒸发的水分冷凝回到罐底部，而空气及一些非冷凝气体(异味)由真空泵抽吸排除。脱气后的牛乳在 60 ℃条件下进行分离、标准化、均质，然后进入杀菌工序。

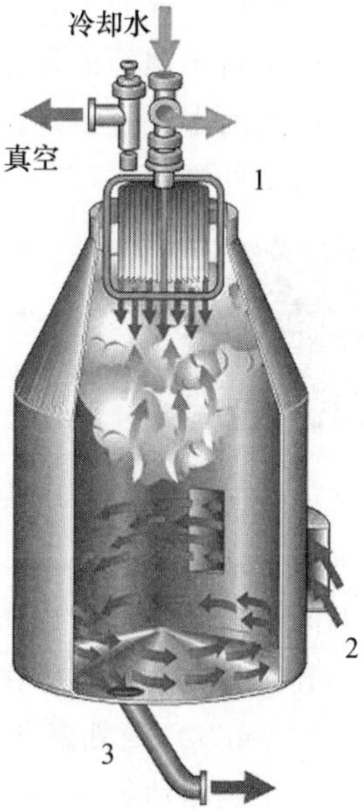

图 2-13　真空脱气罐工作示意图

1. 安装在缸里的冷凝器
2. 切线方向的牛乳进口
3. 带水平控制系统的牛乳出口

二、均质

牛乳在放置一段时间后，有时上部分会出现一层淡黄色的脂肪层，称为“脂肪上浮”。究其原因主要是因为乳脂肪的相对密度小(0.945)、脂肪球直径大，容易聚结成团块。脂肪上浮影响乳的感官质量，所以原料乳在经过验收、净化、冷却、标准化等处理之后，一般都要进行均质处理，一些企业在生产消毒乳的时候有时也不采用均质这一步骤。

所谓乳的均质就是在强力的机械作用下(16.7～20.6 MPa)将乳中大的脂肪球破碎成小的脂肪球，使其均匀一致地分散在乳中的过程。均质可防止脂肪球上浮，并改善牛乳的消化、吸收程度。图 2-14 为均质前后脂肪球大小的变化。

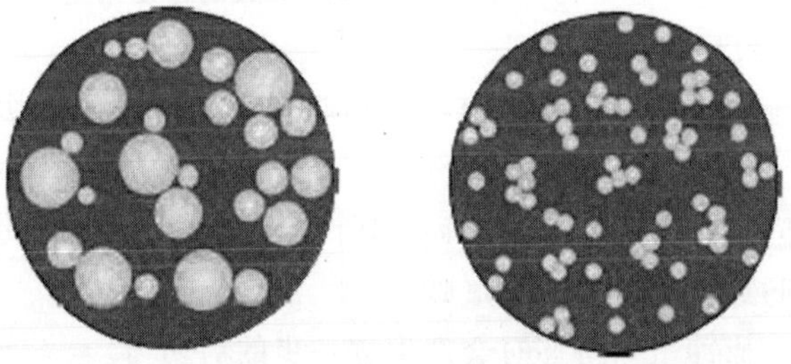

图 2-14　均质前后的脂肪球

均质后的脂肪呈数量更多的较小的脂肪球颗粒而均匀一致地分散在乳中，同时增加了光线在牛乳中折射和反射的机会，使得均质乳的颜色更白。

自然状态的牛乳，其脂肪球大小不均匀，变动于 1～2 μm，一般为 2～5 μm。如经均质，脂肪球直径可控制在 1 μm 左右，这时乳脂肪表面积增大，浮力下降，乳可长时间保持不分层，且不易形成稀奶油层脂肪，也就不易附着在贮乳罐的内壁和盖上。另一方面，经均质后的牛乳脂肪球直径减小，脂肪均匀分布在牛乳中，其中的维生素 A 和维生素 D 也呈均匀分布，促进了乳脂肪在人体内的消化和吸收。

经过均质处理的牛乳具有新鲜牛乳的芳香气味，同非均质牛乳相比较，均质化以后的牛乳避免了由于铜的催化作用而产生的臭味，这是因为均质作用增大了脂肪表面积所致。

均质后的牛乳也呈现出一些不足：对阳光、解脂酶等敏感，有时会产生金属腥味；蛋白质的热稳定性降低。

动画：高压均质机的工作原理

（一）均质设备

生产中最常用的均质设备是高压均质机，其次是超声波均质机、胶体磨等。

高压均质机由高压泵和均质阀组成，其主要部件是均质阀（又称均质头），均质阀的结构及乳通过时的状态如图 2-15 所示，均质阀是一个外环包着 4 片叶片的圆柱形的芯子。它们相互配合，只留一个非常窄的间隙让乳通过。均质环内表面与间隙的出口垂直并附在外环上。乳在高压下被送入外环和芯子之间空隙，由高静压能转化为动能，这样乳在间隙中获得非常高的流速（200～300 m/s），当乳离开间隙时，乳以高速冲击均质环的内侧，并被迫改变方向。均质作用是由三个因素协调作用而产生的。

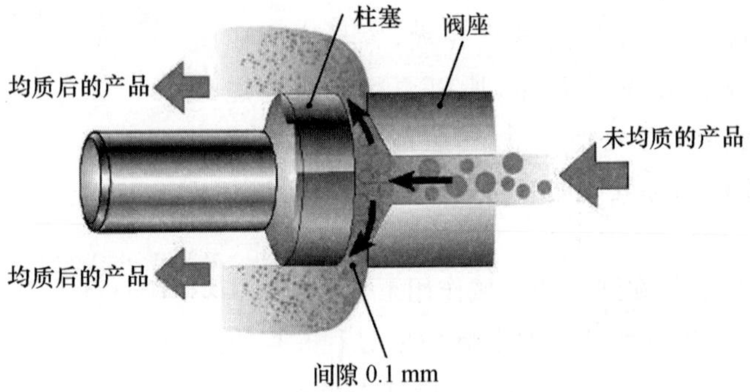

图 2-15 脂肪球在均质中破裂的过程

（1）牛乳以高速度通过均质头中的窄缝对脂肪球产生巨大的剪切力，此力使脂肪球变形、伸长和粉碎。

（2）牛乳液体在间隙中加速的同时，静压能下降，可能降至脂肪的蒸汽压以下，这就产生了气穴现象，使脂肪球受到非常强的爆破力。

（3）当脂肪球以高速冲击均质环时会产生进一步的剪切力。

均质机的操作

（二）均质机的操作

乳制品生产车间高压均质机型号和工作能力虽然不同，但操作过程基本相似。

1. 开机前准备工作

①检查润滑油的油位和油质，油位应在油眼标线以上，油质不能出现乳白色（正常新设备使用后 750 h 换油），然后每年更换油机一次。②检查各部件连接是否紧密。③检查冷却水管是否畅通。④检查电动机转向（电动机接线点或电气设备维修后）。⑤放松高低压手轮 1～2 圈。

2. 开机、运行、停机

①开启冷却水阀门，喷口水量以积水量低于骨架密封圈为准。②开启进料阀及出料阀，按下启动按钮，在无压力状态下运转 3 min，让设备各部件都进入润滑状态。同时使泵体充分进料将泵体空气排尽。③加压。先将高压手轮顺时针方向旋转至压力表指针点动，然后按先低压后高压的顺序调整至所需要的工作压力(根据工艺要求自定)。④关机。按开机逆向先放松高压，后放松低压，然后用清洗液或水通入泵体无压力运转 10 min 左右，达到泵内清洗的目的，注意手轮反转不宜太多(一圈为宜)，否则会损坏手轮内顶杆的轴密封圈。

按下停止按钮，切断电源。

3. 注意事项

①操作者负责设备的清洁及卫生。②泵体内没有料液或水时，严禁开机运转。③柱塞冷却水没有或不足时，严禁开机运转。④润滑油不到位或变质时，严禁开机运转。⑤机器运转中，严禁用任何工具调节柱塞密封的紧定螺丝。⑥操作者应注意观察压力表或电流表、电机、柱塞、管件等，如发现异常声音、温升、泄漏等及时通知维修人员处理，严禁设备带病运转。

(三)均质效果检查

均质后必须有效地防止形成脂肪层，均质效果可以通过显微镜检验或测定均质指数来检查。

(1)显微镜检验　一般采用 100 倍的显微镜镜检，可直接观察均质后乳脂肪球的大小和均质程度。在显微镜下直接用油镜检查脂肪球的大小是最直接和快速的方法，但缺点是只能定性不能定量检验，而且要有较丰富的实践经验。

(2)均质指数法　乳样置于带刻度玻璃量筒里，在 4～6 ℃温度条件下贮存 48 h，吸管吸走上层(容量 1/10)乳液，余下的(容量 9/10)进行充分混合，然后测定两部分的乳脂率。上层与下层乳脂率的差，除以上层乳脂率的百分数，即为均质指数。牛乳均质指数应在 1～10 的范围之内。例如，如果上层乳脂率为 3.1%，下层乳脂率为 2.9%，则均质指数为 $(3.1-2.9)/3.1\times100=6.5$。

(四)均质团现象

稀奶油的均质通常引起黏度的增加，在显微镜下可以看到在均质的稀奶油中存在大量含有大约 10^5 个脂肪球的脂肪球聚集物，即所谓的均质团。因为均质团间隙含有液体使稀奶油中颗粒的有效体积增加，因此增加了它的黏度。

高脂肪含量、低蛋白含量、高均质压力及表面蛋白相对过剩、均质温度低和强烈预热等都能促进均质团的形成。在实际操作中，当稀奶油的脂肪含量小于 9%的时候，不产生均质团块；而脂肪含量高于 18%的时候稀奶油通常产生均质团；在脂肪含量 9%～18%范围内产生的团块主要与均质压力和温度有关。

目前生产中采用二段均质机，其中第一段均质压力大(占总均质压力的 2/3)，使脂肪球破碎；第二段的压力小(占总均质压力的 1/3)，使第一段均质形成的均质团形成分散的均匀的脂肪球。

【知识拓展】

膜过滤技术在乳品生产中的应用

膜过滤技术是当今食品工业上采用的一项新技术，在乳品加工中主要应用超滤和反渗透。前者通过膜的是纯水和低分子溶质，从而可使溶液中高分子和低分子分开；后者通过膜的是水，从而可使原来的溶液得到浓缩。目前广泛用于从乳清中分离蛋白质和乳的浓缩，具有节能、高效、占地面积小、占地面积小、投资少等优点。

一、超滤法

1. 乳超滤的工作原理

当全乳、脱脂乳或乳清等料液在压力下流过超滤膜表面时，含有乳糖及低分子盐类的水溶液能透过超滤膜，变成清液流出。含有脂肪及蛋白质等高分子化合物的胶体物质被膜截留，成为浓缩液。这样的分离过程称为超滤。如果将所得浓缩液用水稀释，再进行超滤，可使料液中的低分子溶质进一步随清液流出，而高分子物质逐步得到提纯，这样的过程为全滤。超滤装置的关键性组件是超滤膜。超滤膜的性质必须能适应和完成超滤工艺过程的要求。

2. 用途

超滤法在乳品工业中的用途主要有以下几个方面：

(1)制备乳清蛋白等制品　当制造干酪或干酪素时，副产大量乳清。乳清中还保留着乳中的全部乳清蛋白。采用超滤法将其分离、水洗、浓缩及干燥，可制得含量为35%、60%及80%的3种乳清蛋白粉。乳清蛋白易被消化吸收，具有较高的营养价值和生理功能。经超滤后的乳清清液，有利于进一步加工成乳糖或其他乳糖发酵制品。

(2)超滤法制干酪　用超滤法制干酪，可提高产率。如制造Feta干酪时，可将全乳超滤浓缩5倍，使干物质含量约达到39.5%，即接近成品的干物质含量，较传统方法可提高产率约30%，节约发酵剂及凝乳酶的用量。如生产脱脂干酪，可提高产率约18%。

(3)原乳预浓缩　原乳预浓缩可单用反渗透法进行，亦可先用超滤法分出脂肪与蛋白质，得到超滤浓缩液，然后用反渗透法将超滤乳清液脱水，得乳清浓缩液。将两者混合，即得浓乳，用此法将原乳预浓缩2～2.5倍，较蒸汽加热真空浓缩法经济。

二、反渗透法

1. 反渗透的工作原理

当全乳、脱脂乳或乳清等料液在压力下流过反渗透膜表面时，其所含有的干物质几乎全被反渗透膜截留，透过膜层的是清水。这样的分离过程就叫反渗透。通过反渗透处理，料液被脱水浓缩，其营养物质不发生变化。

2. 用途

(1)全乳或脱脂乳的脱水浓缩　反渗透几乎能全部截留乳料中干物质，又不消耗蒸汽，节约能源，故多用于预浓缩。又如生产酸凝乳时，需将乳固体提高到14%～15%；生产冰淇淋时，需将非脂乳固体浓缩至约15.5%，采用反渗透法是十分方便的。生产炼乳或乳粉时，均可先在相当低的能耗下预浓缩，除去50%的水分，然后再真空蒸发，以节约蒸汽消耗。

(2)乳清浓缩　乳清中干物质含量低,为了生产浓缩乳清制品,可采用反渗透法进行预浓缩,然后再真空蒸发,以降低生产费用。

三、电渗析法

脱盐乳清中蛋白质含量约为干物质的13%,具有相当高的营养价值和功能作用,另外含有大量的乳糖以及丰富的B族维生素。但乳清中也含有大量的盐,使其在食品中的应用受到限制。脱盐主要是除去氯化钠和硝酸盐,目前主要用电渗析、离子交换两种方法。

【项目测试题】

1.下列哪项不属于鲜乳处理设备所用的清洗剂的作用?(　　)

A.乳化　　B.螯合　　C.软化　　D.升华

2.刚挤出的牛乳温度约为36 ℃,为了防止微生物的繁殖应迅速冷却到(　　)左右。

A.4 ℃　　B.10 ℃　　C.15 ℃　　D.20 ℃

3.有含脂率为3.6%的原料乳1 000 kg,要求标准化后乳的含脂率为3.2%,需加含脂率为0.1%的脱脂乳多少kg?(　　)

A.80 kg　　B.98 kg　　C.129 kg　　D.206 kg

4.鲜乳在贮乳罐中贮存期间要开动搅拌机,24 h内搅拌20 min,乳脂率的变化在(　　)以下。

A.0.05%　　B.0.1%　　C.0.15%　　D.0.2%

5.下列哪种不属于鲜乳处理设备清洗消毒的方法?(　　)

A.沸水消毒法　　B.蒸汽消毒法　　C.生石灰消毒法　　D.次氯酸盐消毒法

6.下列哪种物质用过滤的方法无法除去?(　　)

A.牛毛　　B.秸秆　　C.红细胞　　D.蚊蝇

7.下列哪种不属于原料乳过滤的方法?(　　)

A.纱布过滤　　B.滤纸过滤　　C.膜技术　　D.净乳机

8.原料乳的运输也是乳品生产上的重要环节,运输不善会造成很大损失,甚至无法进行生产。目前我国乳源集中的地方多采用(　　)。

A. 乳桶运输　　B.地下管道运输　　C.乳槽车运输

9.原料乳经过均质,脂肪球直径可控制在(　　)μm左右,这时乳脂肪表面积增大,浮力下降,乳可长时间保持不分层,且不易形成稀奶油层脂肪,也就不易附着在贮乳罐的内壁和盖上。

A.1　　B.2　　C.3　　D.4

10.在原料乳的贮存中,贮存原料乳的设备要有良好的绝热保温措施,要求贮乳经24 h温度升高不超过(　　),同时配有适当的搅拌设备。

A.2～4 ℃　　B.1～3 ℃　　C.2～3 ℃　　D.2～5 ℃

项目三
液态乳的加工

【知识目标】

①了解液态乳的概念、种类；②掌握乳常用的杀（灭）菌方法；③掌握巴氏杀菌乳、灭菌乳、调制乳、含乳饮料的生产工艺流程和操作要点；④熟悉巴氏杀菌乳、灭菌乳、调制乳的国家标准。

【技能目标】

①能熟练操作液态乳加工设备，生产出符合食品安全国家标准的液态乳；②能解决液态乳生产中出现的质量问题。

【项目描述】

本项目主要介绍液态乳的概念、种类、乳常用的杀（灭）菌方法；阐述巴氏杀菌乳、灭菌乳、调制乳、含乳饮料的生产工艺流程、操作要点、注意事项及产品的食品安全国家标准；学生通过具体工作任务的实施学会操作液态乳加工设备，做出符合食品安全国家标准的产品。

【思维导图】

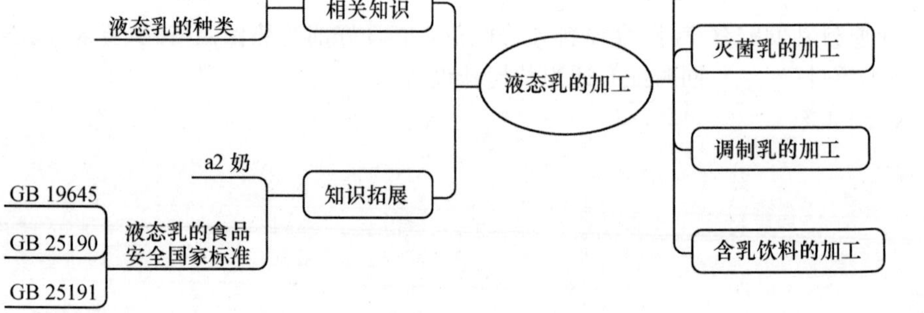

【相关知识】

一、液态乳的概念

液态乳是指以生牛(羊)乳或复原乳为主要原料,经过原料乳的检验、离心净乳、标准化、均质、杀菌或灭菌、冷却和灌装等加工工艺处理,以液体形式供消费者食用的液态乳制品。

二、液态乳的种类

液态乳的种类很多,通常采用以下方法分类。

(一)根据杀菌(灭菌)方法分类

在液态乳加工过程中最主要的工艺是热处理,根据液态乳在生产过程中采用的热处理方式可将液态乳分为巴氏杀菌乳和灭菌乳。

无论是巴氏杀菌乳还是灭菌乳,杀菌(灭菌)过程都是最重要的过程。杀菌就是将乳中的致病菌和造成产品缺陷的有害菌全部杀死,但并非百分之百的杀灭微生物,还会残留部分的乳酸菌、酵母菌和霉菌等。杀菌条件应控制到对乳的风味、色泽和营养影响最小的限度。

灭菌就是要杀灭乳中所有微生物,使其呈无菌状态。但事实上,热致死率只能达到99.999 9%,欲将残存的百万分之一,甚至千万分之一的微生物杀灭,必须延长杀菌时间,这样会给产品带来更多的缺陷。这个极微量的细菌在检测上近于零,在食品行业称商业无菌。

商业无菌的含义如下:

①不含危害公共健康的致病菌和毒素;

②不含任何在产品贮存、运输及销售期间能繁殖的微生物;

③在产品有效期内保持质量稳定和良好的商业价值。

1. 巴氏杀菌乳(pasteurized milk)

仅以生牛(羊)乳为原料,经巴氏杀菌等工序制得的液体产品。巴氏杀菌乳主要包括低温长时间(LTLT)杀菌乳和高温短时间(HTST)杀菌乳。

(1)低温长时间(LTLT)杀菌乳　也称保温杀菌乳,牛乳经62～65 ℃,30 min保温杀菌。在这种温度下,乳中的病原菌,尤其是耐热性较强的结核菌都被杀死。

(2)高温短时间(HTST)杀菌乳　通常采用80～85 ℃,10～15 s杀菌。由于受热时间短,热变性现象很少,风味有浓厚感,无蒸煮味。

2. 灭菌乳(sterilized milk)

灭菌乳是指通过足够的热处理,使乳中几乎所有的微生物和耐热酶类失去活力,这种热处理方式通常需经过100 ℃以上的温度处理,经热处理的残存微生物不可能在贮存期间繁殖,保证不造成产品腐败。灭菌乳包括超高温灭菌乳和保持灭菌乳。

(1)超高温灭菌乳(ultrahigh temperature milk)　是指以生牛(羊)乳为原料,添加或不添加复原乳,在连续流动的状态下,加热到至少132 ℃并保持很短时间的灭菌,再经无菌灌装等工序制成的液体产品。一般采用130～150 ℃,0.5～4 s灭菌。

(2)保持灭菌乳(retort sterilized milk)　是指以生牛(羊)乳为原料,添加或不添加复原乳,无论是否经过预热处理,在灌装并密封之后经灭菌等工序制成的液体产品。通常产品经灌装后灭菌,产品和包装罐一起被加热到116 ℃,保持20 min,常温存放即可,但产品营养价值破坏严重。

(二)根据脂肪含量分类

我国将液态乳分为全脂乳、部分脱脂乳、脱脂乳。

(三)根据营养成分或特性分类

可将液态乳分为:纯牛(羊)乳、调制乳及含乳饮料等。

1.纯牛(羊)乳

以生牛(羊)乳为原料,不添加任何其他原料,通过离心净乳、标准化、预热、均质、杀(灭)菌而制成的产品。这类产品保持了乳固有的营养成分,各项指标符合食品安全国家标准关于巴氏杀菌乳或灭菌乳的规定。根据脂肪的含量又可以分为全脂、部分脱脂、脱脂纯牛(羊)乳。

2.调制乳

以不低于80%的生牛(羊)乳或复原乳为主要原料,添加其他原料或食品添加剂或营养强化剂,采用适当的杀菌或灭菌等工艺制成的液体乳制品。这类产品由于添加了其他原料,比如巧克力、咖啡或各种果汁及食用香精等原料,制成的产品在风味上与纯牛(羊)乳有较大差别,可以掩盖乳本身的味道,特别适合不喜欢乳本身风味的人食用。调制乳中最常见的有花色乳、复原乳和营养强化乳等产品。

(1)花色乳　又称风味乳,是以生牛(羊)乳或复原乳为主要原料,加入其他风味物料,如咖啡、可可、果汁等,再调香、调色、调质,而制成的饮用乳。常见的有咖啡乳、可可乳、果汁乳、果味乳等。

(2)复原乳　是全部用乳粉或者在生牛(羊)乳中添加部分乳粉,加水复原而制成的乳制品。

(3)营养强化乳　在生牛(羊)乳中添加各种维生素、微量元素、DHA等对人体健康有益的营养物质而制成的液体乳制品,以增加牛乳的营养成分为目的的产品。这类产品从风味和外观上与普通杀菌(灭菌)乳没有太大区别。

3.含乳饮料

在乳中添加水和其他调味成分而制成的含乳量为30%～80%的产品。根据我国目前的国家标准乳饮料中乳蛋白质的含量应在1.0 g/100 mL以上。

任务 1 巴氏杀菌乳的加工

【任务设计】

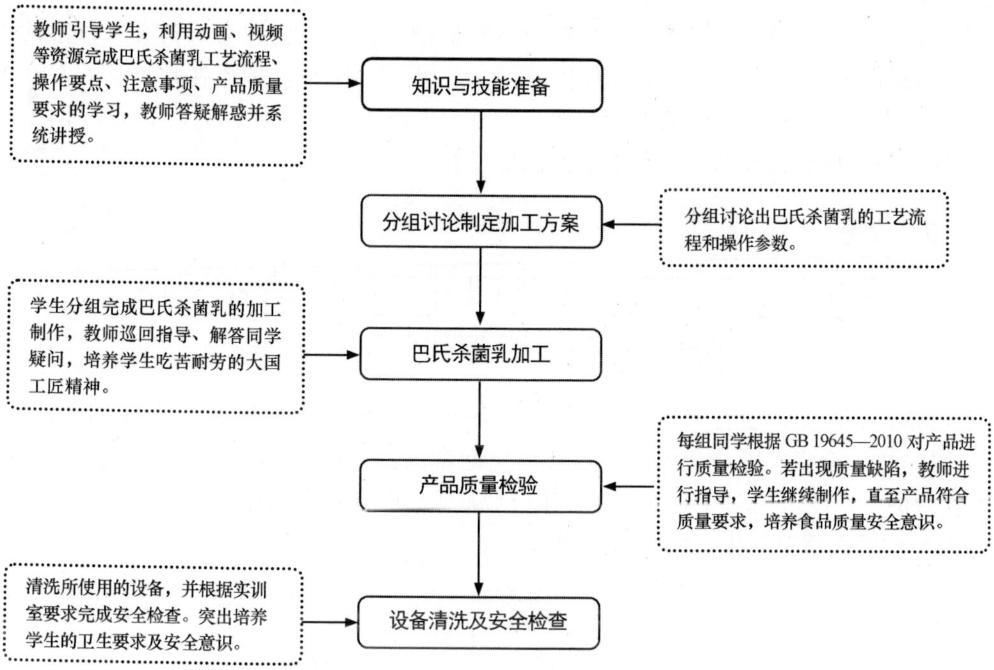

【案例导入】

2019 年 9 月 4 日，中鼎联合牧业股份有限公司以散装运输方式申报进口的 4.9 t 俄罗斯巴氏杀菌乳在黑龙江东宁口岸顺利通关。东宁海关在第一时间完成单证审核、乳品查验和取样手续，并以最快速度为企业办理通关，从企业申报到海关验放，整个过程不超过 30 min。以奶槽车散装运输方式申报进口俄罗斯巴氏杀菌乳，这在全国尚属首次。为什么中鼎牧业俄罗斯牧场可以将巴氏杀菌乳直接以奶槽车散装方式成功回运到国内呢?

【任务实施】

一、巴氏杀菌乳概念及种类

巴氏杀菌乳是指仅以生牛(羊)乳为原料，经巴氏杀菌等工序制得的液体产品。巴氏杀菌乳主要包括低温长时间(LTLT)杀菌乳和高温短时间(HTST)杀菌乳。

巴氏杀菌乳因脂肪含量不同，可分为全脂巴氏杀菌乳、部分脱脂巴氏杀菌乳和脱脂巴氏杀菌乳。生产巴氏杀菌乳的原料只能采用新鲜牛乳或羊乳，不得使用复原乳，一般不添加其他辅料，并采用巴氏杀菌而制成。由于杀菌温度较低，可以较好地保留鲜乳原有的营养及风味，因而巴氏杀菌乳是最大程度接近于鲜乳的一类乳制品。

由于此类产品中允许残留一定数量的非致病菌，故需要较高的生产卫生条件和优良的冷链分销系统，在冷藏条件下贮藏以抑制微生物的繁殖。一般冷链温度越低，产品保质期越长，但最高不得超过 7 ℃。巴氏杀菌乳在 2 ～6 ℃的贮藏条件下，保质期一般为 3～5 d。

另外还有一种“ESL”乳(extended shelf life)，即较长保质期乳，含义是延长(巴氏杀菌)产品的保质期，生产中采用比巴氏杀菌更高的杀菌温度(即超巴氏杀菌)，并且尽最大的可能避免产品在加工、包装和分销过程中的再污染。保质期一般有 7～10 d、15 d、21 d，甚至更长。

典型的超巴氏杀菌条件为 125～130 ℃，2～4 s。但无论超巴氏杀菌强度有多高，生产的卫生条件有多好，“较长保质期”乳本质上仍然是巴氏杀菌乳。它与灭菌乳有根本的区别。首先，超巴氏杀菌产品并非无菌灌装；其次，超巴氏杀菌产品不能在常温下贮存和分销；最后，超巴氏杀菌产品不是商业无菌产品。不同巴氏杀菌乳的加工工艺不完全相同，但大致一样。现将典型巴氏杀菌乳的加工方法加以介绍。

二、工艺流程

原料乳的验收 → 预处理 → 标准化 → 均质 → 杀菌 → 冷却 →

灌装 → 检验 → 成品 → 低温冷藏

巴氏杀菌乳的生产工艺因不同国家的法规而有所差别，而且不同的乳品厂之间也不尽相同。最简单的全脂巴氏杀菌乳加工生产线应配备巴氏杀菌机、缓冲罐、灌装机等主要设备，而复杂的生产线可同时生产全脂乳、部分脱脂乳、脱脂乳和含脂率不同的稀奶油。图 3-1 为典型的巴氏杀菌乳生产线的示意图。

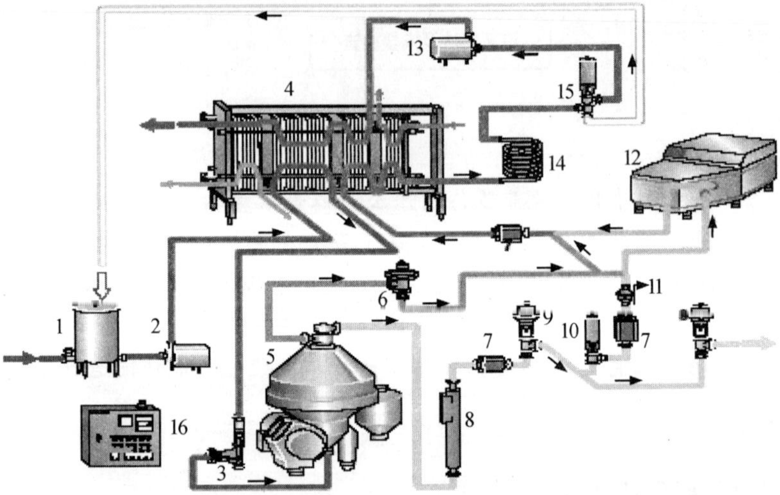

图 3-1　巴氏杀菌乳生产线示意图

1. 平衡槽　2. 进料泵　3. 流量控制器　4. 板式热交换器　5. 分离机　6. 稳压阀　7. 流量传感器　8. 密度传感器　9. 调节阀　10. 截止阀　11. 检查阀　12. 均质机　13. 增压泵　14. 保温管　15. 转向阀　16. 控制盘

原料乳通过平衡槽 1，然后经进料泵 2 送至板式热交换器 4，预热后，通过流量控制器 3 至分离机 5，以生产脱脂乳和稀奶油。其中稀奶油的脂肪含量可通过流量传感器 7、密度传感器 8 和调节阀 9 确定和保持稳定，而且为了保证在均质效果的条件下节省投资和能源，仅使稀奶油通过一个较小的均质机。稀奶油的去向有两个分支，一个通过阀门 10、11 与均质机 12 相连，以确保巴氏杀菌乳的脂肪含量；然后是多余的稀奶油进入稀奶油处理线。此外，进入均质机的稀奶油的脂肪含量不能高于10%，所以一方面要精确地计算均质机的工作能力，另一方面应使脱脂乳混入稀奶油进入均质机，并保证其流速稳定。随后均质的稀奶油与多余的脱脂乳混合，使物料的脂肪含量稳定在3%，并送至板式热交换器4和保温管14进行杀菌。然后通过转向阀15和增压泵13使杀菌后的巴氏杀菌乳在杀菌机内保证正压。这样就可避免由于杀菌机的渗漏，导致冷却介质或未杀菌的物料污染杀菌后的巴氏杀菌乳。当杀菌温度低于设定值时，温感器将指示转向阀15，使物料回到平衡槽。巴氏杀菌后，杀菌乳继续通过杀菌机热交换段与流入的未经处理的乳进行热交换，而本身被降温，然后再进入另一冷却段，用冷水和冰水冷却，冷却后先通过缓冲罐再进行灌装。

三、操作要点

（一）原料乳的验收

巴氏杀菌乳的质量决定于原料乳，我国及世界上的大部分国家对生产巴氏杀菌乳的原料乳都要求使用生牛（羊）乳，而不能使用复原乳或再制乳。因此，对原料乳的质量必须严格管理，认真检验。只有符合《食品安全国家标准　生乳》（GB 19301—2010）的原料乳才能生产巴氏杀菌乳。

（二）预处理

1.脱气

乳刚刚被挤出后含5.5%～7.0%的气体，经过贮存、运输和收购后，一般其气体含量在10%以上，而且绝大部分为非结合的分散气体。这些气体对乳品的加工和产品质量具有一定的影响，因此，在牛乳处理的不同阶段进行脱气是非常必要的。

2.过滤和净化

过滤和净化的目的是去除混入到原料乳中的机械杂质，并可以去除牛乳中的部分微生物。

（三）标准化

标准化的目的是保证乳中含有规定的最低限度的脂肪。巴氏杀菌乳的标准化要根据不同国家的规定进行。例如，在我国，《食品安全国家标准　巴氏杀菌乳》（GB 19645—2010）中规定，全脂巴氏杀菌乳脂肪含量要求大于等于3.1%，取消了脱脂、部分脱脂巴氏杀菌乳的脂肪要求。但生产中部分脱脂巴氏杀菌乳的脂肪含量一般为1.0%～2.0%，脱脂巴氏杀菌乳脂肪含量一般是小于0.5%。因此，凡不合乎标准的乳，都必须进行标准化处理。

因而，在乳品厂中对乳的标准化要求非常精确，若产品中含脂率过高，乳品厂就浪费了高成本的脂肪，而含脂率太低又等于欺骗消费者。因此，每天分析含脂率是乳品厂的重要工作。

（四）均质

均质设备、效果及操作过程详见项目二中的详细介绍。

在巴氏杀菌乳的生产中，一般均质机的位置处于杀菌机的第一热回收段；在间接加热的超高温灭菌乳生产中，均质机位于灭菌之前；在直接加热的超高温灭菌乳生产中，均质机位于灭菌之后,因此应使用无菌均质机。牛乳在均质前需要预热到 65 ℃,在此温度下乳脂肪处于熔融状态,脂肪球膜软化,有利于均质效果。一般均质压力为 16.7～20.6 MPa。使用二段均质机时,第一段均质压力为 16.7～20.6 MPa,第二段均质压力为 3.4～4.9 MPa。

均质可以是全部的,也可以是部分的。许多乳品厂仅使用部分均质,部分均质指的是仅对标准化时分离出的稀奶油进行均质(因为对脱脂乳进行均质没有太大意义),这从经济和操作方面来看都有利。牛乳全部均质后,通常不发生脂肪球絮凝现象,脂肪球相互之间完全分离。相反地,将稀奶油部分均质时,如果含脂率过高,就有可能发生脂肪球絮凝现象(黏滞化)。因此,在部分均质时稀奶油的含脂率不应超过 12%。

(五)巴氏杀菌

1. 巴氏杀菌的方法

当生乳被送达乳品厂后,必须尽可能快地对其进行热处理杀菌。尽管目前大部分乳品厂都采用了先进的冷却技术,但随着时间的延长,微生物仍然会大量生长繁殖,并通过其酶系作用导致出现乳成分降解、pH 下降等质量问题。

通常乳中的大多数致病菌都不能形成芽孢,只要通过温和的热处理就能将其全部杀灭,这种热处理对乳的产品质量影响很小。由于各国乳的质量标准不同,巴氏杀菌工艺也不尽相同。但是,无论采用何种杀菌工艺,所有国家的共同要求是热处理必须保证杀死致病菌,并保证产品营养成分和物理性质不会发生太大改变。

表 3-1 列出了几种巴氏杀菌的方法:

表 3-1　几种常用的巴氏杀菌的方法

工艺名称	温度/℃	时间	方式
预热杀菌	63～65	15 s	连续式
低温长时间杀菌(LTLT)	62～65	30 min	间歇式
高温短时间杀菌(HTST)	80～85	10～15 s	连续式
超巴氏杀菌	125～138	2～4 s	连续式

与低温长时间巴氏杀菌法相比,高温短时间巴氏杀菌法(通常为 80～85 ℃,10～15 s)占地面积小、节省空间、热效率高、加热时间短、乳的营养成分破坏小、无蒸煮味,可连续化进行生产,操作方便、卫生,不必经常拆卸,加之设备可直接用水、酸液、碱液进行自动就地清洗(CIP 清洗),因而目前在乳品加工行业被广泛采用。

2. 加热杀菌对微生物的致死效果

(1)热致死率的计算

热致死率＝(杀菌前的细菌数－杀菌后的细菌数)/杀菌前的细菌数×100%

(2)乳中各种微生物的热致死条件　乳中微生物的热致死条件,受微生物的种类、生存状态、加热的温度和加热时间等因素所影响(表 3-2)。

3. 杀菌对乳的影响

(1)杀菌温度及时间对乳理化性质的影响　不同的加热条件对乳理化性质的影响不同,以牛乳为例,影响情况见表 3-3。生产中可根据生产要求选择相应的杀菌方法。

表 3-2 乳中常见微生物菌群的热致死条件

菌群	热致死温度、时间	菌群	热致死温度、时间
大肠菌群	60 ℃ 22～75 min 78.6 ℃ 0.5 s	立克次氏体	63～65 ℃ 30 min 71.4 ℃ 15 s
耐热性乳酸菌	62.8 ℃ 5～30 min	非耐热性乳酸菌	57.8 ℃ 30 min 60～61 ℃ 1 min
结核菌	60 ℃ 10 min 71.1 ℃ 0.5 s	葡萄球菌	62.8 ℃ 6.8 min 65.6 ℃ 1.9 min
耐热性小球菌	88.1 ℃ 0.5 s 88.8 ℃ 0.25 s	肉毒梭状芽孢杆菌	121 ℃ 0.45～0.5 s
伤寒菌	59～60 ℃ 2 min 72 ℃ 0.5 s	布氏杆菌	61.5 ℃ 23 min 71.1 ℃ 21 min
痢疾菌	71.1 ℃ 16 s 72.2 ℃ 0.5 s	溶血性链球菌	60 ℃ 30 min 70.5 ℃ 0.25 s

表 3-3 几种常见杀菌方法对牛乳理化性质的影响

杀菌温度	处理时间	酸度	蛋白质	酶及维生素	磷酸钙	稀奶油层	乳糖
63 ℃	30 min	降低	稍有凝固，5%左右	淀粉酶破坏，维生素C减少 7.9%	—	影响极少	—
70～72 ℃	5～10 min	降低	部分沉淀，50%左右	部分酶破坏	沉淀 3%～4%	—	—
85～87 ℃	10 s	增高	大量沉淀，60%以上	全部酶破坏，维生素C减少 12.5%	沉淀 4%左右	—	—
煮沸	10 s	增高	全部沉淀	全部酶破坏，维生素C破坏严重	沉淀 6%左右	上浮有油珠	焦糖化分解产酸
116～120 ℃	10～30 s	增高	全部沉淀	全部酶破坏，维生素C破坏严重	沉淀 6%以上	上浮较慢	焦糖化分解产酸

(2)杀菌温度及时间对病原菌的影响　实践证明，杀菌的温度及时间对杀灭病原菌的效果具有显著影响。在一定范围内，随着温度的升高、时间的延长，杀菌效果越明显，但同时会影响乳的营养价值及风味和口感。因此，加热杀菌对温度的要求是非常准确的，必须严格执行。

(3)褐变　主要是由于乳中乳糖和某些氨基酸发生了美拉德反应(焦糖化反应)而产生的褐色反应。巴氏杀菌发生褐变的主要原因是生产中使用板式热交换器。当热交换时间较长或原料乳质量不好时，很容易使局部过度受热，导致乳蛋白变性程度增大并产生糊管现象。这样不仅使乳容易发生褐变而且影响杀菌效果。因此预防巴氏杀菌乳发生褐变的关键是做好杀菌设备的清洗、消毒和原料乳的严格验收。

(六)冷却

乳经杀菌后，虽然绝大部分微生物都已被杀灭，但仍有部分微生物存活，加之在后续的灌装操作中还有被污染的可能，因此经过杀菌后的乳必须迅速冷却至 7 ℃以下，抑制乳中残留微生物的生长和繁殖，同时也可以防止因温度高、黏度降低而出现脂肪球膨胀聚合上浮的质量问题。另外低温贮藏对产品品质的保持也是十分有利的。

冷却方法是将杀菌后的乳经换热器进行冷却，使杀菌乳冷却到 4～5 ℃。

(七)灌装

1. 灌装的目的

冷却后的乳应直接分装，灌装的目的主要为便于零售，防止外界杂质混入成品中，防止微生物二次污染，保存风味和防止吸收外界气味而产生异味以及防止维生素等成分损失等。

2. 灌装容器

在日益加剧的竞争中，包装的作用也日益突显。早在19世纪，玻璃瓶就被用作巴氏杀菌乳的包装，并一直使用长达半个世纪以上。然而，玻璃瓶是一种较重和需要回收使用的包装材料，对乳品厂和零售商来说，玻璃瓶的存放和清洗是个大问题。近几年，PET瓶、单层膜包装、复合膜包装等包材在液态乳包装中应用广泛。这类包材的优点为：容器质轻，容积亦小，可降低送奶运费；不透光线，不易造成营养成分损失和产生温度变化较缓慢；不回收容器，减少污染。缺点为：影响质量和合格率；一次性消耗，成本较高。

(1)玻璃瓶　可以循环多次使用，破损率可以控制在0.3%左右。与乳接触后不起化学反应，无毒，光洁度高，易于清洗。缺点为重量大，运输成本高，易受日光照射，导致乳产生不良气味，造成营养成分损失。回收的空瓶污染严重，这就意味着玻璃奶瓶污染的可能性大为增加，也大大增加了清洗消毒的难度。

(2)单层膜包装　单层膜包装形式目前生产中最常见的是爱克林包，密封性好，可满足7～21 d的保质期，低温贮藏。

(3)复合膜包装　包装材质常见的有共挤膜、纸铝塑复合膜、纸塑复合膜三种。共挤膜(百利包)的包装形式有黑白膜和乳白膜两种；纸铝塑复合膜的包装形式有利乐枕、利乐砖等；纸塑复合膜的包装形式常见的有屋顶盒，也叫塔屋包。不同的复合膜包装可满足不同的保质期。

玻璃瓶产品的生产工艺

屋顶盒产品生产工艺

利乐枕灌装

利乐枕包材更换

利乐枕密封性检查

在整个灌装和包装的过程中，应注意如下几方面的问题：

①应注意避免由包装环境、包装材料及包装设备的污染，尤其是使用可回收材料等造成的二次污染；②包装后的产品冷却比较缓慢，因此应尽量避免灌装时料液温度的上升；③包装材料应具备洁净、避光、密封，且有一定的机械强度等特性。

(八)冷藏、运输

灌装好的巴氏杀菌乳应及时分送给消费者,如不能立即发送,应贮存于 2～6 ℃冷库内。巴氏杀菌乳在贮存、运输和销售过程中,必须保持冷链的连续性,具体要求包括:产品必须冷却到 10 ℃以下,并在 6 ℃以下尽量在避光条件下贮藏和运输,分销时产品保持密闭;且产品在装车、运输、卸车最后运到商店的过程中,时间不应超过 3 h,且注意避免剧烈振动。

四、加工中的注意事项

(一)原料乳的控制

原料乳品质的优劣直接影响产品的质量。因此,原料乳的严格验收是质量控制的首要环节。原料乳的检验指标主要包括感官检验、理化检验、微生物检验、新鲜度以及掺假检验等内容。

(二)生产环节的控制

(1)生产设备齐全　合格的生产车间应具有贮乳罐、净乳设备、均质设备、巴氏杀菌设备、灌装设备、制冷设备、CIP 清洗设备、保温运输工具等必备的生产设备。

(2)规范的操作程序　生产过程中,应严格执行操作规程,对温度、时间和量的控制上应合理、规范。

(3)杀菌剂或清洗剂残留导致产品异味　生产中对杀菌剂和清洗剂的使用要规范、准确。生产设备的清洗、消毒应符合生产标准。一个合格的乳品生产厂应具备良好的清洗设施,以及高质量的清洗剂、消毒剂和水。

(三)贮藏、运输过程中的质量控制

1. 避光

由于乳成分的特殊性,特别是经均质后脂肪球膜被破坏,产品对光线非常敏感。因此,在贮藏和运输过程中必须防止较强光线的直接照射,以避免光线对营养物质的损害和对产品风味的影响,以牛乳为例,影响结果见表 3-4。

表 3-4　光线对牛乳风味及维生素的影响

纸装				瓶装			
时间/h	风味损失	维生素 C 损失	维生素 B_2 损失	时间/h	风味损失	维生素 C 损失	维生素 B_2 损失
2	无	1%	无	2	无	10%	10%
3	无	1.5%	无	3	很小	15%	15%
4	无	2%	无	4	显著	20%	18%
5	无	2.5%	无	5	强烈	25%	20%
6	无	2.8%	无	6	强烈	28%	25%
8	无	3%	无	8	强烈	30%	30%
12	无	3.8%	无	12	强烈	38%	35%

2. 冷链

必须保持冷链的连续性,尤其是出厂转运过程和产品的货架贮存过程是冷链的两个最

薄弱环节。应注意：①温度；②避光；③避免产品强烈振荡；④远离具有强烈气味的物品。

五、质量要求

巴氏杀菌乳质量应符合《食品安全国家标准　巴氏杀菌乳》(GB 19645—2010)。

任务2　灭菌乳的加工

【任务设计】

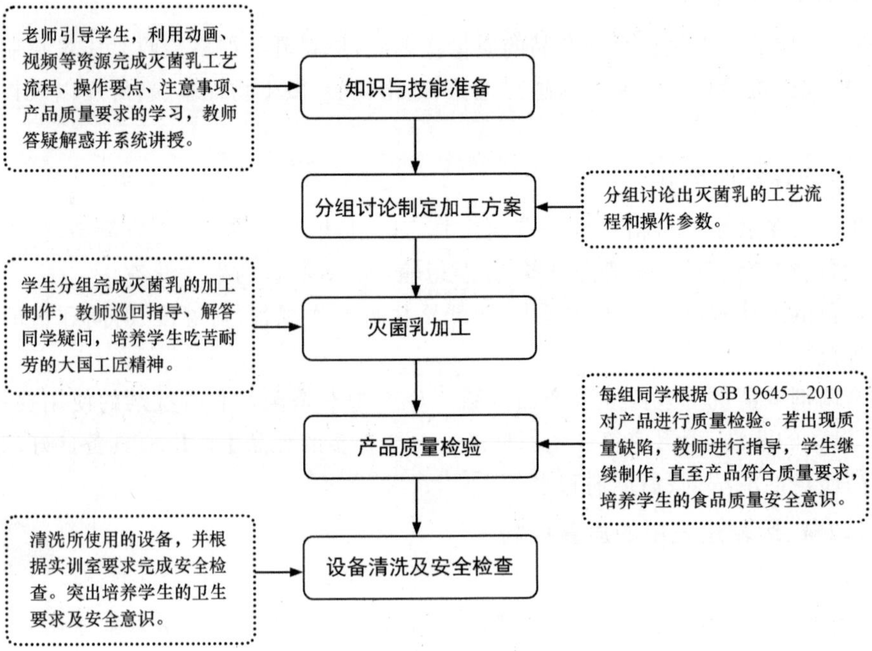

【案例导入】

一位在外地出差的妈妈让上初中的女儿周末去超市选购牛奶，并告诉她要为爸爸购买巴氏杀菌乳放在冰箱里冷藏保存，因其保质期只有 5～7 d，所以不能一次性购买很多。为周一返校的自己购买灭菌乳放在宿舍里喝，因其保质期最长可达 6 个月，可以多购买一些。女儿很好奇，问这两种奶怎么区分，妈妈告诉女儿一个很简单实用的方法来辨别，那就是名称上用了“鲜牛奶”三个字的就是巴氏杀菌乳，用了“纯牛奶”三个字的一般就是灭菌乳。

你认为这位妈妈指导女儿购买牛奶的方法准确吗？

【任务实施】

一、工艺流程

原料乳验收 → 过滤、净化 → 标准化 → 均质 → 灭菌 → 冷却 → 无菌灌装 → 检验 → 成品 → 常温贮藏

二、操作要点

(一)原料乳验收

用于生产灭菌乳的原料乳质量要求较高,乳必须新鲜,酸度极低;正常的盐类平衡;正常的乳清蛋白质含量,即乳中的蛋白质能经得起剧烈的热处理而不变性;不含初乳和抗生素;为了适应超高温处理,乳必须在含量为75%的酒精中保持稳定。

(二)过滤、净化、标准化、均质

1.过滤和净化

过滤和净化的目的是去除混入到原料乳中的机械杂质,并可以去除牛乳中的部分微生物。

2.标准化

一般是指调整原料乳中脂肪和非脂肪固体之间以及其他成分间的比例关系,为了使产品符合标准,乳制品中的脂肪与非脂肪固体含量要求保持一定比例。

3.均质

均质就是将乳中脂肪球在强力的机械作用下破碎成小的脂肪球,由于牛乳中的脂肪颗粒比羊乳中的脂肪颗粒大很多,所以牛乳加工时均质工艺尤其重要。

(三)灭菌

1.超高温灭菌(UHT)原理

超高温灭菌法是英国于1956年首创,研究表明在温度有效范围内,热处理温度每升高10 ℃,乳中所含细菌的破坏速率提高1 130倍,而乳中化学反应速率仅提高2～4倍,如褐变现象仅增大2.5～3.0倍。意味着灭菌温度越高,其杀菌效果越好,而引起的化学变化却很小。

从表3-5可以看出,100 ℃、600 min的灭菌效果,相当于150 ℃、0.36 s的灭菌效果,但褐变程度前者为100 000,而后者仅为97,显示出超高温灭菌的优势所在。

表3-5　灭菌温度、时间与褐变程度的关系

加热温度/℃	加热时间	相对的褐变程度	杀菌效果
100	600 min	100 000	同等效果
110	60 min	25 000	同等效果
120	6 min	6 250	同等效果
130	36 s	1 560	同等效果
140	3.6 s	390	同等效果
150	0.36 s	97	同等效果

从理论上讲,温度升高并无限度,但如果温度升高,其时间必须相应缩短,150 ℃的灭菌温度实际上保持的时间不到1 s。若按流速计算,其最小的保持时间仅0.6 s。因此温度超过150 ℃时,则在工艺上要求如此短暂时间内达到准确控制是困难的。因为牛乳流速稍微波动就会产生相应影响,所以目前超高温灭菌工艺是以150 ℃为最高点,一般采用135～150 ℃的灭菌温度。

2. 热处理方法

乳品生产中有两种处理方法的加热系统即直接加热系统和间接加热系统，见表 3-6。

表 3-6　各种类型的超高温加热系统

加热介质	加热系统	加热器形式
蒸汽或热水加热	间接加热	板式加热
		管式加热
		刮板式加热
	直接加热	直接喷射式
		直接混注式

这些加工系统所用的加热介质为蒸汽或热水。蒸汽或热水通过天然气、油等加热获得，只在极少数情况下使用电加热锅炉。因电加热的热效率仅为 30%，而其他形式加热锅炉的热转化率为 70%～80%。

直接加热系统中，产品与一定压力的蒸汽直接混合，这样蒸汽快速冷凝，其释放的潜热很快对产品进行加热，同时产品也被冷凝水稀释，后续需加上闪蒸工艺以除去多余的水分。间接加热系统中，产品与加热介质由导热面隔开，导热面由不锈钢制成，产品与加热介质没有直接接触。

直接加热系统与间接加热系统的比较：a. 直接加热系统与间接加热系统最明显的不同之处就是前者加热及冷却的速度更快，也就是说超高温灭菌更容易通过直接加热系统来实现。b. 直接加热系统主要的优势在于能加工黏度高的产品，尤其是对那些不能通过板式交换器进行良好加工的产品来说，它不容易结垢。c. 直接加热系统工艺上的缺点是需要在灭菌后均质。无菌均质机除成本高之外，还要小心维护，尤其是要更换柱塞密封以避免被微生物污染。d. 直接加热系统的结构相对较复杂。e. 直接加热系统的运转成本相对较高，其整个系统的操作成本是同等处理能力的间接加热系统的 2 倍。因为直接加热系统的热回收率只能达到 50%～55%。间接加热系统可获得 90%或更高的热回收率，且热能成本也较低，但产品在系统中的受热时间较长。另外，直接加热系统的水耗成本和电耗成本都要比间接系统高得多。因此，近年来随着工业国家能源和水资源成本的增加，导致间接加热系统的使用比直接加热系统要更普遍。

①直接蒸汽加热法。如图 3-2 所示是一板式热交换器直接蒸汽加热系统。大约 4 ℃的料液由平衡槽 1 通过离心泵 2 进入板式热交换器 3 的预热段，在预热至 80 ℃左右时，料液经泵加压约 0.4 MPa（目的是预防料液在灭菌段沸腾），然后流动至蒸汽喷射器 5，蒸汽注入料液中，并迅速将料液温度提升至 135～150 ℃。料液在此高温下在保温管 6 中保持几秒钟，随后在装有冷凝器的蒸发室中闪蒸冷却，保持闪蒸出的蒸汽量等于蒸汽最早注入料液的量。再由泵把灭菌后的料液送入无菌均质机 4 中进行均质，然后再进入板式热交换器冷却段将料液冷却至约 20 ℃，并直接连续送入无菌灌装机 8 灌装和无菌罐 7 进行中间贮存待包装。冷凝所需冷水循环由平衡槽提供，并在离开蒸发室后经蒸汽加热器加热作料液预热介质。在预热段水温降至约 11 ℃，这样，此水另用作冷却介质，冷却从均质机流回的料液。

为了保证蛋白质和脂肪稳定，均质处理一般放在加热灭菌之后。

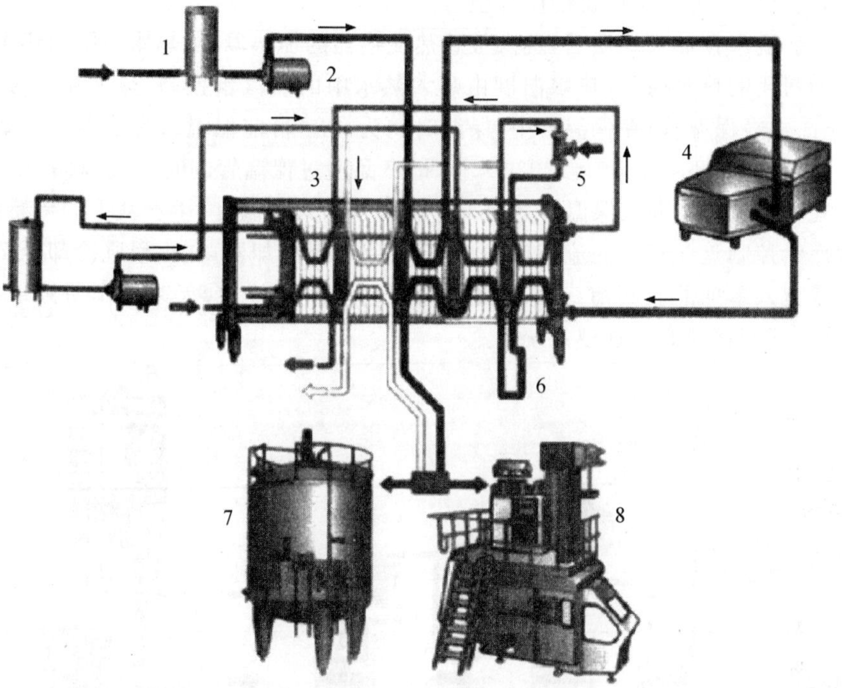

图 3-2　板式热交换器直接蒸汽加热系统

1.平衡槽　2.离心泵　3.板式热交换器(预热段、加热段、热回收段)
4.均质机　5.蒸汽喷射器　6.保温管　7.无菌罐　8.灌装机

依据料液与蒸汽的混合方式可将直接超高温加热系统分为两种类型：

a.高于料液压力的蒸汽通过喷嘴喷入料液中，冷凝放热，将料液加热到所需温度，这种系统称为"喷射式"或"蒸汽喷入料液"类型。b.加压容器充满达到灭菌温度的蒸汽，料液从顶部喷入，蒸汽随之冷凝，到底部时料液达到灭菌温度，这种系统称之为"混注式"或"料液喷入蒸汽"类型。

蒸汽喷射器是蒸汽喷射式系统的核心器件，蒸汽喷射器需满足 3 点要求：a.能使蒸汽快速冷凝，并防止不冷凝蒸汽气泡进入保温管，导致传热效率降低。b.应尽量降低料液与蒸汽间的压力差。c.蒸汽喷射器的设计必须尽量减少料液与蒸汽间的间接传热。

②间接蒸汽加热法。原料乳首先经过验收、标准化、巴氏杀菌等工艺。UHT 乳的加工工艺中有时包含巴氏杀菌过程，因为巴氏杀菌可有效提高生产的灵活性，及时杀灭嗜冷菌，避免其繁殖代谢产生的酶类影响产品的保质期。

间接法和直接法一样，工艺条件必须有严密的控制。在投入物料之前，先用水灌入物料系统进行循环加热，达到灭菌温度，将设备灭菌 30 min，操作时间由定时器自动控制。如果灭菌进行过程中，温度达不到灭菌条件，定时器回到零，待达到温度后，再重新开始计时至 30 min，可保证投料前设备的无菌状态。在预热杀菌期间，通向无菌罐或包装线的生产线也应灭菌，然后产品可以开始流动。

a.预热和均质。乳从暂存罐被泵送至超高温灭菌设备的平衡槽，再由乳泵泵至板式热交换器的预热段与高温乳进行热交换，使其预热到约 66 ℃(同时高温灭菌乳被冷却)，经预热的乳在 15～25 MPa 的压力下进行均质。在杀菌前进行均质意味着可以使用普通均质机，普通均质机比无菌均质机价格便宜很多。

b. 灭菌。乳经预热及均质后，进入板式热交换器的加热段，被热水系统加热至 137 ℃，加热介质为封闭的热水循环，热水温度由喷入热水中的蒸汽量控制（热水温度为 139 ℃）。加热后，产品流经保温管，在保温管中，保温时间为 4s。目前保温管是根据长度划分，企业常用的保温管有 3～4 s 管、15 s 管、30 s 管，即产品通过保温管的时间，也就是灭菌时间。

c. 回流。如果乳在进入保温管之前未达到设定的灭菌温度，生产线上的传感器便把这个信号传递给控制盘。然后回流阀启动，把产品回流至冷却器，在这里乳冷却至 75 ℃再返回平衡槽或流入单独的收集罐。一旦回流阀移动至回流位置，灭菌操作便停下来。如图 3-3 所示为管式间接超高温加热系统。

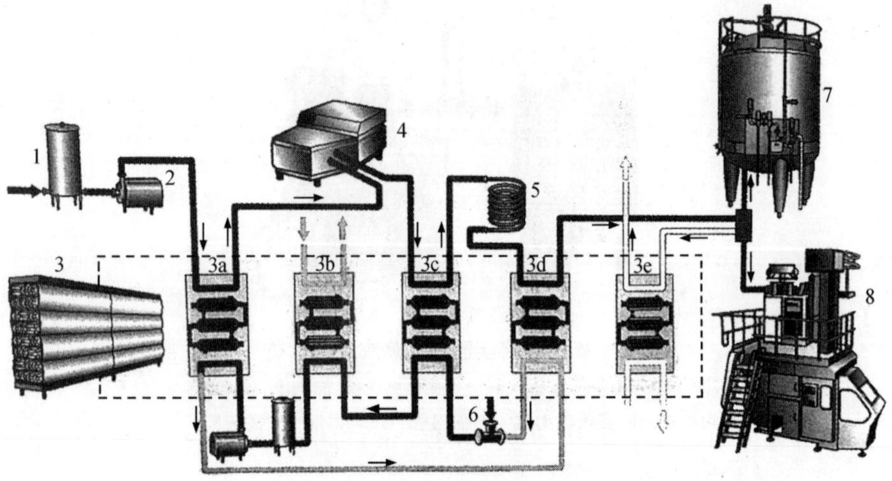

图 3-3　管式间接超高温加热系统

（四）冷却

灭菌后的乳离开保温管后，进入无菌冷却段，冷却分为两个阶段，首先灭菌乳被水冷却，从 137 ℃降温至 76 ℃，随后与进入系统的 4 ℃的乳进行换热，冷却至 10～15 ℃。冷却后的产品直接连续流至无菌灌装机或流至一个无菌缸中做中间贮存。

（五）无菌包装

1. 概念

灭菌乳不含细菌，灌装时应严加保护，以免被细菌污染。所谓的无菌包装是指将灭菌后的乳，在无菌状态下自动充填到灭菌过的容器内并自动封合，使包装的产品在常温下能长时间保持不变质的包装方式，是生产超高温灭菌乳所必不可少的。

无菌包装要求：重点是达到“三无菌”状态——原料无菌、生产设备无菌、包装容器无菌。

2. 无菌包装的优点

（1）无需冷藏或添加任何化学防腐剂就可长期保存。

（2）在保证无菌的前提条件下，食品原有的色、香、味及营养能最大程度地保留。

（3）无菌包装生产的自动化程度高，单位成品能耗低，简化包装工艺，降低了工艺成本。

（4）无菌包装材料主要为纸、塑料、铝箔等，具有质轻、低廉、便于运输等优点。

3. 无菌包装要求

(1)包装容器和封合的方法必须适于无菌灌装,并且封合后的容器在贮存和分销期间必须能阻挡微生物透过,同时包装容器应具有阻止产品发生化学变化的特性。

(2)容器与产品接触的表面在灌装前必须经过灭菌,灭菌的效果与灭菌前容器表面的污染程度有关。

(3)在灌装过程中,产品不能受到来自任何设备表面或周围环境的污染。

(4)若采用盖子封合时,封合前必须立即灭菌。

(5)封合必须在无菌区域内进行,以防止微生物污染。

4. 无菌包装流程

如图 3-4 所示是无菌包装简易工艺流程,包括包装材料的灭菌、物料的灭菌、无菌输送以及在无菌环境下充填并封合,从而生产出无菌产品。一条完整的无菌包装生产线包括物料杀菌系统、无菌包装系统、包装材料的杀菌系统、自动清洗系统、无菌环境的保证系统、自动控制系统等。按其所起的作用不同可分为物料杀菌、灌装环境无菌保证、包装材料杀菌三大部分。

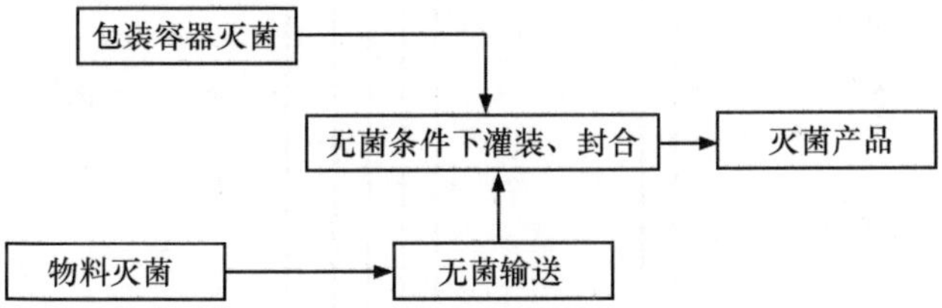

图 3-4　无菌包装简易工艺流程

5. 无菌灌装系统的类型

无菌包装系统形式多样,但主要是包装容器形状的不同、包装材料的不同和灌装前是否预成形等。乳品生产中最常见的主要是复合塑料膜无菌包装系统、复合纸无菌包装系统、吹塑成形无菌包装系统。

(1)复合塑料膜无菌包装系统　复合塑料膜无菌包装主要是法国百利公司(PrePack)的无菌包装系统生产的包装。百利包的结构为多层无菌复合膜,有三层黑白膜,也有高阻隔 5 层、7 层共挤膜及铝塑复合膜,材料不同,其保质期跨度从 30～180 d 不等。百利包安全卫生、方便,价格适中,占据很大的消费市场。

百利包灌装　　百利包更换包材　　百利包后包装　　百利包装箱封箱

百利包的包装成本远低于利乐包装材料,每只(袋)成本仅 0.04～0.06 元。缺点是塑料耐热性较差,因此在现实生产中更多的是用过氧化氢(双氧水)低浓度溶液与紫外线、无菌热空气相结合的灭菌技术,一方面使灭菌效果更加彻底有效,另一方面又克服了双氧水浓度过高对人体伤害的问题。

(2)复合纸无菌包装系统　无菌纸包装广泛应用于液态乳制品、植物蛋白饮料、果汁饮料、酒类产品以及水等的加工。纸盒无菌包装设备最初是由瑞典 TetraPak 公司生产，这种类型的无菌包装设备在世界上广泛使用，国内也已有几十套。

纸盒无菌包装的包装材料以板材卷筒形式引入，所有与料液接触的部位及设备的无菌腔均经无菌处理，包装的成型、充填、封口及分离均在一台机器上完成。

包装所用的材料通常为内外覆聚乙烯的纸板，它能有效阻挡液体的渗透，并能良好地进行内外表面的封合。为了延长产品的保质期，包装材料中要增加一层氧气屏障，通常要复合一层很薄的铝箔。如图 3-5 所示为典型的无菌纸包装材料结构。从图 3-5 中可以看出，每层包装材料具有不同的阻挡功能。

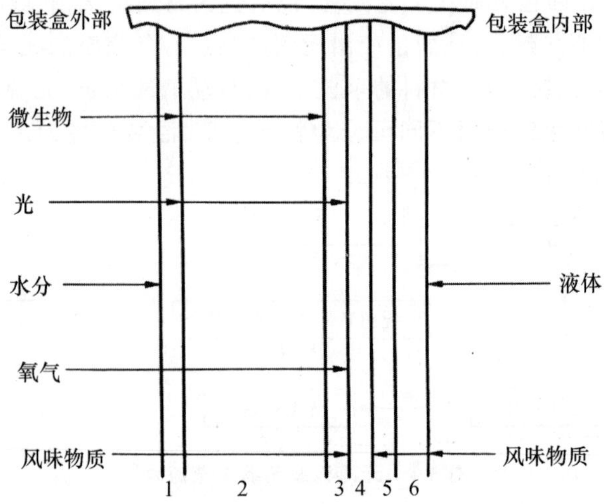

图 3-5　无菌纸包装复合材料

纸包装系统主要分为两种类型，即包装过程中成形和预成形两种情况。

①纸卷成形包装系统　纸卷成形包装系统是目前使用最广泛的包装系统。包装材料由纸卷连续供给包装机，经过一系列成形过程进行灌装、封合和切割。纸卷成形包装系统主要分为两大类，即敞开式无菌包装系统和封闭式无菌包装系统。

a. 敞开式无菌包装系统。敞开式无菌包装系统的包装容量有 200 mL、250 mL、500 mL 和 1 000 mL 等，包装速度一般为 3 600 包/h 和 4 500 包/h 两种。

b. 封闭式无菌包装系统。封闭式无菌包装系统最大的改进之处在于建立了无菌室，包装纸的灭菌是在无菌室内的双氧水浴槽内进行的，并且不需要润滑剂，从而提高了无菌操作的安全性。这种系统的另一改进之处是增加了自动接纸装置并且包装速度有了进一步的提高。封闭式包装系统的包装容积范围较广，从 100～1 500 mL，包装速度最低为 5 000 包/h，最高为 18 000 包/h。

②预成形纸包装系统　预成形纸包装系统目前在市场上也占有一定的比例但份额较少。这种系统纸盒是经预先纵封的，每个纸盒上压有折叠线。运输时，纸盒平展叠放在箱子里，可直接装入包装机。若进行无菌运输操作，封合前要不断地向盒内喷入乙烯气体以进行预杀菌。

预成形无菌灌装机的第一功能区域是对包装盒内表面进行灭菌。灭菌时，首先向包装盒内喷洒双氧水膜。喷洒双氧水膜的方法有两种：一种是直接喷洒双氧水，这时包装盒静止于喷头之下；另一种是向包装盒内喷入双氧水蒸汽和热空汽，双氧水蒸汽孔冷凝于内表面上。

(3)吹塑成形无菌包装系统　吹塑瓶作为玻璃瓶的替代，具有成本低，瓶壁薄，传热速度快，可避免热胀冷缩的不利影响等优点。从经济和易于成形的角度考虑，聚乙烯和聚丙烯广泛用于液态乳制品的包装中。但这种材料避光、隔绝氧气能力差，会给长货架期的液态乳制品带来氧化问题，因此在材料中加入色素来避免这一缺陷。但此举不为消费者所接受。随着材料和吹塑技术的发展，采用多层复合材料制瓶，虽然其成本较高，但具有良好的避光性和阻氧性。使用这种包装可大大改善长货架期产品的保存性。目前市场上广泛使用的聚酯瓶就是采用了这种材料的包装。绝大部分聚酯瓶均用于保持灭菌而非无菌包装。

采用吹塑瓶的无菌灌装系统有三种类型：①包装瓶灭菌，无菌条件下灌装、封合；②无菌吹塑，无菌条件下灌装、封合；③无菌吹塑同时进行灌装、封合。

6.无菌包装机的灭菌

无菌包装机的灭菌由以下两个方面保证：

①机器灭菌。在无菌包装开始之前，所有直接或间接与无菌料液相接触的机器部位都要进行无菌处理。灭菌方法包括物理法和化学法，热杀菌是最常用的物理杀菌方式。

a.饱和蒸汽灭菌：饱和蒸汽灭菌是一种比较可靠、安全的灭菌方法。这种灭菌方法是在压力室中进行的，容器通过适当的阀门进入和离开压力室，同时为防止空气沉积于压力室内影响传热，必须及时去除压力室内由容器带入的空气。蒸汽灭菌后形成的冷凝水会残留于容器内并稀释产品。早期的罐装和瓶装无菌包装采用的是饱和蒸汽灭菌，自20世纪80年代开始，聚丙乙烯成形瓶开始采用加压饱和蒸汽灭菌。

b.双氧水(H_2O_2)灭菌：双氧水的杀菌(包括芽孢)效力已广为人知。现在人们多用双氧水与热处理相结合的灭菌方法。双氧水的灭菌效率随温度和 H_2O_2 的浓度的增高而增大。残存枯草芽孢杆菌的对数值随时间呈直线下降。如图3-6所示，在L-TBA/8设备中，先喷入双氧水溶液，然后用无菌热空气使之干燥。首先是空气加热器预热和纵向纸带加热器预热，在达到360 ℃的工作温度后，将预先准备好的35％双氧水溶液通过喷嘴喷到无菌腔及机器其他待灭菌部件。双氧水的喷雾量和喷雾时间是自动设定的，以确保最佳杀菌效果。喷雾之后，用无菌热空气使之干燥。

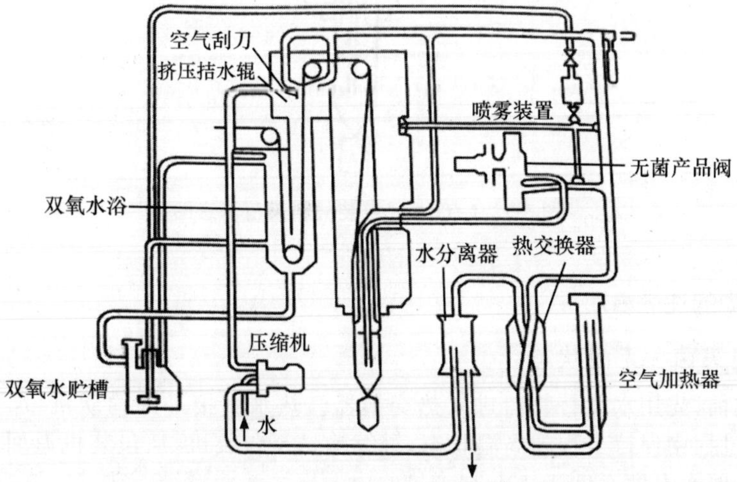

图3-6　L-TBA/8机器灭菌示意图

c. 紫外线辐射灭菌：紫外线辐射灭菌的灭菌原理是细菌细胞中的 DNA 直接吸收紫外线而被杀死。最适合致死微生物的紫外线的波长是 250 nm。

d. H_2O_2 与紫外线联合灭菌：加热 H_2O_2 不仅能提高反应速度，还能促进 H_2O_2 的分解，从而提高灭菌效率。紫外线辐射可以促进 H_2O_2 的分解。经研究发现：在加热和不加热情况下结合紫外线辐射后 H_2O_2 灭菌效率比它们各自单独使用的灭菌效率之和大很多。当 H_2O_2 的浓度在 0.5%～5%时，灭菌效率最佳，较高浓度的 H_2O_2 使芽孢出现保护效应，从而导致残留微生物增多。另外，为得到最佳的灭菌效果，较高强度的紫外线辐射需要较高浓度的 H_2O_2。目前，这种 H_2O_2 与紫外线辐射相结合的灭菌方式已被应用于无菌灌装的纸盒灭菌过程中。

②包装材料灭菌。目前 H_2O_2 灭菌系统是将 H_2O_2 加热到一定温度，然后对包装盒或包装材料进行灭菌。这种灭菌一般在 H_2O_2 水槽内进行。做法是将 H_2O_2 均匀地涂布或喷洒于包装材料表面，然后通过电加热器或辐射或热空气加热蒸发 H_2O_2，从而完成灭菌过程。（这种灭菌的 H_2O_2 中一般要加入表面活性剂以降低聚乙烯的表面张力，使 H_2O_2 均匀分布于包装材料表面上。）真正的灭菌过程是在 H_2O_2 加热和蒸发的过程中进行的。由于水的沸点低于 H_2O_2 的沸点，因此灭菌是在高温、高浓度的 H_2O_2 中并在很短时间内完成的。在实际生产中，H_2O_2 的喷洒浓度一般为 30%～35%。

如图 3-7 所示，包装材料引入后即通过一个充满 35%双氧水溶液（温度约 75 ℃）的深槽，其行程时间根据灭菌要求可预先设定。包装材料经过双氧水深槽灭菌后，再经挤压拮水辊和空气刮刀，除去残留的双氧水，然后进入灭菌腔。

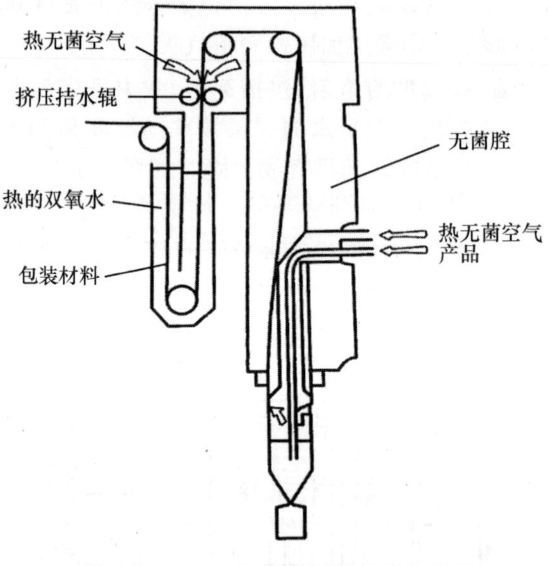

图 3-7 L-TBA/8 包装材料灭菌示意图

三、加工中的注意事项

（一）设备灭菌—无菌状态

在投料之前，先用水代替物料进入热交换器。热水直接进入均质机、加热段、保温段、冷却段，在此过程中保持全程超高温状态，继续输送至包装机，从包装机返回，流回平衡槽。如此循环保持回水温度不低于 130 ℃，时间 30 min 左右。杀菌完毕后，放空灭菌水，进入物料，开启冷却阀，投入正常生产流程。

(二)生产过程—保持无菌状态

整个生产过程包括灌装要控制在密封的无菌状态下，乳从灭菌器输送至包装机的管道上应装有无菌取样器，当一切生产条件正常时可定时取样检测乳中是否无菌。

(三)水灭菌—保证乳无菌

在生产中，由控制盘严密监视灭菌温度。当温度低于设定值时，立即启动分流阀，牛乳返回进料槽，将其放空并用水顶替，重新进行设备灭菌及重新安排生产操作。这样可保证送往包装机的牛乳是经冷却的无菌牛乳。

(四)中间清洗及最后清洗

大规模连续生产中，一定时间后，传热面上可能产生薄层沉淀，影响传热的正常进行。这时，可在无菌条件下进行 30 min 的中间清洗，然后继续生产，中间不用停车，生产完毕后用清洗液进行循环流动清洗。中间清洗及最后清洗操作均由控制盘内的程序板控制，按程序执行 CIP 操作。

(五)停车

生产及清洗完毕后即可由控制盘统一停车。同时注意停供蒸汽、冷却水及压缩空气。

四、常见质量缺陷及防止方法

(一)褐变及焦糖化

正常灭菌乳应为乳白色或稍带黄色。当乳色泽较深时，则可能发生了不同程度的褐变。褐变主要是由于乳中乳糖和某些氨基酸发生了美拉德反应，正常的灭菌条件(135～150 ℃，3～4 s)一般不会导致明显褐变。乳只有在灭菌温度过高或时间过长时，才会有明显的褐变现象。因此，控制灭菌参数的稳定是预防褐变的主要方法。当无菌灌装设备因任何原因停止灌装时，或乳因某种原因在 UHT 灭菌器中反复循环时，会造成乳严重褐变，此种情况下应将灭菌器排空后，对换热器及灌装机重新杀菌，待可以灌装后，重新进料。另外，控制生乳的新鲜度在一定程度上也会提高乳的抗褐变能力。

(二)蛋白质凝固包或苦包

蛋白凝固包：打开包装后在盒底部有凝固物，喝时没有苦味或酸味。

苦包：喝时有苦味，一般是贮存一段时间(2 个月左右)后才会出现，并且苦味会随着贮藏时间延长而加重。

以上现象是由于蛋白分解酶的作用而导致。原料乳中由于微生物(特别是嗜冷菌)产生的蛋白分解酶较耐热，其耐热性远远高于耐热芽孢，有研究表明，一种蛋白分解酶的耐热性是嗜热脂肪芽孢杆菌耐热性的 4 000 倍。同样有研究表明，经 140 ℃、5 s 的热处理，胞外蛋白酶的残留量约为 29%。残留的蛋白分解酶在加工后的贮存过程中分解蛋白质，根据蛋白分解程度的不同，会出现凝块或产生苦味。若蛋白分解酶分解蛋白质形成带有苦味的短肽链(苦味来源于某些带苦味的氨基酸残基)，则产品就带有苦味。

(三)H_2O_2 的残留

无菌包装机的灌注头一般使用 H_2O_2 杀菌，刚开始 H_2O_2 分解不彻底，产品中会有残留，所以刚生产出的前几袋乳是不能留用的，废弃的袋数应根据生产情况来定。

(四)脂肪上浮

成品的脂肪上浮一般出现在生产后几天到几个月范围内，上浮的严重程度一般与储存及销售的温度有关，温度越高，上浮速度越快，严重时在包装的顶层可达几毫米。

原因分析：①均质效果不好；②低温下均质；③过度机械处理；④前处理不当，混入过多空气；⑤原料乳中含过多脂肪酶，有研究表明，经 140 ℃、5 s 的热处理，胞外脂肪酶残留量约为 40%，残留的脂肪酶在储存期间分解脂肪球膜释放出自由脂肪酸而导致聚合、上浮；⑥饲料喂养不当导致脂肪与蛋白质比例不合适；⑦原料乳中含有过多自由脂肪酸。

控制措施：①提高原料乳质量；②均质设备要在生产前进行检查；③人员要严格按照生产要求进行操作；④进行必要的质量人员监督。

（五）乳风味的改变

除了微生物、酶及加工引起的风味的改变外，还有由于环境、包装膜等因素引起的乳风味的变化。乳是一种非常容易吸味的物质，如果包装容器隔味效果不好或其本身或环境有异味，乳一般呈现非正常的风味，如包装膜味、汽油味、菜味等，有效的措施就是采用隔味效果非常好的包装容器，并对储存环境进行良好的通风及定期的清理。

另外，UHT 乳长时间放在阳光下，会加速产生日晒味及脂肪氧化味，因此 UHT 乳不应该放在太阳直接照射的地方。

五、产品质量要求

产品质量必须符合《食品安全国家标准 灭菌乳》(GB 25190—2010)。

任务 3　调制乳的加工

【任务设计】

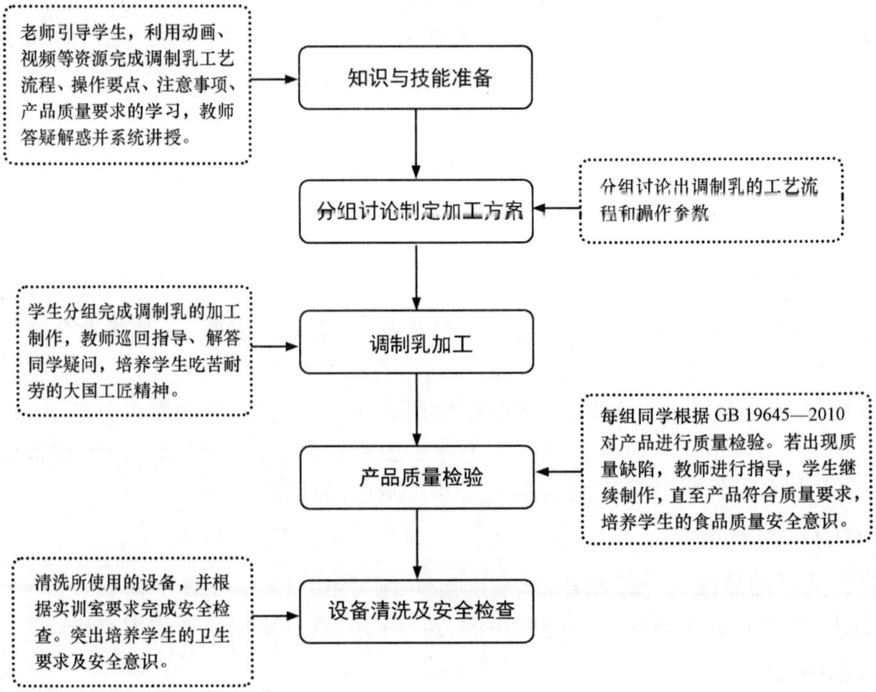

【案例导入】

某校食品系学生正在举办一场实物科普沙龙，一位非食品专业的学生拿着一盒香蕉牛奶问食品专业的学生："喂，同学，我最爱喝的香蕉牛奶到底算是奶呢还是算是饮料呢？"食品专业学生进行了如下解答："香蕉牛奶是调制乳的一种，也可以叫花色乳。调制乳是指除了生牛乳之外，还添加了其他的原料和营养成分后做成的液态乳。调制乳的含乳量≥80%，蛋白质含量≥2.3%，营养价值虽然不如灭菌乳，但是因为添加了其他的原料，例如香蕉、草莓等水果，口味会更加丰富。所以如果你既想追求丰富的口感，又想要营养价值，那么调制乳就非常适合你。另外如果名称中含(奶)或(乳)的字眼，而没有(饮品)或(饮料)字眼的，肯定就是调制乳。"你认为这位食品专业的学生解答准确吗？

【任务实施】

一、花色乳的加工

花色乳又称风味乳，是以牛乳为主要原料，加入其他风味物料，如咖啡、可可、果汁等，再调香、调色、调质而制成的饮用牛乳。常见的有咖啡乳、可可乳、果汁乳、果味乳等。

(一)工艺流程

原料混合 → 均质 → 杀菌或灭菌 → 冷却 → 灌装

(二)加工方法

1.原料

①咖啡。咖啡浸出液的调制，可用咖啡粒浸提，也可以直接使用速溶咖啡。由于咖啡酸度较高，容易引起乳蛋白质不稳定，故应少用酸味强的咖啡，多用稍带苦味的咖啡。

咖啡浸出液的提取，可用产品质量0.5%～2%的咖啡粒，用90 ℃的热水(咖啡粒的12～20倍)浸提制取。浸出液受热过度，会影响风味，故浸出后应迅速冷却并在密闭容器内保存。

②可可和巧克力。通常采用的是用可可豆制成的粉末，稍加脱脂的称可可粉，不进行脱脂的称巧克力粉。其风味随产地而异。

巧克力含脂率50%以上，不容易分散在水中。可可粉的含脂肪率随用途而异，通常为10%～25%，在水中比较容易分散，故生产乳饮料时，一般均采用可可粉：用量为1%～1.5%。

③甜味料。通常用蔗糖(4%～8%)，也可用饴糖或转化糖液。

④稳定剂。常用的有海藻酸钠、CMC、明胶等。明胶容易溶解，使用比较方便，用量为0.05%～0.2%。此外，也有使用淀粉、洋菜、胶质混合物的。

⑤果汁。各种水果果汁。

⑥酸味剂。柠檬酸、果酸、酒石酸、乳酸等。

⑦香精。根据产品需要确定香精类型。

2.配方及工艺

①咖啡乳。把咖啡浸出液和蔗糖与脱脂乳混合，经均质、杀菌而制成。

a. 咖啡乳的配方。咖啡乳的配方，可以根据各地区的条件加以调整。

全脂乳　　40 kg
脱脂乳　　20 kg
蔗　糖　　8 kg
咖啡浸提液(咖啡粒为原料的(0.5%～2%)30 kg
稳定剂　　0.05～0.2 kg
焦　糖　　0.3 kg
香　料　　0.1 kg
水　　1.6 kg

b. 加工要点。将稳定剂与少许糖混合后溶于水，与咖啡液充分混合添加到乳液中，经过滤、预热、均质、杀菌、冷却后进行包装。

②巧克力乳或可可乳。

a. 巧克力乳的配方。

全脂乳　　80 kg
脱脂乳粉　　2.5 kg
蔗　糖　　6.5 kg
可可(巧克力板)1.5 kg(可可乳使用可可粉)
稳定剂　　0.02 kg
色　素　　0.01 kg
水　　9.47 kg

b. 可可乳的加工方法。首先需要制备糖浆，其调制方法为：0.2 份的稳定剂(海藻酸钠、CMC)与 5 倍的蔗糖混合，然后将 1 份可可粉与剩余的 4 份蔗糖混合，在此混合物中，边搅拌边徐徐加入 4 份脱脂乳，搅拌至组织均匀光滑为止。然后加热到 66 ℃，并加入稳定剂与蔗糖的混合物均质，在 82～88 ℃，加热 15 min 杀菌冷却到 10 ℃以下进行灌装。生产巧克力乳时，将巧克力板先融化，其他过程相同。

③果汁牛乳及果味牛乳。果汁牛乳是以牛乳和水果汁为主要原料；果味奶是以牛乳为原料加酸味剂调制而成的花色奶。其共同特点是产品呈酸性。因此生产的技术关键是乳蛋白质在酸性条件下的稳定性，需要适当的配制方法、选择适当的稳定剂并进行完全的均质。

二、复原乳的加工

(一)工艺流程

水 → 水处理 → 乳粉 → 水粉混合 → 脱气 → 预热均质 → 杀菌 → 冷却 → 贮存

(二)操作要点

1. 原料选择

(1)乳粉　乳粉质量直接影响复原乳的品质，因此要严格控制。复原乳生产中所用全脂、脱脂、部分脱脂乳粉和调制乳粉应符合 GB 19644—2010 的规定。

(2)水　水是复原乳生产用的主要原料,要求必须符合饮用水的标准。一般要求水的总硬度(相当于碳酸钙)不超过 100 mg/kg,总不溶物低于 500 mg/kg(最好在 350 mg/kg 以下),需要定期检测水中的芽孢。水处理方法推荐使用反渗透法(可除去全部化学杂质)和钠离子交换法(可除去钙、镁硬度)。

(3)其他添加物　复原乳生产时,必要时可使用以下添加剂来增加制品的稳定性和感官品质。

①乳化剂。起稳定脂肪的作用,常用的有单脂、蔗糖酯、磷脂等,添加量为 0.1%。

②稳定剂。可以改进产品外观、质地和风味,形成黏性溶液,兼备黏结剂、增稠剂、稳定剂、填充剂和防止结晶脱水的作用。主要有:阿拉伯胶、果胶、琼脂、海藻酸盐、CMC 及水解胶体等。用量为 0.3%～5%。

③盐类。强化性盐类包括各种钙盐、锌盐等,稳定性盐类包括柠檬盐、磷酸盐等。

④风味剂。天然或人工合成的香精,增加还原乳的乳香味。

⑤着色剂。常用的有胡萝卜素、安那妥等,改善产品的色泽。

2. 水粉混合

在复原乳生产过程中,水、粉的充分混合不仅能使产品形成良好的外观、口感、风味,还能减少杀菌时结垢。操作要点有以下几项:

①控制水温在 40～50 ℃,等到完全溶解后,停止搅拌,静置水合,温度最好控制在 30 ℃左右,水合时间不得少于 2 h,最好 6 h,在此温度下乳粉的润湿度最高,最有利于蛋白质回复到其一般的水合状态。尽量避免低温长时间水合(6 ℃,12～14 h),否则产品水合效果不好;且低温可导致复原乳中的空气含量过高。

②尽量减少泡沫产生,利用脱气装置脱去多余气泡。泵和管道连接处不能有泄漏,搅拌器的桨叶要完全浸没于乳中。

3. 脱气

奶粉中一般含有约占总面积 40%的空气,包括颗粒间隙和颗粒内空气,此外,混料过程中也有可能混入空气。

复原乳中空气含量过高往往容易形成泡沫,并易在杀菌过程中形成乳垢,在均质机中产生空穴作用;在发酵乳生产中导致乳清分离;同时增加脂肪氧化的可能性。因此需要使用脱气装置或静置脱去复原乳中的空气,脱气装置如图 3-8 所示。

4. 预热均质

混合后的原料在热交换器中加热到 60～65 ℃,打入均质机,常用的均质压力为 15～23 MPa。如果使用脱气机,考虑到脱气过程的热损失,把过滤后的乳加热到比均质温度高 7～8 ℃,脱气后进行均质。要求均质后的脂肪球直径为 1～2 μm,并加入适量乳化剂,通过乳化作用可以使复原乳保持较好的稳定性。

5. 杀菌冷却

经均质的乳再回到热交换器中进行杀菌,而后在另一段进行冷却,打入贮罐贮存,以备后用或直接进入生产环节。

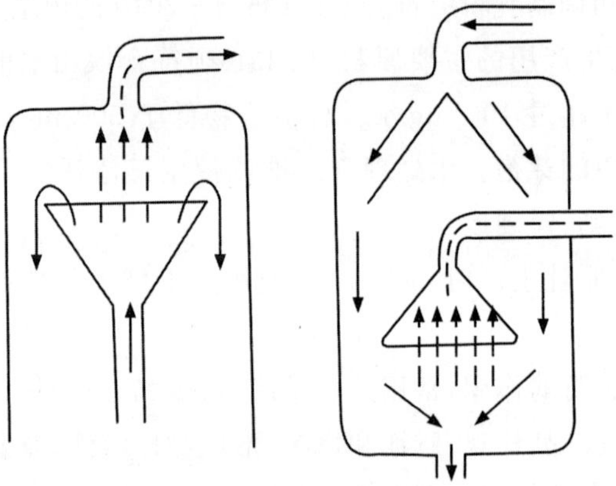

图 3-8 脱气装置

三、加工中的注意事项

1. 原料

由于超高温灭菌不能破坏蛋白水解酶和脂肪水解酶，因此丙酮酸盐试验对超高温灭菌乳的生产来说非常重要。如果丙酮酸大量存在，会使超高温灭菌乳产生苦味。

在复原乳生产中，中低温的脱脂乳粉具有良好的风味，但中低温的脱脂乳粉的使用会缩短产品的保质期。

乳粉在复原过程中会经历最适合嗜热微生物生长的温度，因此乳粉中嗜热孢子数应低于 500 CFU/g，嗜热菌数应低于 5 000 CFU/g。同时应注意所选乳粉本身在生产中进行低热处理，以免在还原乳生产时出现沉淀。

水中过量的矿物质会危及复原乳的盐类平衡，影响蛋白质胶体的稳定性，最终导致产品出现蛋白凝固等质量问题。生产用水的电导率(25±1)℃小于 10 μs/cm。

2. 水粉混合

应特别注意水、粉混合温度和时间，当水温从 10 ℃增加至 50 ℃过程中，乳粉的润湿性随之上升，在 50～100 ℃，润湿度不再增加且有可能下降。低温处理生产的乳粉比高温处理生产的乳粉更易于溶解，这主要是由于蛋白质更易于恢复到其一般的水合状态。一般情况下新鲜的、高质量乳粉所需水合时间短。水合时间不充足可能导致最终产品出现沉淀等质量缺陷。

3. 成品

生产中除添加甜味剂增香剂、香精和防腐剂外，无需添加任何其他乳化增稠等添加剂。此外，产品的 pH 应控制在 6.8～7.2，以确保产品的稳定性。

任务 4 含乳饮料的加工

【任务设计】

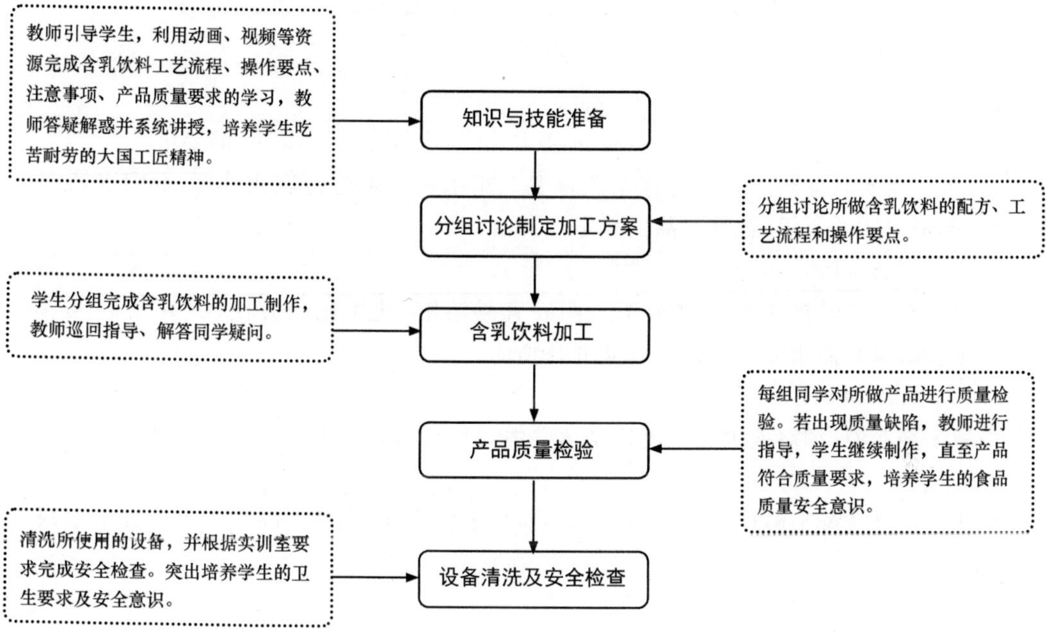

【案例导入】

2009 年 10 月，可口可乐在上海发布其首款水果牛奶饮料——美汁源果粒奶优，美汁源果粒奶优的上市标志着可口可乐正式进军含乳饮料品类。含乳饮料是指在乳中添加水和其他调味成分而制成的含乳量为 30%～80%的产品，根据我国目前的食品安全国家标准，乳饮料中乳蛋白质的含量应在 1.0 g/100 mL 以上。公开资料显示，含乳饮料，特别是调配型酸性含乳饮料是乳制品企业的重要产品种类，有的企业占其营销额的 30%，甚至更高。为什么含乳饮料已成为乳制品企业主要的利润增长点呢？

【任务实施】

一、调配型酸性含乳饮料加工

典型的调配型酸性含乳饮料的配料见表 3-6。

表 3-6 调配型酸性含乳饮料配方

原材料名称	用量	原材料名称	用量
鲜乳（或乳粉）	30%(4.2%)	果汁或果味香精	适量
蔗糖	8%～10%	色素	适量
稳定剂	0.35%～0.6%	柠檬酸	调 pH 至 3.8～4.2
柠檬酸钠	0.5%		

(一)生产工艺流程

原料乳的验收(或乳粉溶解) → 巴氏杀菌 → 添加糖和稳定剂 → 混合 → 冷却至20℃以下 →

酸化 → 配料 → 超高温杀菌及均质 → 无菌灌装 → 成品检验 → 常温下销售

酸化 → 配料 → 均质 → 杀菌 → 热灌装 → 成品检验 → 常温下销售

(二)工艺要点

1. 原料选择

(1)原料乳　生乳应符合 GB 19301 的要求,乳粉应符合 GB 19644 的要求。

(2)水　水质状况对产品稳定性至关重要。用水一定要进行软化处理,否则水硬度过高,会引起蛋白质的凝固,影响产品的稳定性。

2. 稳定剂的添加

常用的有海藻酸钠、CMC、明胶等。明胶容易溶解,使用比较方便,用量为 0.05%～0.2%。此外,也有使用淀粉、洋菜、胶质混合物的。

3. 混合及冷却

将稳定剂溶液、糖溶液等加入巴氏杀菌乳中,混合均匀后,再冷却至 20 ℃以下。

4. 酸化

酸化过程是调配型酸性含乳饮料生产中最重要的步骤,成品的品质很大程度上取决于调酸过程。

生产过程中操作要点如下:

(1)为得到最佳的酸化效果,酸化前应将牛乳的温度降至 20 ℃以下。

(2)为保证酸溶液与牛乳充分均匀地混合,混料罐应配备一只高速搅拌器(2 500～3 000 r/min)。同时,酸液应缓慢地加入到配料罐内的湍流区域,以保证酸液能迅速、均匀地分散于牛乳中。加酸过快会使酸化过程形成的酪蛋白颗粒粗大,产品易产生沉淀。若工厂有条件,可将酸液薄薄地喷洒到牛乳的表面,同时进行充分的搅拌,以保证牛乳的界面能不断更新,从而得到较缓和的酸化效果。

(3)为易于控制酸化过程,在使用前应先将酸配制成 10%～20%的稀酸溶液。

(4)同时在酸化前加入一些缓冲盐类如柠檬酸钠等,来增加盐类的平衡,提高蛋白的稳定性。

5. 配料

酸化过程结束后,将香精、色素等配料加入到已酸化的牛乳中,同时对产品进行标准化。

6. 杀菌、均质及灌装

由于调配型酸性含乳饮料的 pH 一般在 3.8～4.2,属于高酸食品,其杀灭的对象菌为霉菌和酵母菌,故采用高温短时的巴氏杀菌即可达到商业无菌。理论上说,采用 95 ℃、30 s 的杀菌条件即可,但考虑到各个工厂的卫生情况及操作情况,大多数工厂通常对无菌包装的产品采用 105～115 ℃、15～30 s 的杀菌方式。也有一些厂家采用 110 ℃、6 s 或 137 ℃、4 s 的杀菌方式。对包装于塑料瓶中的产品来说,通常在灌装后,再采用 95～98 ℃,20～30 min 的水浴杀菌。

杀菌设备中一般都有脱气和均质处理装置,均质也是防止蛋白质沉淀的一个重要因素，常用的均质压力为 20 MPa。最后进行无菌灌装。

7. 成品稳定性的检验

采用以下几种方式可以检测成品的稳定性是否良好：一是在玻璃杯的内壁上倒少量饮料成品，若形成了像牛乳似的细腻均匀的薄膜，则证明产品质量是稳定的；二是取少量产品放在载玻片上，用显微镜观察。若视野中观察到的颗粒很小且分布均匀，表明产品是稳定的；若观察到有大的颗粒，表明产品在贮藏过程中是不稳定的；三是取 10 mL 的成品放入带刻度的离心管内，经 2 500 r/min 转速离心 10 min。离心结束后，观察离心管底部的沉淀量。若沉淀量低于 1%，证明该产品是稳定的，否则产品不稳定。

（三）加工中的注意事项

1. 原料乳及乳粉的质量

由于受酸的影响，调配型酸性含乳饮料对乳粉或原料乳的要求尤其高。酪蛋白要有较高的稳定性，乳粉的细菌总数应控制在 10 000 CFU/g。

2. 稳定剂的种类和质量

由于果胶是一种聚半乳糖醛酸果胶，通常果胶对酪蛋白颗粒具有最佳的稳定性，是酸性蛋白饮料最适宜的稳定剂。它的分子链在 pH 为中性和酸性时带负电荷，因此当将果胶加入到酸乳中时，它会附着于酪蛋白颗粒的表面，使酪蛋白颗粒带负电荷。由于同性电荷互相排斥，可避免酪蛋白颗粒间相互聚合成大颗粒而产生沉淀。考虑到果胶分子在使用程中的降解趋势以及它在 pH 为 4 时稳定性最佳，因此建议将配料的 pH 调整到 3.8～4.2。

但考虑到果胶成本较高，现国内厂家通常采用其他稳定剂与果胶的混合物作为稳定剂，如耐酸的羧甲基纤维素（CMC）、黄原胶和海藻酸丙二醇酯（PGA）等。在实际生产中两种或三种稳定剂混合使用比单一使用效果好，使用量根据产品的酸度、蛋白质含量的增加而增加。在酸性含乳饮料中，稳定剂的用量一般控制在 1%以下，并且要保证充分溶解。

3. 水的质量

实际生产中要求使用软水，否则会影响饮料的口感，也易造成蛋白质沉淀、分层。有关水质要求详见软饮料用水标准。

4. 酸的种类

调配型酸性含乳饮料可以使用柠檬酸、乳酸和苹果酸作酸味料，且以用乳酸生产出的产品的质量最佳。但由于乳酸为液体，运输不便，价格较高，因此一般采用柠檬酸与乳酸的混合酸溶液为酸味料。

（四）常见的质量问题及解决办法

1. 沉淀及分层

沉淀是调配型酸性含乳饮料生产中最为常见的质量问题，主要成因如下：

（1）选用的稳定剂不合适　选用的稳定剂不合适，即所选稳定剂达不到应有的效果。为解决此问题，可考虑采用果胶或果胶与其他稳定剂复配使用。一般采用纯果胶时，用量为 0.35%～0.6%，但具体的用量和配比必须通过实验来确定。

（2）酸液浓度过高　调酸时，若酸液浓度过高，就很难保证在局部牛乳与酸液能良好地混合，从而使局部酸度过大，导致蛋白质沉淀。解决的办法是酸化前，将酸稀释为 10%～20%的溶液，同时也可在酸化前加入柠檬酸钠等缓冲盐类。

(3)调配罐内搅拌器的搅拌速度过低　搅拌速度过低,就很难保证整个酸化过程中酸液与牛乳能均匀地混合,从而导致局部 pH 过低,产生蛋白质沉淀。因此,为生产出高品质的调配型酸性含乳饮料,车间内必须配备一台带高速搅拌器的配料罐。

(4)调酸过程加酸过快　加酸速度过快,可能导致局部牛乳与酸液混合不均匀,从而使形成的酪蛋白颗粒过大,就很难保持酪蛋白颗粒的悬浮性,因此整个调酸过程加酸速度不宜过快。

2.产品口感过于稀薄

有时生产出来的酸性含乳饮料喝起来像淡水一样,给消费者的感觉是厂家偷工减料。造成此类问题的原因是乳粉的热处理不当或最终产品的总固形物含量过低,因此,生产前应确认是否采用了品质合适的乳粉及杀菌前检测产品的固形物含量是否符合标准。

(五)含乳饮料国家质量标准(GB/T 21732—2008)

1.感官指标(表 3-7)

表 3-7　含乳饮料感官指标

项目	要求
滋味和气味	特有的乳香滋味和气味或具有与加入辅料相符的滋味和气味;发酵产品具有特有的发酵芳香滋味和气味;无异味
色泽	均匀乳白色、乳黄色或带有添加辅料的相应色泽
组织状态	均匀细腻的乳浊液,无分层现象,允许有少量沉淀,无正常视力可见外来杂物

2.理化指标(表 3-8)

表 3-8　含乳饮料理化指标

检验时期	配制型含乳饮料	发酵型含乳饮料	乳酸菌饮料
蛋白质[a]/(g/100 g)≥	1.0	1.0	0.7
苯甲酸[b]/(g/kg)≤	—	0.03	0.03

注:a 含乳饮料中的蛋白质应为乳蛋白质。
b 属于发酵过程产生的苯甲酸;原辅料中带入的苯甲酸应按 GB 2760 执行。

3.乳酸菌指标(表 3-9)

未杀菌(活菌)型发酵型含乳饮料及未杀菌(活菌)型乳酸菌饮料的乳酸菌活菌数指标应符合表 3-9 的规定。

表 3-9　乳酸菌活菌数指标

检验时期	未杀菌(活菌)型发酵型含乳饮料	未杀菌(活菌)型乳酸菌饮料
出厂期	$\geqslant 1\times 10^{6}$ CFU/mL	
销售期	按产品标签标注的乳酸菌活菌数执行	

二、配制型含乳饮料的加工

（一）工艺流程

原料乳验收或还原 → 预热杀菌 → 原料糖的处理 → 可可粉的预处理 → 加稳定剂、香精与色素 → 灭菌 → 冷却 → 成品包装

（二）工艺要点

1. 原料乳验收或还原

原料乳符合标准后才能用于风味乳饮料的生产，若采用乳粉还原来生产风味乳饮料，牛乳也必须符合标准后方可使用；同时还应采用合适的设备来进行乳粉的还原。国内一般采用全脂乳粉来生产风味乳饮料。若是乳粉需要还原，首先将水加热到 50～60 ℃，然后通过乳粉还原设备进行乳粉的还原。待乳粉完全溶解后，停止罐内的搅拌器，让乳粉在 50～60 ℃温度下的水中保持 20～30 min。

2. 杀菌

待原料乳检验完毕或乳粉还原后，先进行预热杀菌，杀菌条件为 80～85 ℃，时间 10～15 s，同时将乳液冷却至 4 ℃。

3. 原料糖的处理

为保证最终产品的质量，应先将糖溶解于热水中，然后煮沸 15～20 min，再经过滤后加入原料乳中（产品配方设计中应考虑到糖处理时的加水量）。

4. 可可粉的预处理

由于可可粉中含有大量的芽孢，同时含有很多颗粒，因此为保证灭菌效果和改善产品的口感，可可粉必须先溶于热水中，制成可可浆，并经 85～95 ℃、20～30 min 热处理后，冷却，然后加入到牛乳中。因为当可可浆受热后，其中的芽孢菌因生长条件不利而变成芽孢；其冷却后，这些芽孢又因生长条件有利而变成营养细胞，这样在以后的灭菌工序中就很容易杀灭。

5. 加稳定剂、香精与色素

对风味乳饮料来说，若采用高质量的原料乳为原料，可不加稳定剂。但大多数情况下及在采用乳粉还原乳时，则必须使用稳定剂。稳定剂的溶解方法一般为：①在高速搅拌（2 500～3 000 r/min）下，将稳定剂缓慢地加入冷水中溶解或将稳定剂溶于 80 ℃左右的热水中；②将稳定剂与其质量 5～10 倍的原料糖干混均匀，然后在正常的搅拌速度下加入 80～90 ℃的热水溶解；③将稳定剂在正常的搅拌速度下加入饱和糖溶液中（因为在正常的搅拌情况下可均匀地分散于溶液中）。卡拉胶是悬浮可可粉颗粒的最佳稳定剂，这是因为一方面它能与牛乳蛋白相结合形成网状结构，另一方面它能形成水凝胶。

由于不同的香精对热的敏感程度不同，因此若采用二次灭菌，所使用的香精和色素应耐 121 ℃温度；若采用超高温灭菌，所使用的香精和色素应耐 137～140 ℃的高温。然后将所有的原辅料加入配料缸中，低速搅拌 15～25 min，以保证所有的物料混合均匀，尤其是稳定剂能均匀地分散于乳中。

6. 灭菌

灭菌温度与超高温纯牛乳一样，通常采用 137 ℃、4 s。对塑料瓶或其他包装的二次灭

菌产品而言，常采用 121 ℃、15～20 min 的灭菌条件。但超高温灭菌的可可（或巧克力）风味含乳饮料的灭菌强度较一般风味含乳饮料要强，常采用 139～142 ℃、4 s。

通常超高温灭菌系统中都有脱气和均质处理装置。脱气一般放在均质前，均质可放在灭菌前（顺流均质），也可放在灭菌后（逆流均质）。一般来说，逆流均质产品的口感及稳定性较顺流均质要好，但操作比较麻烦，且操作不当易引起二次污染。脱气后含乳饮料的温度一般 70～75 ℃，此时再进行均质，通常采用两段均质工艺，压力分别为 20 MPa 和 5 MPa。

7. 冷却

为保证加入的稳定剂如卡拉胶起到应有的作用，在灭菌后应迅速将产品冷却至 25 ℃以下。

8. 成品包装

完成上述流程后进行成品包装。

（三）影响配制型含乳饮料质量的因素

1. 原料乳质量

高品质的风味乳饮料，必须使用高质量的原料乳，标准见表 3-10，否则会出现许多质量问题，如：

①原料乳的蛋白稳定性差将直接影响到灭菌设备的运转情况和产品的保质期，使灭菌设备容易结垢，清洗次数增多，停机频繁，从而导致设备连续运转时间缩短、耗能增加及设备利用率降低。②若原料中细菌总数高，其中的致病菌产生的毒素经灭菌后可能仍会有残留，从而影响到消费者的健康③若原料中的嗜冷菌数量过高，那么在贮藏过程中，这些细菌会产生非常耐热的酶类，灭菌后仍有少量残余，从而导致产品在贮藏过程中组织状态方面发生变化。

表 3-10　风味乳饮料所需原料乳的质量标准

项目	指标
脂肪/%	≥3.10
蛋白质/%	≥2.95
相对密度/(24 ℃/4 ℃)	≥1.028
酸度(以乳酸计)/%	≤0.144
杂质/(mg/L)	≤4
汞(mg/L)	≤0.01
蛋白质稳定性	通过 75% 酒精试验
酸度/°T	≤16
冰点/℃	−0.59～−0.54
体细胞数/(CFU/mL)	≤500 000

2. 香精、色素质量

根据产品热处理情况的不同，分别选用不同的焦糖色素。尤其对于超高温灭菌产品来说，若选用不耐高温的香精、色素，生产出来的产品风味很差，而且可能影响产品应有的颜色。

3. 卫生指标

配制型含乳饮料的卫生指标应符合 GB 11673 的规定。

纸杯奶灌装　　纸杯奶的封盖　　纸杯奶后包装

【知识拓展】

一、a2 奶

（一）概念

在牛奶的酪蛋白中，30％～35％是β-酪蛋白，其中又有多种变体，变体中最常见的两种是 a1 和 a2，它们的区别是组成这种蛋白质的 209 个氨基酸的其中一个氨基酸的不同。氨基酸链的第 67 位是脯氨酸（proline）的酪蛋白是 a2-β-酪蛋白，第 67 位是组氨酸（histidine）的则是 a1-β-酪蛋白。科学家相信，这种基因突变发生在 5 000～10 000 年前，也就是那时候奶牛被带到了欧洲，在人工喂养的过程中，碱基链排列的第 67 位的脯氨酸（proline）被组氨酸替代，并遗传分布到整个群体。这种 a1 和 a2 蛋白质的不同存在于不同的牛群中，差异也存在于不同国家和不同省会之间。a1-β-酪蛋白普遍地在欧洲（除法国以外）、美国、澳大利亚和新西兰的奶牛中被发现。总体来说，有超过 70％的格恩西奶牛产 a2 奶，而 Holsteins 和 Ayrshires 这两种奶牛中有 46％～70％的奶牛会产 a1 奶。

（二）a1 奶和 a2 奶区别

细胞实验研究表明，人类的消化酶在消化过程中，可以很精确地断链断在氨基酸链的第 67 位，导致了 a1 和 a2 奶两种蛋白质在体内的消化进程的差异。在消化过程中，会经过这些消化酶从 a1-β-酪蛋白上断开，而 a2-β-酪蛋白则不能被这些酶切断获得β-酪啡肽。

β-酪啡肽即 Bcta Casomorphin-7，也称为 BCM-7，是一种由七个氨基酸组成的多肽链，来源于β-酪蛋白中第 60～66 氨基酸残基片段。a1-β-酪蛋白第 67 位点的氨基酸是组氨酸，可以被某些酶特异性水解而形成β酪啡肽。a2-β-酪蛋白第 67 位点的氨基酸是脯氨酸，不能够被特异性水解，因此不能形成 BCM-7，所以 a2-β-酪蛋白不会产生 BCM-7。

有少数研究表明 BCM-7 可能会引起一些非传染性疾病，如孤独症、心血管病及Ⅰ型糖尿病。有些研究者认为，a1 奶会导致心脏病和糖尿病发病率的提高，以及导致婴幼儿过敏症状如呕吐、腹泻、红疹，而 a2 奶因为不含β-酪啡肽不存在这样的风险。目前检验下来，全世界大部分的牛奶属于 a1 奶，而绵羊奶因为都不含变异基因所以全部是 a2 奶。a2 奶因为其稀缺性，在全球的销售价格不断上涨，但目前中国用户对 a1-β、a2 奶的知识还知之甚少。

然而人类研究中，并没有发现消化系统能够持续地产生β-酪啡肽。

游离的 BCM-7 肽段在新鲜未经加工的牛奶中并不存在，而是作为β酪蛋白中的一部分。在酸奶的发酵过程中，以及奶酪的成熟过程中，由于微生物分泌的酶的作用可以导致a1 型 β-酪蛋白水解而形成 BCM-7，有研究显示，不同成熟期内的奶酪，所含的中的 BCM-7 含量有 5～15 mg/kg，不过，BCM-7 可以进一步水解成更小的肽段或单体氨基酸。乳制品加工过程中的温度、pH 等因素都会影响到 BCM-7 的产生。

有研究表明母乳中也含有一定量的 BCM-7，初乳中含量相对较高，随着母乳的成熟其中的含量逐步降低。而关于婴幼儿奶粉中 BCM-7 的含量，则研究很少。

有研究发现，BCM-7 对免疫功能可能起到一定的促进作用。也有少数研究表明 BCM-7 可能引起一些非传染性疾病。鉴于有些研究认为，a1 奶中的 BCM-7 对健康可能存在负面影响，2009 年 2 月，欧盟食品安全局（EFSA）就 β-酪啡肽及其他相关肽尤其是 β-酪啡肽-7（BCM-7）对健康影响的科学文献进行了回顾分析。

据报道称，BCM-7 能够通过氧化低密度脂蛋白而增加动脉硬化的风险。然而，最新研究却得到与此相反的结论：众多体外试验研究表明很多食物来源的多肽具有抗氧化活性。BCM-7 有增加动脉硬化症风险的可能性的结论来源于一个在兔体内进行的研究，并且此研究认为与 a2 型 β-酪蛋白相比，a1 型 β-酪蛋白更可能导致动脉硬化的出现。但在审查过程中发现，该实验模型的正确性及会导致人体内动脉硬化的推断并不能令人信服。另外，大量同期研究也得到与其相反的结果：两项对比了摄入 a1 型 β-酪蛋白和 a2 型 β-酪蛋白的人体干预实验结果并未发现 a1 型 β-酪蛋白与心血管疾病之间的联系。总之，评估过程并未发现任何证据证明人喝 a1 奶能够增加心血管疾病风险。同样，关于 BCM-7 导致 I 型糖尿病的说法，也没有确切的科学依据。

EFSA 查阅文献之后得出的结论：日常摄入的 BCM-7、相关肽等均与非传染性疾病的形成没有因果关系，因此 EFSA 不打算再对其进行正式的风险评估。

由此可见，a1 奶尽管含有 BCM-7，但并不对健康构成危害。根据有的研究 BCM-7 还会对免疫力有促进作用，a1 奶还会有利于健康。a2 奶仅仅是由于一个位点上氨基酸的不同而不含有这种看似有危害而实则没有危害的肽链，以及由其水解形成的小分子肽，因而也就不会对健康产生影响。

二、食品安全国家标准

液态乳相关国家标准

【项目测试题】

一、填空题

1. GB 19645 中规定，全脂巴氏杀菌乳的脂肪含量为________，非脂乳固体________。

2. GB 25190 中，灭菌乳可分为两种，分别是________和________。

3. GB 25191 中规定调制乳中生牛（羊）乳的含量应不低于________。

4. 液态乳生产中有两种处理方法的加热系统，即________和________。

5.液态乳无菌灌装系统的类型有很多,生产中最常见的主要是________、________和________。

二、选择题

1. GB/T 21732—2008 中规定乳酸菌饮料的乳酸菌活菌数出厂时应为(　　)。

A. $\geqslant 1\times10^{6}$ CFU/mL　　B. $\geqslant 1\times10^{8}$ CFU/mL

C. $\leqslant 1\times10^{6}$ CFU/mL　　D. $\leqslant 1\times10^{8}$ CFU/mL

2.预热杀菌热处理常用的参数为(　　)。

A. T:57～68 ℃　t:15 s　　B. T:125～138 ℃　t:2～4 s

C. T:62～65 ℃　t:30 min　　D. T:135～150 ℃　t:0.5～4 s

3.低温长时间杀菌常用的参数为(　　)。

A. T:57～68 ℃　t:15 s　　B. T:62～65 ℃　t:30 min

C. T:125～138 ℃　t:2～4 s　　D. T:135～150 ℃　t:0.5～4 s

4.超巴氏杀菌常用的参数为(　　)。

A. T:57～68 ℃　t:15 s　　B. T:62～65 ℃　t:30 min

C. T:135～150 ℃　t:0.5～4 s　　D. T:125～138 ℃　t:2～4 s

5.超高温瞬时灭菌常用的参数为(　　)。

A. T:135～150 ℃　t:0.5～4 s　　B. T:57～68 ℃　t:15 s

C. T:62～65 ℃　t:30 min　　D. T:125～138 ℃　t:2～4 s

6.脂肪含量 1.0%,蛋白质 2.9%,保质期在 5 d,冷藏销售的液态乳制品,在分类上准确的名称应是(　　)。

A.超高温灭菌脱脂乳　　B.超高温灭菌全脂乳

C.巴氏杀菌部分脱脂乳　　D.巴氏杀菌全脂乳

7.以生牛(羊)乳为原料,添加或不添加复原乳,在连续流动的状态下,加热到至少 132 ℃并保持很短时间的灭菌,再经无菌灌装等工序制成的液体产品是(　　)。

A.超高温灭菌乳　　B.保持灭菌乳

C.巴氏杀菌乳　　D.调制乳

8. GB 19645 中,标注"鲜牛(羊)奶"或"鲜牛(羊)乳"所使用的汉字应小于产品名称字号且字体高度不小于主要展示面高度的(　　)。

A. 1/3　　B. 1/4

C. 1/5　　D. 1/6

9.以下巴氏杀菌法采用的方式为间歇式的是(　　)。

A.预热杀菌　　B.低温长时巴氏杀菌

C.高温短时巴氏杀菌　　D.超巴氏杀菌

10. HTST 的含义是(　　)。

A.预热杀菌　　B.低温长时巴氏杀菌

C.高温短时巴氏杀菌　　D.超巴氏杀菌

三、判断题

1. 灭菌乳在密闭容器中保质期最长可达 6 个月。 ( )
2. 灭菌乳常温存放即可，但产品中活性物质破坏严重。 ( )
3. 巴氏杀菌乳中可以添加其他原料或营养强化剂。 ( )
4. 均质时如果温度太低，有可能发生脂肪球絮凝现象。 ( )
5. 在牛奶的酪蛋白中，30％～35％是 β-酪蛋白。 ( )

项目四
酸乳的加工

【知识目标】

①了解酸乳的概念与种类；②了解酸乳常用的菌种及其特性；③熟悉凝固型酸乳和搅拌型酸乳的加工工艺和参数；④掌握酸乳饮料的加工工艺和参数。

【技能目标】

①能根据发酵需要选择合适的酸乳发酵剂；②会进行酸乳的发酵及判断发酵终点；③能熟练选择、设置酸乳工艺参数，并进行加工凝固型和搅拌型酸乳；④能解决酸乳加工中出现的质量问题。

【项目描述】

本项目主要介绍酸乳的概念、分类、生产工艺和操作要点；阐述依据国家标准如何完成凝固型、搅拌型酸乳的生产加工；结合案例，依据国家检验标准，通过具体工作任务的实施指导生产人员完成原料乳的验收过程。

【思维导图】

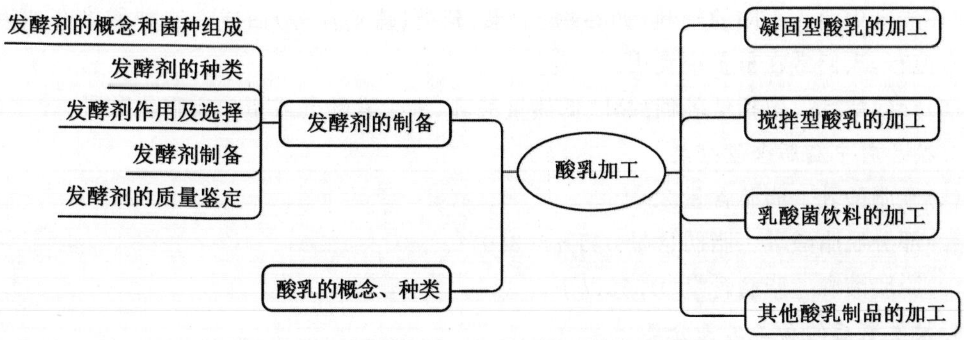

【相关知识】

一、酸乳的概念及分类

(一)酸乳的概念

根据《食品安全国家标准　发酵乳》GB/T 19302—2010,酸乳的定义是:以生牛(羊)乳或乳粉为原料,经杀菌、接种嗜热链球菌和保加利亚乳杆菌(德氏乳杆菌保加利亚亚种)发酵制成的产品。

(二)酸乳的分类

根据成品的组织状态、口味、原料中乳脂肪含量、生产工艺和菌种的组成将酸乳分成不同类别。

1.按成品的组织状态分类

(1)凝固型酸乳　其发酵过程在包装容器中进行,从而使成品因发酵而保留其凝乳状态。目前市售瓶装酸乳、杯装老酸乳大部分属这种类型。

(2)搅拌型酸乳　发酵后的凝乳在灌装前或灌装过程中搅拌成黏稠状组织状态添加或不添加果料、果酱制成的具有一定黏度的液体制品。目前市售的八连杯装的如草莓酸乳、黑加仑酸乳、哈密瓜酸乳等都属于搅拌型酸乳。

2.按成品的口味分类

(1)天然纯酸乳　产品只由原料乳和菌种发酵而成,不含辅料和添加剂。

(2)加糖酸乳　产品由原料乳和糖加入菌种发酵而成。在我国市场上常见,糖的添加量较低,一般为6%～7%。

(3)调味酸乳　在天然酸乳或加糖酸乳中加入香料(香草香精、蜂蜜、咖啡精等)而成,色素和糖经常和上述增味剂一起加入,必要时也可加入稳定剂以改善稠度。

(4)果料酸乳　果料酸乳是以牛乳或乳粉为主料(脱脂、部分脱脂或不脱脂),添加天然果料等辅料,经发酵制成的产品。

(5)复合型或营养健康型酸乳　通常在酸乳中强化不同的营养素(维生素、食用纤维素等)或在酸乳中混入不同的辅料(如谷物、干果、菇类、蔬菜汁等)而成。这种酸乳在西方国家非常流行,人们常在早餐中食用。

(6)疗效酸乳　包括低乳糖酸乳、低热量酸乳、维生素酸乳或蛋白质强化酸乳。

3.按原料中脂肪含量分类

(1)全脂酸乳　脂肪含量3.0%。

(2)部分脱脂酸乳　脂肪含量0.5%～3.0%。

(3)脱脂酸乳　脂肪含量0.5%以下。

4.按发酵后的加工工艺分类

(1)浓缩酸乳　将正常酸乳中的部分乳清除去而得到的浓缩产品。因其除去乳清的方式与加工干酪方式类似,有人也叫它酸乳干酪。

(2)冷冻酸乳　在酸乳中加入果料、增稠剂或乳化剂,然后进行冷冻处理而得到的产品。

(3)充气酸乳　在酸乳中加入稳定剂和起泡剂(通常是碳酸盐),经过均质处理即得这类产品。这类产品通常是以充 CO_2 气的酸乳饮料形式存在。

(4)酸乳粉　通常使用冷冻干燥法或喷雾干燥法将酸乳中约 95%的水分除去而制成酸乳粉。

目前,酸乳的品种日趋丰富。目前大约有 40 余个品种,除了传统的酸牛乳之外,许多不同形态、不同风味、不同疗效的发酵乳制品层出不穷,并受到人们的青睐。此外,发酵乳制品的风味包装也日趋差异化。

二、发酵剂的制备

(一)发酵剂的概念、菌种构成

发酵剂是一种能够促进乳的酸化过程,含有高浓度乳酸菌的特定微生物培养物。根据《食品安全国家标准　发酵乳》GB/T 19302—2010,酸乳的定义规定,酸乳中的菌种是嗜热链球菌和保加利亚乳杆菌(德氏乳杆菌保加利亚亚种)。

(二)发酵剂的种类

1.按发酵剂制备过程分类

(1)乳酸菌纯培养物　即一级菌种的培养,一般多接种在脱脂乳、乳清、肉汁或其他培养基中,或者用冷冻升华法制成一种冻干菌苗。

(2)母发酵剂　即一级菌种的扩大再培养,它是生产发酵剂的基础。

(3)生产发酵剂　生产发酵剂即母发酵剂的扩大培养,是用于实际生产的发酵剂。

2.按其中微生物的种类分类

(1)混合发酵剂　这一类型的发酵剂含有两种或两种以上的菌,如保加利亚乳杆菌和嗜热链球菌按 1∶1 或 1∶2 比例混合的酸乳发酵剂,且两种菌比例的改变越小越好。

(2)单一发酵剂　这一类型发酵剂只含有一种菌种。使用时,先单独活化,然后再与其他种类菌种按比例混合使用。

3.根据发酵剂的物理形态分类

(1)液态酸乳发酵剂　价格比较便宜,但由于品质不稳定且易受污染已经逐渐被大型酸乳厂家所淘汰,只有一些中小型酸乳工厂还在联合一些大学或研究所进行生产。

(2)直投式酸乳发酵剂　是指一系列高度浓缩和标准化的冷冻干燥发酵剂菌种,多呈粉末状,不仅可以直接投入到发酵罐中生产酸乳,而且贮藏在普通冰箱中即可。运输成本和贮藏成本都很低,其使用过程中的方便性、低成本性和品质稳定性特别突出。

(3)冷冻酸乳发酵剂　价格比直投式酸乳发酵剂便宜,菌种活力较高,活化时间也较短,但是运输和贮藏过程中都需要 $-55\sim-45$ ℃的特殊环境条件,费用比较高,使用的广泛性受到限制。

(三)发酵剂作用及其选择

1.发酵剂的主要作用

①分解乳糖产生乳酸;②产生挥发性的物质,如丁二酮、乙醛等,从而使酸乳具有典型的风味;③具有一定的降解脂肪、蛋白质的作用,从而使酸乳更利于消化吸收;④酸化过程抑制了致病菌的生长。

2.发酵剂的选择

菌种的选择对发酵剂的质量起着重要作用,应根据生产目的不同选择适当的菌种。选择发酵剂应从以下几方面考虑:

(1)产酸力　不同的发酵剂产酸能力会有很大的不同。判断发酵剂产酸能力的方法有两种,即产酸曲线和测定酸度。同样条件下测得的发酵酸度随时间的变化关系即产酸曲线。从曲线上就可以判断这几种发酵剂产酸能力的强弱。此外,判断发酵及菌种产酸能力还可通过测定酸度的方法。酸度检测实际上也是常用的活力测定方法,活力就是在规定时间内,发酵过程的酸生成率。产酸能力强的发酵剂在发酵过程中容易导致产酸过度和后酸化过强(在冷却和冷藏时继续产酸)。生产中一般选择产酸能力中等或弱的发酵剂,即2%接种量,在42 ℃条件下发酵3 h后,滴定酸度为90～100°T。后酸化是指酸乳酸度达到一定值,终止发酵,进入冷却和冷藏阶段后仍继续缓慢产酸。后酸化过程包括三个阶段:冷却过程产酸,即从发酵终点(42 ℃)冷却到19 ℃或20 ℃时酸度的增加,产酸能力强的菌种,此过程产酸量较大,尤其在冷却比较缓慢时;冷却后期产酸,即从19 ℃或20 ℃冷却至10 ℃或12 ℃时酸度的增加;冷藏阶段产酸,即在0～6 ℃冷库中酸度的增加。应选择后酸化尽可能弱的发酵剂,以便于控制产品质量。后酸化的选择应符合以下要求:选择自发酵结束到冷却的产酸强度,应尽可能地弱产酸;选择冷链中断时的产酸化(10～15 ℃),应尽可能地弱产酸。目前我国冷链系统尚不完善,从酸乳产品出厂到消费者饮用之前,冷链经常被打断,因此在酸乳生产中选择产酸较温和的发酵剂显得尤为重要。

(2)产香性　优质酸乳必须具有良好的滋味、气味和芳香味,与酸乳特征风味相关的芳香物质主要有乙醛、双乙酰、丁二酮、丙酮和挥发酸等,因此选择能产生良好滋味、气味和芳香味的发酵剂很重要。评估方法有:感官评定。评估方法首选二角实验,即进行感官评定应考虑样品的温度、酸度和存放时间对品评的影响。品尝时样品温度应为常温,因低温对味觉有阻碍作用;酸度不能过高,酸度过高对口腔黏膜刺激过强;样品要新鲜,以生产后24～48 h内的酸乳进行品评为佳,因为该阶段是滋味、气味和芳香味形成阶段。测定挥发酸。通过测定挥发酸的量来判断芳香物质的生成量。挥发酸含量越高,意味着生成芳香物质的含量越高。测定乙醛。酸乳的典型风味是由乙醛(主要由保加利亚乳杆菌产生)形成的,不同菌株生成乙醛的能力不一样,因此乙醛产生能力是选择优良菌株的重要指标之一。

(3)产黏性　酸乳发酵过程中产生微量的黏性物质,有助于改善酸乳的组织状态和黏稠度,这对固形物含量低的酸乳尤为重要。但一般情况下,产黏性菌株通常对酸乳的其他特性如酸度、风味等有不良影响,其发酵产品风味都稍差些。因此在选择这类菌株时,最好和其他菌株混合使用。生产过程中,如正常使用的发酵剂突然产黏,则可能是发酵剂变异所致，应引起注意。

(4)蛋白质的水解性　乳酸菌的蛋白水解活性一般较弱，如嗜热链球菌在乳中只表现很弱的蛋白水解活性，保加利亚乳杆菌则可表现较高的蛋白水解活性，能将蛋白质水解，产生大量的游离氨基酸和肽类。乳酸菌的蛋白质水解作用可能对发酵剂和酸乳产生一定的影响，如刺激嗜热链球菌的生长、促进酸的生成、增加了酸乳的可消化性，但也带来产品黏度下降、出现苦味等不利影响。所以若酸乳保质期短，蛋白质水解问题可不予考虑；若酸乳保质期长，应选择蛋白质水解能力弱的菌株。根据酸乳健康化、嗜好化的发展趋势，酸乳发酵剂正朝着使用方便、低后酸化、嗜好化和健康功能化的方向发展。而可生产个性化、温和可口、顺滑稠厚、有益健康的酸乳品种的，产酸较快、质量稳定、使用方便、价格适中的直投式酸乳发酵剂是生产厂家的最爱，也是酸乳发酵剂的发展趋势。

(四)发酵剂的制备

继代式发酵剂的制备分三个阶段，即乳酸菌纯培养物、母发酵剂和生产发酵剂。制备过程中所用培养基要选择优质、无抗生素残留的脱脂乳粉或全脂乳。培养基中干物质含量为10%～20%。母发酵剂的培养基最好不用全脂乳，因为其中存在的游离脂肪酸，能抑制菌种增殖；生产发酵剂所用的培养基最好与生产酸乳所用原料相同，如原料是全脂乳，则生产发酵剂也要用全脂乳，以保证发酵过程的顺利进行。

1.纯培养菌种的活化

纯培养菌种也叫商品发酵剂，可从微生物研究单位购进。

(1)菌种的复活及保存　乳酸菌纯培养物可从菌种保存单位购进，通常都装在试管或安瓿瓶中保存和寄送，但活力经常减弱，需恢复其活力。在无菌操作条件下将以上菌种接种到灭菌的脱脂乳试管中多次传代、培养。培养好的菌种保存在0～4 ℃冰箱中，每隔1～2周移植一次。但在长期移植过程中，可能会有杂菌污染，造成菌种退化或菌种老化、裂解。菌种需进行不定期的纯化处理，以除去污染菌和提高活力。

(2)活化的程序　将装菌种的试管口用火焰灭菌，按2%～3%的接种量，接入脱脂乳中。按菌种所需的生活环境进行培养，凝固后，再取同样的量，按同样的方法反复数次培养，如是干粉菌种，用灭菌铂耳匙取出少量，移入预先准备好的培养基中，在所需温度下培养。

2.母发酵剂的调制

用活化的纯培养菌种制成的发酵剂称为母发酵剂，即一级菌种的扩大再培养。它是生产发酵剂的基础，是乳品厂各种发酵剂的起源。

(1)母发酵剂的制备方法　取新鲜脱脂乳100～300 mL置于容器中，容器经150 ℃、1～2 s的灭菌或120 ℃、15～20 min高压灭菌或100 ℃、30 min连续3 d间歇灭菌，冷却到菌种所需要的温度。将按制备母发酵剂所用脱脂乳量的1%～2%纯培养菌种用灭菌吸管吸取，接种于容器(实验室用灭菌脱脂乳的三角瓶)中，要求充分搅拌均匀，置43 ℃恒温箱中培养5～7 h或37 ℃过夜培养(实验室在恒温箱中进行培养)使其凝固，凝固后再移入灭菌脱脂乳中，如此反复2～3次，使乳酸菌保持一定活力，然后再制备生产发酵剂。

(2)母发酵剂的冷冻保存法　准备20～30个100～250 mL的塑料瓶。准备优质的脱脂乳，每个塑料瓶装上 2/3 体积的脱脂乳。把脱脂乳加热到 100 ℃、保持 10～20 min 或 90 ℃、30 min 以消毒，同时要搅拌，使脱脂乳均匀受热，然后冷却到室温。把母发酵剂以 2%～3%的比例接种，然后迅速放入冷冻室，接种后脱脂乳的 pH 应当低于 6.4。如果不解冻，这种母发酵剂可以存活 1～2 年。

3. 生产发酵剂（工作发酵剂）的制备

生产发酵剂即母发酵剂的扩大培养，是用于实际生产的发酵剂。制取生产发酵剂的培养基最好与成品的原料相同，以使菌种的生活环境不致急剧改变而影响菌种的活力。

取实际生产量 5%的原料乳（脱脂乳、新鲜全脂乳或复原脱脂乳，总固形物含量 10%～12%），放于灭过菌的生产发酵容器中，置于 90～95 ℃条件下杀菌 30～60 min，冷却到 42 ℃（或菌种要求的温度）。接种 3%～5%的发酵剂，充分搅拌均匀，培养凝固即为生产发酵剂。发酵剂滴定乳酸度大于 0.8%后冷却到 4 ℃，此时生产发酵剂的活菌数达(1×10^{8})～(1×10^{9}) CFU/mL。

（五）发酵剂的质量鉴定

发酵剂在发酵乳中的作用取决于发酵剂的纯度和活力，质量控制的方法如下。

1. 感官检验

应该首先检查发酵剂的组织状态、色泽及有无乳清分离现象等，其次检查凝乳硬度，然后品尝酸味和风味，看是否有苦味和异味。优质发酵剂应该具有均匀细腻的组织状态，表面光滑无龟裂、无裂纹、无气泡和乳清分离等现象。凝块硬度适当，富有弹性，具有优良的风味。

2. 显微镜检查

用高倍光学显微镜对发酵剂中的菌种形态与比例进行检查。

3. 污染程度的检查

用催化酶试验可检验发酵剂的纯度，阳性反应是污染所致；用大肠菌群试验可检测粪便污染情况；乳酸菌发酵剂中不允许检测出酵母或霉菌；检查噬菌体污染情况等。

4. 活力检查

使用前要对发酵剂的活力进行检查，从发酵剂的酸生成状况或色素还原进行判断。常用的测定活力的方法有酸度测定和刃天青还原实验两种。

(1)酸度测定　在灭菌冷却后的脱脂乳中加入 1 mL 的发酵剂，并在 37.8 ℃的恒温箱下培养 3.5 h，然后测定其酸度，若滴定乳酸度达 0.8%以上，认为其活力良好。

(2)刃天青还原实验　在 9 mL 脱脂乳中加入 1 mL 发酵剂和 0.005%刃天青溶剂 1 mL，在 36.7 ℃的恒温箱中培养 35 min 以上，如完全褪色则表示发酵剂活力良好。

5. 设备、容器的检查

对发酵剂所用设备、容器进行定期涂抹检验以判断清洗效果和车间的卫生状况。

任务 1　凝固型酸乳的加工

【任务设计】

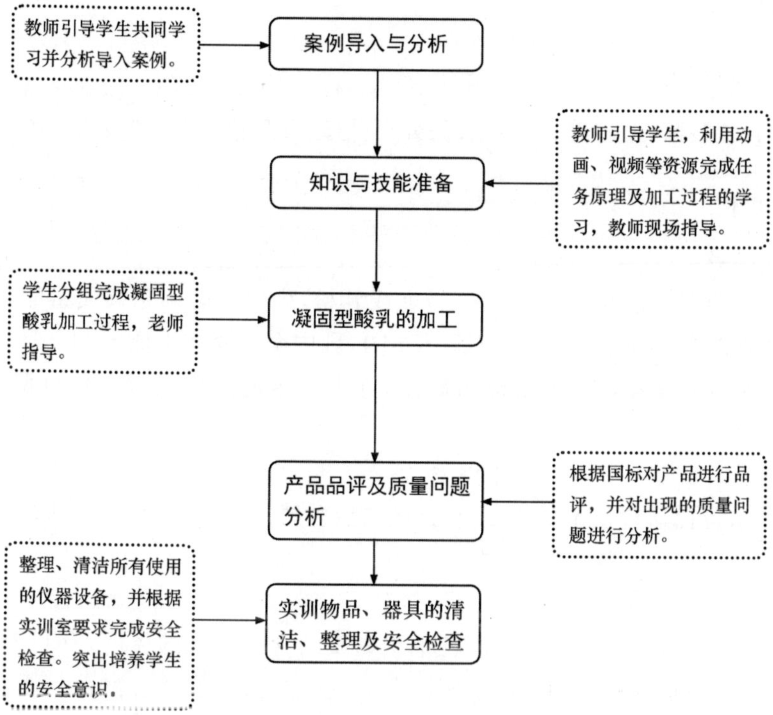

【案例导入】

近几年，一种长得像嫩豆腐、需要用勺舀着吃的碗装老酸奶火了起来。为何要在酸奶前加个“老”字，难道这老酸奶就比普通酸奶更健康、更营养不成？老酸奶是一种固态酸奶，严格意义上称为凝固型酸奶。传统的老酸奶，是把消过毒以后的牛奶、蜂蜜和菌种加到容器里面，保温发酵几个小时变成固态的老酸奶。在配料表中，两种酸奶的生牛乳、菌群、白砂糖都一样。只是老酸奶比普通酸奶多了果胶、明胶等。果胶和明胶都属于天然提取物，对人体不会产生危害，它们本身没有什么营养价值，添加以后也不会增加老酸奶的营养价值。传统上做酸奶的牛奶原料必须是蛋白质含量较高，抗生素含量必须低，杂菌含量必须少，才能顺利做出酸奶凝冻。现在有了添加剂的帮忙，即使原料蛋白质含量低，也不妨碍做成凝固状态。所以老酸奶与普通酸奶的营养价值差不多，甚至还会偏低。老酸奶主要是口感好，味道甘甜，而加入了明胶、果胶等凝固剂，让酸奶的口感更加醇厚。

【任务实施】

凝固型酸乳是原料乳经过巴氏杀菌后，在一定温度条件下添加有益菌(发酵剂)，经灌装、发酵、冷却等工艺生产出来的乳制品。它的组织状态呈凝乳状。由于酸乳是纯牛乳发酵而成，在发酵过程中乳酸菌可产生人体所必需的多种维生素(维生素 B_1、维生素 B_2、维生

素 B_6、维生素 B_{12})和乳酸,而乳酸可有效地提高钙、磷在人体中的利用率。所以凝固型酸乳不但保留了鲜牛乳的全部营养成分和优点,而且某些方面经加工后扬长避短,成为更适合人类饮用的营养保健食品。凝固型酸乳和搅拌型酸乳由于制作方法不同,导致口感上的不同,但营养价值是一样的。让我们一起来学习凝固型酸乳的加工方法。

该任务依据国标《食品安全国家标准　发酵乳》GB/T 19302—2010,要求在食品加工实训室内完成。

一、实验材料和用品

新鲜牛奶;乳酸菌;白砂糖;玻璃瓶;保鲜膜;恒温发酵箱;实验型酸奶生产线;冷藏柜。

二、操作过程

1. 原料乳验收

用于生产酸乳的原料可以是生牛(羊)乳或乳粉,生牛乳必须是高质量的,要求酸度在18°T以下,菌落总数不高于 2×10^6 CFU/g(mL),乳中全乳固体不低于11.5%,抗菌物质检查应为阴性,因为乳酸菌对抗生素极为敏感,乳中微量的抗生素都会使乳酸菌不能生长繁殖。

2. 标准化

纯酸乳要求蛋白质含量不低于2.9%,风味酸乳要求不低于2.3%。脂肪根据产品标准要求调整。

3. 添加蔗糖

目的是改善风味,同时加糖可提高乳中干物质的含量和乳的稠度,有利于稳定酸乳的凝固性,使组织状态细致光滑。一般添加量为7%左右,过多会使乳酸菌处于高渗状态,抑制其生长繁殖;过低会使酸乳产生尖酸味。应先将糖加热溶解后再加入原料乳中。

4. 均质

均质前预热至60～65 ℃可提高均质效果。均质处理可使原料充分混匀,有利于提高酸乳的稳定性和稠度,并使酸乳质地细腻,口感良好。均质压力为20～25 MPa。

5. 杀菌及冷却

均质后的杀菌的目的是杀灭原料乳中的病原菌及其他杂菌,确保乳酸菌的正常生长和繁殖;钝化原料乳中对发酵菌有抑制作用的天然抑制物;使牛乳中的乳清蛋白变性,以达到改善组织状态、提高黏稠度和防止成品乳清析出的目的。杀菌条件为:90～95 ℃、5 min。杀菌后的物料应迅速冷却到45 ℃左右,以便接种发酵剂。冷却温度根据添加菌种而定,保加利亚乳杆菌和嗜热链球菌混合发酵时为42～45 ℃,采用保加利亚乳杆菌和乳酸链球菌时要冷却至32～35 ℃。

6. 加发酵剂

乳酸菌能够将牛奶中的乳糖分解产生大量乳酸,导致牛奶的pH下降,牛奶变酸。而酸性条件又能够让牛奶中的乳酪蛋白发生凝集沉淀,从而使牛奶开始变稠,形成凝乳状态。

将活化后的混合生产发酵剂充分搅拌,根据菌种活力、发酵方法、生产时间安排和混合菌种配比等,以适当比例加入原料乳中。一般生产发酵剂,产酸活力在0.7%～1.0%,此时接种量应为3%～5%。加入的发酵剂应事先在无菌操作条件下搅拌成均匀细腻的状态，不应有大凝块，以免影响成品质量。

制作酸乳常用的发酵剂为保加利亚乳杆菌和嗜热链球菌的混合菌种，其比例通常为1∶1或1∶2，也可用保加利亚乳杆菌与乳酸链球菌搭配。但研究证明，以前者搭配效果较好。此外由于菌种生产单位不同，其杆菌与球菌的活力也不同，在使用时其配比应灵活掌握。

根据国内外的研究，使用单一发酵剂的酸乳口感往往较差，两种或两种以上的发酵剂混合使用能产生良好的效果。此外混合发酵剂还可缩短发酵时间，因为乳杆菌在发酵过程中产生的物质是链球菌生长的基本因素。开始时球菌生长得比杆菌快，当球菌产生一定酸度时抑制其生长，此时杆菌迅速生长。

7. 灌装

凝固型酸乳灌装时，可据市场需要选择玻璃瓶或塑料杯以及瓶的大小和形状，在装瓶前需对玻璃瓶进行蒸汽灭菌，一次性塑料杯可直接使用。

目前，酸乳的包装多种多样，砖形、杯状、圆形、袋状、盒状、家庭经济装等；其包装材质也种类繁多，复合纸、PVC材料、瓷罐、玻璃等。不同的包装材料和包装形式，为消费者提供了多种的选择，以满足不同层次消费者的需求和繁荣酸乳市场。但不论哪种形式和材质的包装物都必须无毒、无害、安全卫生，以保证消费者的健康。酸乳在出售前，其包装物上应有清晰的商标、标识、保质期限、产品名称、主要成分的含量、食用方法、贮藏条件以及生产商和生产日期。

8. 发酵

发酵时间随菌种而异。用保加利亚杆菌和嗜热链球菌的混合发酵剂时，温度保持在41～44 ℃，培养时间2.5～4.0 h(3%～5%的接种量)，达到凝固状态即可终止发酵。

发酵终点可依据如下条件来判断：①滴定酸度达到80°T以上；②pH低于4.6；③表面有少量水痕；④乳变黏稠。

发酵过程中应注意避免震动，否则会影响其组织状态；发酵温度应恒定，避免忽高忽低；掌握好发酵时间，防止酸度不够或过度以及乳清析出。

9. 冷藏后熟

发酵好的凝固酸乳，应立即移入0～4 ℃的冷库中，迅速抑制乳酸菌的生长，以免继续发酵造成酸度过高。在冷藏期间，酸度仍会有上升，同时风味物质双乙酰含量也会增加。试验表明冷却24 h，双乙酰含量达到最高，超过24 h又会减少。因此，发酵凝固后须在0～4 ℃储藏24 h再出售，该过程也称为后成熟。一般最大冷藏期为7～14 d。

三、常见产品质量缺陷及防止方法

凝固型酸乳生产中，由于各种原因，常会出现一些质量缺陷问题，如凝固性差、乳清析出、风味不好等。

1. 凝固性差

凝固性是凝固型酸乳质量的一个重要指标。一般牛乳在接种乳酸菌后，在适宜温度下发酵2.5～4.0 h便会凝固，表面光滑、质地细腻。但酸乳有时会出现凝固性差或不凝固现象，黏性很差，出现乳清分离。造成这一现象的原因较多，如原料乳的质量、发酵时间和温度、菌种的使用以及加糖量等。

(1)原料乳质量　生产酸乳的原料乳应符合国家标准。当乳中含有抗生素、磺胺类药物以及防腐剂时，这些物质都会抑制乳酸菌的生长。实验证明原料乳中含微量青霉素(0.01 IU/mL)时，对乳酸菌便有明显的抑制作用。原料乳消毒前，被能产生抗生素的细菌污染，杀菌处理虽除去了细菌，但产生的抗生素不受热处理影响，这一点引起的发酵异常往往会被忽视。另外乳腺炎乳由于其白细胞含量较高，对乳酸菌也有不同的噬菌作用。

此外，原料乳掺假，特别是掺碱、掺水对酸乳凝固性影响很大。掺碱使发酵所产的酸消耗于中和，而不能积累达到凝乳要求的 pH，从而使乳不凝或凝固不好。牛乳中掺水，会使乳的总干物质降低，也会影响酸乳的凝固性。

因此，原料乳的选择非常重要，要排除上述诸因素的影响，必须把好原料验收关，应采用新鲜牛乳，严格检测各项指标，杜绝使用含有抗生素、磺胺类药物以及防腐剂的牛乳生产酸乳。必要时先进行培养凝乳试验，样品不凝或凝固不好者不能进行生产。对由于掺水而使干物质降低的牛乳，可适当添加脱脂乳粉，使干物质含量达 11%以上，以保证质量。

(2)发酵温度和时间　发酵温度依所采用乳酸菌种类的不同而异。若发酵温度低于最适温度，则乳酸菌活力下降，凝乳能力降低，酸乳凝固性降低。发酵时间短，也会造成酸乳凝固性降低。此外，发酵室温度不均匀也是造成酸乳凝固性降低的原因之一。因此，在实际生产中，应尽可能保持发酵室的温度恒定，并控制发酵温度和时间。

(3)噬菌体污染　发酵剂噬菌体污染是造成发酵缓慢、凝固不完全的原因之一。可通过发酵活力降低、产酸缓慢现象来判断。国外采用经常更换发酵剂的方法加以控制。此外，由于噬菌体对菌的选择作用，两种以上菌种混合使用也可减少噬菌体危害。

(4)发酵剂活力　发酵剂活力弱或接种量太少会造成酸乳的凝固性下降。对一些灌装容器上残留的洗涤剂(如氢氧化钠)和消毒剂(如氯化物)也要清洗干净，以免影响菌种活力，确保酸乳的正常发酵和凝固。

(5)加糖量　生产酸乳时，加入适当的蔗糖可使产品产生良好的风味，凝块细腻光滑，提高黏度，并有利于乳酸菌产酸量的提高。若加糖量过大，会产生高渗透压，抑制了乳酸菌的生长繁殖，造成乳酸菌脱水死亡，相应活力下降，使牛乳不能很好地凝固；而加糖量过小，会使酸乳发酵的乳酸度不够，风味不正。

2.乳清析出

酸乳在生产、销售、贮存时有时出现乳清析出的现象，酸乳的国家标准规定酸乳允许有少量的乳清析出，但大量的乳清析出则属于不合格产品。乳清析出是常见的质量缺陷，其主要原因有以下几种：

(1)原料乳热处理不当　热处理温度偏低或时间不够，就不能使大量乳清蛋白变性，而变性乳清蛋白可与酪蛋白形成复合物，能容纳更多的水分，并且具有最小的脱水收缩作用。一般原料乳的最佳热处理条件是 90～95 ℃、5 min。

(2)发酵温度和时间　发酵温度过高和过低，都不适宜乳酸菌的生长，控制不好乳酸菌生长繁殖，可能产酸量过大。而且若发酵时间过长，乳酸菌继续生长繁殖，产酸量不断增加。酸性的增强破坏了原来已形成的胶体结构，使其容纳的水分游离出来形成乳清上浮。发酵时间过短，乳蛋白质的胶体结构还未充分形成，不能包裹乳中原有的水分，也会形成乳清析出。

因此，酸乳发酵时，应抽样检查，发现牛乳已完全凝固，就应立即停止发酵；若凝固不充分，应继续发酵，待完全凝固后取出。

(3)其他因素 原料乳中总干物质含量低、乳中有氧气、酸乳凝胶机械振动、乳中钙盐不足、发酵剂加量过大等也会造成乳清析出，在生产时应加以注意，乳中添加适量的 $CaCl_2$ 既可减少乳清析出，又可赋予酸乳一定的硬度。

3. 风味不正

正常酸乳应有发酵乳纯正的风味，但在生产过程中常出现以下不良风味：

(1)酸乳无芳香味 主要由于原料乳不新鲜、菌种选择及操作工艺不当所引起。生产酸乳用的原料乳要特别挑选，牛乳要选用新鲜的纯牛乳。而且正常的酸乳生产应保证两种以上的菌混合使用并选择适宜的比例，任何一方占优势均会导致产香不足，风味变劣。高温短时发酵和固体含量不足也是造成芳香味不足的原因。芳香味主要来自发酵剂酶分解柠檬酸产生的丁二酮物质。所以原料乳中应保证足够的柠檬酸含量。

(2)酸乳的酸甜度不合适 酸乳过酸、过甜导致酸甜不合理，特别是酸感较刺激，极不柔和是酸乳常见的质量缺陷问题。加糖量较低、接种量过多、发酵过度、后熟过长、冷藏时温度偏高等会使酸乳偏酸，而加糖量过高、接种量过少、发酵不足等又会导致酸乳偏甜。

因此，应严格控制加糖量，尽量避免发酵过度或不足现象。工作发酵剂的接种量在3%～5%，一次性投菌种的添加量按其厂家要求添加。选择后酸化弱的菌种，或者在酸乳发酵后添加一些能够抑制乳酸菌生长的物质来控制酸乳的后酸化。确定合理的冷却时间，并应在0～4 ℃条件下冷藏，防止温度过高、后熟过长。

(3)酸乳异味 酸乳呈现有乳粉味，有时还有苦味、塑胶味、异臭味、不洁味。原料乳的干物质含量低，用乳粉调整原料奶的干物质和蛋白质时，添加的乳粉量过大从而影响酸乳的口味，是生产的酸乳呈现乳粉味；接种量过大或菌种选用不好，会使酸乳呈现苦味；包装材料选用不当会给酸乳带来塑胶味；原料乳的牛体臭、氧化臭味及由于过度热处理或添加了风味不良的炼乳或乳粉等制造的酸乳会使酸乳呈现异臭味；而不洁味主要由发酵剂或发酵过程中污染杂菌引起。污染丁酸菌可使产品带刺鼻怪味，污染酵母菌不仅产生不良风味，还会影响酸乳的组织状态，使酸乳产生气泡。

因此，增加乳的干物质和蛋白质含量时，尽量少加乳粉，如果达不到干物质和蛋白质含量的要求时，可采用将乳闪蒸或浓缩来提高乳干物质和蛋白质含量，工作发酵剂的接种量，在3%～5%，一次性直接菌种的添加量按其厂家要求添加，如仍有苦味应改换菌种；对包装材料进行检验，使用合格的包装材料；并选用优质的原料乳，严格控制生产工艺，防止污染杂菌。

4. 口感差

优质酸乳柔嫩、细滑，清香可口。但有些酸乳口感粗糙，有沙状感。这主要是由于生产酸乳时，采用了高酸度的乳或劣质的乳粉。

因此，生产酸乳时，应采用新鲜牛乳或优质乳粉，并采取均质处理，使乳中蛋白质颗粒细微化，达到改善口感的目的。

5. 表面有霉菌生长

酸乳贮藏时间过长或温度过高时，往往在表面出现有霉菌。黑斑点易被察觉，而白色霉菌则不易被注意。这种酸乳被人误食后,轻者有腹胀感觉,重者引起腹痛下泻。污染霉菌的主要原因是菌种污染霉菌、接种过程中有霉菌污染;生产过程中有霉菌污染;包材被霉菌污染。

因此,要严格保证卫生条件。如果使用传代菌种,菌种在传代过程中要严格控制污染,确保无菌操作,保证免受霉菌污染;生产中一定要控制好环境卫生,生产环境要严格进行消毒、杀菌,确保生产地理环境中霉菌数合格,一般生产环境空气中酵母、霉菌数为≤50个/平板;包材在进厂之前一定要严格检验,确保合格,存放于无菌环境中,使用时用紫外线杀菌;并根据市场情况控制好贮藏时间和贮藏温度。

四、质量标准

凝固型酸乳质量标准按照《食品安全国家标准　发酵乳》GB 19302—2010要求执行,具体规定如下:

1. 感官指标

应符合表4-1的规定。

表4-1　感官指标

项目	要求		检验方法
	发酵乳	风味发酵乳	
色泽	色泽均匀一致,呈乳白色或微黄色	具有与添加成分相符的色泽	取适量试样置于50 mL烧杯中,在自然光下观察色泽和组织状态;闻其气味,用温开水漱口,品尝滋味
滋味、气味	具有发酵乳特有的滋味、气味	具有与添加成分相符的滋味和气味	
组织状态	组织细腻、均匀,允许有少量乳清析出	风味发酵乳具有添加成分特有的组织状态	

2. 理化指标

应符合表4-2的规定。

表4-2　理化指标

项目	指标		检验方法
	发酵乳	风味发酵乳	
脂肪[a]/(g/100 g)	≥3.1	≥2.5	GB 5413.3
非脂乳固体/(g/100 g)	≥8.1	—	GB 5413.39
蛋白质/(g/100 g)	≥2.9	≥2.3	GB 5009.5
酸度/(°T)	≥70.0		GB 5413.34

注:[a]仅适用于全脂产品。

3. 微生物指标

应符合表4-3的规定。

表 4-3　微生物指标

项目	采样方案[a] 及限量(若非指定,均以 CFU/g 或 CFU/mL 表示)				检验方法
	n	*c*	*m*	*M*	
大肠菌群	5	2	1	5	GB 4789.3 平板计数法
金黄色葡萄球菌	5	0	0/25 g(mL)	—	GB 4789.10 定性检验
沙门氏菌	5	0	0/25 g(mL)	—	GB 4789.4
酵母		≤100			GB 4789.15
霉菌		≤30			

注:[a]样品的分析及处理按 GB 4789.1 和 GB 4789.18 执行。

另外污染物限量:应符合 GB 2762 的规定。真菌毒素限量:应符合 GB 2761 的规定。

4.乳酸菌数

应符合表 4-4 的规定。

表 4-4　乳酸菌数

项目	限量/[CFU/g(mL)]	检验方法
乳酸菌数[a]	$\geq 1\times10^{6}$	GB 4789.35

注:[a]发酵后经热处理的产品对乳酸菌数不作要求。

5.食品添加剂和营养强化剂

食品添加剂和营养强化剂质量应符合相应的安全标准和有关规定。食品添加剂和营养强化剂的使用应符合 GB 2760 和 GB 14880 的规定。

6.其他

(1)发酵后经热处理的产品应标识“××热处理发酵乳”“××热处理风味发酵乳”“××热处理酸乳/奶”或“××热处理风味酸乳/奶”。

(2)全部用乳粉生产的产品应在产品名称紧邻部位标明“复原乳”或“复原奶”;在生牛(羊)乳中添加部分乳粉生产的产品应在产品名称紧邻部位标明“含××%复原乳”或“含××%复原奶”。注:“××%”是指所添加乳粉占产品中全乳固体的质量分数。

(3)“复原乳”或“复原奶”与产品名称应标识在包装容器的同一主要展示版面;标识的“复原乳”或“复原奶”字样应醒目,其字号不小于产品名称的字号,字体高度不小于主要展示版面高度的 1/5。

酸奶生产线操作

任务 2 搅拌型酸乳的加工

【任务设计】

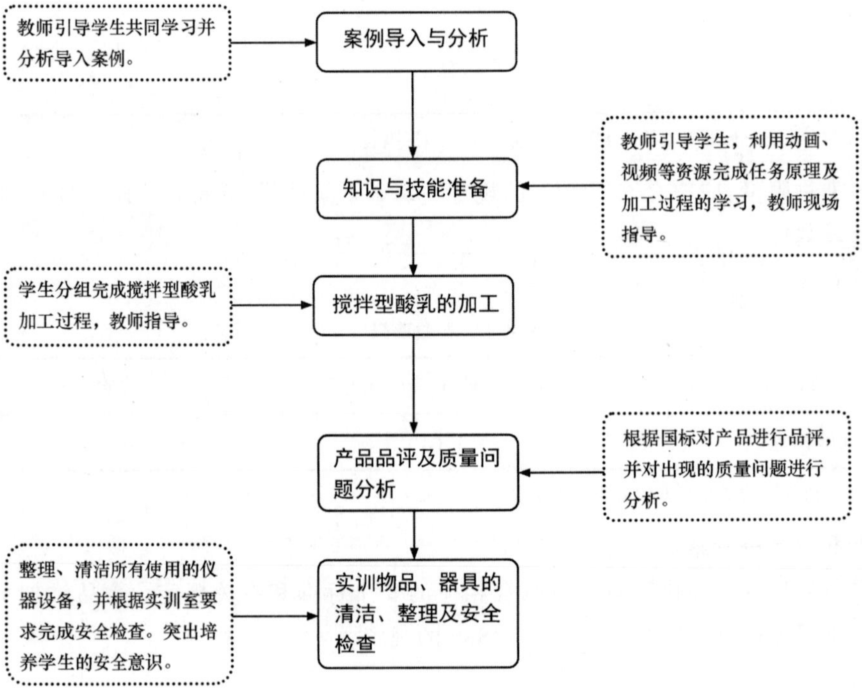

【案例导入】

普通的酸乳品种和口味单一，无法满足不同消费者对酸乳多样化的需求，而风味发酵乳较好地弥补了这一欠缺。风味发酵乳与普通的酸乳制作工艺大体相同，也经过了乳酸菌的发酵，只是原料除牛(羊)乳和乳酸菌外，还常添加果粒、果蔬汁、谷物等其他食材以及各种增加营养、改善口味与质地的配料，形成了种类繁多的风味发酵乳制品，受到广大消费者的喜爱，成为我国消费量增长较快的乳制品之一。目前，市售的大部分酸乳制品均为风味发酵乳制品。

【任务实施】

搅拌型酸乳是将发酵后的凝乳在灌装前或灌装过程中搅碎，添加(或不添加)果料、果酱等制成的具有一定黏度的半流体状制品。搅拌型酸奶和凝固型酸奶相比稍“稀”一点，但由于添加了果料、果酱等配料，使得搅拌型酸奶的风味更好，营养更全面。凝固型酸奶和搅拌型酸奶由于制作方法不同，导致口感上的不同。让我们一起来学习搅拌型酸奶的加工方法。

该任务依据国标《食品安全国家标准　发酵乳》GB/T 19302—2010，要求在食品加工实训室内完成。

一、实验材料和用品

新鲜牛奶；乳酸菌；白砂糖；玻璃瓶；保鲜膜；恒温发酵箱；实验型酸奶生产线；冷藏柜。

二、操作过程

搅拌型酸乳的加工工艺及技术要求基本与凝固型酸乳相同，其不同点主要是搅拌型酸乳多了一道搅拌混合工艺，这也是搅拌型酸乳的特点。另外，根据在加工过程中是否添加了果蔬料或果酱，搅拌型酸乳可分为天然搅拌型酸乳和加料搅拌型酸乳。

1. 发酵

搅拌型酸乳的发酵是在发酵罐或缸中进行，而发酵罐是利用罐周围夹层的热媒来维持恒温，热媒的温度可随发酵参数而变化。若在大缸中发酵，则应控制好发酵间的温度，避免忽高忽低。发酵间上部和下部温差不要超过 1.5 ℃。同时，发酵缸应远离发酵间的墙壁，以免过度受热。

2. 冷却

冷却的目的是快速抑制细菌的生长和酶的活性，以防止发酵过程产酸过度，及搅拌时脱水。酸乳完全凝固(pH 4.6～4.7)时开始冷却，冷却过程应稳定进行。冷却过快将造成凝块收缩迅速，导致乳清分离；冷却过慢则会造成产品过酸和添加果料的脱色。冷却可采用片式冷却器、管式冷却器、表面刮板式热交换器、冷却缸(槽)等冷却。一般温度控制在 0～7 ℃为宜。

3. 搅拌

搅拌是搅拌型酸乳生产的一道重要工序，通过机械力破坏凝胶体，使凝胶体的粒子直径达到 0.01～0.4 mm，并使酸乳的硬度和黏度及组织状态发生变化。

(1)搅拌的方法　凝胶体搅拌法：不是采用搅拌方式破坏胶体，而是借助薄板(薄的圆板或薄竹板)或用粗细适当的金属丝制的筛子，使凝胶体滑动。凝胶体搅拌法有机械搅拌法和手动搅拌法两种。

机械搅拌使用宽叶片搅拌器、螺旋桨搅拌器、涡轮搅拌器等。叶片搅拌器具有较大的构件和表面积，转速慢，适合于凝胶体的搅拌；螺旋桨搅拌器每分钟转数较高，适合搅拌较大量的液体；涡轮搅拌器是在运转中形成放射线形液流的高速搅拌器，也是制造液体酸乳常用的搅拌器。

手动搅拌是在凝胶结构上，采用损伤性最小的手动搅拌以得到较高的黏度。手动搅拌一般用于小规模生产，如 40～50 L 桶制作酸乳。

均质法：这种方法一般多用于制作酸乳饮料，在制造搅拌型酸乳中不常用。搅拌过程中应注意，搅拌既不可过于激烈，又不可过长时间。搅拌时应注意凝胶体的温度、pH 及固体含量等。

通常用两种速度进行搅拌，开始用低速，以后用较快的速度。

(2)搅拌时的质量控制

温度。搅拌的最适温度为 0～7 ℃，此时适于亲水性凝胶体的破坏，可得到搅拌均匀的凝固物。既可缩短搅拌时间，还可减少搅拌次数。若在 38～40 ℃进行搅拌，凝胶体易形成薄片状或砂质结构等缺陷。

pH。酸乳的搅拌应在凝胶体的 pH 达 4.7 以下时进行，若在 pH 4.7 以上时搅拌，则因酸乳凝固不完全、黏性不足而影响其质量。

干物质。合格的乳干物质含量对搅拌型酸乳防止乳清分离能起到较好的作用。

4. 混合、灌装

果蔬、果酱和各种类型的调香物质等可在酸乳自缓冲罐到包装机的输送过程中加入，这种方法可通过一台变速的计量泵连续加入到酸乳中。果蔬混合装置固定在生产线上，计量泵与酸乳给料泵同步运转，保证酸乳与果蔬混合均匀。一般发酵罐内用螺旋搅拌器搅拌即可混合均匀。酸乳可根据需要，确定包装量和包装形式及灌装机。

搅拌型酸乳灌装时，注意对果料杀菌，杀菌温度应控制在能抑制一切有生长能力的细菌，而又不影响果料的风味和质地的范围内。

5. 冷却、后熟

将灌装好的酸乳置于 0～7 ℃冷库中冷藏 24 h 进行后熟，进一步促使芳香物质的产生和改善黏稠度。

三、常见产品质量缺陷及防止方法

搅拌型酸乳生产中，由于各种原因，也常会出现一些质量缺陷问题，如下所示：

1. 组织状态不细腻，具有沙状组织

搅拌型酸乳在组织外观上有许多沙状颗粒存在，不细腻，饮用时有沙粒感。砂状组织的产生有多重原因：均质效果不好；搅拌时间短；乳中干物质含量过高；菌种的原因；稳定剂选择得不好或添加量过大。

因此，应控制均质条件，均质温度设在 65～70 ℃，压力为 15～20 MPa。经常检验乳的均质效果，定期检查均质部件，如有损坏及时更换；确定合理的搅拌工艺条件，应选择适宜的发酵温度，避免原料受热过度和较高温度下的搅拌；减少乳粉用量，避免干物质过多；更换菌种，搅拌型酸乳所用的菌种应选用产黏度高的菌种；选择适合的稳定剂及合理的添加剂，根据具体的设备情况确定合理的配方。

2. 口感偏稀，黏稠度偏低

搅拌型酸乳会出现口感偏稀、黏稠度偏低的质量缺陷。主要原因是：乳中干物质含量偏低，特别是蛋白质含量低；没有添加稳定剂或稳定剂添加量少，稳定剂选用不好；热处理或均质效果不好；酸乳的搅拌过于激烈；加工过程中机械处理过于激烈；搅拌时酸乳的温度过低，发酵期间凝胶遭破坏；菌种的原因。

因此，应调整配方，使乳中干物质含量增加，特别是蛋白质含量提高，乳中干物质含量，特别是蛋白质含量对乳的质量起主要作用；添加一定量的稳定剂来提高酸乳的黏度，可改善酸乳的口感；调整工艺条件，控制均质温度，均质温度设在 65～75 ℃，压力为 15～20 MPa，经常检查乳的均质效果，定期检查均质机部件，如有损伤应及时更换；调整酸乳的搅拌速度及搅拌时间；发酵期间保证乳处于静止状态，检查搅拌是否关闭；搅拌型酸乳的菌种应选用高黏度菌种。

3. 风味不正

除了与凝固型酸乳相同的因素外，在搅拌过程中因操作不当而混入大量空气，造成酵母和霉菌的污染，也会严重影响风味。酸乳较低的 pH 虽然抑制几乎所有的细菌生长，但却适于酵母和霉菌的生长，造成酸乳的变质、变坏和不良风味。

4. 乳清分离

酸乳搅拌速度过快、过度搅拌或泵送造成空气混入产品，将造成乳清分离。此外，酸乳发酵过度、冷却温度不适及干物质含量不足也可造成乳清分离现象。因此，应选择合适的搅拌器搅拌并注意降低搅拌温度。同时可选用适当的稳定剂，以提高酸乳的黏度，防止乳清分离，其用量为 0.1%～0.5%。

5. 色泽异常

在生产中因加入的果蔬处理不当而引起变色、退色等现象时有发生。应根据果蔬的性质及加工特性与酸乳进行合理的搭配和制作，必要时还可添加抗氧化剂。

6. 出现胀包

乳在贮存及销售过程中，特别是在常温下销售及贮存很容易出现胀包。产气菌作用于酸乳，使酸乳变质的同时也使酸乳的包装气胀。污染搅拌型酸乳而使酸乳产气的产气菌主要是酵母菌和大肠杆菌，其污染途径主要在以下几方面：菌种被产气菌污染（主要是酵母菌污染）；生产过程中酸乳被酵母菌和大肠杆菌污染；酸乳包装材料被酵母菌和大肠杆菌污染；包材本身不合格使外界微生物侵入而造成的污染；杀菌不彻底有产气菌未杀死的污染；生产工艺中杀菌机杀菌参数设定不正确而残留产气菌的污染；在灌装时破坏无菌环境使外界微生物侵入而造成的污染。

因此，菌种在传代过程中要严格控制环境卫生，确保无菌操作。

四、质量标准

搅拌型酸乳质量标准也严格按照《食品安全国家标准　发酵乳》GB 19302—2010 要求执行，具体要求见凝固型酸乳质量标准章节。

任务3　乳酸菌饮料的加工

【任务设计】

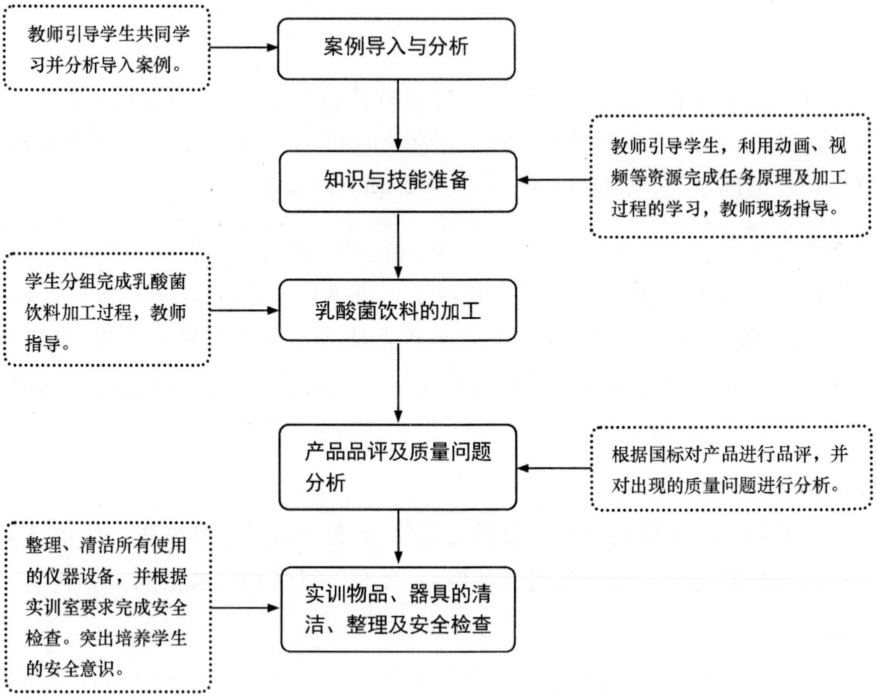

【案例导入】

“××乳酸菌，饭后来一瓶”——这些年，市面上的乳酸菌饮料五花八门，有需冷藏的活性乳酸菌饮料，也有常温的，很多人就是冲着广告中声称的乳酸菌能促进肠道蠕动、帮助消化吸收而购买。专家说，益生菌是对人体有益的活性微生物。肠道中的益生菌如果能多一些，对维持肠道菌群的稳定和平衡、促进肠道的健康当然是有帮助的。既然有帮助，为什么有人说乳酸菌饮品中的益生菌很难被人体吸收利用呢？专家以活性乳酸菌饮料为例进一步分析说：假如一开始设定的加工标准很严格，生产过程中加入了足够多的活性益生菌，但从生产加工到储存、运送，整个过程当中，无论哪个环节的温度控制不当，益生菌都有可能失活。即使控制得很好，喝入口、进到胃里，还是绕不开胃酸的“剿杀”。胃酸的 pH 接近 1，在这么强的酸性环境下，很多益生菌都会“香消玉殒”，最后能“活着”到达肠道的十分有限，并且它们是否有足够的活性、能起到什么样的作用，这些很难测量。

【任务实施】

乳酸菌饮料是一种发酵型的酸性含乳饮料，以乳或乳制品为原料，经乳酸菌发酵制得的乳液中加入水以及白砂糖和(或)甜味剂、酸味剂、果汁、茶、咖啡、植物提取液的一种或几种调制而成的饮料。乳酸菌加工的重点在于产品的稳定技术和新产品的开发研制上。

该任务依据国标《食品安全国家标准　含乳饮料》GB/T 21732—2008，要求在食品加工实训室内完成。

一、实验材料和用品

发酵乳；乳酸菌；白砂糖；水；果汁；酸味剂；稳定剂；玻璃瓶；恒温发酵箱；均质机；巴氏杀菌机。

二、操作过程

1. 混合调配

先将经过巴氏杀菌冷却至 20 ℃左右的稳定剂、水、糖溶液加入发酵乳中混合并搅拌均匀，然后再加入果汁（或蔬菜浆液）酸味剂与发酵乳混合并搅拌，最后加入香精等。

一般糖的添加量为 11%左右。酸味剂可弥补发酵时酸度的不足，多用柠檬酸，将饮料的 pH 调至 3.9～4.2。

2. 均质

均质可采用胶体磨或均质机。均质可使料液中的粒子微细化，起到提高料液黏度、抑制粒子的沉淀、增强稳定剂稳定效果的作用。

乳酸菌饮料较适宜的均质压力为 20～25 MPa，温度为 53 ℃左右。

3. 后杀菌

后杀菌是在发酵调配后进行的杀菌处理，其目的是延长饮料的保存期。饮料合理杀菌、无菌灌装后，保存期可延长至 2～6 个月。

4. 蔬菜预处理

在制作蔬菜乳酸菌饮料时，必须首先对蔬菜进行加热处理，以杀灭酶的活性。通常，将蔬菜放入沸水中处理 6～8 min，然后打浆或取汁，再与杀菌后的原料乳混合。

三、常见产品质量缺陷及防止方法

乳酸菌饮料在生产和贮藏过程中由于种种原因常会出现如下一些质量缺陷问题。

1. 沉淀现象

沉淀是乳酸菌饮料最常见的质量问题。乳蛋白中 80%为酪蛋白，其等电点为 pH 4.6。通过乳酸菌发酵，并添加果汁或加入酸味剂而使饮料的 pH 在 3.8～4.4。此时，酪蛋白处于高度不稳定状态，任其静置，势必造成分层、沉淀等现象。

此外，在加入果汁、酸味剂时，若酸浓度过大，加酸时混合液温度过高或加酸速度过快及搅拌不匀等均会引起局部过度酸化而发生分层和沉淀。对于出现的沉淀问题除了加工工艺正确操作外，通常采用物理（均质）和化学（稳定剂）两种方法来解决。

（1）均质　均质可使酪蛋白粒子微细化，抑制粒子沉淀并可提高料液黏度，增强稳定效果。均质压力通常选择在 20～25 MPa。均质时的温度对蛋白质稳定性影响也很大。试验表明，在 51.0～54.5 ℃均质时稳定性最好。当均质温度低于 51 ℃时，饮料黏度大，在瓶壁上出现沉淀,几天后有乳清析出。当温度高于 54.5 ℃时,饮料较稀,无凝结物,但易出现水泥状沉淀,饮用时口感有粉质或粒质。均质温度保持在 51.0～54.5 ℃,尤其在 53 ℃左右时效果最好。

(2)稳定剂　采用均质处理,还不能完全防止乳酸菌饮料的沉淀。经均质后的酪蛋白微粒,因失去了静电荷、水化膜的保护,粒子间的引力增强,增加了碰撞的机会,容易聚成大颗粒而沉淀。因此,均质同时使用化学方法才可起到良好作用。常用的化学方法是添加亲水性和乳化性较高的稳定剂,二者配合使用,方能达到较好效果。稳定剂不仅能提高饮料的黏度、防止蛋白质粒子因重力作用而下沉,更重要的是它本身是一种亲水性高分子化合物,在酸性条件下与酪蛋白形成保护胶体,防止凝集沉淀。

此外,由于牛乳中含有较多的钙,在 pH 降到酪蛋白等电点以下时以游离钙状态存在,Ca^{2+} 与酪蛋白之间易发生凝集而沉淀。故添加适当的磷酸盐使其与 Ca^{2+} 形成螯合物,起到稳定作用。目前,常使用的乳酸菌饮料稳定剂有羧甲基纤维素(CMC)、藻酸丙二醇酯(PG*a*)等,两者以一定比例混合使用效果更好。

(3)添加蔗糖　添加 10%左右的蔗糖不仅使饮料酸中带甜,而且糖在酪蛋白表面形成被膜,可提高酪蛋白与其他分散介质的亲水性,并能提高饮料密度,增加黏稠度,有利于酪蛋白在悬浮液中的稳定。

(4)添加有机酸　增加柠檬酸等有机酸类是引起饮料产生沉淀的因素之一。因此,需在低温条件下添加,添加速度要缓慢,搅拌速度要快。

(5)发酵乳的搅拌温度　为了防止沉淀产生,还应注意控制好搅拌发酵乳时的温度。高温时搅拌,凝块将收缩硬化,造成蛋白胶粒的沉淀。

2.饮料中活菌数的控制

乳酸菌活性饮料要求每 1 mL 饮料中含活的乳酸菌 100 万个以上。要使菌保持较高活力,发酵剂应选用耐酸性强的乳酸菌种(如嗜酸乳杆菌、干酪乳酸菌)。为了弥补发酵本身的酸度不足,可补充柠檬酸,但是柠檬酸的添加会导致活菌数下降,所以必须控制柠檬酸的使用量。苹果酸对乳酸菌的抑制作用较小,与柠檬酸并用可以减少活菌数的下降,同时又可以改善柠檬酸的涩味。

3.杂菌污染

酵母菌、霉菌的耐热性弱,通常在 60 ℃、5～10 min 加热处理时即被杀死,制品中出现的污染主要是二次污染所致。为了有效地防止酵母菌、霉菌等杂菌在乳酸菌饮料产品内的生长繁殖,乳酸菌饮料加工车间的卫生条件、加工机械的清洗消毒以及灌装时的环境卫生等必须符合相关标准要求,以避免制品二次污染,降低坏包、沉淀、酸包等腐坏的现象。

4.脂肪上浮

在采用全脂乳或脱脂不充分的脱脂乳做原料时,由于均质处理不当等原因引起脂肪上浮,应改进均质条件,如增加压力或提高温度,同时可添加酯化度高的稳定剂或乳化剂如卵磷脂、单硬脂酸甘油酯、脂肪酸蔗糖酯等。采用含脂率较低的脱脂乳或脱脂乳粉作为乳酸菌饮料的原料,并注意进行均质处理。

5. 果蔬料的质量控制

为了强化饮料的风味与营养，常常加入一些果蔬原料，由于这些物料本身的质量或配制饮料时预处理不当，使饮料在保存过程中也会出现感官质量的不稳定，如饮料变色、退色、出现沉淀、污染杂菌等。因此，在选择及加入这些果蔬物料时应多做试验，保存期试验至少应在 1 个月以上。

四、质量标准

《食品安全国家标准　含乳饮料》GB/T 21732—2008 规定了乳酸菌饮料的指标要求，食品添加剂、生产过程的卫生要求，包装、标识、贮存及运输要求和检验方法。乳酸菌饮料的感官指标、理化指标及微生物指标要求如下。

1. 感官指标

(1)色泽　均匀乳白色、乳黄色或带有添加辅料的相应色泽。

(2)滋味和气味　特有的乳香滋味和气味或具有与加入辅料相符的滋味气味，发酵产品具有特有的发酵芳香滋味和气味；无异味。

(3)组织状态　均匀细腻的乳浊液，无分层现象，允许有少量沉淀，无正常视力可见外来杂质。

2. 理化指标

理化指标应符合表 4-5 的规定。

表 4-5　乳酸菌饮料的理化指标

项目	指标
蛋白质[a]/(g/100 g)	≥0.70
苯甲酸[b]/(g/kg)	≤0.03

注：[a]含乳饮料中的蛋白质应为乳蛋白质。

[b] 属于发酵过程产生的苯甲酸；原辅料中带入的苯甲酸按 GB 2760 执行。

3. 乳酸菌指标

未杀菌(活菌)型发酵型含乳饮料及未杀菌(活菌)型乳酸菌饮料的乳酸菌活菌数指标应符合表 4-6 的规定。

表 4-6　乳酸菌活菌指标

检验时期	未杀菌(活菌)型 发酵型含乳饮料	未杀菌(活菌)型 乳酸菌饮料
出厂期	$\geqslant 1\times 10^6$ CFU/mL	
销售期	按产品标签标注的乳酸菌活菌数执行	

任务 4　其他酸乳制品的加工

【任务设计】

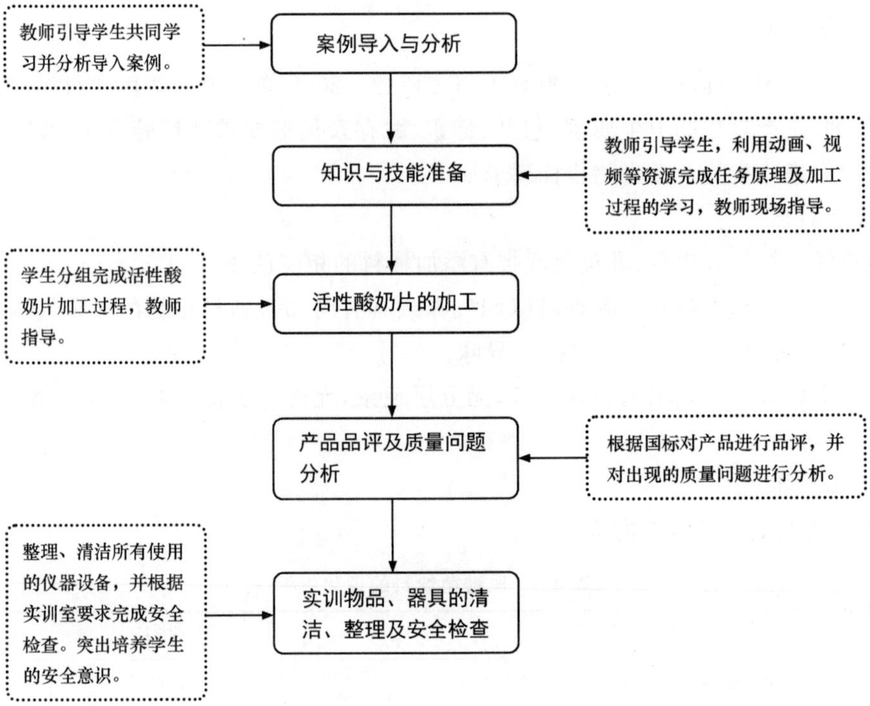

【案例导入】

益生菌(Probiotics)是指“以适当剂量服用时对宿主(人或动物)健康有益的活体微生物制剂”，这一概念是由联合国粮食与农业组织(FAO)和世界卫生组织(WHO)共同定义的。目前应用了八类的益生菌种类主要有乳杆菌、双歧杆菌等。益生菌可作为功能性配料的活性微生物制品，其与人体健康的关系正逐步为人们所认识和了解，益生菌有对人体健康有益的功效，例如促进乳糖消化、抵抗肠道病原菌、改善肠道功能、调节免疫系统、抗过敏、降低血脂和心脏疾病、抗高血压、抗泌尿系统感染等。目前国外已有 70 多种益生菌的产品问世，日本健康食品协会将含双歧杆菌的功能食品列为健康食品。我国从 20 世纪 90 年代起将双歧杆菌用于各种健康食品中，如双金爱生胶囊、三株口服液、昂立多邦胶囊、双歧天宝口服液等；甚至有作为药物用于治疗肠道疾病，如培菲康、丽珠肠乐等。

乳杆菌和双歧杆菌等益生菌多为厌氧菌或兼性厌氧菌，在生长过程中不形成芽孢，抗性较差，大多耐酸性较差，对氧极为敏感，又由于温度、化学物质、紫外线等多种因素影响，各种类型产品中益生菌都很难保存。发酵乳中 Lactobacillus acidophilus 在 pH 4.0、贮存温度 25 ℃、初始活菌数 3×10^9 CFU/mL 的情况下，半衰期是 3 d。据报道，在冰淇淋中添加益生菌，经过 13 周的保存，嗜酸乳杆菌数量从开始时的 5×10^8 CFU/mL 下降到大约 1×10^7 CFU/mL；双歧双歧杆菌数量从开始时的 5×10^8 CFU/mL 下降到大约 1.2×10^7

CFU/mL；保存冰淇淋所需要的低温条件适合菌的保存，但是活菌数也大量下降。

奶片是将新鲜牛奶经过喷雾干燥后，再配合益生菌等其他成分压制而成的。它具有牛奶的全部营养，体积变小，便于携带，是青少年、年轻白领理想的营养补充剂。益生菌奶片是有效地将益生菌和奶片巧妙地结合起来，既能方便地补充能量和营养，又能增加体内益生菌，使身体更健康。

【任务实施】

乳酸菌是对人体健康有益的一类细菌。这些细菌进入人体肠道后，可以抑制有害细菌的繁殖，防止下痢、便秘、腹泻，对消化不良很有疗效，对胃肠癌也有一定的治疗作用。活性酸奶片是采用鲜牛奶、葡萄糖、硬脂酸镁经发酵后加工而成，食用方便，味美防病，受到消费者的喜爱。

一、实验材料和用品

酸乳粉 57%；蔗糖粉 20%；葡萄糖粉 20%；硬脂酸镁 1%；发酵剂 2%；压片机；干燥机。

二、工艺流程

原料乳 → 净化、标准化 → 预热 → 均质 → 杀菌 → 冷却 → 接种 → 发酵（发酵剂）→ 干燥 → 粉碎 → 混合（糖粉、添加剂）→ 打片 → 包装

三、操作过程

乳酸菌是一群通过发酵糖类产生大量乳酸的细菌总称，是革兰氏阳性、不形成芽孢（个别属除外）及不进行呼吸的球菌或杆菌，在发酵碳水化合物时主要的代谢产物为乳酸。它们部分在机体肠道内黏附定殖，形成生理性屏障，间接排斥有害菌，与此同时也形成不利于有害菌的生存环境。嗜酸乳杆菌进入人体肠道后，不仅能够提高肌体免疫力，增强抗病能力，还能调节胆固醇和乳糖的代谢，促进钙的吸收和维生素的合成，因此深受人们喜爱。益生菌酸奶是乳品加工的产品，具有独特的营养价值，有较好的口感，其活菌的特性使得产品具有很好预防疾病的保健功能，但是这些酸奶保质期很短，给消费者带来不便。与鲜奶相比，益生菌奶片不需冷藏，无需加热食用，也成为乳制品中的亮点，既有牛奶的风味营养，同时又能达到保健的功效。活性酸奶片是采用鲜牛奶、葡萄糖、硬脂酸镁经发酵后加工而成，有很好的市场前景。

（1）原料乳净化、标准化　除去原料奶中杂质（可用 4 层纱布过滤），使总乳固体达 12%，脂肪 3%（乳浓度低的可加热浓缩）。

（2）预热、均质　将乳预热到 60～70 ℃，进行均质。

（3）冷却、接种、发酵　将均质乳冷却至 45 ℃，然后加入 2%酸奶发酵剂（由保加利亚乳杆菌与嗜热链球菌按 1∶1 的比例组合成的酸奶专用发酵剂），搅拌均匀，在 43 ℃环境中发酵至乳液 pH 为 4.6。

（4）干燥　把发酵好的酸奶倒在烤盘上，摊成薄层，放在 40～50 ℃的烘箱中低温烘至含水量低于 1.5%即可。

(5)粉碎过筛　把干燥好的酸奶块或粉用齿形粉碎机粉碎，然后过比目筛，即为酸乳粉。相同方法把蔗糖粉碎后过比目筛。

(6)混合、打片　将各种物料按配方加入混合机内，混匀。然后用压片机压片，压片机的压力控制在 0.3～0.35 MPa。

(7)包装　在室温 18～20 ℃，相对湿度低于 50％的条件下包装压好的酸奶片。

四、产品质量标准

《食品安全地方标准　奶片》DBS 15/ 009—2019 规定了活性奶片的指标要求，食品添加剂、生产过程的卫生要求，包装、标识、贮存及运输要求和检验方法。乳酸菌饮料的感官指标、理化指标及微生物指标要求如下。

1. 感官指标

(1)色泽　呈乳白色、乳黄色或所添加辅料的相应色泽，色泽基本均匀。

(2)滋味和气味　具有的乳香味和气味及所添加辅料应有的滋味气味，无异味。

(3)组织状态　呈片状，形态完整，无正常视力可见的外来杂质。

2. 理化指标

理化指标应符合表 4-7 的规定。

表 4-7　乳酸菌饮料的理化指标

项目	指标
水分/％	≤6.0
蛋白质/％	≥14.0

3. 微生物限量(表 4-8)

表 4-8　微生物限量

项目	采样方案[n] 及限量/(CFU/g)			
	n	*c*	*m*	*M*
菌落总数[b]	5	2	50 000	200 000
大肠菌群	5	1	10	100
金黄色葡萄球菌	5	2	10	100
沙门氏菌	5	0	0/26 g	—

注：[n]样品的分析及处理按照 GB 4789.1 和 GB 4789.18 执行。

[b] 不适用于添加活性菌种(好氧和兼性厌氧益生菌)的产品，添加活性益生菌的产品及其活性益生菌的活菌数应≥10^6 CFU/g。

乳酸菌无菌冷灌装生产线

【知识拓展】

奶片的研究现状及发展前景

奶片主要是以奶粉为主要原料，添加其他辅料后压片制成的一种片形乳制品，奶片具有营养、方便等特点，成为一种广受消费者喜爱的乳制品。但是我国目前针对奶片产品还没有统一的国家标准，奶片生产工艺较为单一，配方也无固定的模式，其硬度、黏度、口感、甜味等也视消费者的爱好或者企业的工艺需要而变。

随着人们对益生菌保健功能的逐步认识，益生菌产品逐渐走入人们的视野，虽然国内奶片种类繁多，但是鲜有将益生菌和奶片融为一体的产品，所以开发系列益生菌奶片是目前国内的热点研究课题。目前比较具有代表性的、已提及益生菌奶片产品的有：

周海军、博·格日勒图等研制的含益生菌的脱脂活性酸马奶片，用当地独有的马奶经天然发酵制成活性酸马奶后脱脂获取脱脂酸马奶粉压制而成。活菌数为 1.6×10^6 CFU/g，初始菌数在保存了 60 d 后已降至 9.75×10^4 CFU/g。采用这种方法获得的益生菌为酸乳发酵制成，菌数有所限制，难以达到较高菌数。同时在用奶膏制成奶粉的过程中乳酸菌大量死亡，从而导致最终产品中益生菌含量难以提高。

【项目测试题】

一、填空题

1.发酵型含乳饮料是以________为原料，加入水及适量辅料经配制或发酵而成的饮料制品。

2.根据是否经过杀菌处理，将发酵型含乳饮料可以区分为________和________。

3.乳酸菌饮料蛋白质含量应不低于________，发酵型含乳饮料蛋白质含量应不低于________。

4.未杀菌(活菌)型乳酸菌饮料中乳酸菌含量不能低于________。

5.乳酸菌饮料如果出现沉淀，可采用两种方法解决：____________和____________。

6.乳酸菌饮料较适宜的均质压力为________，温度为________左右。

7.奶片用的主要的原料有酸奶粉、蔗糖粉、________、________。

8.奶片中发酵剂的添加量是________。

9.奶片中添加硬脂酸镁的作用是____________，添加量一般为________。

10.添加的发酵剂一般为____________、____________。

11.含乳饮料发酵菌种为____________和____________，比例为________。

二、选择题

1.酸奶生产过程中加糖量一般为(　　)的砂糖。

A.3%～10%　　B.8%～10%　　C.10%～12%　　D.15%～18%

2.酸奶生产的菌种最适接种量为(　　)。

A.0.5%～1%　　B.2%～5%　　C.3%～9%　　D.5%以上

3.酸奶终止发酵的酸度为(　　)。

A.16～18°T　　B.70～80°T　　C.30～40°T　　D.50～60°T

4.酸奶的菌种常用(　　)。

A.嗜酸乳杆菌和金黄色葡萄球菌　　B.大肠杆菌和保加利亚乳杆菌

C.嗜热链球菌和保加利亚乳杆菌　　D.脆皮酵母和假丝酵母

5. 酸奶生产所用的原料为(　　)。

A. 仅新鲜奶　　B. 仅复原乳　　C. 新鲜奶和复原乳　　D. 新鲜奶或复原乳

6. 酸奶冷藏后熟的时间为(　　)。

A. 1 h　　B. 8～12 h　　C. 12～24 h　　D. 48～72 h

7. 酸奶发酵添加白砂糖的目的是(　　)。

A. 促进发酵　　B. 抑制发酵　　C. 调味　　D. 增加甜味

8. 发酵乳生产中主要沉淀的蛋白质是(　　)。

A. 酪蛋白　　B. 乳清蛋白　　C. 脂肪球膜蛋白　　D. 免疫球蛋白

9. 酸乳的形成机理(　　)。

A. 酸凝固　　B. 酶凝固　　C. 盐析　　D. 热凝固

10. 生产发酵性乳制品的原料乳必须(　　)。

A. 酒精试验阴性　　B. 抗生素检验阴性

C. 亚甲蓝还原试验阴性　　D. 酶失活

项目五

乳粉的加工

【知识目标】

①了解乳粉的种类及其组成;②掌握全脂乳粉、脱脂乳粉、婴儿配方乳粉和速溶乳粉的生产工艺流程;③了解乳粉生产的原理,了解生产设备的原理、类型及使用方法。

【技能目标】

①能独立完成全脂乳粉、脱脂乳粉、婴儿配方乳粉和速溶乳粉的生产操作;②能解决乳粉生产中常见质量问题;③能熟练操作相关仪器设备,能处理在乳粉的生产过程中出现的问题,并提出解决方案。

【项目描述】

随着乳品工业的发展和科学技术的进步,满足各种不同要求的新品种奶粉不断涌现,乳粉的生产已经进入了一个崭新的时代。乳粉的种类很多,但目前国内外仍以生产全脂乳粉、脱脂乳粉、速溶乳粉、母乳化乳粉、调制乳粉为主。本项目主要介绍乳粉的概念、分类、组成及全脂乳粉、脱脂乳粉、婴儿配方乳粉和速溶乳粉的生产工艺。

【思维导图】

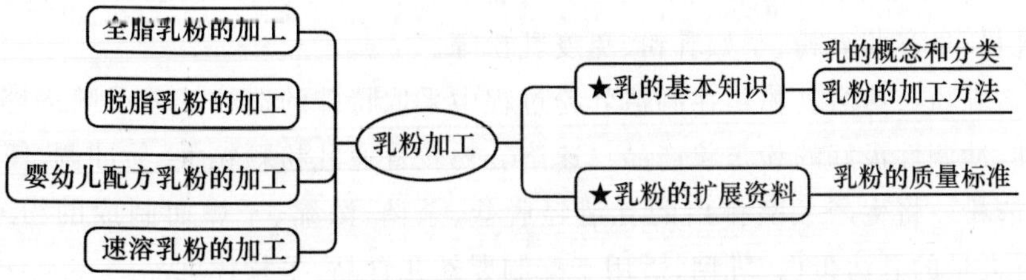

【相关知识】

一、乳的概念和分类

(一)乳粉的概念

乳粉是指用新鲜的生牛乳为原料或以新鲜牛乳为主,添加一定数量的植物蛋白质、植物脂肪、维生素、矿物质、氨基酸等原料,经杀菌、浓缩、干燥等工艺过程而制得的粉末状产品。

把牛乳加工成易于长期保持的乳粉,在保持乳原有品质及营养价值的基础上,产品含水量低,储藏期大大延长,食用方便,便于运输和携带。品质良好的乳粉加水复原后,可迅速溶解恢复原有鲜乳的性状等特点,有利于调节各地区市场供应的不平衡,满足消费者的需要。乳粉除了供人们饮用外,还可以用作加工糖果、冷饮、糕点的辅料。因而,乳粉在中国的乳制品结构中占据着重要的位置。

(二)乳粉的种类和组成

乳粉的种类很多,但主要以全脂乳粉、脱脂乳粉、速溶乳粉、婴儿配方乳粉、调制乳粉等为主。

(1)全脂乳粉　全脂乳粉是新鲜牛乳经标准化、杀菌、浓缩、干燥而制得的粉末状产品。根据是否加糖又可分为全脂淡乳粉和全脂甜乳粉。全脂乳粉保持了乳的香味和色泽。

(2)脱脂乳粉　脱脂乳粉是用新鲜牛乳经预热、离心分离获得的脱脂乳,然后再经杀菌、浓缩、干燥而制得的粉末状产品。由于脂肪含量很低(不超过1.25%),耐保藏,不易引起氧化变质。

脱脂乳粉一般多作为食品工业的原料,如饼干、糕点、面包、冰淇淋及脱脂鲜干酪等都用脱脂乳粉。目前广泛使用速溶脱脂乳粉。这种乳粉是食品工业中的一项非常重要的蛋白质来源。

(3)配方乳粉　配方乳粉是在牛乳中添加目标消费对象所需的各种营养素,经杀菌、浓缩、干燥而制成的粉末状产品,如婴幼儿配方乳粉、中小学牛乳粉、中老年乳粉等。

(4)特殊配方乳粉　特殊配方乳粉是将牛乳的成分按照特殊人群的营养需求进行调整,然后经杀菌、浓缩、干燥而制成的粉末状产品。如降糖乳粉、降血脂乳粉、降血压乳粉、高钙助长乳粉、早产儿乳粉、孕妇乳粉、免疫乳粉等。

(5)速溶乳粉　速溶乳粉是在制造乳粉过程中采取特殊的造粒工艺或喷涂卵磷脂而制成的溶解性、冲调性极好的粉末状产品。速溶乳粉较普通乳粉颗粒大、易冲调、使用方便。

(6)乳清粉　将生产干酪排出的乳清经脱盐、杀菌、浓缩、干燥而制成的粉末状产品。乳清粉含有大量的乳清蛋白、乳糖,适用于配制婴幼儿食品、牛犊代乳品。

(7)酪乳粉　是由酪乳干制成的粉状物产品,其含有较多的卵磷脂。酪乳粉富含磷脂及蛋白质,可作为冷食、面包、糕点等的辅料,改善产品品质。

(8)干酪粉　干酪粉是用干酪制成的粉末状制品。干酪粉可有效改善干酪在贮存过程中出现的膨胀变质等质量问题。

(9)冰淇淋粉　冰淇淋粉是在新鲜乳中添加一定量的稀奶油、蔗糖、蛋粉、稳定剂、香精等，经混合后制成的粉末状制品，复原后可以直接制作冰淇淋。冰淇淋粉便于保藏和运输。

(10)奶油粉　奶油粉是在稀奶油中添加少量鲜乳制成的制品。奶油粉常温下可长时间保藏，便于食品工业使用。

乳粉的化学组成乳粉中富含蛋白质、脂肪、糖类、无机盐等营养成分，常见乳粉的主要种类和组成见表5-1。

表5-1　常见几种乳粉的组成

品名	水分	脂肪	蛋白质	乳糖	无机盐	乳酸
全脂乳粉	2.00	27.00	26.50	38.00	6.05	0.16
脱脂乳粉	3.23	0.88	36.89	47.84	7.80	1.55
婴儿乳粉	2.60	20.00	19.00	54.00	4.40	0.17
奶油粉	0.66	66.15	13.42	17.86	2.91	—

二、乳粉的加工方法

目前乳粉的生产方法分为冷冻法与加热法两类。

(一)冷冻法

冷冻法又可分为离心冷冻法和升华法两种。

(1)离心冷冻法　即采用离心法，先将牛乳在冰点以下浇盘冻结，并经常搅拌，使其冻成像雪花一样的薄片或碎片，而后放入高速离心机中，将乳固体呈胶状分出，在真空下加微热，使之干燥成粉。

(2)升华法　将牛乳在高度真空下(绝对压力为67 Pa)，由于水分蒸发而冷却到结晶点，而后在此压力下加微热，使其乳中的冰屑升华，最后乳中固体物质即为粉末。

用冷冻法制造乳粉，因温度很低，牛乳中的全部营养成分都能全部保留。同时也可以避免加热时对产品色泽和风味等的影响，并且其溶解度极高。但目前此方法仍处于试验阶段，因为这种生产方法在设备上造价很高，尚不能普遍推广。

(二)加热法

用加热的方法使牛乳中的水分蒸发干燥成粉末，目前乳粉生产普遍采用此法。按照加热的方式不同，又可分为平锅法、滚筒法和喷雾法三种。

(1)平锅法　这是一种最简单的干燥方法。即将鲜乳在开口的平锅中浓缩成浆糊状，而后抹成片状，最后经干燥、粉碎、过筛而成。

(2)滚筒法　又称为薄膜法。用经过浓缩或不浓缩的鲜乳，均匀地淌在蒸汽加热的滚筒上使成薄膜状，滚筒转到一定位置，膜层被干燥，用刮刀将其刮下，最后粉碎，过筛成粉。滚筒干燥装置种类很多，但大体分为两类：常压滚筒干燥装置和真空滚筒干燥装置。滚筒干燥法生产的乳粉呈片状，含气泡少，冲调性差，风味差，色泽较深，国内都不采用此法生产乳粉。

(3)喷雾法(离心喷雾、压力喷雾)　它是借助于离心力或压力的作用，使预先浓缩的浓缩乳，在特制的干燥室内喷成雾滴，而后用热空气干燥成粉末。

国内外绝大多数工厂采用喷雾干燥法。因用喷雾法生产的乳粉，产品质量较好，具有较高的溶解度，又便于连续化和自动化生产。平锅法是一种比较古老和原始的方法，由于这种方法生产的产品质量不能保证，劳动强度很大，无法大量生产，故目前仅有一些边远地区采用。滚筒法国内也很少采用，但滚筒真空干燥法在国外乳粉生产上仍占一定地位。

三、婴儿配方乳粉的设计原则

牛乳被认为是人乳的最好代用品，但人乳和牛乳在感官组织上有一定差别。故需要将牛乳中的各种成分进行调整，使之近似于人乳，并加工成方便食用的粉状乳产品。婴儿乳粉的调制是基于婴儿生长期对各种营养素的需要量，在了解牛乳和人乳的区别的基础上，合理地调制婴儿乳粉中的各种营养素，使婴儿乳粉适合婴儿的营养需要，如表 5-2。

表 5-2　100 mL 人乳与牛乳中营养物质含量　g

乳的成分	蛋白质		脂肪	乳糖	灰分	水分	热能/kJ
	乳清蛋白	酪蛋白					
母乳	0.68	0.42	3.5	7.2	0.2	88.0	274
牛乳	0.69	2.21	3.3	4.5	0.7	88.6	226

计算婴儿调制乳粉成分配比时，应考虑到婴儿对各种营养成分的需要量，使之尽量接近于母乳的成分配比。调制乳粉主要包括调整蛋白质、脂肪、乳糖、无机成分，此外，再添加微量成分，使之类似人乳。

（一）蛋白质的调整

母乳中蛋白质含量在 1.0％～1.5％，其中酪蛋白为 40％，乳清蛋白为 60％；牛乳中的蛋白质含量为 3.0％～3.7％，其中酪蛋白为 80％，乳清蛋白为 20％。由此可以看出牛乳中的酪蛋白含量较母乳中高出很多，为人乳的 5 倍，且牛乳中酪蛋白与乳清蛋白的比例为 5∶1，人乳接近 1∶1.5，高酪蛋白易导致婴儿消化不良，在婴幼儿胃内形成较大的坚硬凝块。因此，必须调低牛乳中酪蛋白与乳清蛋白的比例，使之同母乳中的比例相一致。婴儿饮食的蛋白质必须是易于消化吸收的，乳清蛋白和大豆蛋白具有易消化吸收的特点。因此，婴儿配方乳粉宜用乳清蛋白和植物蛋白取代部分酪蛋白，按照母乳中酪蛋白与乳清蛋白的比例 1∶1.5 来调整牛乳中蛋白质的含量。此外，还可以通过向婴儿配方乳粉中添加乳免疫球蛋白浓缩物来进行牛乳婴儿食品的免疫生物学强化，对早产儿及初生体重低的婴儿的健康有重要意义。

除考虑蛋白质的数量外，还需要考虑蛋白质的质量，即必需氨基酸的含量和比例。一般规定，婴儿配方食品中蛋白质每单位能量中各种必需氨基酸和条件必需氨基酸的含量必需等同于参照蛋白即母乳蛋白中相应氨基酸的含量。

（二）脂肪的调整

牛乳中的乳脂肪含量平均在 3.3％左右，和母乳中的脂肪含量无大差别，但构成不同。牛乳中饱和脂肪酸多，不饱和脂肪酸少，且缺乏亚油酸，使牛乳脂肪的吸收率比母乳脂肪低 20％以上。

调整时可采用植物油脂替换牛乳脂肪的方法，以增加亚油酸的含量。精炼植物油富含不饱和脂肪酸，易被婴儿机体吸收，因此婴儿配方乳粉常使用植物油来提高其不饱和脂肪酸的含量。富含油酸、亚油酸的植物油有橄榄油、玉米油、大豆油、棉籽油、红花油等，调整脂肪时须考虑这些脂肪的稳定性、风味等，以确定混合油脂的比例。其中棕榈油中除含有可利用的油酸外，还含有大量婴儿不易消化的棕榈酸，会增加婴儿血小板血栓的形成，故应控制其添加量。一般亚油酸的量不宜过多，规定的上限用量为：亚油酸不应超过总脂肪量的 2%，长链脂肪酸不得超过总脂肪的 1%。

不饱和脂肪酸按其双键位可分为 ω-3 系列不饱和脂肪酸和 ω-6 系列不饱和脂肪酸。不饱和脂肪酸中最具代表性的是二十二碳六烯酸（DHA）、二十碳五烯酸（EPA）和 α-亚麻酸。近年来这些脂肪酸在婴儿配方乳粉中出现，但因其为多不饱和脂肪酸，易被氧化而变质。

（三）碳水化合物的调整

在牛乳和母乳中的糖分主要是乳糖，牛乳中乳糖含量为 4.5%，母乳中为 7.0%，且牛乳中糖分主要是 α-型，而人乳中主要是 β-型。α 型乳糖则能促进大肠杆菌的生长；β 型乳糖对双歧杆菌的发育有刺激作用，抑制大肠杆菌的生长发育。显然牛乳中的乳糖远不能满足婴儿机体需要。为了提高产品中的糖分，调制乳粉中通过加可溶性多糖类，如葡萄糖、麦芽糖、糊精等或平衡乳糖，来调整乳糖和蛋白质之间的比例，平衡 α-和 β-型的比例，使其接近于人乳（α 型：β 型＝4：6）。一般婴儿乳粉含有 7%的糖类，其中含 6%乳糖，含 1%麦芽糊精。

由于蔗糖除会造成婴儿龋齿外，还易养成婴儿对甜食喜爱的不良习惯，应注意蔗糖的添加量不能过多。可适量添加功能性低聚糖取代蔗糖，前者不仅能够提供能量，而且不被人体内的消化液消化，可被肠道有益菌如双歧杆菌等利用，具有增强婴儿免疫力、防止便秘等特殊的生理作用。较高含量的乳糖有利于钙、锌和其他一些营养素的吸收，促进骨骼、牙齿生长。麦芽糊精可用于保持有利的渗透压，并可改善配方食品的性能。

（四）无机盐的调整

由于初生婴儿肾尚未发育成熟，维持体内环境恒定的功能不如较大婴儿，如果乳粉中盐含量过高，将导致婴儿肾负担过大，对婴儿生长发育不利。因此，在婴儿配方乳粉的灰分设计上应注意控制其含量。

由于婴儿配方乳粉中牛乳中盐的质量分数（0.7%）远高于人乳（0.2%），无机盐量较人乳高 3 倍多，调制乳粉中采用脱盐操作除掉一部分无机盐，所用脱盐乳清粉的脱盐率要大于 90%，其盐的质量分数在 0.8%以下。但人乳中含铁比牛乳高，所以要根据婴儿需要补充一部分铁。

此外，还要注意控制钾、钠及钙、磷元素的比例，一般婴儿配方乳粉中 K/Na＝2.88，Ca/P＝1.22 时，更有利于婴儿对于营养成分的吸收和利用。

添加微量元素时应慎重，因为微量元素之间的相互作用，以及微量元素与牛乳中的酶蛋白、豆类中植酸之间的相互作用对食品的营养性也有很大影响。

（五）维生素的调整

婴儿乳粉中应充分强化维生素，特别是维生素 A、维生素 C、维生素 D、维生素 K、叶酸、

维生素 B_1、维生素 B_2 和烟酸等。其中水溶性维生素的强化没有规定的上限，但脂溶性维生素 A、维生素 D 长时间过量摄入时会引起中毒，因此必须按规定量加入。

三、速溶乳粉的主要特性及特点

（一）速溶乳粉的主要特性

速溶乳粉可从如下四个方面来描述：

（1）润湿性　即反映乳粉分散与水面接触后被润湿情况的指标。

（2）沉降性　即反映润湿后的乳粉在一定量的水中的沉降能力的指标。

（3）分散性　即反映乳粉完全分散于一定量水中的能力指标。

（4）溶解度　即反映乳粉复原成牛乳后溶解情况的指标。

由于水温会影响乳粉复原速度，因此 IDF 标准中测定润湿性和分散性的温度为 25 ℃，采用这一温度的目的是与日常生活用水的温度基本保持一致。

（二）速溶乳粉的特点

（1）速溶乳粉的颗粒直径大，一般为 100～800 μm。

（2）速溶乳粉的润湿性、沉降性和分散性得到极大的改善，当用不同温度的水冲调复原时，只需搅拌一下，即迅速溶解，不结块；即使用冷水直接冲调也能迅速溶解，无需先调浆再冲调。

（3）速溶乳粉的乳糖是呈结晶状的含水乳糖，在包装和保存过程中不易吸潮结块。

（4）速溶乳粉的直径大而均匀，减少了制造、包装及使用过程中粉尘飞扬的程度，改善了工作环境，避免了不应有的损失。

（5）速溶乳粉的比容大，表观密度低，则包装容器的容积相应增大，一定程度上增加了包装费用。

（6）速溶乳粉的水分含量较高，不利于保藏；脱脂速溶乳粉，易于褐变，并具有一种粮谷的气味。

（三）影响乳粉速溶的因素及改善方法

（1）乳粉应该能够被水润湿。因为水分可以通过虹吸作用被吸在乳粉颗粒之间的空隙中。乳粉的润湿性可以通过乳粉、水、空气三相体系的接触角测定出来。全脂乳粉的接触角比脱脂乳粉大，这时水分不能够渗入到乳粉块的内部或者仅仅能够局部渗入，因此可以将全脂乳粉喷涂卵磷脂以减小接触角。

（2）水分子对乳粉的渗透率和乳粉颗粒之间的空隙大小有关。乳粉颗粒越小，孔隙就越小，渗透就越慢。如果乳粉颗粒的直径大小并不均一，小的颗粒可以填在大的颗粒的空隙之间，也会产生小的孔隙，影响溶解性。

（3）渗透到乳粉内部的水分也可以因为毛细管作用将乳粉颗粒黏在一起，导致乳粉颗粒之间的空隙变小。毛细管的收缩作用可以将乳粉的体积减小 30%～50%，蛋白质的吸水膨胀也会导致空隙的变小，特别是在蛋白粉中。

（4）乳粉中的一些成分，例如乳糖溶解后会产生很高的黏度，从而阻碍了水分的渗透。正是由于乳粉中的乳糖是无定形状态，可以很快溶解，我们也可以说乳糖是被稀释的而不是被溶解的。

任务1　全脂乳粉的加工

【任务设计】

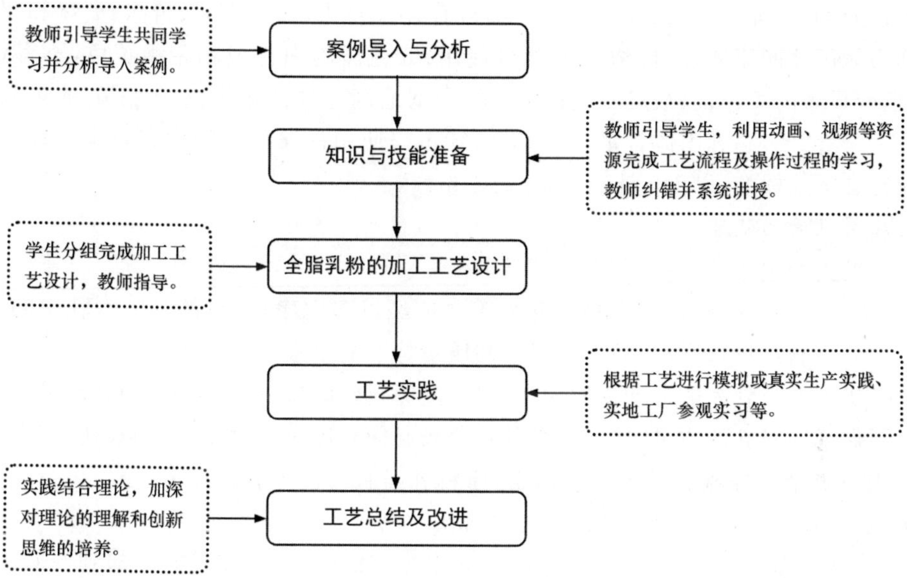

【案例导入】

小王为了保持苗条的身材不喝全脂奶粉，她为这种奶粉脂肪含量更高，喝了会使人发胖。那么，全脂乳粉会使人发胖吗？在国外，特别是发达国家，成年人通常喝脱脂牛奶或低脂牛奶，营养学家也建议成年人食用脱脂或低脂牛奶，奶制品企业也在不断推出低脂奶制品，全脂乳粉虽然有可能会让人变胖，但是还是有人会选择全脂乳粉，因为他们适合，那么到底是哪一类人群适合喝全脂乳粉呢？

【任务实施】

全脂乳粉的生产质量应符合《食品安全国家标准　乳粉》GB 19644—2010。

一、工艺流程

采用喷雾干燥法生产全脂乳粉，其工艺流程如下：

原料乳验收→预处理→乳的标准化→均质→杀菌→加糖→真空浓缩→喷雾干燥→出粉冷却→筛粉→晾粉→包装→成品

二、操作过程及要求

(一)原料乳的验收及预处理

1. 原料乳的验收

加工乳粉所需的原料，必须符合国家标准中规定的各项要求。原料乳经过严格的验收

(包括风味、色泽、酒精试验、乳温测定、相对密度、杂质度、酸度、脂肪、细菌数等感官、理化及微生物检验)合格后,才能够进入加工程序。鲜乳经过验收后应及时进行过滤、净化、冷却和贮存等预处理。

生产乳粉所使用的原料乳应符合下列要求:

①采用由健康母牛挤出的新鲜天然乳汁;②不得使用产前15 d内的胎乳和产后7 d内的初乳;③具有新鲜牛乳的滋味和气味,不得有外来异味,如饲料味、苦味、臭味和涩味等;④为均匀无沉淀的流体,黏性浓厚者不得使用;⑤色泽为白色或稍带微黄色,不得带有红色、绿色或显著的黄色;⑥酸度不超过20°T,个别地区允许使用不高于22°T的牛乳;⑦乳脂肪含量≥3.2%,总乳固体含量≥11.5%;⑧不得使用任何化学物质和防腐剂;⑨汞的残留量应符合下述标准:以Hg计不高于0.01 mg/kg。

2.原料乳的预处理

原料乳要经过净乳、冷却和储存等基本工序。

(1)净乳　净乳措施是指原料乳在加工之前经过多次净化,目的是去除乳中的机械杂质并减少微生物数量,确保产品达到卫生和质量标准的要求。

只有优质原料乳才能保证优质的产品,因此原料乳的质量好坏是影响乳制品质量的关键。为了保证原料乳的质量,挤出的牛乳在牧场必须立即进行过滤、冷却等初步处理,其目的是除去机械杂质并减少微生物的污染,原料乳经验收进入乳品厂后,还需进行一系列的净乳措施。净乳的方法有过滤法及离心净乳法。

(2)冷却　净化后的乳最好直接加工,如果短期储藏时,必须及时冷却到5 ℃以下,以保持乳的新鲜度。一般采用板式换热器进行冷却。

(3)储存　原料乳送到加工厂时,由乳槽车泵入储乳罐。储乳罐的容量一般达几十万升,因此,真空输送是不可能的,一般用离心泵将牛乳泵入罐中,可以使脂肪球的破坏程度降到最低。为了避免搅动和产生泡沫,储乳槽是从底部进料的。为保证连续生产的需要,乳品厂必须有一定的原料储存量。

一般工厂总的储乳量应根据各厂每天牛乳总收纳量、收乳时间、运输时间及能力等因素决定。一般储乳量的总容量应为日收纳总量的2/3～1。储乳罐使用前应彻底清洗、杀菌,待冷却后注入牛乳。冷却后的乳应尽可能保持低温,以防止温度升高保存性降低。

(二)标准化

乳的标准化是指将储乳预热杀菌后,取样测定脂肪含量,调整原料乳中脂肪和非脂乳固体之间的比例关系,使标准化乳中的脂肪与非脂乳固体之比等于产品中脂肪与非脂乳固体之比。原料乳中的这一比例随奶牛品种、地区、季节、饲料及饲养管理等因素的不同而有较大的差别,因此必须进行标准化。一般将全脂乳粉中脂肪含量控制在25%～30%,将全脂加糖乳粉中脂肪含量控制在20%以上。

标准化在储乳缸的原料乳中进行或在标准化机中连续进行。工厂标准化的方法可采用向牛乳中添加乳脂肪或乳固体的方法进行离线标准化,也可以通过在线标准化。这一步与净化分离连在一起,把分离的稀奶油按比例直接混合到脱脂乳生产线中,从而达到标准化的目的。

(三)预热、均质

均质的作用主要是将较大的脂肪球变成细小的脂肪球,均匀地分散在脱脂乳中,从而形成均一的乳浊液，经均质处理生产出的乳粉脂肪球变小，冲调复原性好，易于消化吸收。

生产全脂加糖乳粉时，一般不必经过均质操作，但若乳粉的配料中加入了植物油或其他不易混匀的物料时，就需进行均质。均质时的压力一般控制在 14～21 MPa，温度控制在 60 ℃为宜。均质后脂肪球变小，从而可以有效地防止脂肪上浮，并易于消化吸收。

（四）杀菌

乳粉中不允许存在病原菌。一般的腐败性细菌是引起产品变质的重要因素。乳中含有解酯酶和过氧化物酶，对产品贮藏不利，必须在杀菌过程中将其钝化。乳粉生产中杀菌的主要目的有：

(1)杀灭存在于牛乳中的全部病原微生物。

(2)杀灭牛乳中绝大部分微生物，使产品中微生物残存量达到国家卫生标的要求，成为安全食品。

(3)破坏牛乳中各种酶的活性，尤其要破坏脂酶和过氧化物酶的活性，以延长乳粉的保存期。

(4)提高牛乳的热稳定性。

(5)提高浓缩过程中牛乳的进料温度，使牛乳的进料温度超过浓缩锅内相应牛乳的沸点，杀菌乳进入浓缩锅后即自行蒸发，从而提高了浓缩设备的生产能力。或牛乳的进料温度等于浓缩锅内牛乳的沸点，也同样可提高设备的生产能力，并可减少浓缩设备加热器表面的结垢现象。

(6)高温杀菌可提高乳粉的香味，同时因分解含硫氨基酸，而产生活性硫代氨基，提高乳粉的抗氧化性，延长乳粉的保存期。

原料乳的杀菌方法，可以采用低温长时间杀菌法、高温短时间杀菌法或超高温瞬时杀菌法等。这几种方法的杀菌时间、效果及所用设备如表 5 3 所示。

表 5-3　牛乳常见的杀菌方法

杀菌方法	杀菌温度/时间	杀菌效果	所用设备
低温长时间杀菌法	60～65 ℃/30 min 70～72 ℃/15～20 min 80～85 ℃/5～10 min	可杀死全部病原菌，但不能破坏所有的酶类，即杀菌效果一般。效果较以上两种好	容器式杀菌器
高温短时间杀菌法	85～87 ℃/15 s 94 ℃/24 s	杀菌效果较好	板式、列管式杀菌器

牛乳杀菌设备使用片式或管式杀菌器，采用 80～85 ℃、30 s 或 95 ℃、20 s 的杀菌条件，或采用 120～135 ℃、2～4 s 的超高温瞬时杀菌。这样的杀菌条件不仅可以达到杀菌要求，对制品的营养成分破坏也小，特别是超高温瞬时灭菌，不仅几乎能将乳中全部微生物杀死，而且乳中蛋白质呈软凝块化，对提高制品的溶解度是有利的。

原料乳经过普通杀菌后(UHT 除外)，各种致病菌、大肠杆菌、葡萄球菌可全部杀灭，一般细菌有 99.5%被杀死，但一些耐热的芽孢杆菌、小球菌和部分嗜热性乳酸链球菌可能残存下来。因此，乳粉成品不是绝对无菌的。乳粉之所以能长期保持乳的营养成分，主要是因为成品的含水量很低，使残存微生物细胞和周围环境的渗透压差值增大，从而发生所谓

“生理干燥现象”。这时,乳粉中残存的微生物不仅不能繁殖,甚至还会死亡。

(五)加糖

生产加糖全脂乳粉时,蔗糖的添加一般在浓缩工序前进行。根据成品最终的含糖量,将所需蔗糖加热溶解成一定浓度的糖浆,经杀菌、过滤后,与杀菌乳混匀,同时进行浓缩。乳粉的加糖需按照国家标准规定进行。

1.加糖量的计算

为保证乳粉含糖量符合国家规定标准,需预先经过计算。根据标准化乳中蔗糖含量与标准化中干物质含量之比,必须等于加糖乳粉中蔗糖含量与乳粉中干物质含量之比,则牛乳中加糖量可按下述公式计算。

$$A = T \times \frac{A_1}{W} \times C$$

式中:A—牛乳中加糖量,kg;A_1—标准化要求含糖量,%;W—乳粉中干物质含量,%;T—乳的总干物质含量,%;C—原料乳的总量,kg。

2.加糖方法

常用的加糖方法有如下4种:

(1)将糖投入原料乳中溶解加热,同牛乳一起杀菌。

(2)将糖投入水中溶解,制成含量约为65%的糖浆溶液进行杀菌,再与杀菌过的牛乳混合。

(3)将糖粉碎杀菌后,再与喷雾干燥好的乳粉混匀。

(4)预处理时加入一部分糖,包装前再加一部分的蔗糖细粉。

前两种属于先加糖法,制成的产品能明显改善乳粉的溶解度,提高产品的冲调性。后两种属于后加糖法,采用该方法生产的乳粉体积小,从而节省了包装费用。蔗糖具有热熔性,在喷雾干燥塔中流动性较差,因此,生产含糖含量低于20%的产品时,采用前两种方法;含糖量高于20%时,一般采用后加糖法。带有流化床干燥的设备采用第三种方法。

(六)真空浓缩

为了节约能源和保证产品质量,喷雾干燥前对杀菌乳必须进行浓缩。乳浓缩是利用设备的加热作用,使乳中的水分在沸腾时蒸发汽化,并将汽化产生的二次蒸汽不断排除,从而使制品的浓度不断提高,直至达到要求的浓度的工艺过程。浓缩技术对其工艺流程的设计、设备的选型、制造工艺和具体操作提出了较高要求,所使用的浓缩设备有单效循环式升膜蒸发器、单效降膜式蒸发器、双效降膜式蒸发器和板式蒸发器等。我国乳粉加工厂目前使用双效和三效者居多。使用双效降膜式蒸发器,控制蒸发室温度,第一效保持70 ℃左右,第二效为45 ℃左右。真空度一般保持在(8.533×10^4)~(8.933×10^4) Pa。随着科学技术及生产的发展,浓缩已趋向低温、快速、连续的方向发展。

1.浓缩的目的

(1)作为干燥的预处理,以降低产品的加工热耗,节约能源。例如鲜乳中含有87.5%~89%的水分,要制成含水量为3%的乳粉,需要去除大量水分。若采用真空浓缩,每蒸发1 kg水分,需要消耗1.1 kg的加热蒸汽,而用喷雾干燥,每蒸发1 kg水分需要消耗3~4 kg蒸汽,故先浓缩后干燥,可以大大节约热能。

(2)提高乳中干物质的含量,喷雾后使乳粉颗粒粗大,具有良好的分散性和冲调性。同时能提高乳粉的回收率，减少损失。

(3)由于乳粉的品质和储藏性，提高其密度，可减少粉尘飞扬，便于包装。

(4)改善乳粉的品质和储藏性。经过真空浓缩，使存在于乳中的空气和氧气的含量降低，一方面可除去不良气味，另一方面可减少对乳脂肪的氧化，因而可提高产品的品质及储藏性。

2. 浓缩的基本原理

乳的蒸发操作经常在减压下进行，这种操作称为真空浓缩。它是利用真空状态下，液体的沸点随环境压力降低而下降的原理，使牛乳温度保持在 40～70 ℃沸腾，因此可将加热过程中的损失降到最低程度。当牛乳中的某些水分子获得的动能超过其分子间的引力时，就在牛乳液面汽化，而牛乳中的干物质数量保持不变，汽化的分子不断移去并使汽化过程持续进行，最终牛乳的干物质含量不断提高达到预定的浓度。

3. 乳浓缩的方法

工业上主要采用常压蒸发和减压蒸发法进行乳的浓缩。实际生产中多采取减压蒸发法，即真空浓缩，是利用抽真空设备使蒸发过程在一定的负压状态下进行，溶液的沸点低，蒸发速率高。压力越低溶液的沸点就越低，整个蒸发过程都是在较低的温度下进行的，特别适合热敏性物料的浓缩。

4. 牛乳真空浓缩的特点

由于牛乳属于热敏性物料，浓缩宜采用减压浓缩法。减压浓缩法的优点如下：

(1)牛乳的沸点随压力的升高或下降而增高或降低，真空浓缩可降低牛乳的沸点，避免了牛乳高温处理，减少了蛋白质的变性及维生素的损失，对保全牛乳的营养成分，提高乳粉的色、香、味及溶解度有益。

(2)真空浓缩可极大地减少牛乳中空气及其他气体的含量，起到一定的脱臭作用，这对改善乳粉的品质及提高乳粉的保存期有利。

(3)真空浓缩加大了加热蒸汽与牛乳间的温度差，提高了设备在单位面积单位时间内的传热量，加快了浓缩进程，提高了生产能力。

(4)真空浓缩为使用多效浓缩设备及配置热泵创造了条件，可部分利用二次蒸汽，节省了热能及冷却水的消耗量。

(5)真空浓缩操作是在低温下进行的，设备与室温间的温差小，设备的热量损失少。

(6)牛乳自行吸入浓缩设备中，无需进料泵。

真空浓缩的不足之处：一是真空浓缩必须设真空系统，增加了附属设备和动力消耗，工程投资增加；二是液体的汽化热随沸点降低而增加，因此真空浓缩的耗热量较大。

5. 真空浓缩的设备

真空浓缩设备种类繁多，按加热部分的结构可分为盘管式、直管式和板式三种；按其二次蒸汽利用与否，可分为单效和多效浓缩设备。

一般小型乳品厂多用单效真空浓缩锅，较大型的乳品厂则都用双效或三效真空蒸发器，也有的采用片式真空蒸发器。

6. 真空浓缩的技术条件

浓缩锅中的真空度应保持在 81～90 kPa，乳温为 50～60 ℃；多效蒸发室末效内的真空度应保持在 83.8～85 kPa，乳温为 40～45 ℃。加热蒸汽的压力应控制在 0～1 kg/cm^2。

(1)连续式蒸发器　对于连续式蒸发器来说，浓缩过程必须控制各项条件的稳定，主要包括进料流量、浓缩与温度；蒸汽压力与流量；冷却水的温度与流量；真空泵的正常状态等条件的稳定，即可实现正常的连续进料与出料。

(2)间歇式盘管真空浓缩锅　清洗消毒设备后，开放冷凝水和启动真空泵，真空度达 6.666×10^4 Pa 时进料浓缩。待乳液面浸过加热盘管后，顺次开启各排盘管的蒸汽阀。待乳形成稳定的沸腾状态时，再缓慢提高蒸汽压，否则乳中空气突然形成泡沫而导致乳损失。控制蒸汽压及进乳量，使真空度保持在 $(8.40\sim8.53)\times10^4$ Pa，乳温保持在 51～56 ℃，形成稳定的沸腾状态，使乳液面略高于最上层加热盘管，不使沸腾液面过高而造成雾沫损失。随着浓缩的进行，乳的相对密度和黏度逐渐升高，使蒸发速度逐渐减慢。在乳吸完后，继续浓缩 10～20 min 即可。

蒸汽压力的控制可分 5 个阶段：第一，乳进料初期要控制较低的压力，防止跑乳；第二，进料 2/3 以前，乳处于稳定的沸腾期，采用 9.8×10^4 Pa 左右的压力，以保持较快的蒸发速度；第三，进料 2/3 以后，黏度上升，压力可降到 8×10^4 Pa；第四，进糖后，压力再降到 6×10^4 Pa；第五，浓缩后期，应采用不高于 5×10^4 Pa 的压力，并随着浓缩终点的接近而逐渐关小乃至关闭蒸汽阀。

7. 影响浓缩效果的因素

(1)浓缩设备条件的影响　主要因素有加热总面积、加热蒸汽与乳之间的温差、乳的翻动速度等。加热面积越大，供给乳的热量越多，浓缩速度越快。加热蒸汽与乳之间温差越大，蒸发速度越快。一般用提高真空度降低牛乳沸点、增加蒸汽压力能提高蒸汽温度的方法来加大温差，但压力过大会出现“焦管”现象，影响产品质量，一般压力控制在 0.05～0.2 MPa，翻滚速度越快，乳热交换效果越好。

(2)乳的浓度与黏度的影响　乳的浓度与黏度对乳的翻滚速度有影响。浓缩初期，由于乳的浓度低，黏度小，翻滚速度快。随着浓缩的继续，乳的浓度逐渐提高，黏度逐渐增大，翻滚速度也减缓。

(3)加糖的影响　加糖可提高乳的黏度，延长浓缩时间。一般把乳浓缩到接近所需浓度时再将糖浆加入。

8. 浓缩乳终点控制

在浓缩到接近要求浓度时，浓缩乳黏度升高，沸腾状态滞缓，微细的气泡集中在中心，表面稍具光泽，根据经验观察即可判定浓缩的终点。为准确起见，可迅速取样，测定其相对密度、黏度或折射率来确定浓缩终点。一般要求原料乳浓缩至原体积的 1/4，乳干物质达到 38%～48%，浓缩后的乳温一般为 47～50 ℃，其相对密度为 1.089～1.100。

(1)全脂乳粉为 11.5～13°Bé，相应乳固体含量为 38%～42%；

(2)脱脂乳粉为 20～22°Bé，相应乳固体含量为 35%～40%；

(3)全脂甜乳粉为 20～22°Bé，相应乳固体含量为 35%～40%；大颗粒乳粉可相应提高浓度。

(七)喷雾干燥

干燥是乳粉生产中关键的一道工序。牛乳经浓缩再过滤，然后进行干燥，最终制成粉末状的乳粉。

1. 乳粉的干燥方法

随着世界范围内牛乳产量的上升，乳制品的干燥已变得越来越重要。目前，乳粉的干燥方法一般有三种：喷雾干燥法、滚筒干燥法和冷冻干燥法。其中喷雾干燥法占绝对优势，因为喷雾干燥制品在风味、色泽和溶解性等方面具有较好的品质。

2. 喷雾干燥的原理

喷雾干燥法是乳和各种乳制品生产中最常见的干燥方法。其原理是使浓缩乳在机械压力高速离心力的作用下，在干燥室内通过雾化器将乳分散成极细小的雾状微滴（直径为10～100 μm），使牛乳表面积增大。雾状微滴与通入干燥室的热空气直接接触，从而大大地增加了水分的蒸发速率，在瞬间（0.01～0.04 s）使微滴中的水分蒸发，乳滴干燥成乳粉，降落在干燥室底部。

雾滴直径 D 与表面积 S 增加的倍数之间的关系不是简单的线性关系。比如说，一般从直径为 1 cm 的球体分散为直径 50 μm 的微粒时，其表面积增加约 200 倍，如果分散成 1 μm 的球体时，其表面积增加 10 000 倍。单位质量的物料的表面积越大，则热交换越迅速，水分除去越快，物料受热时间缩短，产品质量提高。因此，雾化液滴的直径对产品质量有较大的影响。

3. 喷雾干燥的工艺流程

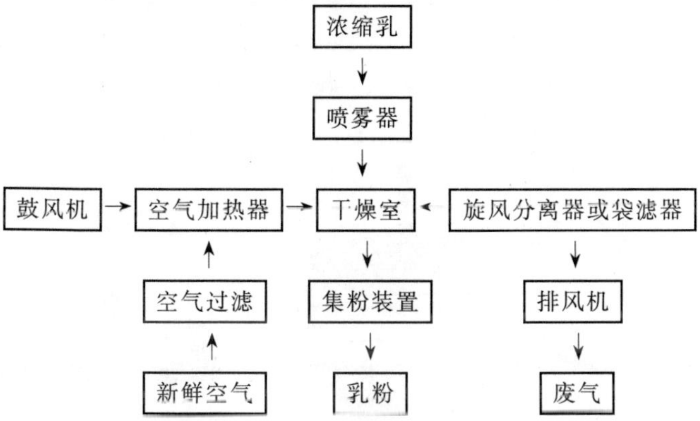

乳粉喷雾干燥

目前广泛采用喷雾干燥法使浓缩乳与干燥介质（热空气）进行强烈的热量交换和质量交换，使浓缩乳中的绝大部分水被干燥介质不断地带走而除去，得到符合标准要求的乳粉。

喷雾干燥工艺主要有一段干燥、二段干燥及三段干燥这几种方式。

（1）喷雾干燥的基本装置

①一段干燥　最简单的生产乳粉的设备是一个具风力传递系统的喷雾干燥器，见图 5-1。这一系统建立在一级干燥原理上，即从将浓缩乳中的水分脱除至要求的最终湿度的过程全部在喷雾干燥塔室 1 内完成。相应风力传送系统收集乳粉和乳粉末，一起离开喷雾塔室进入到主旋风分离器 6 与废空气分离，通过最后一个分离器 7 冷却乳粉，并送入袋装漏斗。

②二段干燥　传统的喷雾干燥法生产乳粉相对成本比较高，能量消耗大，干燥室（塔）造价很高。理论上提高雾化前乳的浓缩程度，并采用更高的进风温度，可取得更好的效率，但是这些措施很容易导致制品的热损伤。若粉末在完全干燥之前（水分含量 5%～6% 的乳粉）就被从空气中分离出来，而在干燥室外继续干燥，则形成二段干燥加工工艺，如图 5-2 所示。

目前普遍采用二段干燥法（又称为二次干燥）进行乳粉的干燥。其主要工艺包括喷雾

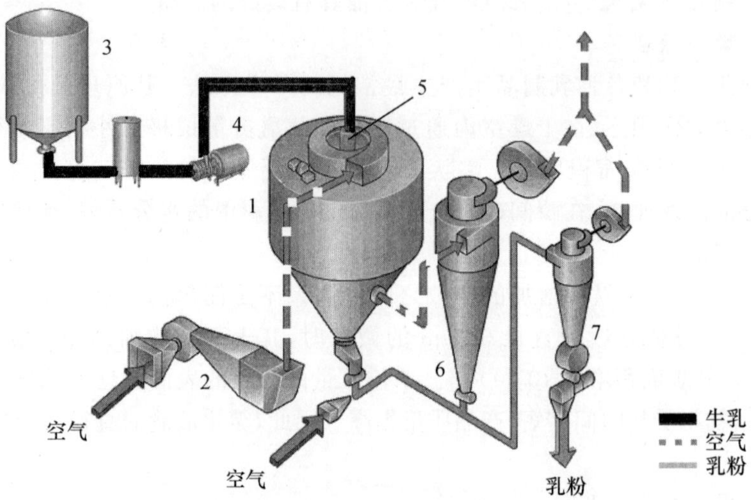

图 5-1　带有圆锥底的传统喷雾干燥(一段干燥)室

1.干燥室　2.空气加热器　3.牛乳浓缩缸　4.高压泵　5.雾化器
6.主旋风分离器　7.旋风分离输送系统

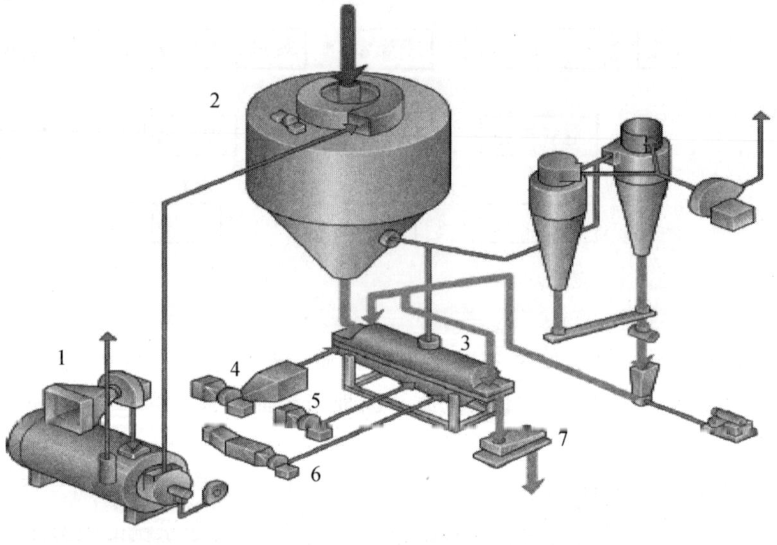

图 5-2　带有流化床辅助时装置的喷雾干燥室

1.间接加热器　2.干燥室　3.振动流化床　4.用于流化床的空气加热器
5.用于流化床的周围冷却空气　6.用于流化床的脱湿冷却空气　7.筛子

干燥(第一段)和流化床干燥(第二段)。第一段(一段干燥):浓缩乳通过喷雾装置形成乳滴,乳滴经热风干燥后落入干燥室底部,由气流输送装置冷却后进行包装,旋风分离器收集干燥水蒸气中所携带的乳粉颗粒,返回包装处。该过程采取降低排风温度,提高乳粉离开干燥器的含水量,乳粉离开干燥室的湿度比最终要求高 2%～3%,再由第二段即二次干燥流化床中干燥乳粉至规定含水量。

流化床干燥器的作用就是除去这部分超量湿度并最后将乳粉冷却下来。在这种情况下，即使进风温度较高，出风温度比较低，也不会导致热损害的增加。而且每单位时间内可以干燥更大量的浓缩乳。

乳粉在流化床干燥机中继续干燥，可生产优质的乳粉。因为在喷雾干燥机中空气进风温度高，粉末停顿的时间短，仅几秒钟；而在流化床干燥机中空气进风温度相对低(130 ℃)，消耗很少空气，粉末停留时间较长(儿分钟)，因此流化床干燥机更适合最后阶段的干燥。

二段干燥能耗低(节能 20%)，生产能力更高(提高 57%)，附加干燥仅消耗 5%热能，乳粉质量通常更好，但需要增加流化床。流化床除干燥还可有其他功能，如用于粉粒附聚，生产大颗粒乳粉，以提高乳粉的分散性，其原理是在流化床中粉末之间相互碰撞强烈，如果它们足够黏，即在它们边缘有足够的含水量，也会发生附聚。因此，向粉末中吹入蒸汽(即“再湿润”，多应用于生产脱脂乳粉中)可提高附聚。在流化床中空气速度要调整，以将最小粉末微粒(已经很干，附聚性差)吹离返回到干燥箱中，进入雾化液体入口与湿滴附聚(尤其应用于全脂乳粉生产)。此制造方式对乳粉质量无影响，因为最小粉末几乎没有热破坏。这些过程使粉末容易分散，即乳粉速溶。

③三段干燥　三段干燥中第二段干燥在喷雾干燥室的底部进行，而第三段干燥于干燥塔外进行最终干燥和冷却。主要有两种三段式干燥器：具有固定流化床的干燥器与具有固定传送带的干燥器。

(2)喷雾干燥的机制　浓缩乳中一般含有 50%～60%的水分，为满足乳粉生产的质量要求，必须将其所含的绝大部分水分除去，为此必须对浓缩乳进行干燥。目前广泛采用喷雾干燥法使浓缩乳与干燥介质(热空气)进行强烈的热量交换和质量交换，使浓缩乳中的绝大部分水被干燥介质不断地带走而除去，得到符合标准要求的乳粉。

喷雾干燥是一个较为复杂的过程，它既要将浓缩乳中的绝大部分水分除去，又要最大限度保留牛乳的营养价值，使产品达到一定的质量要求。喷雾干燥过程包含浓缩乳微粒表面水分的汽化和微粒内部水分不断地向表面扩散然后蒸发两个过程，只有当微粒的水分超过其平衡水分、微粒表面的蒸汽压力超过干燥介质的蒸汽分压时，干燥过程才能进行。喷雾干燥过程一般可以分为以下 3 个干燥阶段。

①预热阶段　浓缩乳经雾化与干燥介质一经接触，干燥过程即行开始，微粒表面的水分即汽化。若微粒表面温度高于干燥介质的湿球温度，则微粒表面因水分的汽化而使其表面温度下降至干燥介质的湿球温度。

若微粒表面温度低于湿球温度，干燥介质供给其热量，使其表面温度上升至干燥介质的湿球温度，则称为预热阶段。预热阶段持续到干燥介质传给微粒的热量，与用于微粒表面水分汽化所需的热量达到平衡时为止。在这一阶段中，干燥速度迅速地增大至某一最大值，即进入恒速干燥阶段。

②恒速干燥阶段　当微粒的干燥速度达到最大值后，即进入恒速干燥阶段。在此阶段，浓缩乳微粒水分的汽化发生在微粒的表面，微粒表面的水蒸气分压等于或接近水的饱和蒸汽压；微粒水分汽化所需的热量取决于干燥介质，微粒表面的温度等于干燥介质的湿球温度(一般为 50～60 ℃)。

干燥速度与微粒的水分含量无关，不受微粒内部水分的扩散速度所限制。实际上，微粒内部水分的扩散速度大于或等于微粒表面的水分汽化速度。

干燥速度主要取决于干燥介质的状态(温度、湿度以及气流的状沉等)。干燥介质的湿度越低,干燥介质的温度与微粒表面湿球温度间的温度差越大,微粒与干燥介质接触越好,则干燥速度越快;反之,干燥速度则慢,甚至达不到预期的目的。恒速干燥阶段的时间是极短促的,仅为 0.01～0.04 s。

③降速干燥阶段　由于微粒表面水分的不断汽化,微粒内部水分的扩散速度不断变缓,不再使微粒表面保持潮湿时,恒速率干燥阶段即告结束,进入降速干燥阶段。

在降速干燥阶段,微粒水分的蒸发将发生在液滴微粒内部的某一界面上,当水分的蒸发速度大于微粒内部水分的扩散速度时,则水汽在微粒内部形成,若此时颗粒呈可塑性,就会形成中空的干燥乳粉颗粒,乳粉颗粒的温度将逐步超出干燥介质的湿球温度,并逐步接近于干燥介质的温度,乳粉的水分含量也接近或等于该干燥介质状态的平衡水分。此阶段的干燥时较恒速干燥阶段长,一般需 15～30 s。

(3)喷雾干燥机组　喷雾干燥设备类型很多,但都是由干燥室、雾化器及其附属设备共同组成。

①干燥室　干燥室是浓缩乳被喷雾器雾化成微小液滴与热空气进行热交换的场所。若根据干燥室外观结构划分,则可分为箱式和塔式两种。现在一般多使用塔式干燥室,也称为干燥塔,其底部有锥形底、平底和斜底三种。

干燥室热风筒周围要安装起冷却作用的夹套,以减轻乳粉干燥过程中的热变性焦化。干燥室内壁一般为不锈钢,外壳采用钢板结构,内外壁之间以绝热材料填充,通常用 80～100 mm 厚的岩棉层保温。为了防止乳粉黏壁,需要在干燥塔壁装置多个打击锤定时敲打塔壁,使黏粉及时脱离塔壁防止乳粉过度受热以及出现焦粉。干燥室下部的锥角大都是 60°或 50°,干燥后的乳粉靠重力排出。干燥室还装备有检查门、光源等,有的还配置安全灭火装置。

根据热风与物料颗粒运动的方式,喷雾干燥室可分为并流、逆流和混流。在乳品工业中应用的各种干燥室具体有五类:水平并流型、垂直下降并流型、垂直下降混流型、垂直上刀逆流型、垂直上升混流型。

②雾化器　雾化器是将浓缩乳稳定地雾化成均匀的乳滴,且均匀散布于干燥室的有效空间内,而不喷到壁上。还能与其他喷雾条件配合,喷出符合质量要求的成品。

③高压泵　凡是压力式喷雾都需使用高压泵。高压泵一般为三柱塞式往复泵,可供产生高压和均质,使浓缩乳在高压力作用下由雾化器喷出,形成雾状。离心式喷雾不需要高压泵,使用一般乳泵即可。

④空气过滤器　浓缩乳在喷雾干燥过程中,吹入干燥室内的热风是吸收周围环境中的空气经加热而成的,吸入的空气必须经过过滤除尘。过滤器的滤层一般使用钢丝、尼龙丝、海绵、泡沫、塑料等物充填,约 10 cm 厚。空气过滤器性能约为 100 $m^3/(m^2 \cdot min)$。通过的风压控制在 147 Pa,风速为 2 m/s。过滤器应经常洗刷,保持其工作效率。

⑤空气加热器　空气加热器用于加热吸入的冷空气,使之成为热风,供干燥雾化的浓缩乳用。有蒸汽加热和燃油炉加热两种,前者可加热到 150～170 ℃,后者可加热到 180～200 ℃。空气加热器多用紫铜管和钢管制造,加热面积因管径、散热片及排列状态等因素

而异。一般总传热膜系数为 29.08 W/(m^2·K)。

⑥进、排风机　进风机的作用是吸入空气并将加热的空气送入干燥室内，使雾化的浓缩乳干燥。同时排风机将浓乳蒸发出去的水蒸气及时排掉，以保持干燥室的干燥作用正常进行。为防止粉粒向外飞扬，干燥室须维持 98～196 Pa 的负压状态，所以，排风机的风压要比进风机大。排风机风量要比进风机风量大 20%～40%。

⑦滤粉装置　滤粉装置的作用是将排风中夹带的粉粒与气流分离。常用的滤粉装置有旋风分离器、袋滤器或两者结合使用。也有湿回收器和静电回收器。一般旋风分离器对 10 μm 以下的细粉回收率不高，其分离效果与尺寸比例、光洁度、气流速度有关，一般认为 18～20 m/s 的速度效果最好，与出料口的密封度有关。袋滤器回收率较高，但操作管理麻烦。如将旋风分离器与袋滤器串联使用，效果很好。

⑧分风箱　该装置安装在热风进入干燥室的分风室处。其作用是将进入的热风分散均匀无涡流，与雾化的浓缩乳进行很好的接触，避免干燥室内出现局部积粉、焦粉或潮粉。

(4)雾化的方法　乳粉喷雾干燥所采用的雾化方法主要有压力喷雾法、离心喷雾法。雾化设备的设计取决于颗粒大小和干燥生产要求的特性，即乳粉颗粒、结构、溶解性、密度和润湿性等。乳滴分散越微细，比表面积越大，越有利于干燥。

①压力喷雾法　压力喷雾法是采用高压泵将浓缩乳通过雾化器，使之克服表面张力而雾化成微细乳滴，在干燥室内与热空气接触，在瞬间获得干燥。浓缩乳经高压泵以高速送到喷头处时，以一定速度沿着斜线导乳沟进入喷嘴的旋转室，浓乳的部分静压能转化为动能，使浓乳产生旋转运动，在喷嘴中央形成压力等于大气压的空气旋流，而浓乳则形成围绕空气旋转的环形薄膜从喷嘴喷出，液膜长度变薄并拉成丝，并断裂成乳滴，乳滴群遇热迅速干燥。常用的雾化器有 S 型和 M 型两种。

②离心喷雾法　离心喷雾法是通过一个高速旋转转盘的离心力作用将浓缩乳喷成微细乳滴，在干燥室内与热空气接触达到瞬间干燥的目的。浓乳在高速旋转的转盘上雾化时，受到两种力的作用，一种是转盘旋转产生的离心力；另一种是由空气与乳液之间较高的相对速度产生的摩擦力。乳液在排到空气中以前，被离心力作用加速到很高速度，从转盘的周边甩出时呈薄膜状，与周围空气接触的瞬间受摩擦力作用而立即分散成微细乳滴，达到雾化目的，遇热迅速干燥。常用的雾化器有沟槽式、喷枪式、曲叶板式等，设计良好的雾化器，运转时应使雾滴大小均匀，润湿周边长；能使料液达到高转速；并且离心盘结构简单、坚固、质轻、易拆洗、无死角、生产效率高。典型的离心雾化器工作如图 5-3 所示。

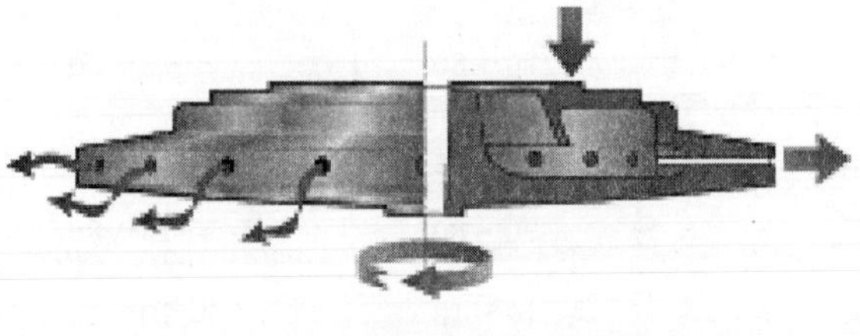

图 5-3　运行中的离心雾化器

压力喷雾法与离心喷雾法性能对比见表 5-4。

表 5-4　压力喷雾与离心喷雾工艺性能对比

	压力喷雾	离心喷雾
优点	①结构简单，操作管理方便，通过设置不同数量的喷枪可调节喷雾流量； ②改变喷嘴的形状或大小，可调节制品颗粒的大小或密度； ③制品的容重较大，颗粒中空气含量少，成品贮藏性能好； ④可采用大型干燥室，动力消耗较低。	①通过单独调整离心盘转速，即可改变喷雾量，其幅度达 25%； ②不需要用高压泵送料，容易进行喷雾流量的自动控制； ③浓度高和黏度大的浓缩乳仍可喷雾，料液浓度可提高至 50%以上； ④制品颗粒较大，冲调性能好。
缺点	①喷嘴容易磨损，需要用硬质合金或人造宝石材料，否则喷嘴孔径变化对颗粒大小及分布有明显影响； ②对高浓度和高黏度物料喷雾较困难； ③乳粉颗粒平均直径较离心喷雾小，可能影响制品的冲调性。	①喷雾结构较复杂，运转费用稍高于压力喷雾； ②设备生产能力较小，且不能用于水平顺流喷雾； ③热风箱调节不当时焦粉较多，致使制品杂质度增加； ④制品容重较小，颗粒中含空气泡较多，会影响成品的贮藏性。

(5)喷雾干燥的工艺条件　压力喷雾干燥与离心喷雾干燥的工艺条件通常控制范围分别见表 5-5、表 5-6。

表 5-5　压力喷雾法生产乳粉时的工艺条件

项目	全脂乳粉	全脂加糖乳粉	速溶加糖乳粉
浓缩乳浓度/°Bé	12～13	14～16	18～18.5
浓缩乳干物质含量/%	45～55	45～55	55～60
浓缩乳温度/℃	40～45	40～45	45～47
高压泵使用压力/MPa	13～20	13～20	8～10
喷嘴孔径/mm	1.2～1.8	1.2～1.8	1.5～3.0
芯子流乳沟槽/mm	0.5×0.3	0.5×0.3	0.7×0.5
喷雾角度 /(°)	70～80	70～80	60～70
进风温度/℃	130～170	140～170	150～170
排风温度/℃	70～80	75～80	80～85
排风相对湿度/%	10～13	10～13	10～13
干燥室负压/Pa	98～196	98～196	98～196

表 5-6　离心喷雾干燥乳粉时的工艺条件

项目	全脂乳粉	全脂加糖乳粉
浓缩乳浓度/°Bé	13～15	14～16
浓缩乳干物质含量/%	45～50	45～50
浓缩乳温度/℃	45～55	45～55
转盘转速/(r/min)	5 000～20 000	5 000～20 000
转盘数量/只	1	1
进风温度/℃	200 上下	200 上下
干燥温度/℃	90 上下	90 上下
排风温度/℃	85 上下	85 上下

4. 冷却

喷雾干燥室温度较高，乳粉温度一般都在 60～65 ℃。高温下包装的乳粉，尤其是全脂乳粉，受热过久，游离脂肪增多，在贮藏期中容易引起脂肪氧化变质，产生氧化臭味；高温状态下的乳粉还容易吸收大气中的水分，影响溶解度和色泽，严重降低制品的质量。因此，迅速连续出粉，通过晾粉和筛粉使乳粉温度及时冷却至 30 ℃以下，是乳粉生产中重要的环节。筛粉一般采用机械振动筛，网眼为 40～60 目。过筛后可将粗粉、细粉混合均匀，并除去团块和粉渣。新生产的乳粉经过 12～24 h 的贮藏，其表观密度可提高 5%左右，有利于包装。

5. 包装

由于乳粉颗粒的多孔性，表面积大，吸潮性强，所以对称量包装操作和包装容器的种类都必须注意。尤其是全脂乳粉含有 26%以上的乳脂肪，易受光、氧气等作用而变化，因此还要对包装室的空气采取调湿、降温措施，室温一般控制在 18～20 ℃，空气相对湿度为 50%～60%为宜。

需要长期贮藏的乳粉应采取真空包装或充氮密封包装。充氮包装是使用半自动或全自动的真空充氮封罐机，在称量装罐之后，抽成真空排除乳粉及罐内的空气，然后立即充以纯度为 99%以上的氮气再行密封，这是目前全脂乳粉密封包装最好的方法。该处理可使乳粉保质期达 3～5 年，否则保质期仅为半年或更少。塑料袋简易包装成本低，劳动强度轻，但对乳粉的贮藏性有一定的影响。目前复合薄膜包装材料正广泛地用于乳粉包装，虽然成本较高，但仍是很有发展前途的包装材料之一。

乳粉中水分含量测定

任务2 脱脂乳粉的加工

【任务设计】

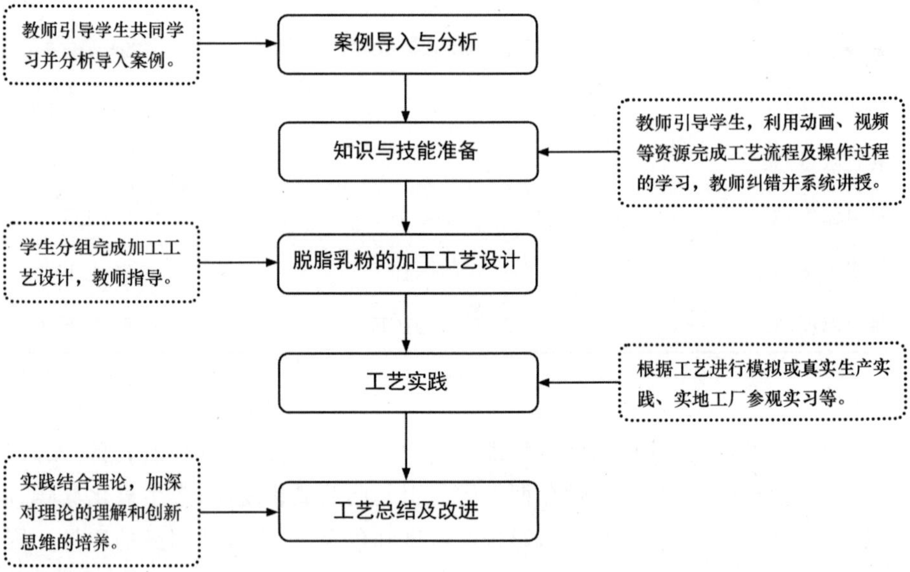

【案例导入】

很多人以为脱脂奶粉没有脂肪含量，但其实这个想法是错误的。脱脂奶粉并不是完全不含脂肪，脱脂奶粉是在全脂奶粉生产工艺基础上增加脱脂工艺，即用奶油分离机通过离心分离原理将稀奶油从乳中分离出来，然后进一步制成脱脂奶粉。脱脂奶粉由于脂肪含量低，比较适合特殊人群食用，例如有高血脂、高血糖、高血压的老年人，以及腹泻、胆囊疾患、高脂血症、慢性胰腺炎的患者以及消化不良的宝宝们。脱脂奶粉较全脂奶粉的脂肪含量低，小王在选购奶粉的时候，发现有全脂奶粉和脱脂奶粉，她不知道该选哪种好？脱脂乳粉适合什么样的人群，真的能减肥么？与全脂乳粉的区别是什么？

【任务实施】

脱脂乳粉的生产工艺流程与全脂乳粉相类似，只是多了一个原料乳脱脂的过程。脱脂乳粉的生产质量应符合国家标准 GB/T 5410—2008。

一、工艺流程

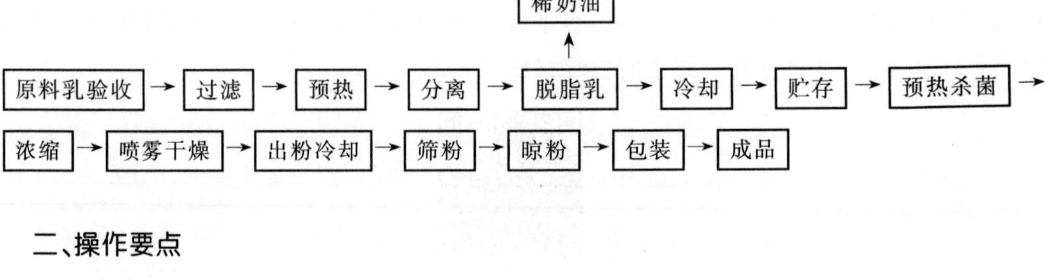

二、操作要点

1. 乳的预热与分离

原料乳经过验收后，通过过滤，然后加温到 35～38 ℃即可进行分离。用牛乳分离机经过离心分离可同时获得稀奶油和脱脂乳。控制脱脂乳的含脂率不超过 0.1%。

2. 预热杀菌

脱脂乳中所含乳清蛋白(白蛋白和球蛋白)热稳定性差,在杀菌和浓缩时易引起热变性,使乳粉制品溶解度降低。乳清蛋白中含有巯基,热处理时易使制品产生蒸煮味。为尽量减少产品的蒸煮味,同时又能达到杀菌、灭酶的效果,一般脱脂乳的预热杀菌温度控制在 80 ℃,15 s 为宜,乳清蛋白质变性程度应控制在不超过 5%。

脱脂乳粉的预热杀菌条件可以根据其用途而异。如生产冰淇淋的原料乳粉要求其溶解性能良好而又没有蒸煮气味,因此在预热杀菌时宜采用高温短时间或超高温瞬间杀菌法进行杀菌。如果用于面包生产的脱脂乳粉,则可以采用 85～88 ℃,30 min 的杀菌条件,使用此种方式灭菌的乳粉添加于面包中有利于面包体积增大。用于制造脱脂鲜干酪的脱脂乳粉,则多要求采用速溶脱脂乳粉。

3. 真空浓缩

为了避免乳清蛋白变性,脱脂乳的蒸发浓缩温度应控制在不超过 65.5 ℃为宜,若浓缩温度高于 65.5 ℃,则乳清蛋白质变性程度会超过 5%。实际生产中多采用真空浓缩,乳温一般不会超过 65.5 ℃,且由于受热时间很短,因此对乳清蛋白质变性影响不大。此外,浓缩乳的浓度应控制在 15～17°Bé,乳固体含量应达到 36%以上。

4. 喷雾干燥

将脱脂浓乳按照任务——全脂乳粉进行喷雾干燥,即可得到普通脱脂乳粉。但是,普通脱脂乳粉因其乳糖呈非结晶型的玻璃状态,即 α-乳糖和 β-乳糖的混合物,有很强的吸湿性,极易结块。为克服上述缺点,并提高脱脂乳粉的冲调性,采取速溶乳粉的干燥方法生产速溶脱脂乳粉,可改善乳粉的品质。

5. 出粉、冷却、包装

脱脂乳粉的冷却、筛粉、包装等工艺和全脂乳粉的生产一样。

任务 3　婴儿配方乳粉的加工

【任务设计】

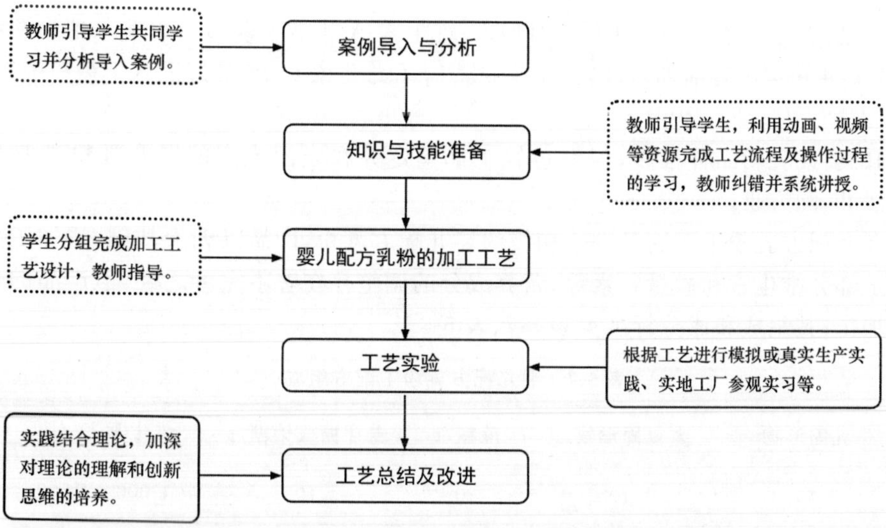

【案例导入】

小王在生宝宝后，奶水不足，若选择婴儿配方奶粉，又担心营养不如母乳。2022 年，工业和信息化部将继续完善婴幼儿配方乳粉追溯体系，进一步扩大覆盖企业范围。近年来，工业和信息化部采取多项措施推进婴幼儿配方乳粉追溯体系建设，会同各地工业和信息化主管部门推动辖区内婴幼儿配方乳粉企业接入追溯平台。目前，平台已接入企业数量达到 98 家，覆盖国内总产量的 90%以上。与此同时，工业和信息化部推动婴幼儿配方乳粉企业加大智能传感器、在线采集装置等数字化技术手段的应用。工业和信息化部将继续完善婴幼儿配方乳粉追溯体系，进一步扩大覆盖企业范围，引导消费者查询使用，同时，持续提升企业质量管控能力和产品质量一致性。由此可见，我国越来越重视婴儿配方乳粉的生产监管，你可以向小王介绍一下婴儿配方奶粉的生产原理和生产过程吗？

【任务实施】

婴儿配方乳粉的生产质量应符合国家标准 GB 10765—2010。

一、工艺流程

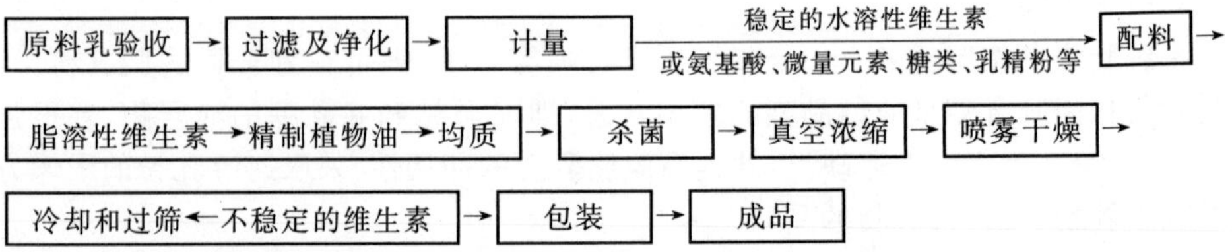

二、操作规程和工艺要求

1. 原料乳的验收和预处理

应符合生产特级乳粉的要求，具体内容参见项目一。

2. 配料

按比例要求将各种物料混合于配料缸中，开动搅拌器，使物料混匀。水溶性热稳定性维生素（如烟酸、维生素 B_{12}）可在预热时加入；维生素 A 和维生素 D 可以溶入植物性油中在均质前加入，也可以喷雾前加入；热敏性维生素 B_1 和维生素 C 等，最好混入干糖粉中，在喷雾干燥后加入。

我国的婴儿乳粉品种很多，但经过轻工部鉴定并在全国推广的婴儿乳粉主要是配方Ⅰ、配方法Ⅱ、配方Ⅲ。

（1）婴儿配方乳粉Ⅰ　这是一个初级的婴儿配方乳粉，产品以乳为基础，添加了大豆蛋白，强化了部分维生素和微量元素等，营养成分的调整存在着不完善之处，但产品的价格低廉，易于加工，其组成和成分标准见表 5-7、表 5-8。

表 5-7　婴儿配方乳粉Ⅰ配方组成

原料	牛乳固形物/g	大豆固形物/g	蔗糖/g	麦芽糖或饴糖/g	维生素 D_2/IU	铁/mg
用量	60	10	20	10	1 000～1 500	6～8

表 5-8 100 g 婴儿配方乳粉Ⅰ营养成分含量

成分	含量	成分	含量
水分/g	2.48	铁/mg	6.2
蛋白质/g	18.61	维生素 A/IU	586
脂肪/g	20.06	维生素 B_1/mg	0.12
糖/mg	54.6	维生素 B_2/mg	0.72
灰分/g	4.4	维生素 D_2/IU	1 600
钙/mg	772	尿酶	阴性
磷/mg	587		

(2)婴儿配方乳粉Ⅱ 产品用脱盐乳清粉调整酪蛋白与乳清蛋白的比例(酪蛋白∶乳清蛋白为 40∶60),同时增加了乳糖的含量,添加植物油以增加不饱和脂肪酸的含量,再加入维生素和微量元素,使产品中各种成分与母乳相近。配方Ⅱ的配方组成见表 5-9。

表 5-9 婴儿配方乳粉Ⅱ配方组成

物料名称	每吨投料量	物料名称	每吨投料量	物料名称	每吨投料量	物料名称	每吨投料量
牛乳	2 500 kg	乳清粉	475 kg	棕榈油	63 kg	三脱油	63 kg
乳油	67 kg	蔗糖	65 kg	维生素 A	6 g	维生素 D	0.12 g
维生素 C	60 g	维生素 E	0.25 g	维生素 B_1	3.5 g	维生素 B_6	35 g
亚硫酸铁	350 g	叶酸	0.25 g	维生素 B_2	4.5 g	烟酸	40 g

注:牛乳中干物质 11.1%,脂肪 3.0%;乳清粉中水分 2.5%,脂肪 1.2%;乳油中脂肪含量 82%;维生素 A 6 g 相当于 240 000 IU;维生素 D 0.12 g 相当于 48 000 IU;亚硫酸铁:$FeSO_4 \cdot 7H_2O$。

3.均质、杀菌及浓缩

混合料均质压力一般控制在 18 MPa;杀菌和浓缩的工艺要求和乳粉生产相同。一般以 135 ℃、4 s 的杀菌公式为宜;浓缩的条件控制在 67～93 kPa、35～45 ℃。浓缩后的乳浓度控制在 46%左右。

4.喷雾干燥

进风温度为 140～160 ℃,排风温度为 80～88 ℃,喷雾压力控制在 15 kPa。

5.过筛

混合物料通过 16 目筛网,除去块状物;而后添加可溶性多糖及维生素等热稳定性差的成分,并混匀;通过 26 目筛网,再次去除块状物。

6.包装

计量包装,可采取充氮包装,以防止脂类等营养成分的氧化,保证产品质量。

注意事项:

(1)原料乳粉应符合特级乳粉要求;大豆蛋白应经 93～96 ℃、10～20 min 的杀菌后,冷却到 5 ℃备用,取样检验脲酶为阴性方可投入生产。

(2)稀乳油需要加热至 40 ℃,再加入维生素和微量元素,充分搅拌均匀后与预处理的原料乳混合,并搅拌均匀。

(3)混合料的杀菌温度可采用 63～65 ℃、30 min 保温杀菌法，或 HTST 法；而植物油的杀菌温度要求在 85 ℃、10 min，然后冷却到 55～60 ℃备用。

任务 4　速溶乳粉的加工

【任务设计】

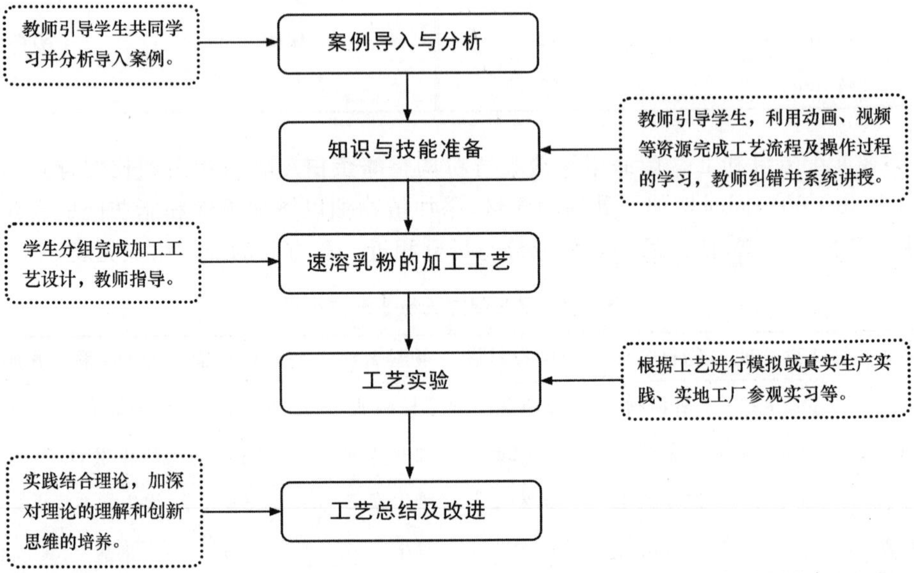

【案例导入】

速溶乳粉与普通乳粉相比，具有冲调性好、能迅速溶解、不结团、即使在冷水中也能速溶的特点。请说出使速溶乳粉具有此特点的工艺措施。在日常生活中如何界定速溶乳粉？

【任务实施】

速溶乳粉的生产质量应符合国家标准 GB 196440765—2010。现以脱脂速溶乳粉和全脂速溶乳粉来说明生产过程和操作规程。

一、脱脂速溶乳粉

脱脂速溶乳粉之所以能达到速溶的目的，主要是因为乳粉经过二次附聚后乳糖由非结晶状态变成了结晶状态，同时产生了疏松的毛细管样的结构。该结构十分有利于水分的渗入，从而加快了乳粉的溶解速度。目前脱脂速溶乳粉的生产主要有两种方法：二段法（再润湿法）和一段法（直通法）。

（一）二段法

以喷雾干燥的脱脂乳粉为基粉，通过喷入湿空气或雾滴使其吸湿附聚成较大团粒，同时将吸湿性很强的非结晶乳糖转变为不吸湿的结晶乳糖，再进行干燥、冷却、包装。

（1）生产基粉时脱脂乳的杀菌温度宜采用 80 ℃，保温时间为 15 s，浓缩蒸发温度采用 45～50 ℃。

(2)将基粉由螺旋输送器注入到加料斗，经震动筛板均匀地洒布于干燥室第一段内，与潮湿空气或低压蒸汽接触，使乳粉的水分含量增高至 10%～12%，乳粉颗粒表面快速溶胀，相互附聚而使直径增大，乳糖结晶。

(3)已结晶及附聚的乳粉在干燥室第二段与温度为 100～120 ℃的热空气相接触，再进行干燥，使乳粉的水分含量达到要求。

(4)从干燥室出来的乳粉，在一个长的输送带上与冷风直接接触，冷却至一定的温度。

(5)过筛使颗粒大小均匀一致。

(6)包装。

二段法生产速溶乳粉流程图如图 5-4 所示。

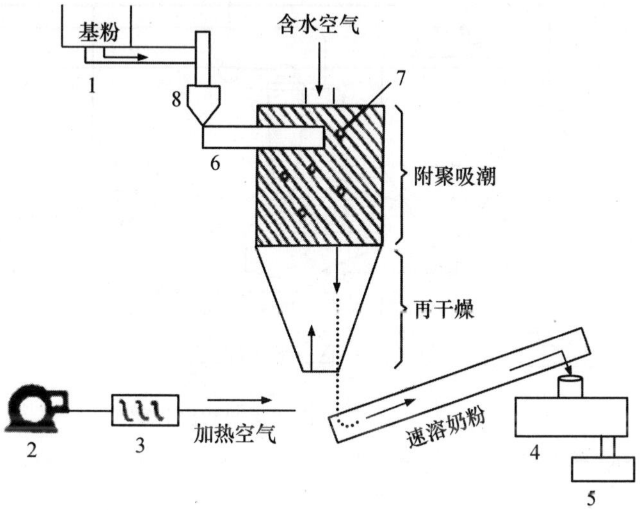

图 5-4　二段法生产速溶奶粉流程图

1.螺旋输送器　2.鼓风机　3.加热器　4.粉碎和筛选机　5.包装机　6.振动筛板　7.干燥室　8.加料斗

(二)一段法

无需基粉，用浓缩乳直接一次生产而成。目前一段法又可分为干燥室内直接附聚法和流化床附聚法两种。

1.直接附聚法

整个操作过程一次完成，即在同一干燥室内完成雾化、干燥、附聚、再干燥等操作，使产品达到标准要求。

浓缩乳通过上层雾化器分散成微细的液滴，与高温干燥介质接触，瞬间进行强烈的热交换和质交换，雾化的液滴形成比较干燥的乳粉颗粒流，然后另一部分浓缩乳通过下层雾化器形成相当湿的乳粉颗粒流，使湿的乳粉颗粒与上述比较干燥的乳粉颗粒流保持良好的接触，并使湿颗粒包裹在干颗粒上，这样湿颗粒失去水分，干颗粒获得水分而吸潮，于是附聚及乳糖的结晶过程就此产生和形成，然后附聚颗粒在热介质的推动及本身的重力作用下，在干燥室内继续干燥并持续地沉降于底部卸出，最终将得到水分含量为 2%～5%的产品。

这种生产方法简单、经济，但干燥设备必须保证产品有足够的干燥时间，而且两层雾化器的相对位置要求很严，干乳粉颗粒流与湿乳粉颗粒流两者的水分含量应有一定的要求，否则有碍于附聚及乳糖结晶，直接影响产品的质量。

2. 流化床附聚法

浓缩乳经雾化器分散成微细的液滴，在干燥室内与热空气进行热交换和质交换，最终获得水分含量高达 10%～12%的乳粉。乳粉在沉降过程中产生附聚，沉降于干燥室底部时仍在继续附聚，然后潮湿且已部分附聚的乳粉自干燥室卸出，进入第一级振动流化床继续附聚成为稳定的团粒，接着进入二级流化床，分别完成干燥和冷却，最后过筛成为均匀的附聚颗粒。

一段法生产速溶乳粉流程如图 5-5 所示。

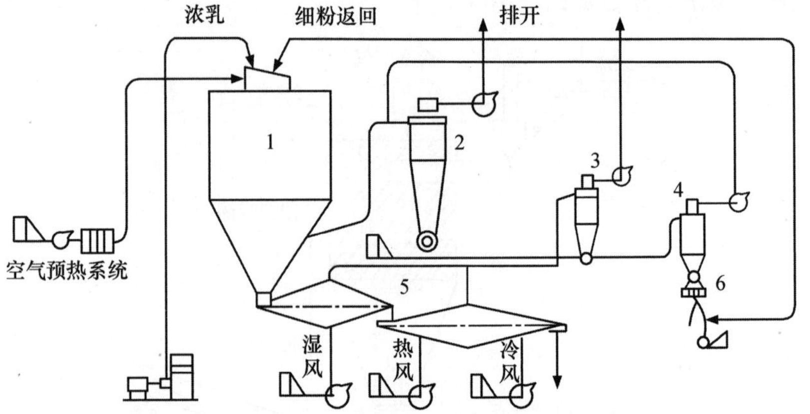

图 5-5　一段法生产速溶奶粉流程图

1. 干燥室　2. 主旋风分离器　3. 流化床旋风分离器　4. 旋风分离器　5. 振动流化床　6. 集粉器

二、全脂速溶乳粉

全脂速溶乳粉含 26%以上的脂肪，乳粉颗粒或附聚团粒的外表面都有许多脂肪球存在，使颗粒表面游离脂肪增多，乳粉在水中不易润湿下降，不易达到速溶的要求。因此，全脂速溶乳粉的生产除使乳粉颗粒附聚外，还需要改善乳脂肪的润湿性问题。近年来，采用附聚—喷涂卵磷脂的工艺，使产品达到速溶的要求。

全脂速溶乳粉的生产也可采用一段法或二段法，主要包括以下两个关键环节。

1. 附聚

采用高浓度、低压力、大孔径喷头、低转盘转速可以使生产的乳粉颗粒直径大、分布频率在一定范围内，从而改善下沉性。

2. 喷涂卵磷脂

卵磷脂是一种既亲水又亲油的表面活性物质，喷涂于乳粉颗粒的表面可以增强乳粉颗粒的亲水性，提高乳粉的润湿性、分散性，使乳粉的速溶性大大提高。卵磷脂喷涂厚度一般为 0.1～0.15 μm，喷涂量应控制在乳粉量的 0.2%～0.3%为宜，不得超过 0.5%，否则有卵磷脂的味道。喷涂时将卵磷脂配成无水脂肪溶液，即 60%卵磷脂和 40%无水乳脂肪。喷涂卵磷脂流程图如图 5-6。

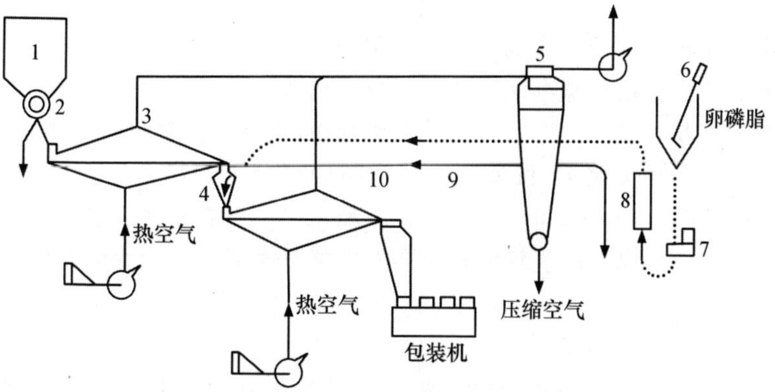

图 5-6　喷涂卵磷脂流程图

1. 储仓　2. 鼓形阀　3. 第一流化床　4. 喷涂装置　5. 旋风分离器　6. 槽　7. 泵　8. 流量计　9. 管道　10. 第二流化床

附聚好的全脂乳粉由储仓经鼓形阀进入第一流化床，然后进入喷涂装置，卵磷脂由槽经泵通过流量计以气流喷雾方式喷入喷涂装置内，完成卵磷脂的涂布过程。然后进入第二流化床进行干燥、冷却、过筛后即得到全脂速溶乳粉产品。

生产全脂速溶乳粉时，基粉对最终产品会产生很大的影响。一般对基粉生产的基本要求如下：

①基粉中自由脂肪的含量越低越好。将雾化前的浓缩乳进行均质可以达到这一目的。与一段法相比二段法干燥室内的温度要低一些，所以自由脂肪的含量也就会低一些。

②基粉颗粒的密度尽可能高，以改善乳粉的下沉性。在允许的范围内，尽可能提高浓缩乳的乳固体含量，尽可能减少乳粉颗粒中包埋的空气量以及适当降低进风温度至 170～180 ℃，将有助于提高乳粉颗粒的密度。

③基粉应该全部由大的疏松颗粒组成，不得含有细粉。大部分粉粒直径应在 100～250 μm，直径在 90 μm 以下的粉粒不得超过 15%～20%，基粉的容积密度应该在 0.45～0.50 g/cm^3。

【知识拓展】

全脂乳粉及脱脂乳粉的质量标准

婴儿配方乳粉的成品质量标准

【项目测试题】

一、填空题

1. ________是一种既亲水又亲油的表面活性物质，喷涂于乳粉颗粒的表面可以增强乳粉颗粒的亲水性，提高乳粉的润湿性、分散性，使乳粉的速溶性大大提高。

2. 目前脱脂速溶乳粉的生产主要有两种方法：________和________。

3. 牛乳中乳糖含量比人乳少得多，牛乳中主要是________型，人乳中主要是

________型。

4. 牛乳中的无机盐量较人乳高________倍多。摄入过多的微量元素会加重婴儿肾脏的负担。调制乳粉中采用脱盐办法除掉一部分无机盐。

5. 一般婴儿乳粉含有________%的碳水化合物，主要是乳糖和麦芽糊精。

6. 真空浓缩设备种类繁多，按加热部分的结构可分为________、________和________三种；按其二次蒸汽利用与否，可分为________和________浓缩设备。

7. 水分在________以上的乳粉贮藏时会发生羰—氨基反应产生棕色化，温度高会加速这一变化。

二、选择题

1. 婴儿配方乳粉在调整时可采用植物油脂替换牛乳脂肪的方法，以增加亚油酸的含量。亚油酸的量不宜过多，规定的上限用量为：*n*-6 亚油酸不应超过总脂肪量的(　　)。

A. 1%　　B. 2%　　C. 3%

2. 婴儿配方乳粉在调整时可采用植物油脂替换牛乳脂肪的方法，以增加亚油酸的含量。亚油酸的量不宜过多，规定的上限用量为：*n*-3 长链脂肪酸不得超过总脂肪的(　　)。

A. 0.3%　　B. 0.8%　　C. 1%

3. 乳粉浓缩时的真空度一般为(　　)kPa。

A. 0～8　　B. 8～21　　C. 40～51

4. 乳粉浓缩时的温度为(　　)℃。

A. 50～60　　B. 80～90　　C. 100～160

5. 乳粉加工过程中，一般要求原料乳浓缩至原体积的 1/4，乳干物质达到(　　)左右。浓缩后的乳温一般为 47～50 ℃。

A. 45%　　B. 60%　　C. 85%

三、简答题

1. 乳粉的种类有哪些，各有什么特点？

2. 在喷雾干燥前为什么要浓缩？

3. 喷雾干燥的原理与特点是什么？

4. 简述乳粉的生产工艺过程。

5. 简述生产全脂速溶乳粉时，对基粉生产的基本要求。

6. 简述速溶乳粉的特点。

项目六

冷饮乳制品的加工

【知识目标】

①通过本项目的学习，了解冷饮乳制品的概念及常见的冷饮乳制品的原料和辅料，并把握各种原料的使用量、添加方法；②掌握冰淇淋的制作工艺流程、配方及操作要点。

【技能目标】

①能熟练设计常见冷饮乳制品的配方；②能熟练进行常见冷饮乳制品的加工，并对加工过程中出现问题进行改进优化。

【项目描述】

本项目主要介绍乳冷饮乳制品的概念，及常见的乳制品冷饮的原料和辅料，并把握各种原料的使用量、添加方法，常见乳冷饮乳制品的制作工艺流程、配方及操作要点。结合案例，进行常见乳冷饮乳制品的加工，并对加工过程中出现问题进行改进优化，保证产品质量的安全性。

【思维导图】

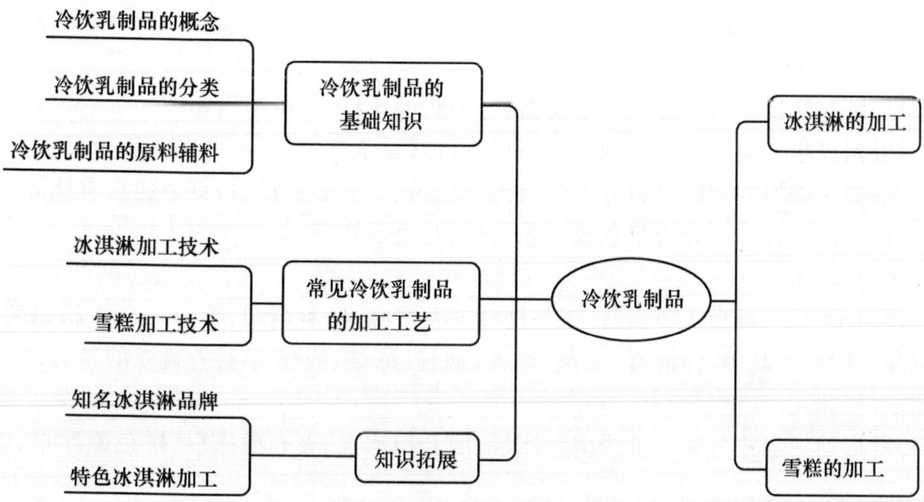

【相关知识】

一、冷冻乳制品的基础知识

(一)冷冻乳制品的概念

冷冻乳制品是以饮用水、甜味剂、乳品、果品、豆品、食用油脂等主要原料,加入适量香料、着色剂、稳定剂、乳化剂等食品添加剂,经配料、灭菌、凝冻而制成的冷冻固态饮品。乳品冷饮是指含乳品原料的冷冻饮品,是重要的乳制品。常见的乳品冷饮主要有冰淇淋、雪糕、雪泥等。

(二)冷冻乳制品的分类

1. 冰淇淋

冰淇淋是以饮用水、乳品(乳蛋白含量在2%以上)、蛋品、甜味料、食用油脂等为主要原料,加入适量的香料、增调剂、着色剂、乳化剂等食品添加剂,经混合、灭菌、均质、老化、凝冻等工艺或再经成型、硬化等工艺制成的体积膨胀的冷冻饮品。

(1)按加工工艺分类　分为清型冰淇淋、混合型冰淇淋、夹心型冰淇淋、拼色型冰淇淋、涂布型冰淇淋等。

(2)按脂肪含量分类　分为高脂型冰淇淋、中脂型冰淇淋、低脂型冰淇淋。

(3)按加入的辅助材料分类　分为果汁冰淇淋、果味冰淇淋、果实冰淇淋、果仁冰淇淋、肉脯冰淇淋、巧克力脆皮冰淇淋、酸味冰淇淋等。

(4)按冰淇淋可浇塑成的形状分类　分为异形冰淇淋、蛋筒冰淇淋、砖形冰淇淋、杯状冰淇淋等。

(5)按照冰淇淋的硬度分类　分为硬质冰淇淋、软质冰淇淋、布丁冰淇淋、浓羹冰淇淋等。

2. 雪糕

雪糕是以饮用水、乳品、蛋品、甜味料、食用油脂等为主要原料,加入适量增稠剂(如淀粉)、香料、着色剂等食品添加剂,或再添加可可、果汁等其他辅料,经混合、灭菌、均质、注模、冻结(或轻度凝冻)等工艺制成的带棒或不带棒的冷冻饮品。

(1)按加工工艺分类　分为清型雪糕、混合型雪糕、夹心型雪糕、拼色型雪糕、涂布型雪糕等。

(2)按脂肪含量分类　分为高脂型雪糕、中脂型雪糕、低脂型雪糕。

(3)根据风味分类　分为奶油雪糕、果味雪糕、香草味雪糕、可可味雪糕等。

(4)根据所添加的辅助材料分类　分为果仁雪糕、夹心雪糕、巧克力脆皮雪糕等。

(5)根据外观分类　分为双色或三色雪糕、花色雪糕等。

3. 冰棍(棒冰)

以饮用水、甜味料为主要原料,添加增稠剂及酸味剂、着色剂、香料等食品添加剂,或再添加豆品、乳品、果品等,经混合、灭菌、注模、插扦、冻结、脱模等工艺制成的带扦的冷冻饮品即冰棍(棒冰)。

(1)根据加工工艺分类　分为清型冰棍、混合型冰棍、夹心型冰棍、拼色型冰棍、涂布型冰棍等。

(2)根据组成和风味不同分　分为果味棒冰、果汁棒冰、果泥棒冰、果仁棒冰等。

4. 冰霜(雪泥类)

冰霜是以饮用水、甜味料、乳品、果品等原料,加入适量的增稠剂、香料、着色剂等食品添加剂,经混合、灭菌、凝冻或低温炒制等工艺制成的较为松软的雪泥或冰屑状的冷冻饮品。

(1)根据加工工艺分类　分为清型冰霜、混合型冰霜。

(2)根据风味分类　分为草莓冰霜、橘子冰霜、香蕉冰霜、牛奶冰霜等。

5. 食用冰

食用冰是以饮用水为原料,经灭菌、冻结等工艺制成的供直接食用的冷冻饮品。

6. 甜味冰

以饮用水、食糖等为主要原料,添加香料,经混合、灭菌、灌装、冻结等工艺制成的冷冻饮品。

(三)冷冻乳制品的原料和辅料

饮品冷饮生产所用的原料品种很多,且随着现代人们对饮食的低糖、低脂、保健、功能化等的要求,其原辅料来源更加广泛,日趋新型和多样化。概括起来,乳品冷饮生产的原辅料主要有水分、脂肪、非脂乳固体、甜味剂、乳化剂、稳定剂、香料及色素等。

1. 水分

水是乳品冷饮生产中不可缺少的一种重要原料。对于冰淇淋来说,其水分主要来源于各种原料,如鲜牛奶、植脂乳、炼乳、稀奶油、果汁、鸡蛋等,但仅靠这些水分是不够的,尤其当冰淇淋中非脂乳固形物含量高时,更需要补充大量的水分以保证非脂乳固体充分溶解、防止乳糖在凝冻后形成大量结晶,促进糖类、稳定剂等其他固形物的溶解或分散。对于淀粉用量较大的雪糕、雪泥而言,则更需要添加大量的水。乳品冷饮用水要符合生活饮用水卫生国家标准(GB 5749)的要求。

2. 脂肪

脂肪是乳品冷饮配方的重要组成部分,尤其对冰淇淋、雪糕有很重要的作用:

①为乳品冷饮提供丰富的营养剂热能,因为脂肪中含有多种脂肪酸和脂溶性维生素。

②影响冰淇淋、雪糕的组织结构。由于脂肪在凝冻时形成网状结构,赋予冰淇淋、雪糕特有的细腻的组织和良好的质构。

③乳品冷饮风味的主要来源。由于油脂中含有许多风味物质,通过与乳品冷饮中蛋白质及其他原料作用,赋予乳品冷饮独特的芳香风味。

④增加冰淇淋、雪糕的抗溶性。在冰淇淋、雪糕成分中,水所占比例相当大,它的许多物理性质对冰淇淋、雪糕质量影响也大,一般油脂熔点在 24～50 ℃,而冰的熔点为 0 ℃,因此,适当添加油脂,可以增加冰淇淋、雪糕的抗溶性,延长冰淇淋、雪糕的货架寿命。油脂熔点越高,所制成冰淇淋、雪糕成品的抗溶性亦越强。

冰淇淋中油脂含量在 6%～12%最为适宜,雪糕中含量在 2%以上。如果用量低于此范围,不仅影响冰淇淋的风味,而且使冰淇淋的发泡性降低。如高于此范围,就会使冰淇淋、雪糕产品成本增大,成品形体也会变得过软。

通常用于冰淇淋、雪糕的脂肪为乳脂肪。一般而言,乳脂肪越多,品质也越好。乳脂肪的来源有稀奶油、奶油、鲜奶、炼乳、全脂奶粉等,但由于乳脂肪价格昂贵,其使用量也受限制,目前普遍使用相当量的植物脂肪来替代乳脂肪,主要有起酥油、人造奶油、椰子油等,其熔点性质类似于乳脂肪,在 28～32 ℃。

3. 非脂乳固体

非脂乳固体(nonfat milk solids)是牛乳总固形物除去脂肪而所剩余的蛋白质、乳糖及矿物质的总称。其中蛋白质具有不同作用性质,在均质过程中它与乳化剂一同在生成的小脂肪球表面形成稳定的薄膜,确保油脂在水中的乳化稳定性,同时在凝冻过程中促使空气很好地混入,并能防止乳品冷饮制品中冰结晶的扩大,使质地润滑。乳糖的柔和、甜味剂矿物质的隐约咸味,将赋予制品显著的风味特征。但非脂固形物过多时,则乳脂肪特有的奶油味将被消除,而炼乳臭或脱脂奶粉臭则会显现。限制非脂乳固体的使用量的主要原因在于防止其中的乳糖呈过饱和而渐渐结晶析出砂状沉淀,一般推荐其最大用量不超过制品中水分的16.7%。非脂乳固体可以由鲜牛奶、脱脂乳、乳酪、炼乳、乳粉、酸奶、乳清粉等提供,冷饮食品中的非脂肪乳固体,以鲜牛奶及炼乳为最佳。若全部采用乳粉或其他乳制品配置,由于其蛋白质的稳定性较差,会影响组织的细致性与冰淇淋、雪糕的膨胀率,易导致产品收缩,特别是溶解度不良的乳粉,则更易降低产品质量。

4. 甜味剂

乳品冷饮中使用的甜味剂具有提高甜味、充当固形物、降低冰点、防止冰的再结晶等功能特性,对产品的色泽、香气、滋味、形态、质构和保藏起着极其重要的影响。

蔗糖为最常见的甜味剂,一般用量为15%左右,过少会使制品甜味不足,过多则缺乏清凉爽口的感觉,并使料液冰点降低(一般增加2%的蔗糖则其冰点相对降低0.22 ℃),凝冻时膨胀率不易提高,易收缩,成品容易融化。蔗糖还能影响料液的黏度,控制冰晶的增大,蔗糖含量较高时,乳品冷饮中会出现较小冰晶,蔗糖如果从12%提高到18%,可以使冰晶大小降低25%。

随着现代人们对蔗糖、无糖乳品冷饮的需求以及改进风味、增加品种或降低成本的需要,除常用的甜味料白砂糖、淀粉糖浆外,很多甜味料如蜂蜜、转化糖浆、阿斯巴甜、阿力甜、安赛蜜、甜蜜素、甜叶菊糖、罗汉果甜苷、山梨糖醇、麦芽糖醇、葡聚糖等普遍被配合使用。

5. 乳化剂

乳化剂是一种分子中具有亲水基和亲油基,并易在水和油的界面形成吸附层的表面活性剂,可使一相很好地分散于另一相中而形成稳定的乳化剂。乳品冷饮混合料中加入乳化剂除了有乳化作用外,还有其他作用,可归纳为:①使脂肪呈微细乳浊状态,并使之稳定化;②分散脂肪球以外的粒子使之稳定化;③增加室温下产品的耐热性,也就是增强了其抗融性和抗收缩性;④减少贮藏中产品的变化;⑤防止或控制粗大冰晶的形成,使产品组织细腻。

乳品冷饮中常用的乳化剂有甘油酸酯(单甘酯)、蔗糖脂肪酸酯(蔗糖酯)、聚山梨酸酯、山梨醇酐脂肪酸酯、丙二醇脂肪酸酯(PG酯)、卵磷脂、大豆磷脂、三聚甘油单油酸酯等。乳化剂的添加量与混合料中脂肪含量有关,一般随脂肪量增加而增加,其范围在0.1%~0.5%,复合乳化剂的性能优于单一乳化剂。鲜鸡蛋、冰鸡蛋、全蛋粉、蛋黄粉等蛋与蛋制品,由于其含有大量的卵磷脂,具有永久性乳化能力,因而也能起到稳定剂的作用。

6. 稳定剂

稳定剂又称安定剂,具有亲水性,因此能提高料液的黏度及乳品冷饮的膨胀率,防止大冰晶的产生,减少粗糙的感觉,而使产品组织轻滑、且其吸水力强,因此对乳品冷饮产品融化作用的抵抗力亦强,使制品不易融化和再结晶,在生产中能起到改善组织状态的作用。稳定剂较为常用的有明胶、琼脂、果胶、CMC、瓜尔豆胶、黄原胶、卡拉胶、海藻胶、藻酸丙二醇酯、魔芋胶、变性淀粉等。稳定剂的添加量依原料的成分组成而变化，尤其是依总固形物含量而定的，一般在0.1%～0.5%左右。无论哪一种稳定剂都有长短，所以单独使用不如将两种以上的混合使用为宜，选用稳定剂时应考虑以下几点：①易溶于水或混合料；②赋予混合料良好的黏性及起泡性；③能赋予乳品冷饮良好的组织及质地；④能改善制品的保形性；⑤具有防止结晶扩大的效力；⑥价格低廉。

7.香味剂

香味剂能赋予乳品冷饮产品以醇和的香味，使其具有该品种应有的清新自然风味，增加其食用价值。香味剂的合理选择、巧妙搭配在乳品冷饮新品开发中起着重要作用。香味剂包括香料和香精，在冰淇淋中多使用各种香料，用于乳品冷饮的香精香型基本分三类：①果蔬类包括甜橙、橘子、柠檬、白柠檬、苹果、梨、桃、杏子、梅、香蕉、菠萝、荔枝、龙眼、草莓、杨梅、西瓜、哈密瓜、西番莲等；②干果类包括咖啡、可可、花生、芝麻、核桃、红枣、板栗、红豆、绿豆、玉米、红薯、香芋等；③奶香类包括牛奶、奶油、奶酪、干酪等香型。

香精可以单独或搭配使用。香气类型接近的较易搭配，反之较难，如水果与奶类、干果与奶类易搭配。而干果类与水果类之间则较难搭配。香精的用量应根据香精在乳品冷饮中的作用而定，用量过少时，香味不足；用量过多，则失去清雅醇和之感，一般用量为0.075%～0.1%。在冷饮食品中，除了用上述香精调香外，亦可直接加入果仁（如花生仁、杏仁、核桃仁等）、鲜水果（如杨梅、草莓、菠萝、杏子等）、鲜果汁（如橘子汁、波萝汁、柠檬汁等）、果冻进行调香调味，使其既被赋予香味，又有营养价值。

8.着色剂

浓郁醇和的香气，配以悦目协调的色泽，能改善提高乳品冷饮的感官品质，大大增进人们的食欲。乳品冷饮调色时，应选择与产品名称相适应的着色剂，如橘子冰淇淋应添加橘红色素，草莓冰淇淋应添加红曲色素。在选择使用色素时，应首先选择符合添加剂卫生标准、对人体无害的。调色时以淡薄为佳。常用的着色剂有红曲色素、姜黄色素、叶绿素铜钠盐、焦糖、红花黄、β-胡萝卜素、辣椒红、胭脂红、柠檬黄、日落黄、亮蓝等。

二、常见冷冻乳制品的加工工艺

（一）冰淇淋加工技术

1.冰淇淋的成分及配方

（1）冰淇淋的成分　为制造冰淇淋所调和的各种混合原料称为冰淇淋混合料。其主要成分为：乳脂肪、非脂乳固体、糖类、稳定剂等。其组成标准如下：乳脂肪8%～14%，非脂乳固体8%～12%，糖类13%～15%，稳定剂0.2%～0.3%，乳化剂0.1%～0.2%，总固形物32%～40%。

以上为冰淇淋混合物的基本标准，其不同脂肪含量的冰淇淋混合物的组成如表6-1所示。

表6-1　不同脂肪含量的冰淇淋混合物的组成　%

脂肪含量	非脂乳固体	砂糖	稳定剂	总固形物
8	11～12	13～15	0.3～0.5	32.5～34.5
10	10～11	14～15	0.3～0.5	34.5～36.5
12	9～10	14～15	0.3～0.5	35.0～37.5
14	8～10	14～15	0.3～0.5	36.5～39.5

(2)常见的冰淇淋配方　常见的冰淇淋类型及配方如表 6-2 所示。

表 6-2　1 000 kg 冰淇淋配方　　kg

原料名称	冰淇淋类型				
	奶油型	酸乳型	花生型	螺旋藻型	茶汁型
砂糖	120	160	195	140	150
葡萄糖浆	100	—	—	—	—
鲜牛奶	530	380	—	—	—
脱脂奶	—	200	—	—	—
全脂奶粉	20	—	35	125	100
花生仁	—	—	80	—	—
奶油	60	—	—	—	—
稀奶油	—	20	—	—	—
人造奶油	—	—	—	60	191
棕榈油	—	50	40	—	—
蛋黄粉	5.5	—	—	—	—
鸡蛋	—	—	—	30	—
全蛋粉	—	15	—	—	—
淀粉	—	—	34	—	—
麦芽糊精	—	—	6.5	—	—
复合乳化稳定剂	4	—	—	—	—
明胶	—	—	—	—	3
CMC	—	3	—	—	2
PGFE(聚甘油脂肪酸酯)	—	1	—	—	—
单甘脂	—	—	1.5	—	2
蔗糖酯	—	—	1.5	—	—
海藻酸钠	—	—	2.5	—	2
黄原胶	—	—	—	5	—
香草香精	0.5	1	—	0.2	—
花生香精	—	—	0.2	—	—
水	160	130	604	630	450
发酵酸奶	—	40	—	—	—
螺旋藻干粉	—	—	—	10	—
绿茶汁	—	—	—	—	100

2.冰淇淋的生产操作要点

(1)混合料的处理及配制

①鲜牛奶。在使用前用120目筛过滤除杂。

②冰牛奶。先击碎成小冰,然后溶解、过滤。

③奶粉。加温水溶解充分,也可适当均质一次。

④奶油。用刀将其切成小块,然后加入杀菌缸。

⑤甜味剂。蔗糖在容器中加适量水,加热溶解成糖浆,再经100目筛过滤;液体甜味剂,加5倍左右的水稀释、混匀,再经100目筛过滤,待用。

⑥蛋制品。鲜蛋可与鲜乳混合,过滤后均质;冰蛋需加热融化后使用;蛋黄粉先与加热到50℃的奶油混合,再用搅拌机使其均质分散在油脂中。

⑦果汁。在使用前应搅匀或经均质处理。

⑧稳定剂。明胶或琼脂需将其在水中浸泡10 min,再加热到60～70℃,配制成10%的溶液。

混合料调制时,首先将黏度低的原料如牛奶、脱脂乳等放到带搅拌器的配料缸中,然后添加黏度稍高的原料,如乳粉液、糖浆、稳定剂液等,再加入黏度高的稀奶油、炼乳、蜂蜜等,较少量的固体如可可粉,可以用细筛筛入配料缸中。最后用水调整容量,使混合料的总固体符合要求。添加酸性水果时,为了防止混合料形成凝块,可在混合料充分凝冻后添加;添加香料、色素、果仁、点心等,则应在混合料成熟后添加。混合料的酸度应控制在0.18%～0.20%,一般不超过0.25%,否则杀菌时有凝固的危险。当酸度过高时,可用小苏打或碱中和。

配制混合料时,应不断搅拌,并注意控制料温在40～50℃,否则会影响产品质量。

(2)均质

①均质的目的。均质使脂肪球微粒细化至1 μm左右,以防止乳脂层的形成,改善冰淇淋组织状态;使混合料的黏度增加,缩短成熟时间,有效地预防在凝冻过程中形成奶油颗粒等,使冰淇淋的组织细腻。均质后制得的冰淇淋,形体润滑松软,具有良好的稳定性和持久性。

②均质的温度。均质温度过低,混合料黏度高,对凝冻不利,造成冰淇淋形体不良;高温均质,混合料的脂肪球集结的机会少,有降低稠度、缩短成熟时间的效果,但也有产生加热臭的缺陷。温度过高(大于70℃),凝冻时膨胀率过大,亦有损于形体。通常合适的温度范围为60～70℃。

③均质压力。均质压力过低,则脂肪球不能破碎到要求的程度,混合料凝冻不良,影响冰淇淋的形体。均质压力过高,混合料黏度过高,凝冻时空气难于进入,对获得理想的膨胀率不利,同时对设备的要求也增高。因此,混合料的均质一般采用两段均质,均质压力随混合料的成分、温度、均质机的种类等不同而异,一般第一段为14～18 MPa,第二段为3～5 MPa,这样可使混合料保持较好的热稳定性。

(3)杀菌

①杀菌的目的。杀菌的目的有:a.杀灭混合料中的微生物,破坏微生物所产生的毒素,钝化酶;b.增加混合料的黏度;c.提高品质与风味。

②杀菌的条件。混合料的杀菌可采用不同的方法,如低温间歇杀菌、高温短时杀菌和超高温瞬时杀菌三种方法。低温间歇杀菌法通常为68℃保持30 min或75℃保持15 min。如

果混合料中使用海藻酸钠时，以 70 ℃加热 20 min 以上为好；如果使用淀粉，杀菌温度必须提高或延长保温时间。高温短时杀菌法采用 80～83 ℃保持 30 s。超高温杀菌温度为 100～130 ℃，保持 2～3 s。

(4)成熟　成熟也称老化，是指杀菌后的混合料迅速冷却至 2～4 ℃，并在此温下保持一段时间的过程。

①成熟的目的。成熟过程中，由于脂肪、蛋白质、稳定剂的水合作用的增强和混合料黏稠度的增加，可提高成品的膨胀率，改善成品的组织状态。这是因为均质后的冰淇淋混合料中，脂肪球的表面积有了很大的增加，增强了脂肪球在溶液界面间的吸附能力，在卵磷脂等乳化剂的作用下，脂肪在混合料中能形成较为稳定的乳浊液。随着分散相体积的增加，空气的混入，乳浊液的黏度增加，这样在凝冻过程中使冰淇淋具有细致、均匀的空气泡，为冰淇淋细腻的组织结构提供了保证。水化作用的增强使混合料中游离水减少，可防止凝冻时形成较大的冰晶，改善了冰淇淋的组织。

②成熟时间。成熟时间随成熟温度和混合料组成的不同而不同。在 2～4 ℃时，温度越低，成熟时间越短。混合料中，干物质越多，黏度越高，成熟时间越短。干物质少的混合料成熟时间适当延长为好。一般说来，成熟温度控制在 2～4 ℃，成熟时间一般以 6～12 h 为佳。

为提高成熟或老化的效率，可先将混合料的温度降至 15～18 ℃，保温 2～3h，此时混合料中的稳定剂(如琼脂、明胶)膨胀，并充分与水化合，提高水化程度。然后，再将其冷却到 2～4 ℃，保温 3～4 h。这样可缩短成熟或老化时间，提高效率。

(5)添加香料　在成熟终了的混合料中添加香精、色素等，通过强力搅拌，在短时间内使之混合均匀，然后送到凝冻工序。

(6)凝冻　凝冻是冰淇淋加工中的一个重要工序，它是将混合原料在强制搅拌下进行冷冻，使空气更易于呈微小的气泡均匀地分布于混合料中，使冰淇淋的水分在形成冰晶时呈微细的冰结晶，防止粗糙冰屑的形成。

①凝冻的目的。a. 使水变成微细冰晶。在制冷剂的作用下，温度逐渐下降，水变成微细冰晶，冰淇淋混合料黏稠度逐渐增大而成为凝冻状态。

b. 混合料混合均匀。由于凝冻机搅拌器的搅拌作用，冰淇淋混合料逐渐形成微细的冰屑，防止凝冻过程中形成较大的冰屑；同时使后来加入的香精、香料等均匀混入混合料中。

c. 获得合适的膨胀率。凝冻过程中，由于强烈的搅拌而使空气的极微细气泡逐渐混入，混合料容积增加，这一现象称为增容，以百分率表示即称为膨胀率。

$$\text{膨胀率}=\frac{\text{混合料质量}-\text{与混合料同容积产品质量}}{\text{混合料同容积产品质量}}\times 100\%$$

合适的膨胀率可使冰淇淋组织松软，口感细腻，形体完美。

②凝冻的设备。冰淇淋的凝冻是通过凝冻机来实现的。

a. 凝冻设备的组成。凝冻设备的种类和型号较多，一般由凝冻器、制冷系统、空气混合泵、传动系统四部分组成。凝冻器由凝冻筒、刮刀和搅拌器三部分组成。凝冻筒是混合料进行凝冻的场所，一般用不锈钢制造，筒外壁直接与冷却介质接触。刮刀多在搅拌器外壁，有两组或多组，其作用是将凝冻于筒壁上的冰淇淋及时铲刮下来，以使混合料全部均匀凝冻。搅拌器通过它的强烈搅拌，使空气混入混合料中，使冰淇淋得到适当膨胀率。制冷系统向凝冻筒提供冷源，其冷却介质常是液氮。空气混合泵作用是将过滤后的空气泵到凝冻筒内。简单的凝冻筒也可不用空气混合泵。传动系统可带动搅拌器和刮刀旋转工作，一般可以进行调速。

b.设备的种类。凝冻机的种类很多，按操作方式分为间歇式凝冻机和连续式凝冻机。间歇式凝冻机的生产是周期性进行的，在进料和出料时需停机，其生产量一般较小，适用于小企业使用。连续式凝冻机的生产是连续进行的，在进料和出料时无需停机，其生产能力较大，产品质量也较好。按冷却方式分为间接冷却式凝冻机和直接蒸发式凝冻机。间歇式冷却凝冻机采用冷冻盐水或冰盐混合物做制冷介质，使混合料凝冻。一般是间歇生产，生产能力和产品质量都较低。直接蒸发式凝冻机是使制冷剂直接受热蒸发而使混合料凝冻，制冷剂可循环使用，生产一般为连续式，是使用最多的一类凝冻机。常用的制冷剂有氨、不含氯的氟利昂及某些新型制冷剂。

③凝冻温度与时间。凝冻温度是－4～－2 ℃，间歇式凝冻机凝冻时间为 15～20 min，冰淇淋的出料温度一般在－5～－3 ℃；连续凝冻机进出料是连续的，冰淇淋出料温度一般在－6～－5 ℃，连续凝冻必须经常检查膨胀率，从而控制恰当的混合料进出量以及空气混合量。

(7)灌装　凝冻后的冰淇淋立即灌装成型，即制成了软质冰淇淋。灌装成型后再硬化，即制成了硬质冰淇淋。冰淇淋的成型有冰砖、纸杯、蛋筒、浇模成型、巧克力涂层冰淇淋、异性冰淇淋切割线等多种成型灌装机。

(8)冰淇淋的硬化　将经过成型灌装和包装后的冰淇淋迅速置于－25 ℃以下的温度，经过一定时间的速冻，品温保持在－18 ℃以下，使其组织状态固定、硬度增加的过程称为硬化。

①硬化的目的。固定冰淇淋的组织结构状态，并使制品中的水分形成极细小冰结晶，保持产品具有一定的松软度和硬度，便于贮藏、运输和销售。

离开冰淇淋机的冰淇淋应迅速硬化，否则任何温度都会使小冰晶颗粒融化并结块，进而在硬化中形成较大的冰晶颗粒，同时微小气室被破坏而引起收缩，成品组织粗糙，品质降低。

②硬化设备。常用的硬化设备主要有硬化室和速冻隧道两种。

a.硬化室。又称速冻室或速冻冷库，属于生产性质的冷库，具有生产工艺要求的冷冻能力。硬化室由制冷系统提供冷量；由内部安装的鼓风机，调节室内的空气温度，并使室内的空气温度均匀；硬化室的外墙、顶棚和地面都应有一定厚度的绝热材料，周壁和门均进行绝热处理，以此维持室内低温的恒定。

使用硬化室时，应严格控制室内的温度和湿度，温度在短时间内的波动不得超过 1 ℃，在大批出货、进货时，一昼夜温度波动不得超过 4 ℃，对达到硬化时间的产品，要及时出货，转入贮藏库。

b.速冻隧道。速冻隧道是一种新型、快速、高效的硬化设备，它可以在很短时间内(0.5～1 h)完成硬化过程。它利用一种环形传送带，将冰淇淋等冷饮制品置于传送系统的载物托盘上，随托盘向前传送，在传送中受冷风降温而硬化。它主要包括绝热隧道、传送系统、托盘冷风系统等。

③硬化方法。硬化时间受容器的大小、膨胀率的高低、凝冻温度高低等影响。通常的硬化方法为：在－25～－23 ℃的速冻库中速冻 10～12 h，或让冰淇淋通过－45～－35 ℃的速冻隧道 30～50 min。

(9)贮存　冰淇淋在销售前应贮藏在低温冷藏库中。一般情况下，软质冰淇淋在－15～

－10 ℃下贮藏；硬质冰淇淋在－18 ℃条件下贮存。贮藏中切忌库温忽高忽低。否则，冰淇淋中出现冰结晶，使冰淇淋的质地粗糙。

(二)雪糕加工技术

1. 雪糕的成分及配方

(1)雪糕的成分　为制造雪糕所调和的各种混合原料称为雪糕混合料。其主要成分为：乳脂肪、非脂乳固体、糖类、稳定剂等。其组成标准如下：砂糖 13％～14％，淀粉 1.25％～2.5％，牛乳 32％，香料适量，糖精 0.010％～0.013％，精炼油脂 2.5％～4.0％，麦乳精及其特殊原料 1％～2％，着色剂适量。

(2)常见的雪糕配方　常见的雪糕配方如表 6-3 所示。

表 6-3　1 000 kg 雪糕配方　kg

原料	香草	草莓	可可	杧果	菠萝	咖啡	奶油可可
全脂牛奶	300		300			320	400
全脂奶粉	—	30	—	30	30	—	—
脱盐乳清粉	40	45	40	45	40	38	35
淀粉	25	25	25	25	25	22	22
砂糖	142	142	150	142	145	150	150
蛋白糖	0.4	0.4	0.6	0.4	0.4	0.6	0.6
速溶咖啡	—	—	—	—	—	2	—
可可脂	—	—	—	—	—	—	20
明胶	2	2	2	2	2	2	2
奶油	—	—	—	—	—	—	30
棕榈油	30	—	30	30	—	30	—
硬化油	—	30	—	—	—	—	—
CMC	2	2	2	2	2	2	2
人造奶油	—	—	—	—	35	—	—
可可粉			15				15
精盐	—	—	0.13	0.12	0.13	—	—
麦精	4	4	8	4	—	8	10
冰全蛋	20	20	20	20	20	20	25
芒果香精	—	—	—	1	—	—	—
草莓香精	—	1	—	—	—	—	—
菠萝香精	—	—	—	—	1	—	—
香草香精	1	—	—	—	—	—	—
奶油香精	—	—	—	—	—	—	0.5
红曲素	—	0.3	—	—	—	—	—
栀子黄	—	—	—	—	0.5	—	—
焦糖	—	—	0.4	—	—	0.4	—
水	458	698	407	698	698	405	288

2.普通雪糕加工工艺

(1)混合料配制

①先往配料缸中加入鲜牛乳、脱脂乳等黏度最低的原料,及半量左右的水。

②加入黏度稍高的原料,如糖浆、乳粉液、稳定剂和乳化剂液等。

③加入黏度高的原料,如稀奶油、炼乳、果葡糖浆、蜂蜜等。

④对于一些数量较少的固体料,如可可粉、非脂乳固体等,可用细筛筛入配料缸内。

⑤最后以水或牛乳做容量调整,使混合料的总固体在规定的范围内。

(2)配制时注意事项

①冰蛋或自制已结冰鸡蛋要切成小块,并与牛奶和水混合,比例为 1∶4,在混合缸内加热,温度不高于 55 ℃。

②淀粉使用前,要用 5～6 倍的水将其稀释成淀粉浆,一边搅拌一边加入到混合缸内,加热温度为 60～70 ℃,使其糊化,再通过泵物质循环过滤,过滤过的淀粉浆打入杀菌缸内。

③可可脂与奶油切成小块,加热熔化后一起在混合缸中过滤,再打入杀菌缸内。

④奶粉可与砂糖、水或牛奶一起搅拌混合,加热温度为 75 ℃,过滤打入杀菌缸内。

(3)杀菌　雪糕用 75～80 ℃的加热温度,时间 15～20 min 杀菌,棒冰原料可用 85～87 ℃的加热灭菌温度,时间 10～15 min。灭菌为了保证淀粉糊化,增加混合原料的黏度。为了延长保质期,杀菌后不得有大肠杆菌,菌落数每毫升控制在 100 个以下。

(4)均质　均质压力 15～17 MPa,均质温度 60～70 ℃。最好控制在 68～70 ℃,均质是由于油脂及粗质原料用量较高,防止脂肪上浮,防止产品组织粗糙,防止有乳酪粗粒存在。

(5)冷却　均质后的料液可直接进入冷却缸中,温度降到 4～6 ℃,温度愈低,雪糕冻结时间愈短,温度不能低于－1℃或低至结冰,否则影响质量。冷却缸的刷洗与消毒要彻底。

(6)浇模　冷却好的混合料需要快速硬化,因此要将混合料灌装到一定模型的模具中,此过程称为浇模。浇模之前要将模具、模盖、扦子进行消毒。

(7)插扦　扦子插得要整齐端正,不得有歪斜、漏插及未插牢,通常机械插扦。

(8)冻结

①直接冻结:直接将模盘浸入盐水内进行冻结。

②间接冻结法:有速冻库(管道半接触式冻结装置)与隧道式(强冷风冻结装置)速冻。冻结速度快,产生的冰结晶小,质地细;速度慢则冰晶大、质地粗。

(9)脱模　用烫模盘槽,槽内水温 48～54 ℃,浸入时间数秒,烫模后使雪糕脱模,立即嵌入拔扦架上,用金属钳用力夹住雪糕扦子,将一排雪糕送往包装台。

(10)包装　先观察质量,有歪扦、断扦及沾污上盐水的雪糕则不得包装,取雪糕时只准拿木扦而不准接触雪糕体,包装要紧密、整齐,不得有破裂现象。包装后送到传送带上由装箱工人装箱。

任务 1　冰淇淋的加工

【任务设计】

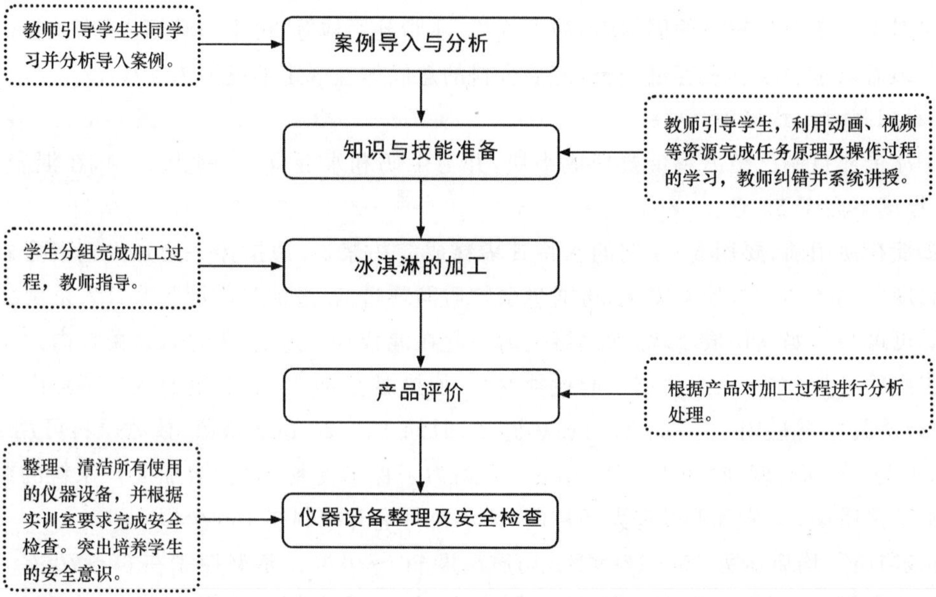

【案例导入】

中国很多冰淇淋品牌商常常会愤愤不平，他们搞不懂为什么同样的冰淇淋产品，同样的原材料，中国消费者偏偏不买账，而明知道买国外品牌花了冤枉钱，却依然趋之若鹜？现在，MISS TIME(米斯塔)冰淇淋给我们提供了另一种模式——以价格为原点，以产品为中心来“圈定”理性的消费者。依托这种独特组合拳术，MISS TIME(米斯塔)冰淇淋也许真的可以为中国冰淇淋连锁品牌打出一片广阔的蓝天。

在选择冰淇淋产品时，有些消费者会没有任何偏见地去享受冰淇淋自身的口感。针对这一目标群体，米斯塔冰淇淋注重产品的创新和研发，在冰淇淋口感上追求最完美的冰爽体验。并且，依托独有的原材料供给渠道，将产品价格控制在了一个相对适中的程度。严格的成本控制，质优价廉；以产品取胜，低调朴实。这种中国式浪漫是一种沉着冷静的情感；更是一种厚实质朴的感动。

在中国，为什么很多消费者会选择国外冰淇淋产品？如何研制具有地方特色的冰淇淋？

【任务实施】

冰淇淋是以饮用水、乳品(乳蛋白含量在 2%以上)、蛋品、甜味料、食用油脂等为主要原料，加入适量的香料、增调剂、着色剂、乳化剂等食品添加剂，经混合、灭菌、均质、老化、凝冻等工艺或再经成型、硬化等工艺制成的体积膨胀的冷冻饮品。比较好的膨胀率是冰淇淋的组织结构的基础，冰淇淋原辅料在配合搅拌中，会产生许多均匀的水汽泡而增大体积，经过冷却后，会结成微细的冰晶体，这种空气的介入是重要的，这对防止冰淇淋过分冻结、过分硬死、入口绵软适口，是必不可少的。本次选择任务为冰淇淋的加工，在工作过程中进一步学习其原理。

一、主要设备及原料

（1）仪器与设备　冰淇淋机搅拌器、冰淇淋冷凝器、冰淇淋杯、冰箱、燃气灶、温度计、锅、木铲、塑料盒、滤布、台秤等。

（2）原料　牛奶 0.5 L，白砂糖 150 g，鸡蛋黄 4 个，稀奶油 0.5 L，香草粉（按说明书添加）。

二、操作步骤

冰淇淋机的清洗

（1）冰淇淋设备清洗　采用食品级消毒剂对冰淇淋机进行清洗消毒 2～3 次，然后采用纯净水清洗 2～3 次，备用。

（2）混合料的配制　搅打鸡蛋黄，将其混于牛奶中，同时将稀奶油、糖、香草粉加入，搅拌使混合均匀。

（3）均质　加热至 65 ℃，进行两段均质，一般第一段为 18 MPa，第二段为 5 MPa。

均质操作

（4）杀菌和老化　将混合物加热至 80 ℃保持 25 s，然后立即冷却至 20 ℃，将混合物放在冰箱中冷藏 4～5 h（温度 0～4 ℃）。

（5）凝冻　老化完成时，放入干净的冰淇淋机，开动冰淇淋机搅拌器和冷凝器，将时间控制器调至冰淇淋处（需要 10～12 min）进行凝冻。

（6）硬化　当凝冻完成时，将冰淇淋取出装入容器中送至硬化室（冰柜，温度－34～－23 ℃）硬化处理，时间 10～12 h，软质冰淇淋所需时间较短。

三、结果分析

制得的冰淇淋其形体应当滑润、柔软、紧密，无收缩现象，无大的乳糖及冰的结晶和乳酪粗粒，风味正常，无异味。否则应分析产品产生缺陷的原因，制定相应的改进措施。记录相关数据，计算冰淇淋的膨胀率，并进行产品成本核算。

四、注意事项

（1）按冰淇淋的组成，严格计算配料的用量。认真处理原辅料，注意调配混合料的顺序。

（2）如稀奶油不够，可用植物硬化油加牛奶代替，稀奶油中含纯脂肪 30%～40%，脱脂乳 60%～70%，使用植物硬化油时，需同时使用乳化剂——单甘油酯（按说明添加）进行乳化。

（3）要制出好的冰淇淋，卫生条件很重要。在操作过程中所用的器具应严格杀菌，像勺子、过滤器等需煮沸后使用。

（4）凝冻机在使用前应进行严格的清洗、消毒处理，特别是与混合料相接触的部分。

（5）当混合料达到凝冻筒容积的 60%～70%时（混合料不能注入太满，否则易于外溢），关闭进料阀，开动搅拌器。

任务2 膨化雪糕的加工

【任务设计】

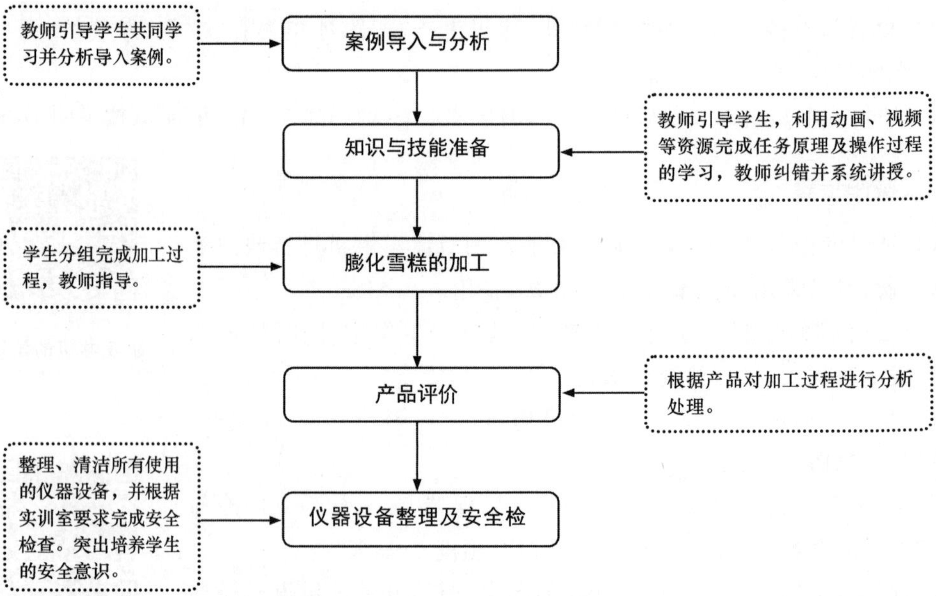

【案例导入】

伊利冰淇淋是内蒙古伊利实业集团股份有限公司生产的冰淇淋。内蒙古伊利实业集团股份有限公司是全国乳品行业龙头企业之一，是国家520家重点工业企业和国家八部委首批确定的全国151家农业产业化龙头企业之一。伊利集团下设液态奶、冷饮、奶粉和原奶、酸奶五大事业部，所属企业八十多个，生产的具有清真特色的“伊利”牌雪糕、冰淇淋、奶粉、奶茶粉、无菌奶等39类产品600多个品种通过了国家绿色食品发展中心的绿色食品认证。伊利雪糕、冰淇淋连续十年产销量居全国第一，入选中国世界纪录协会冰淇淋产销量中国之最。伊利超高温灭菌奶连续七年产销量居全国第一，伊利奶粉、奶茶粉产销量一直稳居全国前三位。

伊利深入人心的国民形象，充分渗透到消费者的生活中。2012年8月，伊利牵手伦敦奥运会，连续8年成为中国体育代表团唯一指定乳品；2022年初，伊利携手北京冬奥，实现高速增长，其推出的冷饮非常熊猫版、小白袋冰墩墩版，伴随着冰墩墩迅速走红，实现了环比15%以上的增长。此外，伊利还将品牌植入各种综艺节目中，2020年甄稀冰淇淋赞助了《让生活好看》、巧乐滋赞助了《喜欢你，我也是》第二季，并邀请著名流量明星代言，充分利用粉丝效应，进一步锁定年轻消费者，提高品牌热度。

伊利大量的广告营销带来公司品牌价值提升，使得品牌渗透率常年高于蒙牛、光明乳业。2021年，“天猫618乳饮冰行业成交榜”发布：从乳饮冰行业整体看，伊利、蒙牛、认养一头牛占据品牌榜前三；同年公司凭借92.2%的品牌渗透率、近13亿的消费者触及数，连续7年位列中国市场消费者选择最多的品牌榜榜首。

在中国，为什么雪糕市场竞争激烈？如何研制具有地方特色的雪糕产品？

【任务实施】

膨化雪糕作为另一种受欢迎的冷冻乳制品，是以饮用水、乳品、蛋品、甜味料、食用油脂等为主要原料，加入适量增稠剂(如淀粉)、香料、着色剂等食品添加剂，或再添加可可、果汁等其他辅料，经混合、灭菌、均质、注模、冻结(或轻度凝冻)等工艺制成的带棒或不带棒的冷冻饮品，入口绵软、细腻滑口，它含有气泡，气泡形成膨胀。目前膨化类系列很受欢迎，因此本次选择任务为膨化雪糕的加工。

一、主要设备及原料

1. 实验材料

水、全脂奶粉、绵白糖、糊精、增稠剂、稳定剂、乳化剂。

配方：以 2 kg 为例，全脂奶粉 8%，绵白糖 10%，明胶 0.4%，单甘酯 0.5%，CMC 0.6%，糊精 4%，糖浆 1%。

2. 仪器和设备

组织捣碎机、棒冰冻结机、雪糕膨化机、雪糕模、低温冰柜、复底锅、电磁炉、高压灭菌锅、不锈钢操作台、电子秤、不锈钢盆。

二、操作步骤

(1)混合糖浆的制备　按配方要求称取各种物料，首先将明胶与糊精分别溶解，然后将绵白糖、单甘酯、CMC 充分混合，加入适量的水，煮沸，将准备好的明胶、糖浆和糊精依次倒入混合溶液中。用组织捣碎机处理 2～3 次，防止有大量的胶团存在影响产品的质量。将混合料放入高压灭菌锅中水浴杀菌，边加热边搅拌，混合料杀菌条件为：90～95 ℃维持 5～7 min。杀菌后 100 目筛过滤，备用。

(2)调配　在全脂奶粉中加入适量的凉开水调匀，100 目筛过滤，与混合糖浆混合，定容，使用组织捣碎机乳化均匀，水浴冷却到 4～6 ℃，用糖量计测定混合料的糖度达到需要的数值。

(3)老化　将混合料在 2～4 ℃的温度下老化 6～8 h。

(4)膨化　将老化成熟的混合料加入到冰淇淋机中，开动制冷进行搅冻，增加料液的融气量，达到要求的膨胀率后即可进行下一步操作。

(5)灌模、速冻、插扦　将膨化达到要求的料液灌入雪糕模，送入棒冰机进行速冻(本次实验在冰柜中进行速冻)，当料液呈半固态时插扦，继续冻结，直到符合雪糕的硬度要求为止。

(6)脱模、冷藏、贮存　用 80～85 ℃的热水脱模，然后将已脱模的雪糕置于低温冰柜中，在－24～－18 ℃的条件下贮存或者直接消费。

三、结果分析

制作的膨化雪糕组织状态细腻，风味正常，有适宜的组织膨胀率。否则应分析产品产生缺陷的原因，制定相应的改进措施。记录相关数据，计算膨化雪糕的膨胀率，并进行产品成本核算。

四、注意事项

(1)用冰淇淋凝冻机进行膨化时要严格控制膨化程度，防止膨化率过高物料流动性变劣，过于黏稠无法灌模。

(2)插扦时应注意扦子不能有歪斜、漏插和未插的现象，扦子在料液中应保持1/2～2/3的长度，露在外面的部分大概应有2.5 cm以上。

(3)冻结时的冻结温度应保持在－18 ℃以下，防止冻结过慢，雪糕融化塌陷，影响产品的品质。

【知识拓展】

一、知名冰淇淋品牌

(一)哈根达斯

哈根达斯是风靡全球的冰淇淋品牌，1921年由鲁本·马特斯创建于纽约。哈根达斯采用纯天然材料，不含任何防腐剂、人造香料、稳定剂和色素。脱脂奶的选用更将美味与健康绝妙融合。纽约时代杂志曾赋予哈根达斯“冰淇淋中的劳斯莱斯”的美名。哈根达斯主要口味有香草、巧克力、草莓、抹茶、曲奇香奶、牛奶太妃、夏威夷果仁、杧果、咖啡、葡萄朗姆酒、提拉米苏等。甜品包括了浪漫奇缘分、浓情蜜意、宠爱一生、给我的爱、心醉浪漫、爱琴海之舟梦、伊甸园等。

(二)Cold Stone(酷圣石)

1988年，在美国亚利桑那州开创了第一家酷圣石冰淇淋店。时至今日，全球酷圣石门市已超过1 500家，其极致完美的冰淇淋体验已为所有冰淇淋爱好者所津津乐道。不仅专卖店内所贩售的冰淇淋都是每天在店铺内新鲜制造，并且在独具创新的花岗石调理石板上，还可依顾客自身喜好，在自己喜爱的冰淇淋中拌入各种水果、坚果、饼干、蛋糕等馅料，变换出上百种、上千种的“客制化”冰淇淋。

(三)天使冰王

天使冰王于1981年始创于美国的阿肯色州小石城。它的分店遍及世界60多个国家，全球超过4 000多家店面，拥有全美70%的市场占有率。天使冰王的产品主要有硬实乳果雪糕、芭菲杯、香蕉船、震撼冰王、天使特饮、乳果浮冰、乳果奶昔等。

(四)Baskin Robbins(巴斯金·罗宾斯)

1945年，伯特·巴斯金和欧文·罗宾斯在加利福尼亚的洛杉矶创立了巴斯金·罗宾斯冰淇淋公司。巴斯金·罗宾斯冰淇淋的款式多种多样，有水果类冰淇淋、无糖类冰淇淋、还有低脂类。它的品种也很多，有圣代、奶昔、香蕉王、小丑甜筒等。

(五)聚乐多

聚乐多冰淇淋是来自于意大利的艺术冰淇淋，聚乐多冰淇淋冰冻得很硬，口感也轻，食用后，身体会感到很舒服，并且它的冰淇淋都非常新鲜，原料多选应季的水果，制作加工也非常快，多以圣代为主。

(六)Dairy Queen(奶品皇后)

1938年DQ的鼻祖在美国尝试制作冰淇淋新产品。他发现从冰淇淋机中的流出来的软质冰淇淋要比冰冻过后的尝起来更好吃一些。这种软体冰淇淋，经过均匀搅拌后，有“倒杯不洒”的美誉。它的种类有香蕉船、蛋卷、脆皮、暴风雪、新地、奶昔等。

(七)GREENAU(格林奥)

1982年,GREENAU诞生于美国的加州,一直只选用最优质的、纯天然的原料制造,口感香软幼滑,让人唇齿留香。格林奥的品种很多,有茶叶、珍珠、中药、辣味、油炸冰淇淋等。中药冰淇淋利用人参、天麻、田七、枸杞等中药精制而成,在享受这种冰淇淋独特的口感的同时,也得到了身体上的滋养,可谓一举两得。另外,辣味冰淇淋,火红的色泽,如朝天椒般的造型,叫人爱不释手。

(八)和路雪(Wall's)

和路雪(Wall's)为英国著名冰淇淋企业,总部设在英国,在全球拥有多家分公司,是联合利华旗下企业。其在中国生产的冰淇淋品牌是"和路雪"。1993年,和路雪(中国)有限公司成立。

二、特色冰淇淋加工实例

冰淇淋的制作原料丰富多彩,使用不同的原料,其处理方式就不同,形成的冰淇淋的风味与口感也不尽相同。以下列举几个生产实例。

(一)绿茶冰淇淋

绿茶冰淇淋色泽清亮,口感清爽,在炎热的夏季品尝,清凉而不油腻,深受消费者欢迎。

1.配方

全脂奶粉9.3%,稀奶油25%,绿茶汁5%,白砂糖15%,甘油硬脂酸酯0.2%,明胶0.4%,羧甲基纤维素钠0.1%,水45%。

2.操作要点

(1)茶汁制备　选择无霉变、无异味、不走香色的各类绿茶叶进行复配,放入90 ℃干燥箱中烘30 min后粉碎成粒度500 μm以下的微粒。将茶叶末放入保温缸中,加水加热至85 ℃浸泡25 min,并不断搅拌使之充分溶解,色泽呈茶绿色。

(2)混合配料　将稀奶油、白砂糖和适量水搅拌溶解,再奶粉加水搅拌溶解后共同加入保温缸,将稳定剂、乳化剂加约10倍水浸泡溶胀后加入缸中,并在缸中将料液全部均匀混合后升温至50 ℃左右。

(3)均质、杀菌、冷却、老化　将料液泵入高压均质机,保持物料在50 ℃,压力8～12 MPa条件下均质。均质后泵入杀菌器中,85 ℃杀菌16 s。然后通过板式交换器迅速冷却至0～4 ℃,送入已清洗消毒的老化缸内,加入茶汁,搅拌均匀后,在0～4 ℃条件下保持10～12 h成熟。

(4)凝冻、灌装、硬化　在冰淇淋凝冻机中迅速凝冻,然后灌装、硬化,形成成品。

(二)无糖低脂冰淇淋

普通冰淇淋营养丰富、口感好、消暑止渴,但它含糖量、脂量均高,不适合中老年人,尤其是肥胖者、糖尿病、心血管病人的要求。为了满足这部分消费者的需求,有必要开发无糖低脂冰淇淋。这种冰淇淋既保持了原来冰淇淋的口感、色泽、味道,又无糖低脂,是一种保健食品,在国外十分风靡,也是我国冰淇淋的发展方向。

1.特色原料

①Litesse。一种水溶性食用纤维,分子中结合有少量山梨糖醇和柠檬酸,含热量低,约为脂肪的1/8,它具有脂肪的实体感,是脂肪的良好代用品。可防止胆固醇的吸收;增加排

泄物体积，缩短在肠内的通过时间，消除便秘和增强消化功能；有明显的降血脂效果，可减少或防止心血管疾病的发生；还能减少吸收或吸附食物中的致癌物质，阻碍或延长葡萄糖的吸收。

②Dairy-Lo。一种经特殊加工的乳清蛋白浓缩物，主要由β-乳球蛋白经加热后成为链状蛋白，可代替冰淇淋中的脂肪。它含热量低，还不到脂肪热量的1/2，能显示具有乳脂肪口感和风味，滋味爽口，可强化冰淇淋的口感、质地；此外，它与水的结合能力强，具有稳定剂的功能，能防止冰淇淋形成冰的味觉，使其更具有奶油状口味。

2. 配方

无糖低脂冰淇淋是一种保健型冰淇淋，亦是健康食品的发展方向，这种冰淇淋采用了性能独特的添加剂，实际生产中原料种类较多，下列配方可供参考。

(1)无糖低脂冰淇淋　全脂奶粉13%，APM(阿斯巴甜)适量，Litesse7%，复合乳化稳定剂0.5%，糯米粉3%，香精适量，加水至100%。

(2)低糖低脂冰淇淋　全脂奶粉14%，蔗糖4%，Litesse8%，APM(阿斯巴甜)适量，复合乳化稳定剂0.4%，糯米粉3%，香精适量，加水至100%。

(3)无糖无脂冰淇淋　脱脂乳粉15%，糯米粉3%，Litesse8%，香精适量，复合乳化稳定剂0.4%，Dairy-Lo2%，加水至100%。

上述配方中的复合乳化稳定剂系由瓜尔豆胶、CMC、CMS(羧甲基淀粉钠)、单甘脂等配合而成。

3. 工艺流程

加工工艺流程与普通冰淇淋相同。

4. 注意事项

(1)由于配方中蔗糖用量较少或无蔗糖，使冰淇淋的固形物含量降低，为使固形物含量达到要求，在配方中添加了糯米粉。

(2)Litesse和Dairy-Lo是脂肪取代剂，它们可单独使用，但若是一起使用，效果更好，还可降低总的用量。

【项目测试题】

一、名词解释

冰淇淋　雪糕

二、判断题

1. 冰淇淋和雪糕的加工原料相同，生产工艺差别很大。　(　　)

2. 稀奶油和冰淇淋物理成熟的实质相同。　(　　)

三、单选题

1. 冰淇淋中油脂含量在(　　)最为适宜。

A. 1%～3%　B. 3%～6%　C. 6%～12%　D. 12～18%

2. 冰淇淋成熟温度为(　　)

A. 1～2 ℃　B. 2～4 ℃　C. 6～10 ℃　D. 10～15 ℃

四、多选题

影响冰淇淋组织状态的因素有(　　)。

A. 乳化剂　B. 稳定剂　C. 老化和凝冻　D. 均质

五、简答题

1. 阐述冰淇淋的基本加工工艺流程。

2. 简述冰淇淋均质的目的及操作参数。

3. 简答冰淇淋的凝冻的目的。

4. 简述雪糕的硬化的目的。

六、论述题

1. 论述冰淇淋成熟的目的及原因。

2. 论述冰淇淋的加工关键工序。

项目七
炼乳的加工

【知识目标】

①熟悉炼乳的概念、种类及生产加工基本情况；②学会甜炼乳及淡炼乳的加工方法，掌握工艺中关键工艺的原理、操作、工艺条件及质量控制。

【技能目标】

①能够完成淡炼乳的生产操作；②能够完成甜炼乳的生产操作。

【项目描述】

本项目主要介绍炼乳的概念、分类及炼乳执行的最新质量标准。通过具体的工作任务的实施使学生掌握甜炼乳及淡炼乳的生产加工过程、两种产品加工方法的区别，掌握工艺中关键工序的原理、操作、工艺条件以及炼乳常见的质量问题的分析与解决措施。

【思维导图】

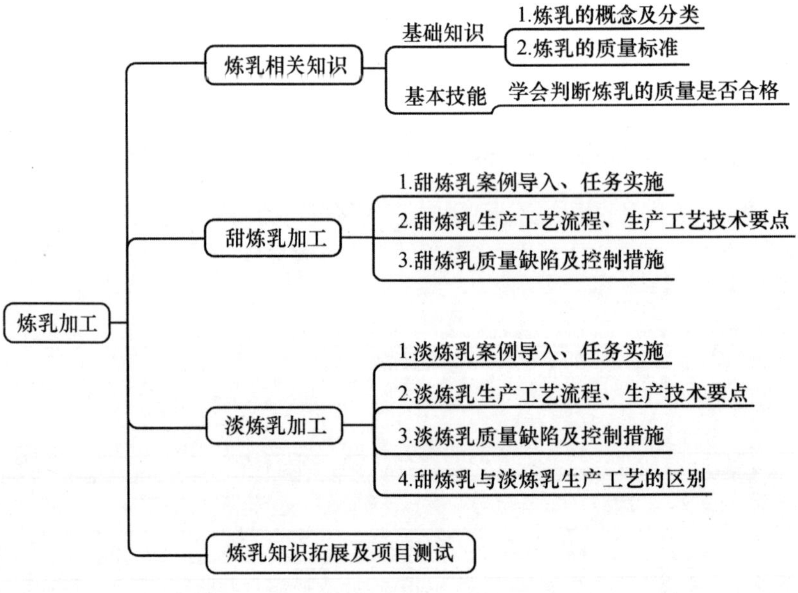

【相关知识】

一、炼乳的概念及分类

炼乳(condensed milk)是一种浓缩乳制品，它是将新鲜牛乳经过杀菌处理后，蒸发除去其中大部分的水分而制得的产品。其种类很多，直接浓缩不加糖的产品为淡炼乳，浓缩并加糖的产品为甜炼乳；按照成品是否脱脂，可以分为全脂炼乳及脱脂炼乳；如再加入食品添加剂和营养强化剂，则为调制淡炼乳或调制甜炼乳。目前我国炼乳的主要品种是甜炼乳及淡炼乳。

炼乳生产最早出现在美国，1856 年美国人葛尔·波顿(Gail Borden)用真空蒸发的方法对牛乳进行浓缩，由于浓缩本身并不能延长牛乳的保质期，所以就需要在牛乳中加入一定量的蔗糖，来达到防腐的目的。瑞士人梅依泊基(B. Meyenberge)发明了淡炼乳制造方法，1884 年 Meyenberge 获得专利并在美国建立淡炼乳工厂进行加工生产。

(一)甜炼乳

甜炼乳也称全脂加糖炼乳，是在新鲜牛乳中加入约 16%的蔗糖，并浓缩至原体积 40%的一种浓缩乳制品。成品甜炼乳中蔗糖含量为 40%～50%，由于加糖后炼乳的渗透压大大增加，从而赋予了制品一定的保存性。甜炼乳可分为全脂甜炼乳及脱脂甜炼乳。

甜炼乳曾普遍地用于哺育婴儿。随着营养学的发展，已证明甜炼乳蔗糖含量过高，不宜用于哺育婴儿。甜炼乳中因含有大量的蔗糖，与常乳的营养价值有显著的不同，如将甜炼乳稀释到常乳的程度，其蔗糖含量仍过高。加之营养比率不平衡，即其中含的碳水化合物比蛋白质、脂肪及灰分等诸成分过多，因此，用甜炼乳长期哺育婴儿是不适宜的，易使婴儿虚胖，对疾病抵抗力减弱。但在某种特殊情况下。例如早生儿，有胃肠疾患者，作为辅助食品则很有效果。

由于添加蔗糖并使蛋白质变性，甜炼乳的消化率有所改善，对酸的凝集性也有所改善，所以较易消化。由于加热处理，维生素类特别是维生素 B_1 及维生素 C 易受破坏。

甜炼乳饮用较方便，开罐后也能保藏几天。凡是缺乏鲜乳供应的地方，可以利用甜炼乳以代替消毒牛乳或添加于红茶、咖啡中饮用。大罐包装者用于食品工业，如冰淇淋、糖果和糕点等的生产。

(二)淡炼乳

淡炼乳或称淡乳，也称无糖炼乳，是将鲜牛乳先浓缩至原体积的 40%，装罐后再进行灭菌处理而制成的浓缩灭菌乳。淡炼乳的生产工艺过程大致与甜炼乳相同，但因不加糖，缺乏糖的防腐作用，因而这种炼乳封罐后还要进行加热灭菌并添加稳定剂，同时淡炼乳要进行均质处理。

淡炼乳分为全脂和脱脂两种，一般淡炼乳指前者，后者称为脱脂淡炼乳。此外，还有添加维生素 D 的强化炼乳，以及调整化学组成使之近似于母乳、并添加各种营养素的专门喂养婴儿的调制淡炼乳。

由于经过高温灭菌，淡炼乳在室温下可长期保存，凡是不易获得新鲜牛乳的地方都可以用淡炼乳来代替。但高温灭菌会导致牛乳中维生素 B_1 和维生素 C 有一定量的损失，若加以补充，其营养价值几乎与新鲜牛乳相同；且经过高温处理后，产品呈现软凝块状，易于消化；淡炼乳中脂肪球经均质处理后变小，易于被人体消化吸收，是很好的育儿乳品。

二、炼乳的质量标准

（一）感官要求

炼乳的感官指标应符合表 7-1 的规定。

表 7-1　炼乳感官要求

项目	要求		
	淡炼乳	甜炼乳	调制炼乳
色泽	呈均匀一致的乳白色或乳黄色，有光泽		具有辅料应有的色泽
滋味、气味	具有乳的滋味和气味	具有乳的香味，甜味纯正	具有乳和辅料应有的滋味和气味
组织状态	组织细腻，质地均匀，黏度适中		

（二）理化指标

应符合表 7-2 的规定。

表 7-2　炼乳理化指标

项目	指标			
	淡炼乳	甜炼乳	调制炼乳	
			调制淡炼乳	调制加糖炼乳
蛋白质/(g/100 g)	非脂乳固体[a] 的 34%		≥4.1	≥4.6
脂肪(X)/(g/100 g)	$7.5 \leqslant X < 15.0$		$X \geqslant 7.5$	$X \geqslant 8.0$
乳固体[b]/(g/100 g)	≥25.0	≥28.0	—	—
蔗糖/(g/100 g)	—	≤45.0	—	≤48.0
水分/%	—	≤27.0	—	≤28.0
酸度/(°T)	≤48.0			

注：[a] 非脂乳固体(%)＝100%－脂肪(%)－水分(%)－蔗糖(%)。

[b] 乳固体(%)＝100%－水分(%)－蔗糖(%)。

（三）微生物要求

淡炼乳应符合商业无菌的要求，甜炼乳应符合表 7-3 的规定。

表 7-3　炼乳微生物限量

项目	采样方案[a] 及限量(若非指定，均以 CFU/g 或 CFU/mL 表示)			
	n	c	m	M
菌落总数	5	2	30 000	100 000
大肠菌群	5	1	10	100
金黄色葡萄球菌	5	0	0 /25 g(mL)	—
沙门氏菌	5	0	0 /25 g(mL)	—

注：[a] 样品的分析及处理按 GB 4789.1 和 GB 4789.18 执行。

任务1　甜炼乳的加工

【任务设计】

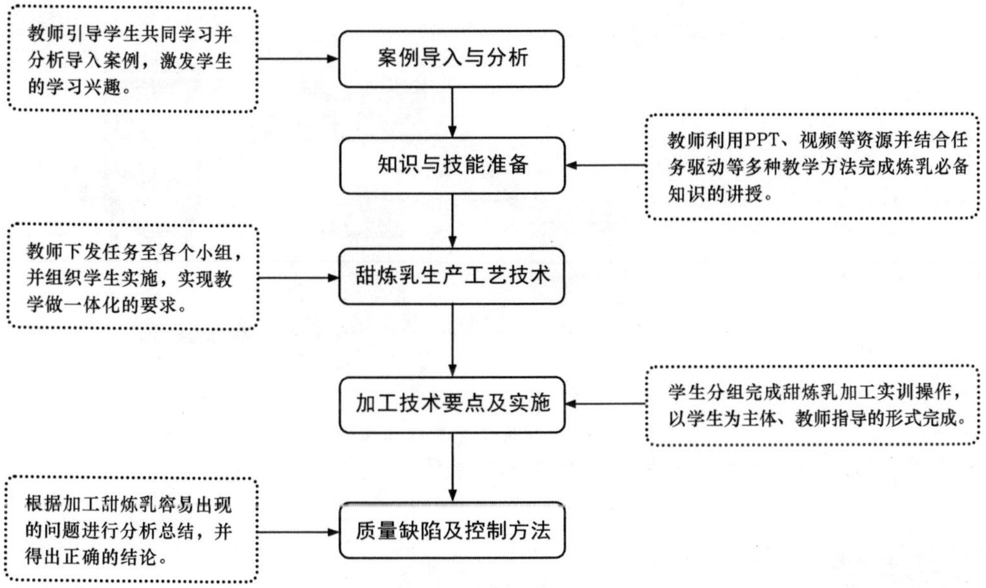

【案例导入】

甜炼乳是一种加入糖的浓缩乳，产品呈淡黄色，看起来像蛋黄酱一样，因为甜炼乳的糖分浓度很高，能够杀死大部分微生物。大多数孩子都喜欢甜性食品，如果使用甜炼乳替代鲜奶或母乳喂养宝宝，你认为可以吗？为什么？

【任务实施】

一、甜炼乳生产工艺流程

甜炼乳的加工工艺流程：

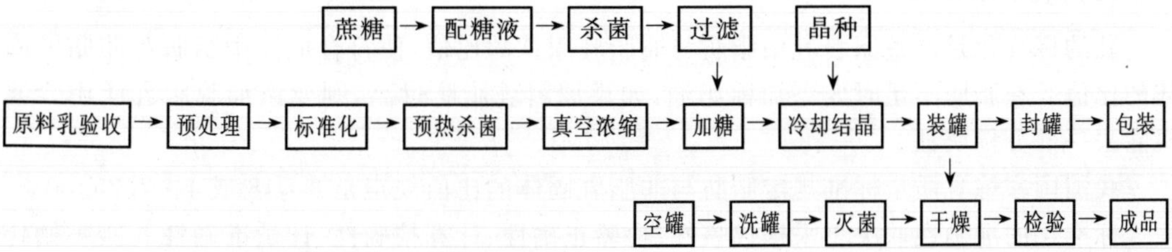

图 7-1 为甜炼乳的生产线示意图见图 7-1。

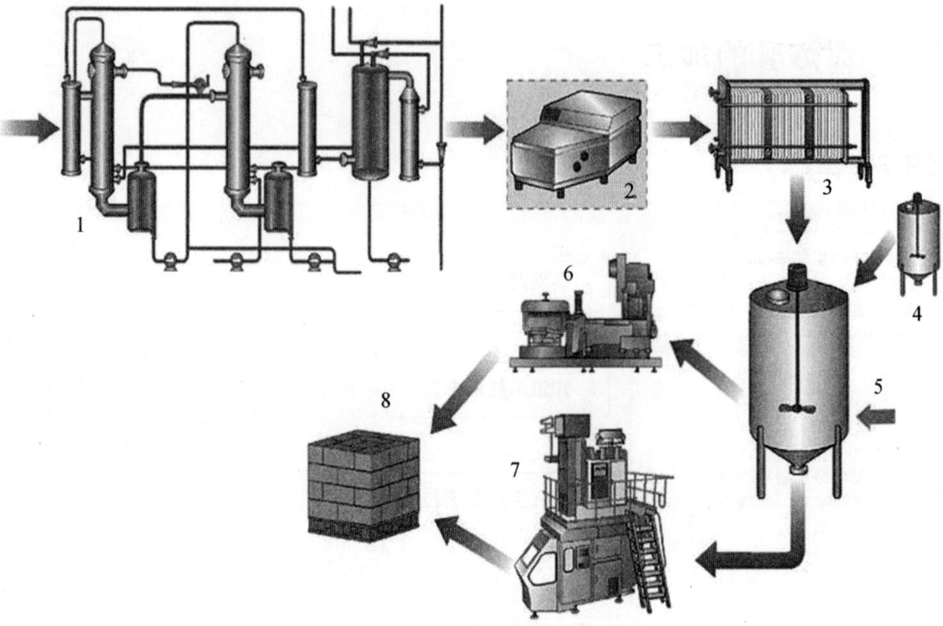

图 7-1　甜炼乳生产线示意图

1.蒸发　2.均质　3.冷却　4.糖浆　5.冷却结晶罐　6.灌装　7.贴标签、装箱　8.贮存

炼乳杀菌

二、甜炼乳生产工艺技术要点

(一)原料乳验收及预处理

要生产优质的甜炼乳，必须采用新鲜的原料乳，严格按国标要求验收，控制芽孢和耐热芽孢的数量。因为炼乳生产的真空浓缩过程乳的实际受热温度仅为 65～70 ℃，而 65 ℃对于芽孢菌和耐热细菌是较适合的生长条件，有可能导致乳的腐败，所以要严格控制原料乳中的微生物数量。其次，乳的蛋白热稳定性要好，能耐受强热处理，乳的酸度不能高于 16°T，75％酒精实验呈阴性。

验收合格的乳经称重、过滤、净化、冷却后泵入贮奶罐，见原料乳预处理。

(二)乳的标准化

乳的标准化是调整原料乳中脂肪与非脂乳固体的比值，使符合成品中脂肪与非脂乳固体的比值。在脂肪不足时要添加稀奶油，如果原料乳脂肪过高，则要添加脱脂乳或用分离机除去一部分稀奶油。

我国国家炼乳质量标准规定脂肪与非脂乳固体的比值规定是 8∶18 或 1∶2.25。

标准化的准确性取决于采样代表性、检验正确性、计算精确性、计量准确性和实际操作条件等。

(三)预热杀菌

原料乳在标准化之后，浓缩之前，必须进行加热杀菌处理。加热杀菌也有利于下一步浓缩的进行，故称为预热杀菌。

1.预热杀菌的目的

(1)杀灭致病菌、病毒并破坏对成品质量有危害的其他微生物,提高成品安全性。

(2)抑制酶的活力,防止成品出现脂肪水解和酶促褐变等不良现象。

(3)为浓缩过程进行预热,以利于浓缩过程稳定进行,提高蒸发速度,还能避免原料乳因骤然受热,在加热面上焦化结垢,进而影响产品质量和蒸发速度。

(4)使乳中蛋白质适当变性,防止成品出现变稠和脂肪上浮等现象。

(5)若采用预先加糖的方法,预热还便于蔗糖快速完全溶解。

2.预热杀菌条件

预热的温度、保持的时间等条件随着原料乳的质量、季节及预热设备等不同而异,从63 ℃、30 min的低温长时杀菌法到148 ℃的超高温瞬间杀菌法这样广泛的范围。一般是75 ℃以上保持10～20 min及80 ℃左右保持5～10 min或95 ℃、3～5 min。近年开始有采用110～150 ℃的超高温瞬间杀菌法。由于超高温瞬时杀菌可在瞬间达到杀菌目的,不仅处理能力高,节约能源,还能缩小设备体积,且对产品质量的提高有很大帮助,现在已普遍使用。

3.预热与微生物及酶的关系

一般病原菌的热致死点在60 ℃,其余的乳酸菌、酵母菌及霉菌等也可以在75 ℃、15 min或80 ℃、10 min的杀菌条件下杀死,这些微生物的残存率随原料乳中细菌数量的多少而不同,污染度越高,残存率也就越高,故对原料乳必须严格管理。

乳中主要的酶类受热破坏温度一般在80 ℃,牛乳中含有的解脂酶、过氧化物酶及蛋白分解酶等,也可在75 ℃、15 min或80 ℃、10 min的加热处理而破坏,因此,经过正确的预热处理以后,如果不再污染则不会引起质量问题。

4.预热对乳蛋白稳定的影响

(1)热凝固现象　乳制品加热时发生的重要变化为热凝固与组织、风味的变化。牛乳蛋白质的凝固有变性和凝聚两种现象。变性由加热而产生,但不能用肉眼辨认。这种现象发生在蛋白质凝聚前和蛋白质胶粒的电荷被中和后。乳中盐类为了使蛋白质凝聚,不断供给电解质,因此牛乳蛋白质的凝固决定于变性的程度。

(2)乳固体浓度的影响　非脂乳固体的浓度与热稳定性之间成直线关系。非脂乳固体的浓度在18%～20%的范围内,浓度每上升1%,凝固温度约降低1.3 ℃。

(3)酸度的影响　酸度对牛乳的热凝固影响很大,酸度越高蛋白质凝固的可能性就越大。乳固体10%时,牛乳的pH为6.6;乳固体30%时,pH为6.25;乳固体65%时,pH为5.97。随着牛乳的浓缩pH降低,也就为产生热凝固提供了条件。

(4)离子平衡的影响　牛乳加热后,盐类的平衡发生变化。即钙、镁的一部分形成柠檬酸盐和磷酸盐沉淀。通常当牛乳中加入H^+、Ca^{2+}、Mg^{2+}等阳离子时,稳定性降低;反之,加入OH^-、柠檬酸盐、磷酸盐等阴离子时,则热稳定性提高。

5.预热对变稠的影响

预热条件不仅影响成品的保藏性,还影响成品的黏度和稠度等。普遍认为:100 ℃时附近预热杀菌有使产品变稠的倾向,而100～120 ℃瞬间或75 ℃、10 min的预热比较适宜。在加工过程中必须根据当地原料及设备情况,合理调整,以保证产品质量。据多方研究报告总结如下几点:

(1)65～75 ℃的预热温度能降低变稠的现象,但65 ℃以下易引起成品稀薄的脂肪分离，如乳糖结晶不是 10 μm 以下的均匀晶粒时则容易产生糖沉淀，这种预热温度不适于制造小罐炼乳。

(2)80～100 ℃的预热温度有使变稠现象增加的趋势，但 80 ℃时影响极微，85 ℃时有明显影响，95～100 ℃时影响最强烈。

(3)沸点以上的温度能减低变稠现象，110～120 ℃时则抑制变稠，高于此温度时则有变稀的趋势。

(4)利用直接蒸汽预热时，因有过热的倾向，易产生部分蛋白质变性膨润作用，结果使产品不稳定或变稠。

(四)加糖

1. 加糖的目的及要求

加糖是甜炼乳生产中的一个步骤，加糖赋予甜炼乳以甜味外，主要为了抑制微生物生长繁殖，增强产品的保存性。蔗糖的防腐作用是由渗透压产生的，而且蔗糖溶液的渗透压与其浓度成正比，就抑菌效果而言，糖浓度越高越好，但甜炼乳有一定的规格要求，一般蔗糖添加量为原料的 15%～16%，加糖量过高易产生糖沉淀等缺陷。

生产炼乳所用的糖，以品质优良的结晶蔗糖或甜菜糖为最佳，质量应符合我国的国家标准中规定的优级或一级标准，如果使用质量低劣的糖，因其中含转化糖多，易引起发酵产酸而影响炼乳的质量。

2. 加糖量

为了使细菌的繁殖受到充分的抑制和达到预期的目的，必须添加足够的蔗糖。加糖量一般用蔗糖比表示。蔗糖比是决定甜炼乳应含蔗糖的浓度，也就是向原料乳中添加蔗糖数量的计算标准。一般以 62.5%～64.5% 最适宜。从食品安全考虑，为了能够抑制微生物的生长最好掌握在 62.5% 以上。因蔗糖添加过多会有蔗糖结晶析出的危险，所以蔗糖比的上限一般控制在 64.5%。

$$\text{蔗糖比}=\frac{\text{蔗糖}}{100-\text{总乳固体}}\times 100\% \quad \text{或} \quad \frac{\text{蔗糖}}{\text{蔗糖}+\text{水分}}\times 100\%$$

由上述蔗糖比的计算公式，可计算出甜炼乳中的蔗糖百分含量。而后可以根据浓缩比计算出原料乳中应加入的蔗糖量。

$$\text{炼乳中的蔗糖含量}=\frac{(100-\text{总乳固体})\times\text{蔗糖比}}{100}$$

$$\text{浓缩比}=\frac{\text{甜炼乳中的总乳固体}(\%)}{\text{原料乳中的总乳固体}(\%)}$$

$$\text{应添加的蔗糖量}=\frac{\text{甜炼乳中的蔗糖}(\%)}{\text{浓缩比}}$$

[**例 1**] 总乳固体为 30%，蔗糖含量为 45% 的甜炼乳，其蔗糖比为多少？

解：根据蔗糖比的计算公式：

$$\text{蔗糖比}=\frac{45}{100-30}\times 100\%=64.3\%$$

［例 2］ 总乳固体为 30％的甜炼乳，当其蔗糖比为 64.3％时，其中蔗糖的含量为多少？

解： 根据蔗糖含量的计算公式：

$$炼乳中的蔗糖含量=\frac{(100-30)\times 64.3\%}{100}=45\%$$

［例 3］ 用总乳固体含量为 11.5％的标准化后的原料乳，生产总乳固体含量为 30％及蔗糖含量为 45％的甜炼乳，在 100 kg 原料乳中应添加多少蔗糖？

解：

$$浓缩比=\frac{30}{11.5}=2.069$$

$$应添加的蔗糖量=\frac{45}{2.609}=17.25(\text{kg})$$

即每 100 kg 标准化后的原料乳中应加蔗糖 17.25 kg。

此时成品中的蔗糖比为：

$$\begin{aligned}蔗糖比&=\frac{甜炼乳中蔗糖含量}{100-总乳固体含量}\times 100\%\\&=\frac{45}{100-30}\times 100\%\\&=64.3\%\end{aligned}$$

3. *加糖方法*

加糖方法一般有三种：①将蔗糖直接加于原料乳中，经预热后吸入浓缩罐中。②把经过杀菌的浓糖浆与进行预热的原料乳混合；③先将牛乳单独预热并真空浓缩，在浓缩将近结束的，将浓度为 65％的蔗糖溶液（预先以 80 ℃以上的温度杀菌 10～15 min，并冷却至 65～70 ℃）吸入真空浓液罐中。

第三种加糖方法的操作步骤是：将蔗糖溶于 85 ℃以上的热水中，配成 65％～70％浓度的糖浆，糖浆的制备通常在熬糖锅内进行，加热到 95 ℃时保温 5 min 进行杀菌，此过程需要不断搅拌，过滤后冷却至 65 ℃左右。在原料乳真空浓缩即将完成之前将糖浆吸入到浓缩乳中进行混合。在糖浆的制备中注意不能使糖液高温持续的时间太长，酸度也不能过高。因蔗糖在高温和酸性条件下会转化成葡萄糖和果糖。这些转化糖会加快成品在贮藏期间的褐变和变稠速度。这也是蔗糖原料中要求转化糖含量小于 0.1％的原因。要减少蔗糖的转化就要控制蔗糖的酸度在 22°T 以下，并在保证杀菌效果的前提下，尽量缩短糖液的高温持续时间。

加糖的方法，可根据设备条件、工艺方法、原料乳的质量等因素的影响而选用不同的工艺方法，牛乳中的酶类及微生物，往往由于加糖而增加其对热的抵抗力，同时乳蛋白质会由于糖的存在而引起变稠和棕色化，为了充分杀菌和防止变稠等现象，以采用第三种方法最好。其次为第二种方法。但为了减少蒸发的水分，节省浓缩时间和燃料，也有用第一种方法。

三种加糖方法对甜炼乳产品贮存时黏度变化的影响如图 7-2 所示。

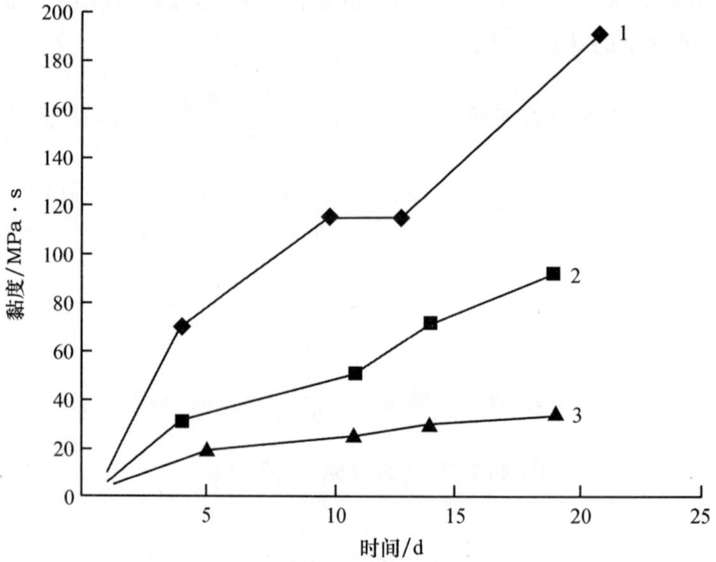

图 7-2 不同加糖方法与甜炼乳贮存时黏度增加的影响

1.糖与乳一同预热杀菌 2.糖与乳分别预热、混合后一同浓缩 3.糖杀菌后在浓缩后期加入

(五)浓缩

牛乳中含有88%以上的水分,甜炼乳中含有约26%,要通过浓缩除去多余的水分,浓缩的方法有冷冻浓缩、常压浓缩、减压浓缩、冷冻浓缩、反渗透及超滤等。为了减少牛乳中营养成分的损失,一般都在减压下进行,即采用真空浓缩的方式。

采用真空浓缩特别是使用多效蒸发器及蒸汽热压缩泵时更可大大节约能源,能提高蒸发效率,蒸发是在较低温度条件进行,一般为45～55 ℃,而且由于使用低压蒸汽或二次蒸汽,可以防止加热面局部过热,低温浓缩不至使蛋白质这样的热敏性物质发生显著变化,有利于保持产品原有的风味、色泽等,这对于防止炼乳变稠、褐变等缺陷是极为重要的。

1.真空浓缩的条件和方法

一般采用真空浓缩方式。浓缩控制条件:温度45～60 ℃;真空度78.45～98.07 kPa。

经预热杀菌的乳到达真空浓缩罐时温度为65～85 ℃,这部分牛乳可带入一部分热量,但要维持牛乳的沸腾,使水分不断变成蒸汽,必须不断地供给热量,同时要迅速排除二次蒸汽,才能使蒸发继续进行。

2.浓缩设备

真空浓缩设备种类繁多,按加热部分的结构可分为盘管式、直管式和板式三种;按其二次蒸汽利用与否,可分为单效和多效浓缩设备;按物料在蒸发器内的流程又分为单程式和循环式。

最普通的浓缩设备是间歇式单效盘管真空浓缩锅,现已很少采用,现代的乳品厂广泛采用各种连续式的多效蒸发器,结构的形式大多是降膜式或片式,它们的主要特点是:牛乳连续地单程地通过加热面蒸发,不循环滞留;蒸发器内牛奶量大为减少,牛奶平均加热时间只需几分钟,出料温度即可降至很低。

3. 真空浓缩的设备

(1)单效蒸发的设备

①单效升膜式真空浓缩设备。单效升膜式真空浓缩设备系由加热器、分离器、泡沫捕集器、水力喷射器、循环管等部分组成,如图 7-3。属于外加热自然循环式设备。

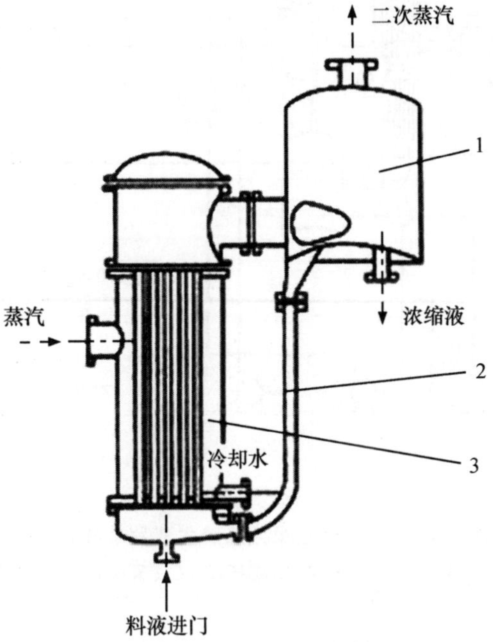

图 7-3 单效升膜式真空浓缩设备

1. 分离室 2. 循环管 3. 加热器

加热器外壳是一长形直立容器、内有多根直立长管,长管直径一般在 25～80 mm,长径比为 100～150 mm。合理的管径和长径比,利于形成足够升膜的气体速度。

牛乳从加热器底部进入加热管,其在加热管内的液位只占全部管长的 1/5～1/4。加热蒸汽在管外对牛乳进行加热,至物料沸腾,迅速气化,产生大量二次蒸汽,二次蒸汽在管内以极高的速度上升,将牛乳挤向容器内壁,随着运转的继续进行,使得牛乳逐步形成上升的液膜。液膜在二次蒸汽的诱导以及分离器高真空的吸力下,物料和二次蒸汽沿切线方向高速进入分离器。

物料和二次蒸汽经过分离器分离,分别送回到加热室底部和水力喷射器。

达到规定的浓缩乳的浓缩要求后,可以开始连续出料,与此同时要注意使得进料量和蒸发量、出料量相互平衡。

②单效降膜式真空浓缩设备。单效降膜式真空浓缩设备和单效升膜式真空浓缩设备的主要区别在于:前者的进料口在加热器底部,而后者的物料是从加热器顶部进入,经过分配器导流管分配后,进入加热管内,沿管壁呈膜状向下流动的,所以称之为降膜式,如图 7-4。

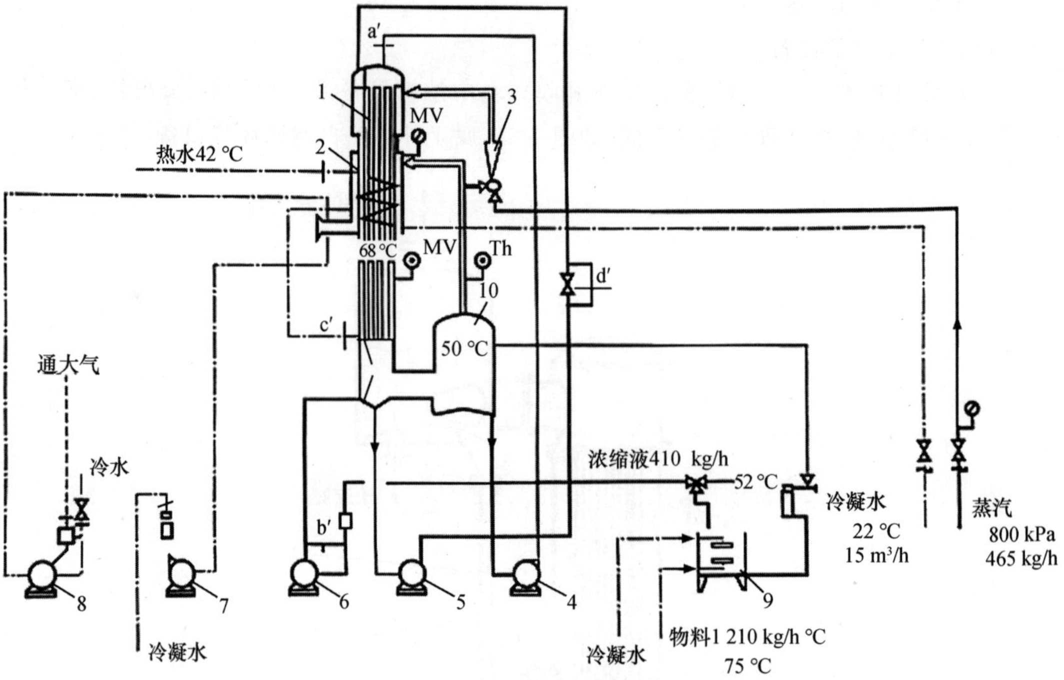

图 7-4　WIEGAND 单效降膜式蒸发设备流程图

1.加热室　2.冷凝器　3.热压泵　4.物料泵　5.物料泵　6.螺杆泵　7.冷凝水泵　8.水环式真空泵　9.贮料桶　10.分离室

设备工作时，牛乳从加热器顶部进入，在降膜分配器的作用下，均匀地进入加热管中，在二次蒸汽的快速流动作用和自身重力作用下，液膜沿管内壁呈膜状向下流动，由于向下加速，克服的压头阻力比升膜式小，沸点升高也小，加热蒸汽和物料的温度差大，所以传热效果更好，已经浓缩的牛乳沉降到加热器底部，其中一部分通过出料泵泵出；另一部分由泵送到加热器顶部重新加热蒸发。随着二次蒸汽一起进入分离器的那部分物料经过分离后，依然由泵送回到加热器顶部，重新蒸发。分离出来的二次蒸汽，一部分经热泵压缩，升温后，作为热源，其余部分导入冷凝器排出。

如图 7-4，杀菌后 75 ℃的牛乳从贮料桶（平衡槽）内，经流量计计量后吸入分离室，部分水分蒸发后，由物料泵送至加热器的第一部分列管，进入分配盘使物料均匀地流入分配板上的小孔，然后流入加热列管内，沿管内壁呈膜状向下流动，在下降的同时与管外的加热蒸汽进行热交换，物料产生激烈的沸腾，在此所形成的二次蒸汽以相同的方向向下流动，使膜加速下降。经第一部分列管加热蒸发的物料，由物料泵送入第二部分列管加热蒸发。经两部分列管加热蒸发后，达到浓度要求的物料，由螺杆泵泵出。牛乳在加热器内的沸腾蒸发温度为 68 ℃。二次蒸汽进入分离室后一部分再由热压泵增压，送入加热室作为热源。

牛乳经加热器加热蒸发，产生的二次蒸汽和部分牛乳沿切线方向进入分离室，借离心力的作用使二次蒸汽与物料分离。从分离器内排出的二次蒸汽，部分抽入热压泵，其余则进入冷凝器冷凝。分离器内蒸发温度为 50 ℃。

③多效蒸发设备。多效蒸发器是将两台蒸发器串联起来，其中第一效蒸发器的真空度高于第二效（这样做可降低二次蒸汽的温度）。从第一效蒸发器出来的蒸汽以后可用作第二效的加热介质，第二效的真空度高，蒸发温度低。其特点就是上一效蒸发器的蒸汽可以

作为下一效蒸发器的热源。各效蒸发器与一冷凝器和抽真空装置相连，真空度越高，蒸发温度就越低。牛乳通常是由高温到低温。在整个操作过程中，各效之间的温度差几乎是相等的，皆为15 ℃左右，而且每一效蒸发掉的水分也大致相等。这样，大约用1.2 kg的一次蒸汽，可以从牛乳中蒸发掉2 kg的水。串联三台或者四台蒸发器可以节约蒸汽，但设备造价高，操作更为复杂。

国外还有列管式、板式、离心式、刮板式等蒸发器，选择何种蒸发器，应视生产规模、产品种类、经济条件等来决定。我国乳品厂目前使用较多的是双效和三效蒸发器。

4.影响浓缩的因素

(1)影响乳热交换的因素　加热器总加热面积，也就是乳受热面积，加热面积越大，在相同时间内乳所接受的热量亦越大，浓缩速度就越快。

(2)加热蒸汽的温度与物料间的温差的影响　温差越大，蒸发速度就越快；加大浓缩设备的真空度，可以降低乳的沸点；加大蒸汽压力，可以提高加热蒸汽的温度。但是压力加大容易"焦管"，影响质量。所以，加热蒸汽的压力一般控制在$(4.9\times10^4)\sim(19.6\times10^4)$ Pa为宜。

(3)乳的翻动速度　乳翻动速度越大，乳的对流越好，加热器传给乳的热量也就越多，乳受热均匀不易发生"焦管"现象。另外，由于乳翻动速度快，在加热器表面不易形成液膜，而液膜能阻碍乳的热交换。乳的翻动速度还受乳与加热器之间的温差、乳的黏度等因素的影响。

(4)乳的浓度与黏度　在浓缩开始时，由于乳浓度低、黏度小，对翻动速度影响不大。随着浓缩的进行，浓度提高，比重增加，乳逐渐变得黏稠，沸腾逐渐减弱，流动性变差。提高温度可以降低黏度，但又容易出现"焦管"，这是一个矛盾，故应综合考虑。

(5)加糖对浓缩的影响　生产加糖炼乳时一般都在浓缩时加糖。由于糖液的加入，必然会增加浓缩奶的黏度，影响蒸发，延长浓缩时间。同时由于糖的加入，使浓缩液的沸点提高，为保持其沸腾状态，就必须提高浓缩温度，这样就容易导致一部分蛋白凝固，使浓缩奶黏度增加，色泽变深。为了防止这种现象发生，应在浓缩接近终点时再加入糖液为宜。

5.浓缩操作中常见的故障及原因

(1)真空度过低　真空度过低势必造成分离器温度上升，即二次蒸汽的温度升高，则浓缩乳的沸点也升高，从而降低了加热蒸汽与牛乳间的有效温度差，减少了传热量，减缓了蒸汽速率，同时使得牛乳处于较高的温度下，引起牛乳蛋白的变性，直接影响产品品质。故必须及时找出原因并解决。造成真空度过低的原因大致如下。

①漏气：由于通往浓缩锅的盖、人孔、视孔、冷凝器、抽真空管道、物料管道、进出料阀、出料泵等部件的密封性出了问题，而导致漏气，真空度降不下来。这样的情况发生时，必须停机进行维修。

② 喷水孔堵塞：冷却作用受到制约，二次蒸汽产生压力从而造成真空度的降低。

③喷水孔虽未被堵塞但冷却水量不足或者水温过高：会引起真空度降不下来。

④ 加热蒸汽压力过大：加热蒸汽的使用压力超过正常值，促使牛乳气化加剧，产生的二次蒸汽得不到充分冷凝。

⑤冷却水的进水温度过高：冷却水的进水温度是操作过程中必须严格控制和调节的参数之一，在使用水力喷射器的浓缩设备中，冷却水的进水温度应控制在25～30 ℃。但若因为气候条件或者回用水搭配使用不合理，会使得冷却水的进水温度远远高于上述温度。

(2)真空系统的故障　真空度过低，最直接的原因就是抽真空设备出现故障。其可能原因有：

①水力喷射器的喷嘴经过长期使用磨损，喷嘴孔径增大，喷嘴出口的水流速度减慢，使得抽气率下降。

②干式往复式真空泵的吸气和排气阀门不密封而泄漏，使得抽气率下降。

③抽水泵的排出量大于冷凝水和二次蒸汽冷凝之和，使得低位冷凝器贮液槽内无液位，不能形成水封而泄漏。

④水环式真空泵泵腔内水未充满或断水，使得抽气率下降或归零。

(3)冷却水倒灌

①不按停车顺序操作：无论物料使用何种冷凝器和抽真空设备，如果先关闭抽真空设备，再破坏真空度，冷却水都必定倒灌到浓缩设备中。

②突然断电未能及时关闭在关闭：蒸汽后破坏真空度。

③抽真空设备故障，有如下情形出现：

a. 干式往复式真空泵或者水环式真空泵突然停止运作，或抽气速率急剧下降，而未及时采取破坏真空的措施。

b. 使用低位冷凝器时，若冷却水的进水量大于冷却水和冷凝水排出泵的抽出量，则冷凝器内部的水位过高会造成冷却水倒灌。应调整两者的流量以维持正常液位。

c. 水力喷射器的进水泵及管路严重堵塞，进水量突然下降，进水压力突然下降。应采取相应措施，否则会引起倒灌。

d. 水力喷射器喷嘴中的一个或数个发生堵塞，此时进水压力表上的显示值突然升高，冷却水倒灌入锅内。

e. 水力喷射器内的圆锥导向挡板位置发生偏斜甚至完全脱离而引起冷却水倒灌，此时进水压力表的显示值仍旧是正常的。

(4)加热器表面结焦

①按停车程序，在停车时应首先关闭加热蒸汽，否则由于真空的破坏、料液液位的下跌，使得加热器表面暴露而结焦。

②进料时设备内物料量不多、加热器表面未被物料完全覆盖前过早开启加热蒸汽阀，或者是使用的蒸汽压力过高。

③抽真空设备故障或者停电，未及时关闭加热蒸汽而结焦。

④杀菌乳贮藏罐断料，空气进入浓缩设备内，使得沸腾状态被破坏，造成加热器表面暴露、结焦。

⑤操作时加热真气压力突然升高，造成间歇式浓缩设备内料液的液位下跌或者膜式浓缩设备内物料循环中止，从而使得加热器表面暴露而结焦。

⑥间歇式或膜式浓缩设备的上部严重泄漏，或者降膜式浓缩设备的下部严重泄漏，都会造成物料沸腾状况的恶化、物料液位的下跌或者循环的中止，从而导致结焦。

⑦物料浓度过大，黏度过大，促使物料循环速度减慢而引起结焦。

⑧加热蒸汽的使用压力过大而引起结焦。

⑨进料量小于出料量和蒸发量之和，设备内不能维持正常的液位，造成物料循环量不足，尤其是膜式浓缩设备对此问题非常敏感，在较短的时间内加热表面无料覆盖就会造成结焦。

⑩膜式浓缩设备加热室的蒸汽夹层内积水，容易使得相应积水段高度的加热管内结垢，随着使用时间的延长而结焦。在升膜式浓缩设备中尤其明显。

(5)断料　浓缩设备中最常用的出料泵是叶轮离心式泵，在真空状态下工作，出现断料的原因大致如下：

①连续式浓缩设备的出料泵在真空状态下进行工作，出料泵本身密封性能的好坏是能否连续出料的关键，密封性能差是根本无法出料的。目前，升膜式浓缩设备的出料泵多用普通的 5 t/h 离心式牛乳泵，原设计应用条件为常压，原有的密封性能远远不能满足浓缩乳出料的要求，必须在原有的系腔内轴封装置的基础上，在后泵体的外侧加一个类似于泵腔内的轴封装置，实现泵体两侧双重密封结构，这样才能保证连续出料，否则无法出料。

②后泵体双侧密封装置中的石墨垫圈经过一定时间使用后出现磨损，石墨垫圈平面与泵体相连接处的平面不密合而漏气，造成出料中断。为此，密封装置必须经常拆洗，石墨垫圈应视具体情况及时调换。

③浓缩乳的浓度过大，黏度也较大，会造成出料中断。

④出料泵进料管道系统内有泄漏，同样会引起出料中断。

⑤出料泵与分离器的相对距离较小，也就是说出料泵的安装高度较高，必将在一定程度上影响出料的连续性。

⑥真空度过高，也会影响出料情况是否良好顺畅。

以上是真空浓缩操作过程中的常见故障，在实际生产中还会出现一些未提及、不常见的故障，这需要浓缩工序人员自行总结，做出预案，避免故障引起的经济损失。

(6)浓缩终点的确定　连续式蒸发器在稳定的操作条件下，可以正常连续出料，其浓度可通过检测而加以控制；间歇式浓缩锅需要逐锅测定浓缩终点。在浓缩到接近要求浓度时，浓缩乳黏度升高，沸腾状态滞缓，微细的气泡集中在中心，表面稍呈光泽。根据经验观察即可判定浓缩的终点。但为了准确起见，可迅速取样，通过测定相对密度、黏度或折射率等指标来确定浓缩终点。

测定相对密度可用波美计，甜炼乳用的波美计为 30～40°Bé，每一刻度为 0.1 °Bé。若用普通密度计则为 1.250～1.350，每一刻度为 0.001。但是波美计按规定应在 15.6 ℃(60°F)下测定，浓缩乳样温度为 47～50 ℃，必须加以校正。温度相差 1 ℃，则波美度相差 0.005 4°Bé，温度＞15.6 ℃时要加，低时要减。

(六)均质

均质的目的就是为了防止成品发生脂肪上浮，同时还可适当增加黏度，使炼乳易于消化吸收，改善产品感官质量。均质处理使脂肪球变小，其总表面积就大大增加，并增加了脂肪球表面的酪蛋白吸附量使脂肪球的相对密度增大，上浮能力就变小了。

均质多采用二段均质法，甜炼乳均质第一段压力为 10～14 MPa，第二段为 3.0～3.5 MPa。均质压力过高或过低都不行，压力过高会使酪蛋白的热稳定性降低，过低又达不到破坏脂肪球的目的。均质温度一般以 50～60 ℃为宜。均质效果可通过显微镜检查。

(七)冷却结晶

1.冷却结晶的目的

真空浓缩锅里放出的浓缩乳，温度为 50 ℃左右，如果不及时冷却，会加剧成品在贮藏期变稠与褐变的倾向，所以需迅速冷却至常温。另一方面，甜炼乳中含有大量蔗糖，且乳糖的溶解度较低，故甜炼乳中乳糖处于过饱和状态，冷却时过饱和部分的乳糖结晶析出是必然的。但任其缓慢地自然结晶，则晶体颗粒少而晶粒大，会影响成品的感官质量。所以，通过选择合适的冷却条件可使处于过饱和状态的乳糖形成细微的结晶，保证炼乳具有细腻的感官品质。

乳糖结晶大小在 10 μm 以下者舌感细腻；15 μm 以上则舌感呈粉状；超过 30 μm 者呈显著的砂状，感觉粗糙。而且大的结晶体在保存中会形成沉淀，成为不良成品。

2. 乳糖结晶的原理

甜炼乳中的乳糖有 α-乳糖两种不同异构体，后者的溶解度相对较高。在溶液中 α-乳糖和 β-乳糖可以互相转化，两者之间存在一个动态的“平衡比例”。如果在一定的温度下将一定量的乳糖投入水中，不搅拌也会有一部分乳糖立即溶解到水中，这时的溶解度为乳糖的最初溶解度，也是 α-乳糖的溶解度。由于 α-乳糖逐渐转变为 β-乳糖，而 β-乳糖相对易于溶解，使溶解度有所增加，α-乳糖、β-乳糖之间的“平衡比例”发生转移，最后到达平衡时的溶解度即为最终溶解度，最终溶解度是 α-乳糖、β-乳糖溶解度的总和。此时的乳糖溶液为饱和溶液，当温度下降时，就会生成过饱和溶液，但乳糖晶体尚未立即析出，此时的溶解度就是过饱和溶解度。若温度进一步下降，将开始析出乳糖晶体，首先是 α-乳糖，此时 α-乳糖、β-乳糖之间的比例就会被破坏，β-乳糖开始向 α-乳糖转化，溶解度下降，不断析出晶体，最终到达新的平衡。乳糖的结晶就是利用其在不同温度下的溶解度差来实现的。

控制温度可控制乳糖的溶解度，进而达到促进乳糖结晶的目的。此外，加入晶种也可以促进乳糖的结晶。

(1)温度控制　若以乳糖溶液的浓度为横坐标，溶液温度为纵坐标，可测出乳糖的溶解度及强制结晶曲线，见图 7-5。

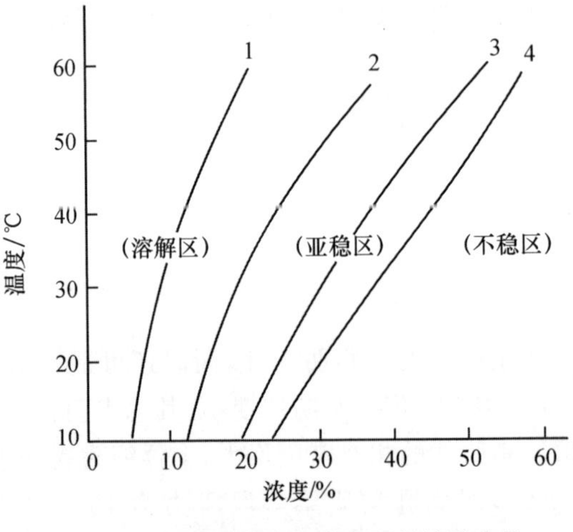

图 7-5　乳糖溶解度曲线及强制结晶曲线

1. 最初溶解度曲线　2. 最终溶解度曲线　3. 强制结晶曲线　4. 过饱和溶解度曲线

最终溶解度曲线(曲线 2)表示在最终平衡状态时乳糖的溶解度，过饱和溶解度曲线(曲线 4)是乳糖可能呈现的最大溶解度。图 7-5 可分为 3 个区域：最终溶解度曲线(曲线 2)左侧是溶解区，过饱和溶解度曲线(曲线 4)右侧是不稳定区。在亚稳定区，处于饱和状态的乳糖，将要结晶而尚未结晶，在此状态下只要创造必要条件，就能促使其迅速地生成大小均匀的细微结晶，这一过程称为乳糖的强制结晶。实验表明，在亚稳定区内，大约高于过饱和溶解度曲线(曲线 4)10 ℃左右位置有一条强制结晶曲线(曲线 3)，通过这条曲线可找到强制结晶的最适温度。

强制结晶过程中，使浓缩乳控制在亚稳定区，保持结晶的最适温度，及时投入晶种，迅速搅拌并随之冷却，从而可形成大量细微的结晶。

结晶温度是个关键条件，温度过高固然不利于迅速结晶；温度过低，黏度增大，也不利于迅速结晶。结晶的最适温度可根据炼乳中乳糖水溶液的浓度来选择。例如，以含乳糖 4.8%，非脂乳固体 8.6%的原料乳生产甜炼乳，其蔗糖比为 62.5%。蔗糖含量为 45.0%，非脂乳固体为 19.5%，总乳固体为 28.0%，其强制结晶的最适温度可计算如下：

$$水分=100\%-(28\%+45\%)=27.0\%$$

$$浓缩比=19.5/8.6=2.267:1$$

$$炼乳中的乳糖(\%)=4.8\times2.267=10.88$$

$$炼乳水分中的乳糖浓度=[10.88/(10.88+27)]\times100\%=28.7\%$$

按照所得水分中的乳糖浓度，从图 7-5 结晶曲线上可以查出炼乳在理论上添加晶种的最适温度为 28 ℃左右。

优质炼乳在舌上呈柔润滑腻的感觉，其每立方毫米约含有 40 万个乳糖结晶。含脂肪 9%、非脂乳固体 22.5%、蔗糖 42.5%、水 26%和乳糖 12.2%的甜炼乳，其乳糖结晶的数量和颗粒大小与组织状态的关系如表 7-4。

表 7-4　乳糖结晶数量及大小与甜炼乳组织状态的关系

乳糖结晶数/mm^3	各个结晶的平均体积/mm^3	乳糖晶体长度/μm	舌感	组织状态
40 万	0.177×10^{-6}	9.3	细腻	优
30 万	0.236×10^{-6}	10.3	尚细腻	良
20 万	0.336×10^{-6}	11.7	微糊状	微沉淀
10 万	0.707×10^{-6}	14.8	糊状	微沉淀
5 万	1.414×10^{-6}	18.6	粉状	沉淀多
2.5 万	2.838×10^{-6}	23.4	微呈砂状	沉淀多
1.25 万	5.660×10^{-6}	29.4	砂状	沉淀多
7500	9.430×10^{-6}	34.9	粗砂状	沉淀多

(2)添加晶种　投入晶种也是强制结晶的条件之一。晶体的产生是先形成晶核，晶核再进一步长为晶体。对于相同的结晶量来讲，若晶核形成的速度远远大于晶体成长的速度，则晶体多而颗粒细；反之，则晶体少且颗粒粗。添加晶种是要给过饱和的乳糖一个结晶诱导力，为晶核的形成创造条件，以便保证晶核形成速度大大超过晶体的成长速度，进而得到“多而细”的结晶。

晶种制备方法：精制乳糖在 100～105 ℃的烘箱内烘 2～3 h，用超微粉碎机粉碎后，再烘 1 h，最后再进行一次粉碎。一般进行 2～3 次粉碎就可达到 5 μm 以下的细度，然后装瓶并封蜡贮藏。如需长时间贮存，需装罐并进行抽空充氮。

晶种添加方法：生产中添加的晶种为 α-无水乳糖，实际上仍含 1%左右的水。加入量为炼乳成品量的 0.04%，如结晶不理想时，可适当增加晶种的投入量。

3. *冷却结晶的方法*

一般可分为间歇式和连续式两大类。

间歇式冷却结晶常采用蛇管冷却结晶器，冷却过程可分为 3 个阶段：浓缩乳出料后乳温在 50 ℃以上，应迅速冷却至 35 ℃左右，这是冷却初期。随后继续冷却至接近 28 ℃，此为第二阶段，即强制结晶期，结晶的最适温度就处于这一阶段。此时可投入 0.04%左右的乳糖晶种，晶种要均匀地边搅边加。没有晶种亦可加入 1%的成品炼乳代替。强制结晶期应保持 0.5 h 左右，以充分形成晶核。然后进入冷却后期，即把炼乳迅速冷却至 15 ℃左右，从而完成冷却结晶操作。

也有采用真空冷却结晶机的。将浓缩乳送入真空冷却结晶机后，在减压条件下冷却，冷却速度既快又可减少污染，此外，在真空度较高的条件下，炼乳在冷却时会处于沸腾状态，由于内部有强烈的摩擦作用，因而可获得微细均匀的结晶。采用此法时，应先考虑到沸腾时炼乳中的水分会蒸发一部分，应采取一定的措施，防止成品水分偏低。

连续式冷却结晶常采用连续瞬间冷却结晶机。此设备与冰淇淋的凝冻机有些类似，具有水平式的夹套圆筒，夹套内有冷媒流通。将炼乳用泵泵入筒内，炼乳在强烈搅拌（转速 300～699 r/min）下，在几秒到几分钟内，就可被冷却至 20 ℃以下。用此设备冷却结晶，即使不加入晶种也可得到微细的乳糖结晶。且由于强烈的搅拌作用，使炼乳不易变稠，还可以防止褐变和污染。

4. *乳糖酶的应用*

近年来随着酶制剂工业的发展，乳糖酶已开始在乳品工业中应用。用乳糖酶处理乳可以使乳糖全部或部分水解，从而可以省略乳糖结晶过程，也不需要乳糖晶种及复杂的设备。在贮存中可从根本上避免出现乳糖结晶沉淀析出的缺陷，制得的甜炼乳即使在冷冻条件下贮存亦不会出现结晶沉淀。表 7-5 为炼乳添加乳糖酶后在冷藏过程中乳糖的分布情况。

表 7-5　炼乳添加乳糖酶后在冷藏中乳糖的分解率　　%

种类	天数/d						
	1	2	3	4	5	7	11
全脂炼乳	—	17	—	—	34	—	—
脱脂炼乳	5	—	15	—	25	32	47
脱脂甜炼乳	8	18	24	30	—	—	—

注：商品酵母乳糖酶添加量 0.67%（按乳糖重计）温度 4 ℃。

利用乳糖酶制造能够冷冻贮藏的所谓冷冻炼乳，而不会出现结晶沉淀的问题。如将含 35%固形物的冷冻全脂炼乳，在－10 ℃条件下贮藏，用乳糖酶处理 50%乳糖分解的样品 5 个月后相当稳定，而对照组则很不稳定。但是，对于常温下贮藏的这种炼乳，乳糖水解会加剧成品褐变。

(八)灌装与包装

1. 灌装

炼乳经检验合格后方可灌装。空罐需清洗后用蒸汽杀菌(90 ℃以上保持 10 min),烘干后方可使用。经冷却后的炼乳中含有大量的气泡,如就此装罐,气泡会留在罐内而影响产品质量。所以手工操作的工厂,通常需静置 12 h 左右,等气泡逸出后再行装罐,并尽量装满。封罐后及时擦罐,再贴标签。大型工厂多用自动装罐机,能自动调节流量和封口。或采用脱气设备脱气和用真空封罐机进行封罐。

2. 包装间的卫生

由于甜炼乳装罐后不再杀菌,所以对机器设备和包装间的卫生状况要求很高,要防止炼乳的二次污染。装罐前,包装室要用紫外线灯光杀菌 30 min,并用乳酸熏蒸一次。消毒设备用的漂白粉水浓度一般为(400×10^{-6})～(600×10^{-6}),包装室门前消毒鞋用的漂白粉水浓度为 $1\ 200\times10^{-6}$,包装室墙壁(2 m 以下地方)最好采用 1%的硫酸铜防霉剂粉刷。

(九)贮藏

甜炼乳贮藏于仓库内时,应离开墙壁及保暖设备 30 cm 以上。仓库内的温度应恒定,不得大于 15 ℃,空气相对湿度不应大于 85%。如果贮藏温度经常发生变化,则可能会引起乳糖形成大的结晶。如果贮藏温度过高,则容易出现变稠的现象。贮藏中每月应进行 1～2 次翻罐,以防止乳糖沉淀的形成。

(十)保藏性检查

甜炼乳是利用高浓度蔗糖的渗透压抑制微生物的繁殖.如果制造过程的条件控制适当与包装相适宜时,这种制品可在室温中保藏 9 个月以上。

三、甜炼乳缺陷及质量控制

(一)变稠(浓厚化)

甜炼乳贮存时,黏度逐渐增加,以致失去流动性,甚至全部凝团,这一现象即为变稠。变稠使炼乳保存中严重的缺陷之一,其原因有细菌性和理化性两个方面。

1. 细菌性变稠

细菌性变稠主要由于芽孢菌、链球菌、葡萄球菌及乳酸杆菌等的作用而产生乳酸、醋酸、酪酸、琥珀酸等有机酸以及凝乳酶等,致使炼乳凝固。为防止因细菌所产生的黏稠,首先需防止细菌的混入和保持一定的蔗糖浓度。

2. 理化性变稠

主要由蛋白质胶体状态的变化引起的,这与牛乳酪蛋白或乳清蛋白含量、盐类的平衡、脂肪含量、蔗糖含量、乳的酸度、预热条件、浓缩条件和贮藏条件等有关。

(1)蛋白质与脂肪含量　因为理化性变稠与蛋白质的胶体膨润性或水合现象有关,所以酪蛋白或乳清蛋白含量越高,变稠现象越严重。

(2)蔗糖含量和加入方法　蔗糖具有很强的渗透压,可使乳中酪蛋白的水合性减低,自由水增加。因此适当增加蔗糖含量可降低甜炼乳的变稠倾向,加糖方法应以浓缩末期添加为佳;

(3)盐类平衡　钙、磷与磷酸盐和柠檬酸盐之间有一定的比例关系,无论哪一种过多或过少都能引起蛋白质的不稳定,盐类特别是钙盐、镁盐过多会引起变稠。对此可添加柠檬酸钠、磷酸氢二钠等平衡过多的 Ca^{2+}、Mg^{2+}，抑制变稠。此外通过离子交换减少乳中 Ca^{2+}、Mg^{2+} 也能达到相同的目的。

(4)浓缩工艺　由于浓缩程度高，干物质相应增加，黏度也就升高。随着黏度的升高，变稠的倾向也增加，但变稠的倾向并不与干物质含量直接成比例。浓缩温度比标准温度高时，则黏度显著增高，贮藏中变稠倾向也增大。所以，浓缩温度应尽量保持在 50 ℃以下。

(5)酸度　牛乳的酸度高时，由于酪蛋白产生不稳定现象，制品容易产生凝固。产品酸度高时可用碱中和，中和后用于生产工业用炼乳。而当酸度过高时用碱中和也不能防止变稠，因此要严格控制好原料乳质量。

(6)预热条件　预热温度对变稠有显著影响。用 63 ℃、30 min 预热时变稠的倾向减少，但是易引起脂肪分离。同时因成品中留有解酯酶，致使产品脂肪分解，所以不宜采用。80 ℃的预热比较适宜。85～100 ℃的预热能使产品很快变稠，而 110～120 ℃时反而使产品趋于稳定，但是由于加热温度过高，影响制品的颜色。

(7)贮藏条件　贮藏温度对产生变稠有很大影响。优质制品在 10 ℃以下保持 4 个月不致产生变稠现象，20 ℃则有所增加，30 ℃以上则明显增加。一般将温度控制在 15 ℃以下，在保存期内产品不会变稠。

(二)胀罐(胖听)

甜炼乳在保存期间发生膨胀，其原因有以下几个方面：

1. 细菌性胀罐

加糖炼乳在贮藏期间，受到微生物(通常是耐高渗酵母、产气杆菌、酪酸菌等)的污染，产生乙醇和二氧化碳等气体使罐膨胀，此为细菌性胀罐。可能产生的气体的微生物主要有：酵母特别是耐高渗性酵母，使蔗糖分解产生乙烯基二氧化碳；乳酸菌分解乳糖产生乳酸，乳酸腐蚀罐壁与锡作用产生锡化氢；贮藏温度较高时，因嫌气性丁酸菌的增殖而产生气体。

2. 物理性胀罐

是由于装罐温度低，贮藏温度高及装罐量过多而造成的。

3. 化学性胀罐

是因为乳中的酸性物质与罐内壁的铁、锡等发生化学反应而产生氢气所造成的。

防止微生物性胀罐的方法有：企业在设计乳品车间时，设备管道的布置应紧凑，管道越短越好，弯头、节头越少越好，便于拆洗和消毒；应加强各生产工序的就地清洗工作，尤其是浓缩罐与结晶缸的清洗，盛装的容器要严格消毒灭菌；灌装时要尽量装满，减少顶隙和气泡，创造不利于好气性微生物生长、增殖的条件；对环境消毒可采取紫外线与乳酸熏蒸相结合的方法。

(三)纽扣状凝块的形成

由于霉菌的作用，炼乳表面往往会产生白色、黄色乃至红褐色形似纽扣的干酪样凝块，使炼乳具有金属臭味或陈腐的干酪味。当霉菌污染炼乳后，在有氧条件下，炼乳表面 5～10 d 即能生成霉菌菌落，2～3 周后氧气耗尽则菌体死亡，1 个月后纽扣状凝块初步形成，2 个月后完全形成。

其控制措施有：①加强卫生管理工作，避免霉菌污染及杀菌后的二次污染；②装罐要满，尽可能减少顶隙和气泡；③采用真空冷却结晶和真空封罐等技术，以便造成不利于好气性微生物生长的环境条件;④贮藏温度维持在15 ℃以下,以控制霉菌的生长增殖。

(四)脂肪上浮

炼乳黏度非常低时,有时会产生脂肪分离现象,即甜炼乳开罐后上部或者罐盖上有一层黏稠的黄色脂肪层,即是脂肪上浮现象。由于搬运装卸等过程的振荡摇动,一部分脂肪层又会重新混合,开罐后呈现斑点状或斑纹状的外观。防止脂肪上浮的方法是首先要控制好黏度,也就是要采用合适的预热条件,使炼乳的初黏度不要过低;其次是浓缩时间不要过长,特别是浓缩末期不应拉长,而且浓缩温度不要过高,以采用双效降膜式真空浓缩装置为佳;第三是采用均质处理,但乳必须先经过净化,并且经过加热将乳中的解酯酶完全破坏。

(五)砂状炼乳

甜炼乳舌感细腻与否,取决于乳糖结晶的大小。砂状炼乳系指乳糖结晶过大,使舌感粗糙甚至有明显的沙状感觉。为了避免砂状炼乳的形成,应做好乳糖冷却结晶操作,将成品中的乳糖结晶控制在10 μm以下。形成砂状组织,除了乳糖的原因外,有时蔗糖也会产生沙状结晶,尤其是蔗糖比超过65%时,在低温条件下保存,就很容易产生较大的蔗糖结晶。故生产过程中,还应控制好适当的蔗糖比,且要在加糖时将蔗糖充分溶解。

(六)褐变

甜炼乳在贮藏期间颜色逐渐变为棕褐色,并失去光泽的现象称为褐变。褐变产生的原因通常是乳蛋白和糖发生了羰氨反应造成的。糖的还原性越强、温度与酸度越高,羰氨反应就越易发生。因此,若使用含还原糖多的蔗糖或者添加过量替代用的葡萄糖,褐变就会显著。要控制褐变的发生,就必须使用品质良好的蔗糖及原料乳,且在加工过程中避免高温长时间加热,另外贮藏温度要低,还要注意由于微生物严重污染而发生的酶促褐变。

(七)柠檬酸钙沉淀(小白点)

甜炼乳冲调后,有时在杯底会发现有白色细小的沉淀,俗称"小白点"。该沉淀的主要成分是柠檬酸钙。牛乳中的钙盐含量一般偏高,在进行热处理时,盐类平衡若被破坏,钙盐就会结晶析出。甜炼乳中的柠檬酸钙含量为0.5%,相当于甜炼乳内每1 000 mL甜炼乳中,含有19 g柠檬酸钙。而在30 ℃时1 000 mL水中仅能溶解2.51 g柠檬酸钙,故柠檬酸钙在甜炼乳中是处于过饱和状态的,过饱和部分必然会结晶析出。

柠檬酸钙的析出与乳中盐类平衡、柠檬酸钙的存在状态与晶体的大小等因素有关。实践证明,在甜炼乳冷却结晶过程中,添加$(15\times10^{-6})\sim(20\times10^{-6})$的柠檬酸钙的粉剂,特别是添加柠檬酸钙胶体作为诱导结晶的晶种,可以促使柠檬酸钙晶核提前形成,有利于形成细微的柠檬酸钙结晶,从而减轻或防止柠檬酸钙沉淀。

(八)糖沉淀

甜炼乳中的乳糖结晶过于粗大时就会在罐底沉淀下来,这就是甜炼乳的容器底部有时有糖沉淀的原因。炼乳中所含的α-乳糖水合物,在15.6 ℃时的相对密度为1.545 3,而甜炼乳的平均相对密度大约是1.30,所以结晶的乳糖在贮藏期间会有下沉的趋势。但如果把乳糖结晶控制在10 μm以下,且有适当的黏度时,一般就不会再产生糖沉淀的现象。因此要使结晶细微,能悬浮于炼乳间。另外,若蔗糖比过高,同样也会引起蔗糖结晶沉淀。糖沉淀的预防措施同上述的砂状炼乳。

任务 2　淡炼乳的加工

【任务设计】

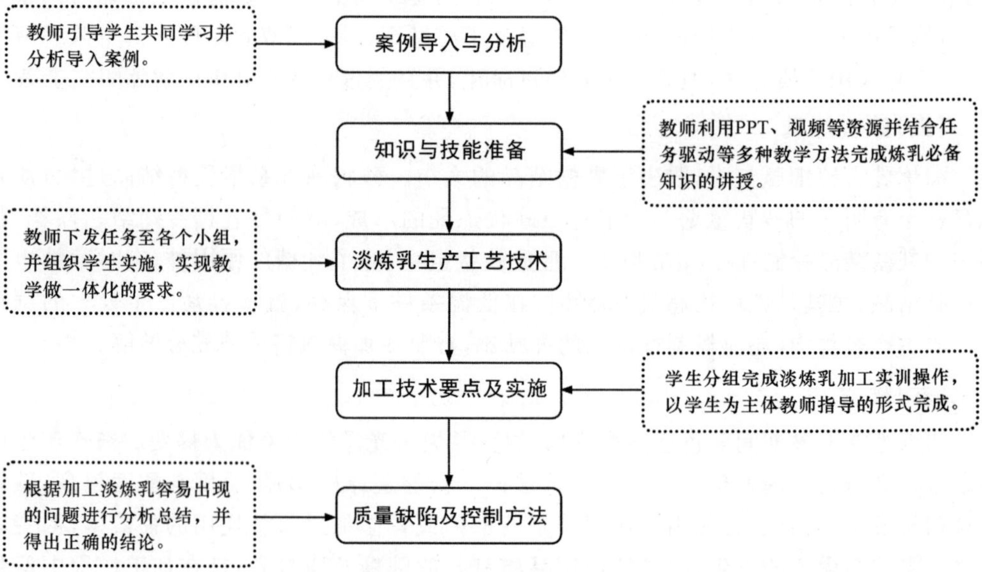

【案例导入】

张女士在超市买了某厂家的一罐淡炼乳，她发现炼乳特别黏稠，与以前购买的状态不同，即使用勺子挖都很难挖出，张女士很担心，就给厂家打电话咨询这样的炼乳还能正常食用吗？

问题：炼乳为什么会出现这种特别黏稠现象呢？是什么原因导致的呢？

【任务实施】

一、淡炼乳生产工艺流程

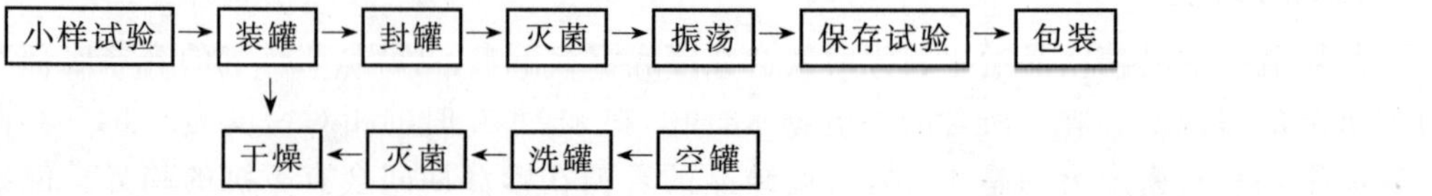

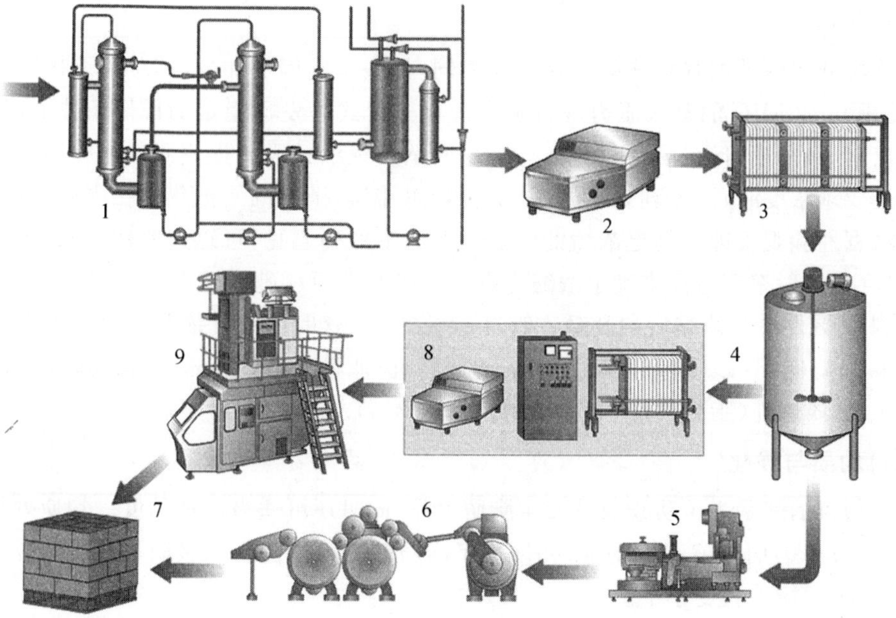

图 7-6　淡炼乳生产线示意图

1.真空浓缩　2.均质　3.冷却　4.中间罐　5.灌装　6.杀菌　7.贮存　8.超高温处理　9.无菌灌装

二、淡炼乳生产操作要点

(一)原料乳的验收、预处理及标准化

生产淡炼乳的原料乳因在生产过程中要进行高温灭菌处理，故对它的要求比较严格。原料乳的热稳定性要高，必须选择新鲜、优质乳，酸度不能超过 16°T。尤其乳中的芽孢数或耐热芽孢菌数和乳的蛋白质的稳定性两项指标。原料乳检验时，要用 75%的酒精做酒精试验，必要时还应做热稳定性试验(如磷酸酶试验)。

原料乳的预处理及标准化按常规方法进行，参照本书项目二《原料乳预处理》部分。

(二)预热杀菌

在淡炼乳生产中，预热杀菌的目的不仅是为了杀菌和破坏酶的活性，而且由于适当的加热可以调节盐类平衡，提高酪蛋白的稳定性，防止灭菌时凝固并赋予制品适当的黏度。

生产淡炼乳一般采用 95～100 ℃、10～15 min 的杀菌条件。在此条件下，乳中的离子状态钙就会转化为不溶性的磷酸钙，从而利于提高酪蛋白的热稳定性。高温加热会降低钙、镁离子的浓度，相应地减少了与酪蛋白结合的钙，因而升高杀菌温度可提高酪蛋白热稳定性。若预热温度低于 95 ℃，尤其在 80～90 ℃时热稳定性会显著降低。但高于 100 ℃时，制品黏度又会降低，所以简单地提高杀菌温度是不适当的。适当高温还可使乳清蛋白凝固成微细的粒子，分散在乳浆中，灭菌时不会再形成感官可见的凝块。近年来多采用的超高温瞬时杀菌可进一步提高热稳定性。如采用 120～140 ℃、25 s 的杀菌条件，乳固体含量为 26%的成品的热稳定性比采用 95 ℃、10 min 的杀菌条件所得的成品热稳定性要高 6 倍，是 95 ℃、10 min 加稳定剂产品的 2 倍。因此，超高温处理可以降低稳定剂的使用量，甚至可以不使用稳定剂仍能获得稳定性高的产品。

(三)浓缩

淡炼乳和甜炼乳的真空浓缩过程基本相同，但淡炼乳因不加糖，其总乳干物质含量较低，可使用0.12 MPa的蒸汽压力进行蒸发。在连续式蒸发器稳定的操作条件下，可以正常连续出料，其浓度可通过检测而加以控制；间歇式浓缩锅需要逐锅测定浓缩终点。在浓缩到接近要求浓度时，浓缩乳黏度升高，沸腾状态滞缓，微细的气泡集中在中心，表面稍呈光泽。根据经验观察即可判定浓缩的终点。但为了准确起见，可迅速取样，通过测定相对密度、黏度或折射率等指标来确定浓缩终点。一般要求原料乳浓缩至原体积的40%，乳干物质达到45%左右。浓缩后的乳温一般为47～50 ℃，这时的浓乳浓度应为14～16°Bé，其相对密度为1.089～1.100。一般2.1 kg的原料乳(脂肪含量3.8%、非脂乳固体8.55%)可生产1 kg淡炼乳(脂肪含量8%、非脂乳固体18%)。

(四)均质与强化

均质的目的就是为了防止成品发生脂肪上浮，同时还可适当增加黏度。均质处理使脂肪球变小，其总表面积就大大增加，并增加了脂肪球表面的酪蛋白吸附量使脂肪球的相对密度增大，上浮能力就变小了。

均质多采用二段均质法，第一段压力为15～17 MPa，第二段5 MPa。均质压力过高或过低都不行，压力过高会使酪蛋白的热稳定性降低，过低又达不到破坏脂肪球的目的。均质温度一般以50～60 ℃为宜。均质效果可通过显微镜检查。

食物中如含有充分的维生素D对人体尤其是对幼儿的健康有极大的作用，故已有不少国家督促乳业采取措施，在淡炼乳中添加维生素D，添加量要控制在复原为鲜乳时，每1 L中至少含有400 IU，有的淡炼乳除添加维生素D外，还添加维生素A、维生素B、维生素C等，并在商标上注明是否添加，以示区别。维生素D的种类很多，有不溶于乳与能溶于乳两类。

不溶于乳的维生素D主要是植物油制成的，可以油溶方式把它加入乳中，在油中维生素D含量浓厚，每100 mL含850 000 IU，加入到约1 t的淡炼乳中，这种以植物油为载体的维生素D不宜溶于乳中，所以操作时，必须慢慢适量地加入，还必须在均质前加入，可溶于乳的维生素D能与乳固体混合成乳状液，这种维生素D载体极易溶于已均质的淡炼乳中，且无分离的缺点，故可以在装罐前加入。

(五)冷却

均质后的浓缩乳要尽快冷却至10 ℃以下。若当日不能灌装，则要冷却到4 ℃。冷却温度对浓缩乳的稳定性有影响，冷却不足，则稳定性降低。

冷却时所用的冷却介质一般为冰水或冷盐水，冷盐水对管道有腐蚀作用，严重时会引起泄露，乳中即使混入极少量的盐水也能使其热稳定性显著降低，故应加以注意。为了安全起见，用冷水冷却为妥。

(六)再标准化

因原料乳已进行过标准化，所以浓缩后的标准化称为再标准化。

再标准化的目的是调整乳干物质浓度使其合乎要求，因此也称浓度标准化。一般炼乳生产中浓度难于准确掌握，往往都是浓缩到比标准略高的浓度，然后加蒸馏水进行调整，所以再标准化习惯上就称为加水。加水量可按下式计算：

$$加水量=\frac{A}{F_1}\frac{A}{F_2}$$

式中：A—标准化乳的脂肪含量(%)；F_1—成品的脂肪(%)；F_2—浓缩乳的脂肪(%)，可用脂肪测定仪或盖勃氏法测定。

(七)小样试验

1. 小样试验的目的

为防止不能预计的变化而造成大量的损失，灭菌前先按不同剂量添加稳定剂，试封几罐进行灭菌，然后开罐检查，以确定批量生产时稳定剂的添加量、灭菌温度和时间。

添加稳定剂是为了增加原料乳的热稳定性，防止它在灭菌时凝固变性。因为正常情况下，乳中的钙、镁离子过剩，从而降低了酪蛋白的热稳定性。添加柠檬酸钠、磷酸氢二钠或磷酸二氢钠，则生成钙、镁的磷酸盐与柠檬酸盐，使可溶性钙、镁减少，因而增加了酪蛋白的热稳定性。稳定剂的添加量，可以根据牛乳的 pH 选择稳定剂，至体系的 pH 调至 6.6～6.7 稳定性最佳，添加量以无水物计不能超过成品量的 0.05%。按 100 kg 原料乳计，加磷酸氢二钠或柠檬酸钠 15～25 g；按 100 kg 淡炼乳计，加 12～60 g 为宜。若添加过量，产品风味不好且褐变显著。

2. 样品的制备

由贮乳罐或槽中采取浓缩乳，调制成含有各种计量稳定剂的样品。然后分别装罐、封罐供试验。稳定剂可配成饱和溶液，一般用刻度 1 mL 的吸管添加。

3. 灭菌试验

把样品放入小试用的灭菌机中，按照灭菌公式 15-20-15 min/116 ℃进行灭菌。灭菌结束冷却后取出小样检查。

4. 开罐检查

检查顺序是先检查有无凝固物，然后检查黏度、风味、色泽。如不合要求时，可降低灭菌温度或缩短保温时间，减慢灭菌机转速等加以调整，直至合乎要求为止。

(八)装罐与封罐

确定稳定剂的最终添加量后，将稳定剂用灭菌蒸馏水溶解后加入到浓缩乳中，搅拌均匀后即可装罐、封罐。装罐时不要装满，罐顶要留有一定的空隙，一般控制在 5 mm 左右。因为灭菌时，罐内炼乳会因为温度升高而膨胀，容易造成胀罐现象。

淡炼乳装罐、封罐后要及时灭菌，否则要放在冷库中冷藏保存。

(九)灭菌

1. 灭菌的目的

通过灭菌彻底杀灭微生物、钝化酶的活性，造成无菌条件，延长产品的保藏期。另外适当的高温处理可以提高淡炼乳的黏度，防止脂肪上浮，并且还可赋予淡炼乳特殊的芳香气味。不过淡炼乳的二次杀菌会引起美拉德反应，造成产品轻微的棕色化。

2. 灭菌方法

灭菌方法按灭菌机的类型可分为保持式灭菌和连续式灭菌两种。保持式灭菌是先将装罐后的炼乳放入杀菌笼中，再放入回转式灭菌机中进行灭菌。一般按小样试验的方法进行灭菌，要求在 15 min 内升温至 116 ℃，灭菌公式为 15-20-15 min/116 ℃。这种杀菌方式操作比较麻烦，生产能力小，只适用于小批量生产。大规模生产多采用连续式灭菌机。灭菌机由预热区、灭菌区和冷却区三部分组成。封罐后的炼乳先进入预热区被加热到93～99 ℃，然后进入灭菌区，升温至114～119 ℃，经约20 min运输后进入冷却区，冷却至室温。

3. UHT处理

将浓缩乳进行UHT杀菌(140 ℃、3 s)，然后用无菌纸盒包装。

4. 使用乳酸链球菌素改进灭菌法

乳酸链球菌素是一种安全性高的国际上允许使用的食品添加剂，人体每日允许摄入量为0～33 000 IU/kg体重。由于淡炼乳生产必须采用强烈杀菌的制度，但长时间的高温处理，使得成品质量不够理想，且必须使用热稳定性高的原料乳。若生产中添加乳酸链球菌素，可减轻灭菌负担，进而就能较好地保持乳品质量，减少蛋白凝固，且为利用热稳定性稍差的原料乳提供了可能性。如在1 g淡炼乳中加100单位乳酸链球菌素，以115 ℃、10 min的杀菌条件，与对照组118 ℃、20 min的杀菌条件相比较，效果更好一些。

(十)振荡

若灭菌操作不当，或使用了热稳定性较差的原料乳，则淡炼乳通常会出现软的凝块。经振荡可使凝块分散，复原成均匀的流体。

振荡应在灭菌后2～3 d进行，使用振荡机进行振荡。每次振荡1～2 min。通常是1 min以内，若延长振荡时间，会降低炼乳的黏度。

生产中，若原料乳的热稳定性很好，灭菌操作及稳定剂添加量又符合要求，没有造成凝块出现的现象，就不必再进行振荡了。

(十一)保温试验

淡炼乳在出厂之前，一般还要经过保藏试验。即将成品在25～30 ℃条件下保温贮藏3～4周，观察有无膨罐，并开罐检查无其他缺陷。必要时可抽取一定量的样品于37 ℃条件下保藏7～10 d，并加以观察检验。保温检查合格的产品方可装箱出厂。

三、淡炼乳生产质量控制

(一)脂肪上浮

淡炼乳在长时间放置后，会发生脂肪上浮现象，即在上部形成稀奶油层，严重时一经振荡会形成奶油粒。脂肪上浮是淡炼乳常见的缺陷之一，主要是均质不完全或热处理不当，引起黏度下降所致。要注意均质操作，使脂肪球直径基本上都在2 μm以下，并控制好热处理条件，使炼乳保持适当的黏度，即可防止脂肪上浮的现象。

(二)胀罐(胖听)

淡炼乳的胀罐分为细菌胀罐、化学性胀罐和物理性胀罐三种类型。

细菌性胀罐的主要原因是灭菌不彻底或受到严重污染，尤其是受到耐热性芽孢杆菌污染后，由于细菌活动产气造成的。其预防措施是加强灭菌操作和防止污染。

若淡炼乳酸度偏高，且贮存过久，罐壁中的锡、铁等成分与乳中的酸性物质会发生化学反应产生氢气，就可能导致化学性胀罐的发生。

另外，若装罐太满或将炼乳装罐后运到高原或置于气压低、高空、海拔高的场所，就可能会出现物理性胀罐，即所谓的假胖听。

（三）褐变

淡炼乳经高温灭菌后颜色会变深呈黄褐色。灭菌温度越高，保温时间及贮存时间越长，褐变现象就越突出，其原因是美拉德反应。为防止褐变，就要求在达到灭菌目的的前提下避免过度的高温、长时间高温加热处理；在 5 ℃以下保存，稳定剂的质量和用量把握好，不使用碳酸钠而使用柠檬酸钠或磷酸钠作为稳定剂，也可以减轻褐变现象。

（四）黏度降低

淡炼乳在贮藏期间会出现黏度降低的现象，又称为稀薄化。若黏度显著降低，就会伴随有脂肪上浮和部分成分沉淀的现象。黏度降低的程度与贮藏时间和贮藏温度关系很大，与蛋白质的含量成反比关系。在一定贮藏温度下，黏度降低是与贮藏时间成正比的。低温贮藏可减弱黏度降低的趋势。在 0～5 ℃条件下贮藏，可有效避免黏度降低。若进行适当的热处理也可以提高制品的黏度。

（五）异臭

淡炼乳在贮藏过程中有时会产生苦味和酸臭味。这主要是由于灭菌不彻底，残留菌污染造成凝聚，同时伴随异臭味。

（六）凝固

淡炼乳的凝固主要包括细菌性凝固和理化凝固两大类。其中由于热处理不当造成的理化性凝固最经常发生。

1. 细菌性凝固

若在淡炼乳生产过程中灭菌不彻底或封口不严密，受到耐热性芽孢杆菌的严重污染，就会产生乳酸或凝乳酶，就可能出现凝固现象。细菌性凝固多伴有苦味、酸味等异臭现象的发生。要消除细菌性凝固，就要防止污染，掌握正确的灭菌温度并保证封罐严密。

2. 理化性凝固

若使用热稳定性差的原料乳或操作中灭菌过度、浓缩过度，都可能出现理化性凝固。原料乳的热稳定性差主要是由于酸度高、乳清蛋白含量高或者盐类平衡失常造成的，所以原料乳检验时应严格控制其热稳定性，盐类平衡失常则可通过离子交换树脂处理或者适当添加稳定剂来解决。此外，正确地控制浓缩程度、灭菌温度和时间，避免过高的均质压力等均可避免理化性凝固。

四、淡炼乳与甜炼乳生产工艺的区别

淡炼乳与甜炼乳的生产工艺基本相似，主要区别见表 7-6。

表 7-6　淡炼乳与甜炼乳生产工艺的区别

项目	甜炼乳	淡炼乳
原料乳新鲜度	范围宽	要求高（75%酒精试验和热稳定试验）
是否加糖	是	否
均质	有时可省	不可省，防止脂肪上浮
保藏性	加糖增加渗透压	不加防腐剂，不能调整
杀菌工艺	原料分别杀菌后混入、浓缩	二次杀菌（预热巴氏杀菌和灌装后杀菌）

【知识拓展】

其他炼乳生产

一、其他炼乳简介

通常浓缩乳是用来直接进行消费的，将其稀释到一定程度可以作为液态奶直接饮用。浓缩乳的生产过程大致如下：首先将优质的牛乳巴氏杀菌，将乳浓缩到原来的1/3体积，然后进行标准化和均质，杀菌后包装。因为过高的杀菌温度会影响浓缩物中干物质的保护作用，因此杀菌条件通常控制在79.4 ℃、25 s。尽管产品中的水分活度很低，而且微生物的生长繁殖非常缓慢，产品在贮存和销售过程中仍然需要冷藏。

目前在乳制品的生产中炼乳产品已经不占有重要地位，但是在人们的生活及食品工业中还具有很广泛的应用。

(1)奶粉复原制造的炼乳　在一些没有鲜乳或乳产量受季节影响很大的地区，可作为鲜牛乳的替代品。

(2)脱脂乳浓缩物　作为脱脂乳或以脱脂乳为原料的其他乳粉的原料来生产的。脱脂乳浓缩物应用于食品工业的许多领域，例如用于制作酸奶生产的原料等。

(3)脱脂乳/乳清浓缩物　这种浓缩物比脱脂乳更便宜，在许多应用中与脱脂乳相同。这种混合物也被加工成总固形物为35%～40%的产品，因乳糖含量更高，乳糖结晶和沉淀更易发生，所以在生产过程中应采取合适的操作和贮藏方法，尽量避免这些问题的发生。

(4)乳清浓缩物　作为干酪制造的副产物，乳清很易腐败。可生产乳清浓缩物作为脱脂乳替代品，应用于冰淇淋、甜品、调味品等，但须注意过度使用乳清浓缩物会产生乳糖结晶，从而导致产品具有糖果般的质地。乳清浓缩物可通过超滤和热处理来影响蛋白质的功能特性，从而提高人造黄油的质地和稳定性。

(5)乳糖水解乳清浓缩物　乳糖可通过β-乳糖酶水解为D-葡萄糖和D-半乳糖。乳糖水解后的乳清通过离子交换树脂除去矿物质，再经过蒸发浓缩至固形物含量达到72%。使用乳糖酶并不是生产乳糖水解浓缩物的最佳途径，因为其成本高，并且使酶变性的热处理会使美拉德反应加剧，而使用固定化酶就不存在这些缺点。乳糖水解乳清浓缩物主要应用于糖果业，经常用以替代加糖浓缩乳。乳糖水解乳清浓缩物也可用于焙烤类食品如面包和生产早餐食品，使着色更快并且减少烹饪时间。

(6)Creamer　最近开发的替代再制甜炼乳的一种“咖啡伴侣”产品，在饮用咖啡和茶时使用。严格地讲它不是一种浓缩乳，因为它不符合国际食品法典(Codex)的标准，但是该产品具有广泛的市场需求。

这种类型产品从技术角度讲与甜炼乳相似，但成分不同，配方有差异。这类产品都是基于下列配方原则：与甜炼乳相比，减少了非脂乳固体，用植物油来代替乳脂肪；增加了脂肪含量，并保持了产品的白色；替换了一部分非脂乳固体，通常使用乳清粉或其他较低成本的配料。因为增加了脂肪含量，又降低了蛋白含量，这样就容易缺少有效乳化脂肪的蛋白质，所以一般要添加乳化剂。由于减少了蛋白质含量，需要权衡一些配料来获得所需要的黏度，因此，可选择乳清粉和亲水胶，如卡拉胶。如果用乳清粉替代一部分脱脂乳粉，则增加了乳糖含量，因此有必要控制乳糖的结晶。

二、其他浓缩乳

除了上述浓缩乳制品外，还有一些浓缩产品，例如浓缩酪乳、焦糖化乳浓缩物等，有一些属于直接消费的产品，有一些则是加工半成品，如表 7-7 所示。

表 7-7 其他浓缩乳与乳粉的化学组成比较

产品	乳糖	蔗糖	蛋白质	盐类	脂肪	水
浓缩酪乳	15.0	—	11.2	2.4	1.4	70.0
浓缩甜酪乳	15.0	42.0	11.2	2.4	1.4	28.0
酪乳粉	47.9	—	36.0	7.8	4.5	3.5
脱脂淡炼乳	16.2	—	11.1	2.5	0.2	70.0
脱脂甜炼乳	16.2	42.0	11.1	2.5	0.2	28.0
脱脂乳粉	52.1	—	35.7	8.0	1.0	3.2
浓缩乳清	51.3	—	10.1	6.0	0.6	32.0
浓缩甜乳清	28.7	38.0	5.6	3.4	0.3	24.0
乳清粉	72.7	—	14.2	8.5	0.6	4.0

【项目测试题】

一、多项选择题

1. 甜炼乳浓缩过程中常出现的故障有(　　)。
   A. 真空度过低　B. 真空度过高　C. 沸腾过剧烈　D. 沸腾突然停止
2. 甜炼乳浓缩过程出现的真空度过低的原因可能是(　　)。
   A. 泄露　B. 冷却水量不足　C. 水温过高　D. 真空泵故障
3. 甜炼乳浓缩过程中出现的沸腾过剧烈的原因可能是(　　)。
   A. 进奶过多　B. 断水　C. 断电　D. 浓奶抽空
4. 甜炼乳浓缩操作过程中出现跑料的原因可能为(　　)。
   A. 进料过多　B. 真空度过高
   C. 分离器底部泄露　D. 二次蒸汽上升速度过快(蒸发室高度不够)
5. 冷却结晶分为间歇式和连续式两大类，其目的为(　　)。
   A. 及时冷却以防止炼乳在贮藏期间变稠倾向
   B. 控制乳糖结晶，使乳糖组织状态细腻
   C. 使炼乳快速冷却，延长炼乳保质期
   D. 更好地控制产品质量
6. 浓缩是使乳中水分蒸发以提高乳固体含量使其达到要求的过程，炼乳生产中浓缩的方法有(　　)。
   A. 常压加热浓缩　B. 减压加热浓缩　C. 冷冻弄浓缩　D. 离心浓缩
   E. 反渗透浓缩
7. 淡炼乳生产中均质的目的是(　　)。
   A. 防止脂肪上浮　B. 增加黏度　C. 延长贮藏期

8. 淡炼乳的胀罐现象可以分为(　　)。

A. 细菌性胀罐　　B. 化学性胀罐　　C. 物理性胀罐

9. 淡炼乳灭菌的主要目的是(　　)。

A. 杀灭微生物　　B. 使酶失活

C. 防止脂肪上浮　　D. 赋予炼乳的芳香气味

10. 淡炼乳灭菌的方法有(　　)。

A. 间歇式灭菌法　　B. 连续式灭菌法　　C. 混合灭菌法

二、判断题

1. 甜炼乳是往新鲜牛乳中加入约 16% 的蔗糖,并浓缩至原体积 40% 的一种浓缩乳制品。(　　)

2. 冷却结晶分为间歇式和连续式两大类,其目的为:①及时冷却以防止炼乳在贮藏期间变稠、倾向。②控制乳糖结晶,使乳糖组织状态细腻。(　　)

3. 甜炼乳容器底部有时呈现糖沉淀现象,这主要是乳糖结晶过大形成的,也与炼乳的黏度有关。(　　)

4. 甜炼乳浓缩过程中出现的沸腾过剧烈的原因可能是进奶过多。(　　)

5. 甜炼乳冷却结晶的目的是使口感细腻并防止炼乳变稠。(　　)

6. 炼乳工艺中,我国国家炼乳质量标准规定乳中脂肪 F 与非脂乳固体 SNF 的比值为 8∶18。(　　)

7. 炼乳的质量标准主要包括三部分内容即感官检验、理化检验及卫生检验。(　　)

8. 炼乳变稠或浓厚化的现象是贮存中最常见的缺陷,其原因有理化性变稠和微生物性变稠两个方面。(　　)

9. 淡炼乳灭菌的主要目的是杀灭微生物和使酶失活。(　　)

10. 物理性胀罐是因为乳中的酸性物质与罐内壁的铁、锡等发生化学反应而产生氢气所造成的。(　　)

项目八
奶油的加工

【知识目标】

①明确奶油的概念和种类;②描述奶油的性质及影响因素;③描述奶油生产的一般工艺过程;④学会辨别奶油的常见质量缺陷。

【技能目标】

①能熟练操作相关仪器设备,完成奶油和无水奶油的加工;②能对奶油生产工艺各工序进行质量控制,能处理加工过程中出现的问题,并提出解决方案;③能辨别奶油的质量缺陷并分析产生的原因。

【项目描述】

奶油(cream)或称淇淋、激凌、克林姆,是从牛奶、羊奶中提取的黄色或白色脂肪性半固体食品。它是由未均质化之前的生牛乳顶层的牛奶脂肪含量较高的一层制得的乳制品。本项目主要介绍奶油的概念、种类,奶油的特性及影响因素,及其不同种类奶油的加工工艺及要求。通过本项目的学习,要了解普通奶油的加工工艺及要求,奶油的缺陷及其产生的原因。

【思维导图】

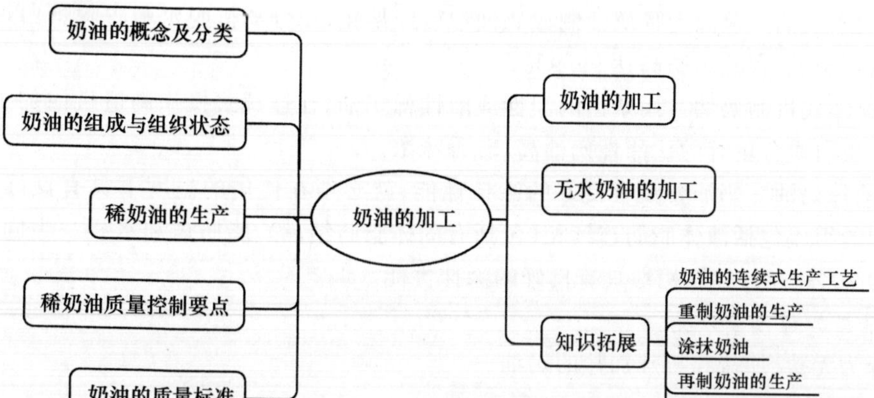

【相关知识】

一、奶油的概念及分类

(一)奶油的概念

1. 稀奶油

以乳为原料,分离出的含脂肪的部分,添加或不添加其他原料、食品添加剂和营养强化剂,经加工制成的脂肪含量10.0%～80.0%的产品。

2. 奶油(黄油)

以乳和(或)稀奶油(经发酵或不发酵)为原料,添加或不添加其他原料、食品添加剂和营养强化剂,经加工制成的脂肪含量不小于80.0%的产品。

3. 无水奶油(无水黄油)

以乳和(或)奶油或稀奶油(经发酵或不发酵)为原料,添加或不添加食品添加剂和营养强化剂,经加工制成的脂肪含量不小于99.8%的产品。无水乳脂也叫无水奶油,是一种几乎完全由乳脂肪构成的产品,尽管它们是现代工业制品,但在古老的文明中也能够找到它们的踪迹。无水乳脂是奶油脂肪贮存和运输的极好形式,因为它比奶油需要的空间小。奶油被认为是一种新鲜的制品,在4 ℃下可贮存4～6周,低于−25 ℃时可贮存10～12个月以上。无水乳脂在36 ℃以上时是液体,在16～17 ℃以下时是固体。AMF适宜以液体的形式使用,适用于不同的乳制品、巧克力和冰淇淋制造工业。

(二)奶油的分类

奶油根据制造方法、原料或生产地区不同而分成不同种类。

1. 根据奶油制造方法不同分类

(1)甜性奶油　以鲜稀奶油制成,有加盐和不加盐的两种,具有明显的乳香味,含乳脂肪80%～85%。

(2)酸性奶油　以杀菌的稀奶油,用纯乳酸菌发酵剂发酵后加工制成,有加盐和不加盐的两种,具有微酸和较浓的乳香味,含乳脂肪80%～85%。

(3)重制奶油　用稀奶油和甜性、酸性奶油,经过熔融,除去蛋白质和水分而制成。具有特有的脂香味,含脂肪98%以上。

(4)脱水奶油　杀菌的稀奶油制成奶油粒后经熔化,用分离机脱水和脱除蛋白,再经过真空浓缩而制成,含乳脂肪高达99.9%。

(5)连续式机制奶油　用杀菌的甜性或酸性稀奶油,在连续式操作制造机内加工制成,其水分及蛋白质含量有的比甜性奶油高,乳香味浓。

(6)涂抹奶油　奶油要具有良好的涂抹性能,就必须在使用的温度下具有良好的可塑性。奶油的组成包括液体脂肪连续相(包括有固体脂肪结晶)、脂肪球和水相。当固体脂肪的含量为20%～30%时,奶油具有良好的涂抹性能。

2. 根据加盐与否分类

可分为无盐、加盐和特殊加盐的奶油。

3. 根据脂肪含量分类

可分为一般奶油和无水奶油(即黄油)以及植物油替代乳脂肪的人造奶油。

4. 其他分类

奶油除以上主要种类外还有各种花色奶油，如巧克力奶油、含糖奶油、含蜜奶油、果汁奶油等；含乳脂肪 30%～50%的发泡奶油、掼打奶油，加糖和加色的各种稠液状稀奶油。我国少数民族地区还有特制的“奶皮子”“乳扇”等独特品种。

(三)稀奶油的分类及应用

1. 稀奶油分类

按含脂率不同，稀奶油可分为：

(1)半稀奶油　含脂率为 10%～80%，一般用于甜食和饮料。

(2)咖啡用稀奶油　含脂率达 25%，加入咖啡中能改善其外观和风味。

(3)酸性稀奶油　用乳酸菌来发酵稀奶油，通过把乳糖转变为乳酸而产生酸味并伴随着蛋白质的凝结。产品的风味决定于所使用的发酵剂种类。酸性稀奶油的脂肪含量小于 25%，但某些轻微发酵产品的脂肪含量高达 40%。

(4)重制稀奶油　含脂率高于 48%，在欧洲多见，是通过搅打生产出的一种很稠的掼打奶油。

掼打奶油又称搅打稀奶油，是以含脂率 35%～37%的新鲜奶油为原料，添加稳定剂，以改善稀奶油的起泡性和气泡的持久性，又为了增加人们的适口性和产品的黏度而添加蔗糖，再通过机械方法将空气混入，使其膨胀而制成的一种乳制品。掼打奶油可直接食用，也可用于制造冰淇淋、面包、蛋糕、色拉、汽水等。

(5)凝固稀奶油　含脂率大于 55%，是英国、瑞士的一种传统食品，通过加热煮制使乳脂上浮凝聚而制得。

(6)高脂稀奶油　含脂率高达 70%～80%，由一般稀奶油进行二次分离制得，如伊朗的稀奶油。

2. 稀奶油的应用

稀奶油在食品工业中应用很广，可作为呈味物质，赋予食品美味，比如甜点、蛋糕和一些巧克力糖果，也可用于一些饮料中，例如咖啡和奶味甜酒。此外，稀奶油还能赋予食品良好的质地，其黏度、稠度及功能特性(如搅打性)都随脂肪含量以及加工方法的不同而有所变化。

在生产过程中，一些稀奶油制品可以加入一些法律允许的添加剂，例如，咖啡稀奶油含有盐类稳定剂，如磷酸盐和柠檬酸盐；发泡稀奶油可以添加卡拉胶来防止产品沉淀分层。

二、奶油的组成与组织状态

(一)组成成分

一般加盐奶油的主要成分为脂肪(80%～82%)、水分(15.6%～17.6%)、盐(约 1.2%)以及蛋白质、钙和磷(约 1.2%)。奶油还富含脂溶性的维生素 A、维生素 D 和维生素 E。此外，奶油还含有微量的灰分、乳糖、酸、磷脂、气体、微生物、酶等。一般的成分含量如表 8-1 所示。

表 8-1　奶油一般成分的质量分数

成分	无盐奶油	加盐奶油	重制奶油
水/%	≤16	≤16	≤1
脂肪/%	≥82.5	≥80	≥98
盐/%	—	2.5	—
酸度*	≤20°T	≤20°T	—

注：* 酸性奶油的酸度不作规定。

(二)组织状态

奶油应呈均匀一致的颜色、稠密而味纯。水分应分散成细滴，从而使奶油外观干燥。硬度应均匀，这样奶油就易于涂抹，并且到舌头上能即时融化。

(三)奶油的性质

奶油中主要是乳脂肪，因此乳脂肪的性质直接决定奶油的性状。

1. 脂肪性质与乳牛品种、泌乳期季节的关系

有些乳牛(如荷兰牛、爱尔夏牛)的乳脂肪中由于油酸含量高，因此制成的奶油比较软；而另一些乳牛如娟姗牛的乳脂肪由于油酸含量比较低，而熔点高的脂肪酸含量高，因此制成的奶油比较硬。

在泌乳初期，挥发性脂肪酸多，而油酸比较少，随着泌乳时间的延长，这种性质变得相反。至于季节的影响，春夏季由于青饲料多，因此油酸的含量高，奶油也比较软，熔点也比较低。由于这种关系，夏季的奶油很容易变软。为了要得到较硬的奶油，在稀奶油成熟、搅拌、水洗及压炼过程中，应尽可能降低温度。

2. 奶油的色泽

奶油的颜色从白色到淡黄色，深浅各有不同，这主要取决于其中胡萝卜素的含量，受季节影响。为了使奶油的颜色全年一致，往往加入色素以增加其颜色。奶油长期曝晒于日光下，会发生褪色。

3. 奶油的芳香味

奶油有一种特殊的芳香味，这种芳香味主要由丁二酮、甘油及游离脂肪酸等综合而成。其中丁二酮主要来自发酵时细菌的作用。因此酸性奶油应有丁二酮气味，酸性奶油比新鲜奶油芳香味更浓，而甜性奶油则应有稀奶油味，也可具有轻微的“蒸煮”味。

4. 奶油的物理结构

奶油的物理结构为水在油中的分散系(固体系)，即在脂肪中分散有游离脂肪球(脂肪球膜未被破坏的一部分脂肪球)与细微水滴，此外还含有气泡。水滴中溶有除脂肪以外的其他物质及食盐，因此也称为乳浆小滴。

三、稀奶油的生产

一般从牛乳中分离脂肪，当达到所需的脂肪含量时，进行热处理，热处理可采用巴氏杀菌、高温瞬时灭菌和保持灭菌等方式。

(一)稀奶油的生产工艺流程

稀奶油加工工艺流程见图 8-1。

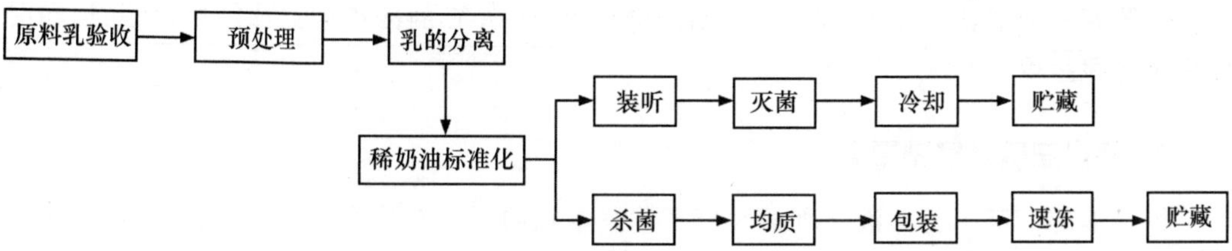

图 8-1　稀奶油的生产工艺流程

(二)稀奶油生产工艺要求

1. 乳的分离

(1)静置法　所谓静置法,是指将牛乳放在容器中静置 24～36 h,由于乳脂肪密度比较低,逐渐上浮到乳的表面,这种可形成含脂率 15%～20%的稀奶油。利用这种方法分离稀奶油所需时间长,生产能力低,脂肪损失比较多,目前仅在牧区使用。

(2)离心分离法　采用离心分离技术,分离的基本依据是脂肪球与水相之间的密度差。采用高速旋转的离心分离机,利用离心力的作用,使密度不同的两部分分离,最终可得到 35%～45%的稀奶油和含脂率很低的脱脂乳。这种方法大大缩短了乳的分离时间、提高了奶油的生产率,并使卫生条件得到了极大地改善,提高了产品的质量,被工厂普遍采用。

2. 标准化

稀奶油生产中要对脂肪含量进行标准化,不同种类的稀奶油脂肪含量是不同的,若含脂率高于要求则成本增加,若含脂率低于要求则会影响其特性,如黏度和掼打性质等。对于生产奶油用的稀奶油,可以不对脂肪含量进行标准化,但若含脂率过高,会使搅拌过程难以进行,若含脂率过低,则酪乳过多。标准化的方法同原料乳的标准化。

3. 稀奶油的杀菌和真空脱臭

稀奶油热处理的目的是杀死其中的腐败微生物,钝化能够导致稀奶油腐败的酶类,提高奶油的保藏性,保证食用奶油的安全。

稀奶油杀菌的方法一般有间歇式和连续式两种,小型工厂多采用间歇式。大型工厂则多采用板式换热器或高温瞬时杀菌器,连续进行杀菌。

常用的热处理的温度和时间有以下几种组合:72 ℃、15 min;77 ℃、5 min;82～85 ℃、30 s;116 ℃、3～5 s。若生产稀奶油的原料乳来源于牧场,则稀奶油中会有牧草的异味,因为大多数异味是易挥发性物质,因此可以采用真空杀菌脱臭机来达到杀菌脱臭的目的。

4. 稀奶油的均质、包装与储藏

低脂稀奶油和一次分离稀奶油需要进行高压均质;二次分离稀奶油可以采用低压均质,以提高黏度;发泡稀奶油则不能均质,否则会使产品的搅打发泡能力降低。

杀菌、均质后的奶油应迅速冷却到 2～5 ℃进行包装。常用的包装形式有瓶装、灌装和利乐纸盒包装等。无论是哪种包装,都应注意以下问题:

(1)避光,光照会引起脂肪自动氧化产生酸败。

(2)密封、不透气。

(3)不透水、不透油。

(4)防止包装材料本身含有某些化学物质,也要防止印刷标签的油墨、染料等渗入奶油中。

(5)包装容器的设计要有利于摇动,以便内容物的摇匀。

包装好的稀奶油在出售前和加工前应储藏在 2～8 ℃的冷库中或冰箱中，成品运输时应采用冷藏运输。

四、稀奶油质量控制要点

稀奶油的生产工艺与液态乳的生产工艺基本相同。一般从牛乳中分离脂肪，当达到所需的脂肪含量时，进行热处理，热处理可采用巴氏杀菌、高温瞬时灭菌和保持灭菌等方式。

(一)原料乳的接受和处理

1. 控制

(1)原料乳具有良好的品质，未受到饲料的污染。

(2)牛乳存放的时间要尽可能短。

(3)在泵送等工序中对牛乳的损害要尽可能小。

2. 监测

(1)对原料乳品质进行实验室检验。

(2)对原料乳可能受到饲料的影响要有正确的感官评价。

(3)有正规的生产系统来保证在规定的时间内处理完原料乳。

(4)由经验丰富的操作人员来操作设备。

3. 检测

(1)最终成品的品质。

(2)检查生产记录。

(3)对设备进行周期性的检查和维修。

(二)稀奶油的离心分离和标准化的生产控制点

1. 控制

(1)牛乳预热到合适的温度。

(2)保证稀奶油的含脂率。

(3)如果需要，稀奶油标准化到合适的含脂率。

(4)在处理稀奶油时对其的损害要小。

2. 监测

(1)预热　设备配有温度自动记录仪。

(2)脂肪含量　监测自动控制系统；手工操作时要分析检测实际的脂肪含量；由经过训练、经验丰富的操作人员进行脂肪的标准化。

(3)处理　检查设备的气密性和运转情况。

3. 检测

(1)预热　检查温度自动记录仪的记录。

(2)脂肪含量　校准自动控制设备的常规基准；对常规基准进行精密度实验分析；分析成品稀奶油的脂肪含量。

(3)处理　设备的运转保持在推荐的范围内。

五、奶油的质量标准

稀奶油的质量标准应符合《食品安全国家标准 稀奶油、奶油和无水奶油》GB 19646—2010 中的规定。包括原料要求、感官要求、理化指标、污染物限量、真菌毒素限量、微生物限量、其他包装要求等。产品在出厂前按照 GB 19646—2010 进行检验。

(一)稀奶油的感官要求

感官要求包括色泽、滋(气)味和组织状态,各项指标要符合表 8-2 中的质量要求。

表 8-2 稀奶油的感官要求

项目	指标	检验方法
色泽	呈均匀一致的乳白色、乳黄色或相应辅料应有的色泽	取适量试样置于 50 mL 烧杯中,在自然光下观察色泽和组织状态。闻其气味,用温开水漱口,品尝滋味
滋味和气味	具有稀奶油、奶油、无水奶油或相应辅料应有的滋味和气味,无异味。	
组织状态	均匀一致,允许有相应辅料的沉淀物,无正常视力可见异物	

(二)奶油的理化指标

理化指标要符合表 8-3 中的质量要求。

表 8-3 奶油的理化指标

项目	指标			检验方法
	稀奶油	奶油	无水奶油	
水分/%	—	≤16.0	≤0.1	奶油按 GB 5009.3 的方法测定 无水奶油按 GB5009.3 中的卡尔·费休法 测定
脂肪/%	≥10.0	≥80.0	≥99.8	GB5413.3[a]
酸度[b]/°T	≤30.0	≤20.0	—	GB5413.34
非脂乳固体[c]/%	—	≤2.0	—	—

注:[a] 无水奶油的脂肪(%)=100%-水分(%)

[b]酸度不适用以发酵稀奶油为原料的产品。

[c]非脂乳固体(%)=100%-脂肪(%)-水分(%)(含盐奶油还应减去食盐含量)

(三)奶油的微生物限量

微生物限量要符合表 8-4 中的质量要求。

表 8-4 奶油的微生物限量

项目	采样方案[a] 及限量(若非指定,均以 CFU/g 或 CFU/mL 表示)				检验方法
	n	c	m	M	
菌落总数[b]	5	2	10 000	100 000	GB 4789.2
大肠菌群	5	2	10	100	GB 4789.3 平板计数法
金黄色葡萄球菌	5	10	10	100	GB 4789.10 平板计数法
沙门氏菌	5	0	25(g/mL)	—	GB 4789.4
霉菌	≤90				GB 4789.15

注:[a] 样品的采样、分析及处理按 GB 4789.1 和 GB 4789.18 执行。

[b]菌落总数不适用于以发酵稀奶油为原料的产品。

n,c,m,M 指不同采样方案,参见 GB 4789.1。

（四）奶油的污染物限量

奶油的污染物限量应符合 GB 2762 的规定。

（五）奶油的真菌毒素限量

奶油的真菌毒素限量应符合 GB 2761 的规定。

（六）奶油中的食品添加剂和营养强化剂

食品添加剂和营养强化剂质量应符合 GB 2760 和 GB 14880 等安全标准和有关规定。

任务 1　奶油的加工

【任务设计】

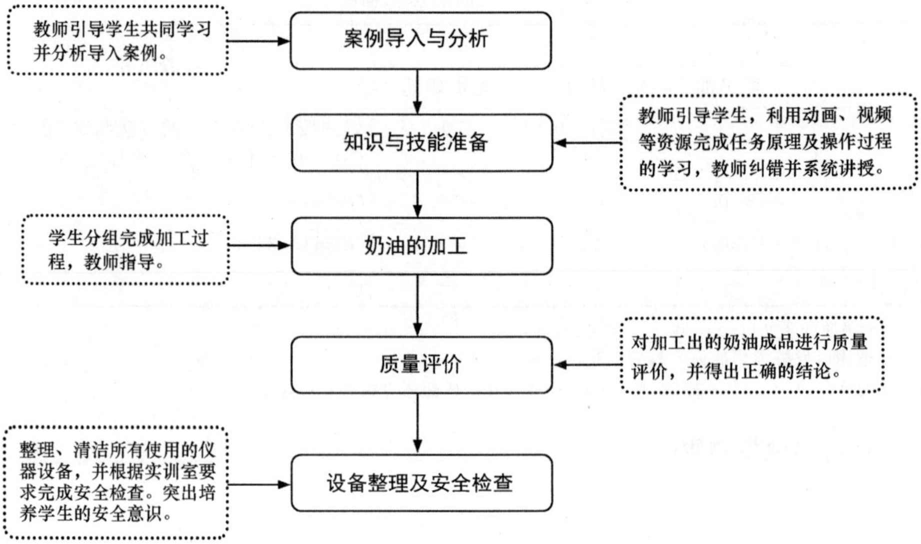

【案例导入】

19 世纪 50 年代以后的欧洲，工业革命迅速发展，人口膨胀，日益富裕后的人们对饮食有更高的需求，导致了黄油短缺，这使得欧洲的黄油价格在 1850 年到 1870 年间几乎翻了一番。这给开发替代产品带来了巨大的动力。

1869 年 7 月 15 日，法国农业和贸易部授予麦加·莫利哀 15 年的专利(第 86 480 号)，用于加工和生产某些动物来源油脂，该专利 1873 年也在英国获得注册。到 1873 年麦加·莫利哀获得美国专利 (146012；1-1-1873) 专利名为“动物脂肪的改性”，不久后他的美国专利由纽约市的美国乳品公司获得，用于生产人造奶油。人造奶油又称人造黄油，指精制植物油或动物脂肪添加水及其他辅料，经乳化、急冷捏合成具有天然奶油特色的可塑性制品。典型的人造奶油含有 80％的精制植物油、20％的牛奶(全脂、脱脂或豆奶)，通常还添加了维生素 A。

我们经常能品尝到用奶油装饰的生日蛋糕，奶油不仅口感细腻丰富，而且造型多变，深受消费者的喜爱。奶油广泛用于蛋糕装饰裱花、西点制作、面包加工及饮品调制等方面，人造奶油作为奶油的替代品广泛出现在我们的生活中。那么奶油是如何加工而成的？与人造奶油有什么区别呢？

【任务实施】

本任务的主要学习和实施内容涉及奶油的加工工艺及技术要点；奶油常见质量缺陷和防治措施；奶油搅拌机构造及使用方法；甜性奶油、酸性奶油及其生产工艺以及奶油的质量控制标准。

该任务要求在食品加工相关实训室内完成。

一、奶油生产工艺流程及生产线

一般奶油的加工工艺流程见图 8-2，批量和连续生产发酵奶油的生产线见图 8-3。

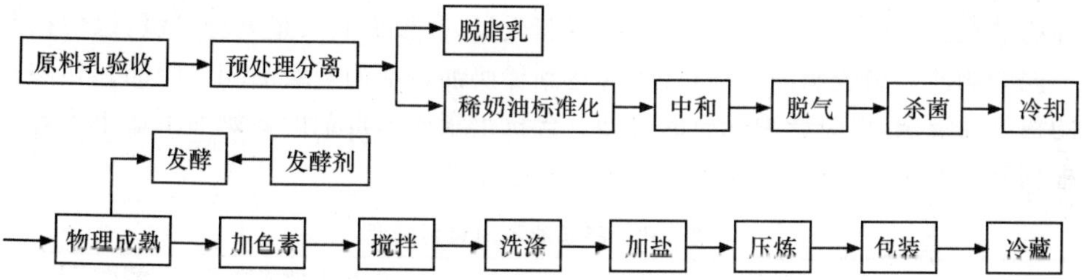

图 8-2　一般奶油的加工工艺流程

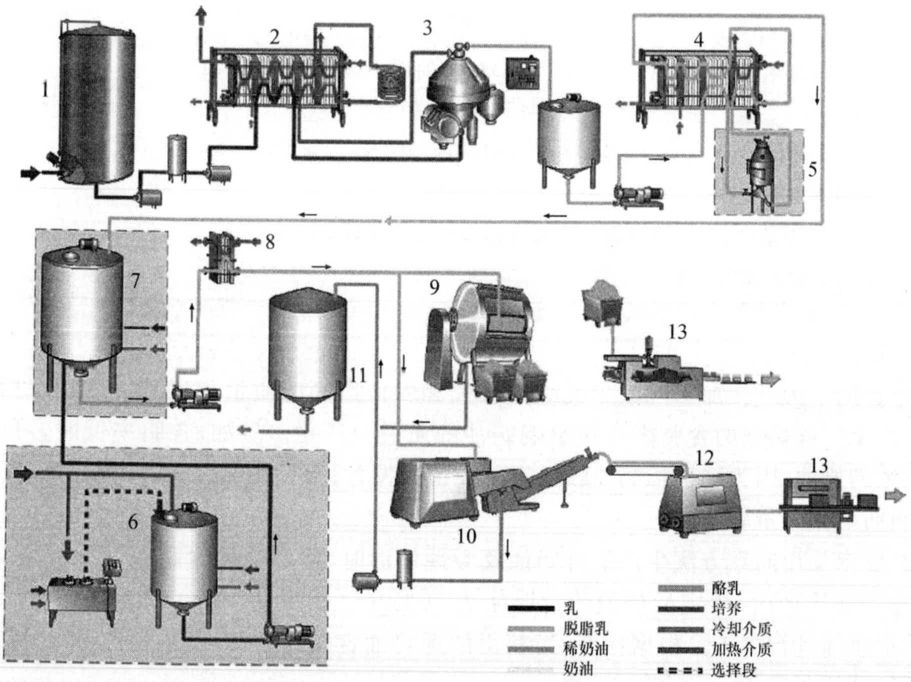

图 8-3　批量和连续生产发酵奶油的生产线

1. 原料乳贮藏罐　2. 板式热交换器(预热)　3. 奶油分离机　4. 板式热交换器(巴氏杀菌)　5. 真空脱气机　6. 发酵剂制备系统　7. 稀奶油的发酵和成熟　8. 板式热交换器(温度处理)　9. 批量奶油压炼机　10. 连续压炼机　11. 酪乳暂存罐　12. 带传送的奶油仓　13. 包装机

二、加工工艺要点

奶油的生产加工

(一)原料乳的验收质量要求

生乳应符合 GB 19301 的要求。其他原料应符合相应的安全标准或有关规定。

制造奶油用的原料乳必须来自健康家畜，在滋气味、组织状态、脂肪含量及密度等各方面都是正常的乳。

(二)稀奶油

生产奶油时必须将牛乳中的稀奶油分离出来，工业化生产采用离心法通过牛乳分离来实现。生产操作时将离心机开动，当达到稳定时(一般为 4 000～9 000 r/m)，将预热到 35～40 ℃(分离时乳温为 32～35 ℃)的牛乳输入，控制稀奶油和脱脂乳的流量比为 1∶(6～12)(视具体情况而定)。

稀奶油在加工前必须先行检验，以决定其质量，并根据其质量划分等级，以便按照等级制造不同的奶油。制造奶油的稀奶油，应达到稀奶油标准的一级品和二级品。切勿将不同等级的稀奶油混杂，以免影响优质的奶油。含抗生素或消毒剂的稀奶油不适于生产酸性奶油。根据感官鉴定和分析结果，可按表 8-5 进行分级。

表 8-5　稀奶油不同级别设置

等级	滋味及气味	组织状态	在下列含脂率时的酸度/°T				乳浆的最高酸度/°T
			25%	30%	35%	40%	
Ⅰ	具有纯正、新鲜、稍甜的滋味，纯洁的气味	均匀一致，不出现奶油团，无混杂物，不冻结	16	15	14	13	23
Ⅱ	略带饲料味和外来的气味	均匀一致，奶油团不多，无混杂物，有冻结痕迹	22	21	19	18	30
Ⅲ	带浓厚的饲料味、金属味，甚至略有苦味	有奶油团，不均匀一致	30	28	26	24	40
不合格	有异常的滋气味，有化学药品及石油产品的气味	有其他混合物及夹杂物	—	—	—	—	—

1. 标准化

(1)目的　为了在加工时减少乳脂的损失和保证产品的质量，在加工前必须将稀奶油进行标准化。稀奶油的含脂率直接影响奶油的质量及产量。例如，含脂率低时，可以获得香气较浓的奶油，因为这种稀奶油较适于乳酸菌的发育；当稀奶油过浓时，则容易堵塞分离机，乳脂肪的损失量较多。

(2)要求　用间歇方法生产新鲜奶油及酸性奶油时，稀奶油的含脂率以 30%～35%为宜；以连续法生产时，规定稀奶油的含脂率为 40%～45%。夏季由于容易酸败，所以用比较浓的稀奶油进行加工。根据标准，当获得的稀奶油含脂率过高或过低时，可以利用皮尔逊法进行计算调节。

[**例**] 今有 120 kg 含脂率为 38%的稀奶油用以制造奶油。根据上面标准，需将稀奶油的含脂率调整为 34%，如用含脂率 0.05%的脱脂乳来调整，则应添加多少脱脂乳？

解:按皮尔逊法

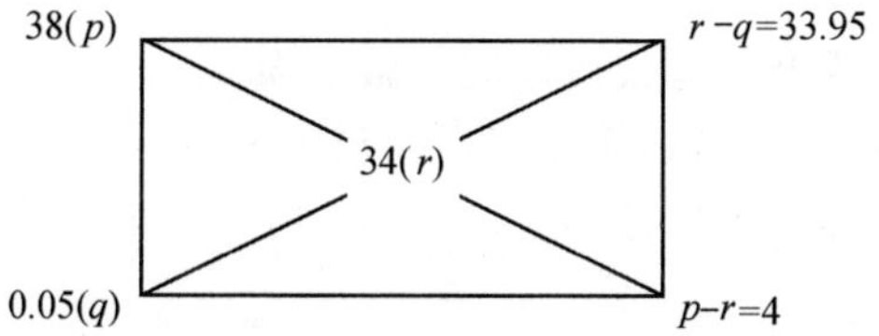

从上可知,33.95 kg稀奶油需加脱脂乳(含脂0.05%)4 kg,则120 kg稀奶油需加的脱脂乳为:(120×4)/33.95=14.14 kg。

稀奶油的碘值是成品质量的决定性因素。如不校正,高碘值的乳脂肪(即含不饱和脂肪酸)生产出的奶油过软。当然也可以根据碘值,调整成熟处理的过程,硬脂肪(碘值低于28)和软脂肪(碘值高达42)也可以制成合格硬度的奶油。

(三)稀奶油的中和

稀奶油的中和直接影响奶油的保存性和成品的质量。制造甜性奶油时,奶油的pH(奶油中水分的pH)应保持在中性附近(6.4~6.8),滴定酸度为16~18°T。

1. 中和的目的

(1)防止脂肪的损失。因为如果酸度高的稀奶油不进行中和即行杀菌时,会造成稀奶油中的酪蛋白受热凝固,一些脂肪会被包在凝块中,搅拌时损失在酪乳中,因此脂肪损失很大,影响产量。

(2)稀奶油中和后,可以改善奶油的香味。一般中和到酸度为20~22°T,不应加碱过多,否则会产生不良风味。

(3)制成的奶油酸度过高时,贮藏中仍易引起水解,并促进氧化。

2. 中和程度

(1)稀奶油的酸度在0.5%(55°T)以下时,可中和至0.15%(16°T)。

(2)若稀奶油的酸度在0.5%以上时,过度降低其酸度,则容易产生特殊气味,而且稀奶油变成浓厚状态,所以中和的限度以0.15%~0.25%为宜。

3. 中和剂的选择

(1)中和剂的种类　一般使用的中和剂为石灰或碳酸钠。石灰价格低廉,同时钙残留于奶油中可以提高营养价值。但石灰难溶于水,必须调成乳剂加入,同时还需要均匀搅拌,不然很难达到中和的目的。碳酸钠因易溶于水,中和可以很快进行,同时不易使酪蛋白凝固,但中和时很快产生二氧化碳,容器过小时有使稀奶油溢出的危险。

(2)中和的方法　用石灰中和时一般调成20%的乳剂,经计算后再徐徐加入。稀奶油中的酸主要为乳酸。用碳酸钠中和时边搅拌边加入10%的碳酸钠溶液,中和时不易加碱过多,否则会产生不良气味。

(四)真空脱气

通过真空处理可将具有挥发特性异常风味物质除掉。首先将稀奶油加热到78 ℃,然后输送至真空机,其真空室的真空度可以使稀奶油在62 ℃时沸腾,稀奶油通过沸腾而冷却下来。当然这一过程也会引起挥发性成分和芳香物质逸出。稀奶油经这一处理后,回到热交换器进行杀菌。

(五)稀奶油的杀菌

1. 杀菌的目的

(1)杀死能使奶油变质及危害人体健康的微生物。

(2)破坏稀奶油中各种酶,增加奶油保存性和风味。

(3)除去稀奶油中特异的挥发性物质,改善奶油的香味。

2. 杀菌方法

杀菌温度直接影响奶油的风味,应根据奶油种类及设备条件来决定杀菌温度,脂肪的导热性很低,能阻碍温度对微生物的作用;同时为了使酶完全被破坏,可以进行高温巴氏杀菌,一般采用 85～90 ℃的温度处理。若稀奶油中含有金属气味时,应采用 75 ℃、10 min 杀菌,若有其他特异气味时,应将温度提高到 93～95 ℃。

杀菌方法可以分为间歇式和连续式两种,小型企业多采用间歇式,最简单的方法就是将盛有稀奶油的桶放到热水槽内,水槽再用蒸汽加热,使稀奶油温度达到 85～90 ℃保持 10 s。加热过程中要进行搅拌。大型工厂则多采用连续式杀菌的方法,即通过板式换热器进行超高温瞬时灭菌,或采用高压蒸汽直接接触稀奶油,瞬间加热至 88～116 ℃后,再进入减压室冷却。对稀奶油的脱臭具有很好的效果。

3. 冷却

经杀菌后应迅速进行冷却,以保证较低的杂菌数,并能制止芳香物质的挥发,这样就可以获得比较芳香的奶油。稀奶油的冷却可采用二段冷却。在杀菌完成后先冷却到 25 ℃左右,再继续冷却至 2～10 ℃。甜性奶油需要冷却到 10 ℃以下。

采用片式杀菌器进行杀菌,可以连续进行冷却。制造甜性奶油,要求冷却到 10 ℃以下,酸性奶油则冷却至稀奶油的发酵温度。用表面冷却器进行冷却时,对稀奶油的脱臭有很大效果,可以改善风味。大型工厂多采用成熟槽进行冷却。

(六)细菌发酵

生产酸性奶油时,须经发酵过程。一般都是先进行发酵,然后才进行物理成熟。发酵与物理成熟同时在成熟罐内完成。生产甜性奶油则不经过发酸过程。

1. 发酵的目的

(1)提高奶油的稳定性和乳脂肪得率,加入专门的乳酸菌发酵剂可产生乳酸,在某种程度上起到抑制腐败性细菌繁殖的作用,因此可提高奶油的稳定性,而且也提高了乳脂肪得率。

(2)更具芳香风味,发酵剂中含有产生乳香味的噬柠檬酸链球菌和丁二酮乳链球菌,故发酵法生产的酸性奶油比甜性奶油具有更浓的芳香风味。

2. 发酵用菌种

生产酸性奶油用的纯发酵剂是产生乳酸和产生芳香风味菌种。一般选用的菌种有下列几种:乳酸链球菌、乳脂链球菌、噬柠檬酸链球菌、副噬柠檬酸链球菌、丁二酮乳球菌。细菌产生的芳香物质中,乳酸、二氧化碳、柠檬酸、丁二酮和醋酸是最重要的。

良好的发酵剂应具有以下特征:

(1)发酵剂必须是高活力的,在温度为 20 ℃时 7 h 后产酸 30°T,10 h 以后应产酸 45～50°T。

(2)风味有令人愉快的香气。

(3)凝块均匀稠密,无乳清分离,经搅拌呈稀奶油状。

(4)显微镜观察有双球菌和链球菌,无酵母及杆菌等。

(5)丁二酮含量不低于 10 mg/L。

3. 发酵剂的制备

制备发酵剂时，首先了解发酵剂原菌中菌种的组成，并根据其特性加以培养活化后，可制备母发酵剂和工作发酵剂。

(1)菌种的活化　发酵剂原菌在使用时必须进行活化，尤其是保存日期长而活力弱的菌种更要充分活化。

活化方法是，一般用脱脂乳培养基或水解脱脂乳培养基，添加适当的微量成分后，在试管内接种原菌种，置 25～30 ℃恒温培养箱内培养 12～24 h。取出后接种于新的试管中培养。如此继续进行 3～4 代后即可充分发挥其活性，最后将试管置于－4 ℃冰箱内贮存备用。一般保存原菌种时，可采用脱脂乳试管或用明胶穿刺培养置于冰箱中，但每经 1 个月左右必须用新的试管转接一次。

(2)母发酵剂和中间发酵剂的制备　在 500 mL 三角烧瓶中各注入脱脂乳 200 mL，90 ℃保持 10 min 后冷却，再添加相当于脱脂乳量 3%的已活化好的试管菌种，28～30 ℃培养 12 h，经 1 h 及 6 h 各搅拌一次。待酸度达 80～85°T，凝块均匀稠密时，可贮存于 4 ℃以下的冰箱中，此为母发酵剂，备作二次发酵剂用。

中间发酵剂是将 1 000 mL 三角烧瓶中分别注入脱脂乳各 500 mL，保持在 95 ℃下 30 min 后冷却添加脱脂乳量 7%的母发酵剂，充分搅拌混合。在 21～30 ℃培养 12 h。经 1 h 及 6 h 各搅拌一次。酸度达 90～100°T，凝块均匀稠密时，在 4 ℃以下冰箱存放备用。用以上这种方法几次转接之后，取样分析羟丁酮与丁二酮含量。

(3)工作发酵剂的制备　工作发酵剂是用于生产的发酵剂。工作发酵剂的制备数量按准备发酵或成熟稀奶油的 6%计算，根据工厂每日处理稀奶油的数量来定。其培养基及接种量、培养条件、程度均与中间发酵剂相同。制备好的工作发酵剂应马上使用，存放时间不能超过 24 h。

良好的发酵剂应具有以下特征：发酵时间 10～12 h 即可达到要求的酸度；风味有令人愉快的香气；凝块均匀稠密，无乳清分离，经搅拌呈稀奶油状；酸度为 90～100°T；显微镜观察有双球菌和链球菌，无酵母及杆菌等；丁二酮的质量浓度不低于 10 mg/L。

4. 稀奶油的发酵

经过杀菌、冷却的稀奶油泵入发酵成熟槽内，温度调到 18～20 ℃后添加相当于稀奶油 5%的工作发酵剂，添加时进行搅拌，徐徐添加，使其均匀混合。发酵温度保持在 18～20 ℃，每隔 1 h 搅拌 5 min。控制稀奶油酸度最后达到表 8-6 中规定程度时，则停止发酵，转入物理成熟。

表 8-6　稀奶油发酵的最终酸度

稀奶油中脂肪的质量分数	最终酸度/°T	
	加盐奶油	不加盐奶油
24	30.0	38.0
26	29.0	37.0
28	28.0	36.0
30	28.0	35.0
32	27.0	34.0
34	26.0	33.0
36	25.0	32.0
38	25.0	31.0
40	24.0	30.1

(七)稀奶油的物理成熟

乳脂肪由液体转变为结晶的物理状态，这一过程称之为稀奶油物理成熟，可以使后续搅拌操作顺利进行，保证奶油质量(不致过软及含水量过多)以及防止乳脂肪损失。

1. 稀奶油的物理成热

稀奶油中的脂肪经加热杀菌融化后，为了使后续搅拌操作能顺利进行，保证奶油质量(不致过软及含水量过多)以及防止乳脂防损失，需要冷却至奶油脂肪的凝固点，以使部分脂肪变为固体结晶状态，这一过程称之为稀奶油物理成熟。通常制造新鲜奶油时，在稀奶油冷却后，立即进行成熟。制造酸性奶油时，则在发酵前或后，或与发酵同时进行。成熟通常需要 12～15 h。

脂肪变硬的程度决定于物理成熟的温度和时间，随着成熟温度的降低和保持时间的延长，大量脂肪变成结晶状态(固化)。成熟温度应与脂肪的最大可能变成固体状态的程度相适应，夏季 3 ℃时脂肪最大可能的硬化程度为 60%～70%；而 6 ℃时为 45%～55%。在某种温度下脂肪组织的硬化程度达到最大可能时称为平衡状态，稀奶油成熟时的温度愈低，脂肪结晶愈快，成熟所需的时间也愈短。稀奶油成熟的时间与温度的关系，见表 8-7。

表 8-7 稀奶油成熟时间与冷却温度的关系

温度/℃	物理成熟应保持的时间/h
2	2～4
4	4～6
6	6～8
8	8～12

通过观察证实，在低温下成熟时发生平衡状态要早于高温下。例如，在 3 ℃时经过 3～4 h 即可达到平衡状态；6 ℃时要经过 6～8 h；而在 8 ℃时要经过 8～12 h。如果在规定温度及时间内达不到平衡状态是因为部分脂肪处于过冷状态，在稀奶油搅拌时会发生过硬情况。就牛乳脂肪而言，即使在 13～16 ℃保持很长时间也不会发生明显凝固现象，这个温度称为临界温度。稀奶油的成熟条件对以后的全部工艺过程和产品质量有很大影响。稀奶油在低温下进行成熟，也会造成不良结果，会使稀奶油的搅拌时间延长，获得的奶油团粒过硬，有油污，而且水容量很低，同时组织状态不良。如果成熟的程度不足，就会缩短稀奶油的搅拌时间，获得的奶油团粒松软，油脂损失于酪乳中的数量显著增加，并在奶油压炼时造成水的分散困难。

2. 稀奶油物理成热的热处理程序

奶油的硬度是一个复杂的概念，包括诸如硬度、黏度、弹性和涂抹性等性能，影响着其他的特点，主要是滋味和香味。乳脂中不同熔点脂肪酸的相对含量，决定奶油硬或软。软脂肪将生产出软而滑腻的奶油，而用硬乳脂生产的奶油，则又硬又浓稠。但是，如果采用适当热处理程序，使之与脂肪的碘值相适应，那么奶油的硬度可达到最佳状态。这是因为冷热处理调整了脂肪结晶的大小，固体和连续相脂肪的相对数量。

(1)乳脂结晶化　巴氏杀菌引起脂肪球中的脂肪液化，但当稀奶油在随后被冷却时，该脂肪的一部分将产生结晶，如果冷却迅速晶体将多而小，如果是逐渐地冷却晶体数量少、但颗粒大。冷却过程越剧烈.结晶成固体相的脂肪就越多，在搅拌和压炼过程中，能从脂肪球中挤出的液体脂肪就越少。

该结晶体通过吸附，将液体脂肪结合在它们的表面。因为如果结晶体多而小，总表面积就大得多，所以它可比大而少的结晶体吸附更多的液体脂肪。在前一种情况，搅拌和压炼，将从脂肪球中压出少量的液体脂肪，这样连续脂肪相就小，奶油就结实。在后一种情况，则正好相反，大量的液体脂肪将被压出，连续相就大，奶油就软。所以，通过调整该稀奶油的冷却程序，有可能使脂肪球中晶体的大小规格化，从而影响连续脂肪相的数量和性质。

(2)冷热处理程序编制　如果要得到均匀一致的奶油硬度，必须调整物理成熟的条件，使之与乳脂的碘值相适应。表 8-8 即对不同碘值的稀奶油进行热处理程序的例子。

表 8-8　不同碘值的稀奶油物理成熟程序

碘值	温度程序/℃	奶油中发酵剂的大约百分数/%
＜28	8—21—20	1
28～29	8—21—16	2～3
30～31	8—20—13	5
32～34	6—19—12	5
35～37	6—17—11	6
38～39	6　15　10	7
＞40	20—8—11	5

注：在表中顺序三个温度是稀奶油在巴氏杀菌后的冷却温度，加热、融化温度及成熟温度。

①含硬脂肪多的稀奶油的处理。为了在碘值低（碘值在 29 以下）即乳脂中硬脂含量高时取得最佳的奶油硬度，应将硬脂肪转化成尽可能小的结晶，从而使少量的液体脂肪相增加到最大限度，其中很多能在搅拌和压炼中被压出去，结果制成的奶油具有较大的液体脂肪连续相且硬脂肪被浓缩至固相。

为取得这一结果所需的处理程序包括以下步骤：迅速冷却到约 8 ℃，并在此温度下保持约 2 h；然后用 27～29 ℃的水徐徐加热到 20～21 ℃，并在此温度下至少保持 2 h，再冷却到约 16 ℃。

在此过程中，当冷却到约 8 ℃时引起大量小结晶的形成，这些小结晶将液体连续相的脂肪结合到它们的表面；当稀奶油被徐徐加热到 20～21 ℃时，大量的结晶熔化，仅留下硬脂肪结晶，它们在 20～21 ℃保持期间晶体增大，在 1～2 h 后，大部分硬脂肪已结晶，结合了少量的液体脂肪。

通过将温度下降到约 16 ℃，最硬的一部分脂肪将被固定成结晶形式，而剩余的被液化。在 16 ℃的保温期中，16 ℃熔点的脂肪或更高熔点的脂肪将添加到结晶中去。这样，该处理就促使高熔点脂肪结集吸收了少量低熔点液体脂肪的大结晶体中，从而使大部分的纯脂肪在搅拌和压炼时被压出。

②含中等硬度脂肪稀奶油的处理。随着碘值的增加，热处理温度从 20～21 ℃相应地降低。

结果将形成大量的脂肪结晶，并吸附比带硬脂肪程序的表面更多的液体脂肪。对于高达 39 的碘值，加热温度可降至 15 ℃。在较低的温度下，酸化时间延长。

③含软脂肪很多的稀奶油的处理。当碘值大于 39～40 时，在巴氏杀菌后稀奶油冷却到 20 ℃，并在此温度下酸化约 5h。当酸度约为 33°T 时冷却到约 8 ℃，如果是 41°T 或者更

高则冷却到 6 ℃。一般认为,酸化温度低于 20 ℃,就生成软奶油。

(八)添加色素

奶油的颜色在夏季放牧期呈现黄色,冬季则颜色变淡,甚至呈白色。奶油作为商品时,为了使奶油颜色全年一致,当颜色太淡时,即需添加色素。最常用的一种称为胭脂树红(3%安纳妥),是天然植物性色素。通常用量为稀奶油的 0.01%~0.05%,可以对照“标准奶油色”的标本,调整色素的加入量。合成色素一般对人体有毒性作用,故不准使用。现在常用胡萝卜素等来调整奶油的颜色,但成本会提高。色素添加通常是在杀菌后搅拌前直接加入到搅拌器中。

(九)奶油的搅拌

将稀奶油置于搅拌器中,利用机械的冲击力使脂肪球膜破坏而形成脂肪团粒,这一过程称为“搅拌”,搅拌时分离出来的液体称为酪乳。

1. 搅拌的目的

稀奶油的搅拌是奶油制造的一个重要工艺过程。搅拌的目的是使脂肪球互相聚结而形成奶油粒,同时析出酪乳。此过程要求在较短时间内奶油粒形成彻底,且酪乳中残留的脂肪愈少愈好。

2. 搅拌方法

先将冷却成熟好的稀奶油的温度调整到所要求的范围后装入搅拌机,开始搅拌时,搅拌机转 3~5 圈,停止旋转排出空气,再按规定的转速进行搅拌到奶油粒形成为止。在遵守搅拌要求的条件下,一般完成搅拌所需的时间为 30~60 min。图 8-4 为间歇式生产中的奶油搅拌器。

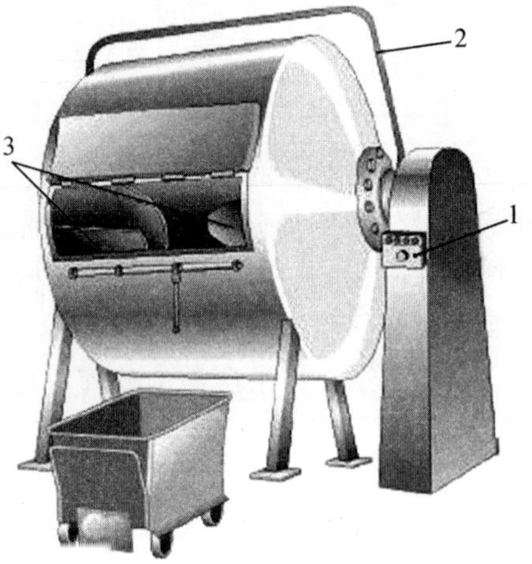

图 8-4 间歇式生产中的奶油搅拌器

1. 控制板 2. 紧急停止 3. 角开挡板

搅拌程度可根据以下情况判断:

①在窥视镜上观察,由稀奶油状变为较透明、有奶油粒。

②搅拌到终点时,搅拌机里的声音有变化。

③手摇搅拌机在奶油粒快出现时,可感到搅拌较费力。

④停机观察时,形成的奶油粒直径以 0.5~1 cm 为宜,搅拌终了后放出的酪乳含脂率一般为 0.5%左右。如酪乳含脂率过高,则应从影响搅拌的各因素中找原因。

3. 奶油颗粒的形成

如前所述,成熟的稀奶油中脂肪球既含有结晶的脂肪,又含有液态的脂肪。脂肪结晶在某种程度上已变成有结构的了,这样它们便在接近脂肪球膜处形成了一层外壳。

稀奶油从成熟罐中出来,通过板式热交换器加热到所需温度后,泵入奶油搅拌机或连续式奶油制造机。当稀奶油被剧烈搅拌时,形成了蛋白质泡沫层。因为表面活性作用,脂肪球的膜被吸到气—水界面,脂肪球被集中到泡沫中。继续搅拌时,蛋白质脱水,泡沫变小,使得泡沫更为紧凑,会对脂肪球施加压力,这样会引起一定比例的液体脂肪从脂肪球中被压出,并使某些膜破裂。液体脂肪也含有脂肪结晶,以一薄层分散在泡沫的表面和脂肪球上。当泡沫变得相当稠密时，更多的液体脂肪被压出，这种泡沫因不稳定而破裂。脂肪球凝结进入奶油的晶粒中。开始时这些是肉眼看不见的，但当搅拌继续时，它们变得越来越大，脂肪球聚合成奶油粒，使剩余在液体即酪乳中的脂肪含量减少。

这样，稀奶油被分成奶油粒和酪乳两部分。在传统的搅拌中，当奶油粒达到一定大小时，搅拌机停止并排走酪乳。在连续式奶油制造机中，酪乳的排出也是连续的。

4. 搅拌的回收率

搅拌回收率，是测定稀奶油中有多少脂肪已转化成奶油的标志。它以酪乳中剩余的脂肪占稀奶油中总脂肪的百分数来表示，该值应低于 0.70。

5. 影响奶油粒形成的因素

(1)稀奶油的脂肪含量　稀奶油中含脂率的高低决定脂肪球间的距离。稀奶油中含脂率愈高则脂肪球间距离愈近，形成奶油粒也愈快。但如稀奶油含脂率过高，搅拌时形成奶油粒过快，小的脂肪球来不及形成脂肪粒，使排除的酪乳中脂肪含量增高。一般稀奶油达到搅拌的适宜含脂率为 30%～40%。

(2)物理成熟的程度　成熟良好的稀奶油在搅拌时产生很多的泡沫，有利于奶油粒的形成，使流失到酪乳中的脂肪大大减少。搅拌结束时奶油粒大小的要求随含脂率而异。一般脂肪率低的稀奶油为 2～3 mm，中等脂肪率的稀奶油为 3～4 mm；脂肪率高的稀奶油为 5 mm。

(3)搅拌的最初温度　实践证明，稀奶油搅拌时适宜的最初温度是：夏季为 8～10 ℃，冬季为 11～14 ℃。若比适宜温度过高或过低时，均会延长搅拌时间，且脂肪的损失增多。稀奶油搅拌时温度在 30 ℃以或 5 ℃以下，则不能形成奶油粒，必须调整到适宜的温度进行搅拌才能形成奶油粒。

(4)搅拌机中稀奶油的添装量　搅拌时，如搅拌机中装的量过多或过少均会延长搅拌时间。一般小型手摇搅拌机要装入其容积的 30%～36%，大型电动搅拌机可装入 50%为适宜。如果稀奶油装得过多，则因形成泡沫困难而延长搅拌时间，但最少不得低于 20%。

(5)搅拌的转速　稀奶油在非连续操作的滚筒式搅拌机中进行搅拌时，一般采取 40 r/min 左右的转速。如转速过快或过慢，均延长搅拌时间(连续操作的奶油制造机例外)。

(十)奶油粒的洗涤

在搅拌后要用水洗涤奶油粒，水洗的目的是为了除去奶油粒表面的酪乳和调整奶油的硬度，同时若用有异常气味的稀奶油制造奶油时，能使部分气味消失，并调整水分。但水洗会减少奶油粒的数量。

1. 水温

水洗用的水温在 3～10 ℃的范围，可按奶油粒的软硬、气候及室温等决定适当的温度。一般夏季水温宜低，冬季水温稍高。水洗次数为 2～3 次。如奶油太软需要增加硬度时，第一次的水温应较奶油粒的温度低 1～2 ℃，第二次、第三次各降低 2～3 ℃。水温降过急时，容易产生奶油色泽不均匀，每次的水量以与酪乳等量为原则。

2. 水质

奶油洗涤后，有一部分水残留在奶油中，所以洗涤水应是质量良好、符合饮用水的卫生要求。细菌污染的水应事先煮沸再冷却，含铁量高的水易促进奶油脂肪氧化，须加注意。如用活性氯处理洗涤水时，有效氯的含量不应高于 200 mg/kg。

（十一）加盐

1. 加盐的目的

奶油加盐的目的是增加风味，抑制微生物繁殖、提高奶油保藏性。但酸性奶油一般不加盐。通常食盐的浓度在10%以上，大部分的微生物（尤其是细菌类）就不容易繁殖。

2. 加盐的方法

加盐时先将盐在120～130 ℃的干燥箱中焙烤3～5 min，然后过30目筛。待奶油搅拌机中排除洗涤水后将烘烤过筛的盐均匀撒在奶油表面。静置5～10 min后旋转奶油搅拌机3～5圈，再静置10～20 min后则可进行压炼。

间歇生产盐撒在奶油表面，在连续式奶油制造机中，则在奶油中加盐水。盐粒的大小不宜超过50 μm。若盐粒较大则在奶油中溶解不彻底，会使产品产生粗糙感。盐的溶解性与温度关系不大，大约26%达到饱和，因此加入盐水会提高奶油的含水量。为了减少含水量，在加入盐水前要保证奶油粒中的含水率为13.2%。

3. 加盐量

奶油中约含16%的水分，成品奶油中含盐量以2%为标准，此时奶油水中含盐量12.5%。因此，加盐在一定程度上能达到防腐的目的。由于在压炼时有部分食盐流失，因此在添加时按2.5%～3%加入。加入后静置10 min左右，然后开始压炼。按照奶油的理论产量，计算所需食盐的量。用于奶油生产的食盐必须符合国家特级或一级标准。

奶油的理论产量可按照下式计算：

$$M_1 = \frac{M_2(F_C - F_S)}{F_B - F_S}$$

式中：M_1—奶油的理论产量，kg；M_2—进行搅拌的稀奶油数量，kg；F_C—稀奶油含脂率，%；F_B—奶油含脂率，%；F_S—酪乳含脂率，%。

得到理论产量后，奶油中应加的食盐数量可按下式计算：

$$m = \frac{m_1 \times c}{100} \times 1.03$$

式中：m—食盐量，kg；m_1—奶油理论产量，kg；1.03—损失食盐校正系数；c—奶油中所要求的食盐含量，%。

（十二）奶油的压炼

将奶油粒压成奶油层的过程称压炼。搅拌产生的奶油晶粒，当酪乳被排走后开始压炼，以此挤压出去奶油颗粒之间的水分。这种状态既保留了水分，又防止聚结。在压炼过程中，要定期检查水分含量，并按照成品奶油所要求的进行调整，直至获得所需要的水分才可终止压炼。小规模加工奶油时，可在压炼台上用手工压炼。一般工厂均在奶油制造器中进行压炼。

1. 压炼的目的

使奶油粒变为组织致密的奶油层，使水滴分布均匀，使食盐全部溶解，并均匀分布于奶油中。同时调节水分含量，即在水分过多时，排除多余的水分；水分不足时，则加入适量的水分并使其均匀吸收。

2. 压炼的方法、压炼程度及水分调节

新鲜奶油在洗涤后立即进行压炼，应尽可能完全地除去洗涤水，然后关上旋塞和奶油制造器的孔盖，并在慢慢旋转搅桶的同时开动压榨轧辊。

奶油压炼一般分为三个阶段：

①压炼初期，被压榨的颗粒形成奶油层，同时，表面水分被压榨出来。此时，奶油中水分显著降低。当水分含量达到最低限度时，水分又开始向奶油中渗透。奶油中水分容量最低的状态称为压炼的临界时期，压炼的第一阶段到此结束。②压炼的第二阶段，奶油水分逐渐增加。在此阶段水分的压出与进入是同时发生的。第二阶段开始时，这两个过程的进行速度大致相等。但是，末期从奶油中排出水的过程几乎停止，而向奶油中渗入水分的过程则加强。这样就引起奶油中的水分增加。③压炼第三阶段的特点是：奶油的水分显著增高，而且水分的分散加剧。根据奶油压炼时水分所发生的变化，使水分含量达到标准化，每个工厂应通过实验来确定在正常压炼条件下调节奶油中水分的曲线图。为此，在压炼中，每通过压榨轧辊 3～4 次，必须测定一次含水量。

根据压炼条件，开始时碾压 5～10 次，以便将颗粒汇集成奶油层，并将表面水分压出。然后稍微打开旋塞和桶孔盖，再旋转 2～3 转，随后使桶口向下排出游离水，并从奶油层的不同地方取出平均样品，以测定含水量。在这种情况下，奶油中含水如果低于许可标准，可以按下面公式计算不足的水分。

$$X = M \times (A - B)/100$$

式中：X—不足的水量，kg；M—理论上奶油的重量，kg；A—奶油中允许的标准水分，%；B—奶油中含有的水分，%。

将不足的水量加到奶油制造器内，关闭旋塞后继续压炼，不让水流出，直到全部水分被吸收为止。压炼结束之前，再检查一次奶油的水分。如果已达到了标准再压榨几次，使其分散均匀。

在制成的奶油中，水分应成为微细的小滴均匀分散。当用铲子挤压奶油块时，不允许有水珠从奶油块内流出。在正常压炼的情况下，奶油中直径小于 15 μm 的水滴的含量要占全部水分的 50%。直径达 1 mm 的水滴占 30%，直径大于 1 mm 的大水滴占 5%。奶油压炼过度会使奶油中含有大量空气，致使奶油中物理化学性质发生变化。正确压炼的新鲜奶油、加盐奶油和无盐奶油，水分都不应超过 16%。奶油的压炼，也影响产品的感官特性，即香味、滋味、贮存质量、外观和色泽。成品奶油应是干燥的，即水相必须非常细微地被分散，肉眼应当看不到水滴。

（十三）奶油的包装

餐桌用奶油（亦称涂抹奶油）是直接涂抹面包食用的，一般使用小包装，材料通常为硫酸纸、塑料夹层纸、铝箔纸等。也有用小型马口铁罐真空密封包装或塑料盒包装。烹调或食品加工用奶油一般都用较大型的马口铁罐、木桶或纸箱包装。小包装用的包装材料应具有下列条件：韧性好并柔软；不透气、不透水、具有防潮性；不透油；无味、无臭、无毒；能遮蔽光线；不受细菌的污染。

小包装一般用半机械压型手工包装或自动压型包装机包装。包装规格：小包装有几十到几百克，大包装有 25～50 kg。应特别注意：保持卫生，切勿以手接触奶油，要使用消毒的专用工具；包装时切勿留有间隙，以防发生霉斑或氧化等变质。

(十四)奶油的贮藏和运输

1. 贮藏

为保持奶油的硬度和外观,奶油包装后应尽快进入冷库并冷却到 5 ℃,存放 24～48 h。一般在－15 ℃以下冷冻和贮藏,如需长期保藏时须在－23 ℃以下,但只有高质量的奶油,才能用来进行深冻贮存。奶油出冷库后在常温下放置时间越短越好。在 10 ℃左右放置最好不得超过 10 d。奶油的另一个特点是较易吸收外界气味,所以贮藏时应注意不得与有异味的物质贮放在一起,以免影响奶油的质量。

2. 运输

奶油运输时应注意保持低温,以用冷藏汽车或冷藏火车等运输为好,如在常温运输时,成品奶油到达用货部门时的温度不得超过 12 ℃。

三、奶油的常见质量问题及控制措施

由于原料质量、加工工艺和贮藏条件不当,奶油会发生一些质量缺陷。

(一)风味缺陷

正常奶油应该具有乳脂肪的特有香味或乳酸菌发酵的芳香味,但有时出现下列异味:

1. 鱼腥味

这是奶油贮藏时很容易出现的异味,其原因是卵磷脂水解生成三甲胺造成的。如果脂肪发生氧化,这种缺陷更易发生,这时应提前结束贮存。生产中应加强杀菌和卫生措施。

2. 脂肪氧化味与酸败味

脂肪氧化味是空气中氧气和奶油中不饱和脂肪酸反应造成的,而酸败味是脂肪在解脂酶的作用下生成低分子游离脂肪酸造成的。奶油在贮藏中往往首先出现氧化味,接着便会产生脂肪水解味。这时应该提高杀菌温度,既杀死有害微生物,又要破坏解脂酶。在贮藏中应该防止奶油长霉,霉菌不仅能使奶油产生土腥味,也能产生酸败味。

3. 干酪味

奶油呈干酪味是生产卫生条件差、霉菌污染或原料稀奶油的细菌污染导致蛋白质分解造成的。生产时应加强稀奶油杀菌和设备及生产环境的消毒工作。

4. 肥皂味

稀奶油中和过度,或者是中和操作过快,局部皂化引起的。应减少碱的用量或改进操作。

5. 金属味

由于奶油接触铜、铁设备而产生的金属味。应该防止奶油接触生锈的铁器或铜制阀门等。

6. 酵母味和霉味

原料乳或稀奶油在加工过程中受酵母菌或霉菌的污染。应严格原料乳的验收和加工过程中的卫生工作。

7. 平淡无味

原料乳不新鲜;洗涤或脱臭过度。应选用高质量的原料乳;改良洗涤或脱臭工艺。

(二)组织状态缺陷

1. 水分过多

稀奶油在物理成熟阶段冷却不足;搅拌过度;奶油搅拌机中注入的稀奶油量过少;洗涤水温过高;洗涤时间过长;压炼时间过长等。应采取合适的冷却处理时间;降低搅拌时间和强度;调整奶油的加入量;调整洗涤工艺条件,降低水温,缩短时间;改善压炼方法,加强脱水处理。

2. 软膏状或黏胶状

搅拌温度过高;洗涤水温过高;稀奶油冷却温度处理不当;压炼温度过高、压炼过度,洗涤水温度过高或稀奶油酸度过低和成熟不足等。总之,液态油较多,脂肪结晶少则形成黏性奶油。应严格控制搅拌温度;洗涤水温度不能超过 10 ℃;选择合适的稀奶油冷却温度;控制压炼时间。

3. 奶油组织松散

压炼不足、搅拌温度低等造成液态油过少,出现松散状奶油。应根据稀奶油的碘值,选择合适的冷却温度处理方法;压炼时注意奶油切面没有游离水即可。

4. 砂状奶油

此缺陷出现于加盐奶油中,盐粒粗大未能溶解所致。有时出现粉状,并无盐粒存在,乃是中和时蛋白凝固混合于奶油中所致。应加入颗粒小的盐;中和操作得当,防止局部蛋白质变性。

5. 组织状态不均匀(有水珠;有空隙)

压炼方法不当;搅拌过度奶油粒冷却不良;包装时未压满包装容器,应改良压炼方法;控制压炼时间;控制奶油冷却温度和时间;包装时尽量装满包装容器。

(三)色泽缺陷

1. 条纹状

此缺陷容易出现在干法加盐的奶油中,加盐不均匀,压炼不足等。应调整压炼方法和辅料的添加方法;按要求严格控制搅拌和洗涤条件。

2. 色暗而无光

压炼过度或稀奶油不新鲜。避免压炼过度;避免使用不新鲜的原料稀奶油。

3. 色淡

此缺陷经常出现在冬季生产的奶油中,由于奶油中胡萝卜素含量太少,致使奶油色淡,甚至白色。可以通过添加胡萝卜素加以调整。

4. 表面褪色

奶油曝露在阳光下,发生光氧化造成。应避光储藏。

四、技能训练——甜性奶油的制作

(一)材料仪器

2 000 mL 三角烧杯 1 个(带塞),1 分米见方的纱布 1 块,100 mL 烧杯 1 个,刀 1 个,硫酸纸 (20 cm×20 cm)2 张,洗涤剂,食盐。

(二)工艺流程

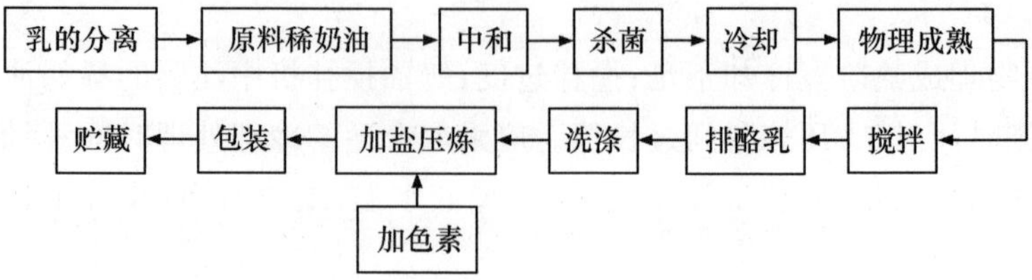

(三)制作方法及要求

1. 原料

原料稀奶油要求含脂率30%～35%，经巴氏杀菌后在6～10 ℃下物理成熟10～12 h。

2. 搅拌

成熟的稀奶油(杀菌时已灌入大三角瓶中，在瓶内杀菌，冷却，成熟)进行人工搅拌，两手抓紧瓶塞不要开盖，上下用力摔打，摔打十几下以后打开塞排放气，再盖紧摔打，放气反复几次后，再摔打约30 min，待瓶壁出现透亮时，要注意小心摔打，不要过劲，当瓶壁完全透亮时马上停止，观察温度控制在8～10 ℃。

3. 排出乳酪

瓶口用纱布包住后将瓶内酪乳倒出，注意不要让奶油粒流失。

4. 洗涤

洗涤水要求是杀菌后的冷却水，每次用量与排出酪乳量相同，水温要求在8～10 ℃，加入水后上下摔打2～3下，排出洗涤水，再洗涤1～2次，但水温比第一次低1～2 ℃。

5. 压炼

加盐加色素：在洗涤好的奶油粒上撒入1%的食盐和色素，上下摔打几下再加入1%的盐，摔打几下后，最后加入1%的色素，摔打几下至色泽和质地均匀、断面无游离水珠为止，表面光滑细腻。

6. 包装

将压炼好的奶油用力倒在硫酸纸上，用木制模具成型，模具一般为长方形，使产品大小在50 g、100 g或250 g等之后再用硫酸纸或铝箔纸包装，外面包上装潢纸。

(四)奶油搅拌机的操作及维护

奶油搅拌机是奶油加工中使用的关键设备，可用于稀奶油的摔油、压炼、加盐、成型等工序，目的是使物理成熟后的稀奶油油包水的乳浊液变成水包油乳浊液。根据结构的不同，奶油搅拌机可分为两类，即带轧辊的摔油机和不带轧辊的摔油机。

1. 带轧辊的摔油机

(1)结构　带轧辊的摔油机由搅乳桶、轧辊和传动机构三部分组成，其中搅乳桶为承受稀奶油的容器，形状有圆柱形、锥形、方形或长方形。在搅乳桶中有轧辊与挡板，挡板的形状与安装位置和尺寸与搅拌器速度有关。

(2)工作原理　稀奶油在送到搅拌器之前，将温度调整到适合搅拌的温度，随后泵入摔油机的搅乳桶，在传动机构的带动下，搅动稀奶油。当稀奶油搅拌时，会形成蛋白质泡沫，脂肪球被集中在泡沫中，随着搅拌的进行球膜破裂，液体脂肪被压出并粘附固体脂肪。脂肪球形成奶油粒，通过轧辊压炼，分出酪乳，制成奶油。

稀奶油一般在搅拌器中占40%～50%的空间，以留出搅拌起泡的空间。搅乳桶的转速不宜过快或过慢，要求旋转时对稀奶油所产生的离心力略小于其本身重力。

(3)操作

①在搅拌前先用50 ℃的温水洗涤2～3次，然后用83 ℃以上的热水旋转15～20 min，热水排出后加盖密封。每周用含氯0.01%～0.02%的溶液消毒两次，并用1%碱溶液彻底洗涤一次。

②稀奶油用过滤器除去不溶性固形物后投放在搅拌器中，容量为搅拌器容量的1/3～1/2，加盖密闭后旋转，转速随搅拌器大小而异。一般旋转5 min需要打开排气孔排气，反复2～3次。

③奶油粒的形成情况可以从搅拌器的窥视镜观察，当形成像大豆粒大小的奶油粒时，搅拌结束，经开关排出酪乳，并用纱布或过滤器过滤，以便挡住被酪乳带走的小颗粒，减少乳脂肪的损失。

2. 无轧辊的摔油机

(1)结构　此种形式的摔油机无轧辊，具有特定的形状，比如蝶形、角形和菱形等，桶中有挡板。

(2)工作原理　搅拌桶翻转滚动时，稀奶油从一端急剧向另一端落下，引起碰撞，脂肪球膜破裂，酪乳分离，固态的乳脂肪聚集形成奶油粒，奶油粒又聚集形成较大的奶油块，达到搅拌和压炼的目的。

(3)操作

①准备：操作前应将搅拌器清洗消毒，加入已经消毒成熟处理过的含脂35%左右的稀奶油约180 L(不得超过转轴中心)。稀奶油的温度调整在9～14 ℃，随气候变化决定。

②搅拌：奶油搅拌时，搅拌桶的转速为38 r/min，开始每转3～5转后放一次气，放2～3次进入正常搅拌，搅拌时间为30～60 min，随稀奶油的温度及搅拌程度决定，奶油粒3 mm时，即可停止搅拌，排放酪乳，为了防止奶油粒的损失，可用筛网过滤。

③洗涤和压炼：一般用无菌水洗2次即可，洗涤水的温度为4～8 ℃，每次加进去的洗涤水总量等于放出的酪乳总量，洗涤时转速为38 r/min，每次洗涤5～10转即可，运转后静置2～3 min，让奶油粒浸在洗涤水中充分冷却。洗涤水排放后进行压炼，真空度维持在0.046 MPa，压炼转速10～20 r/min，时间10 min左右，若产品需要加盐应在压炼前加入。在进行压炼时，如奶油温度过高，桶外可喷冰水(水的温度及流量随气候变化决定)，使桶内奶油粒的温度降低，在压炼过程中，如发现桶内有多余的水分，应立即破坏真空，放出积水后再继续压炼。

压炼完成后，停车把出料门盘到适当位置，使奶油集中于出料门，以便取出。

④设备清洗：奶油取出后用热碱水对搅拌桶进行清洗，最后用清水淋洗干净。

⑤调整、安全操作、维护：可将手柄放在“调整”位置上，然后用手移动来调整搅拌桶的位置，在加料、出料的情况下，欲使搅拌桶固定不动，可将手柄放在“停止”位置上，这时离合器锥面固定在机体上，搅拌桶固定不动。

为了安全操作，启动时应将防护装置的保护杆放下，在停止后才能将保护杆抬起。

操作时随时注意润滑情况，保持减速器的润滑油的液面位置。

在安装或检修时必须将前后轴承的中心调整到水平一致，调整时扳动底部的调整螺栓。

任务2 无水奶油的加工

【任务设计】

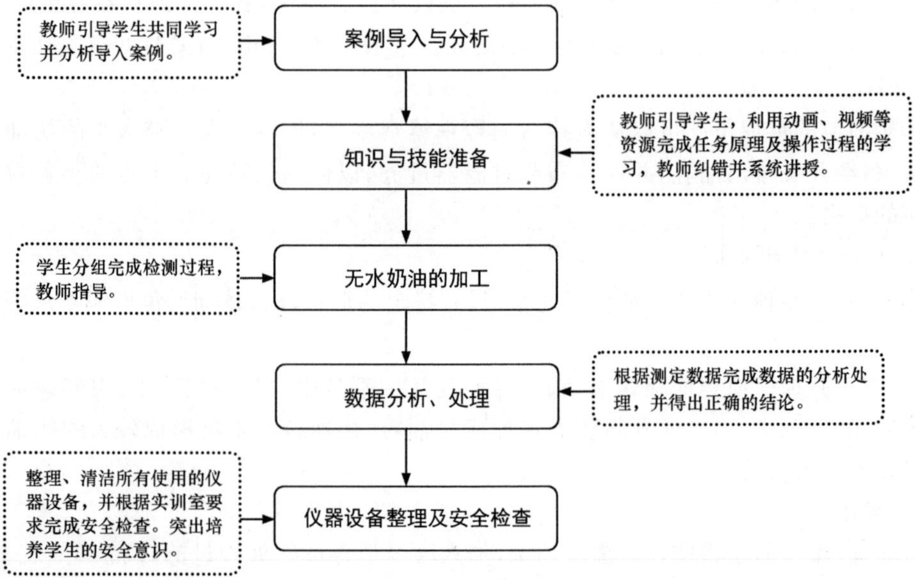

【案例导入】

现代工业化生产无水奶油开始于二战期间，当时生产大量的乳脂产品并作为涂抹奶油提供给军队。二战结束后，一些西方国家就开始生产少量的无水奶油，但它作为涂抹食品消费并没有多长时间，开始主要用于烹饪、油炸和焙烤等方面。

到20世纪70年代，无水奶油的生产迎来了一个迅速发展时期。在西欧，大量过剩的乳制品促进了乳品出口贸易，一些乳品工业不发达的国家就成为了出口目标，特别是中东、美国南部和中部，还有亚太地区。在进口国，希望得到可长期保存的原料，以生产再制乳制品。

这样，继脱脂乳粉和乳糖之后，无水奶油也就成为国际贸易中一种重要的乳品原辅料。近些年，无水奶油的应用范围逐渐扩展，同时，无水奶油的生产技术也得到了提高。无水奶油可用来制造乳制品、还原牛奶、冰淇淋、烘焙食品及糖果。在婴幼儿配方奶粉中，无水奶油可以调剂脂肪含量，改善奶粉风味，对人体无害。

【任务实施】

该任务要求在食品加工相关实训室内完成。

一、无水奶油生产的工艺流程

无水奶油生产的一般流程如图8-5所示，主要根据两种方法进行：一种是直接用稀奶油作为原料来生产，生产工艺流程见图 8-6；另一种生产方法是采用奶油为原料，可以使多余的奶油转化成一种易储藏的产品，生产工艺流程见图 8-7。

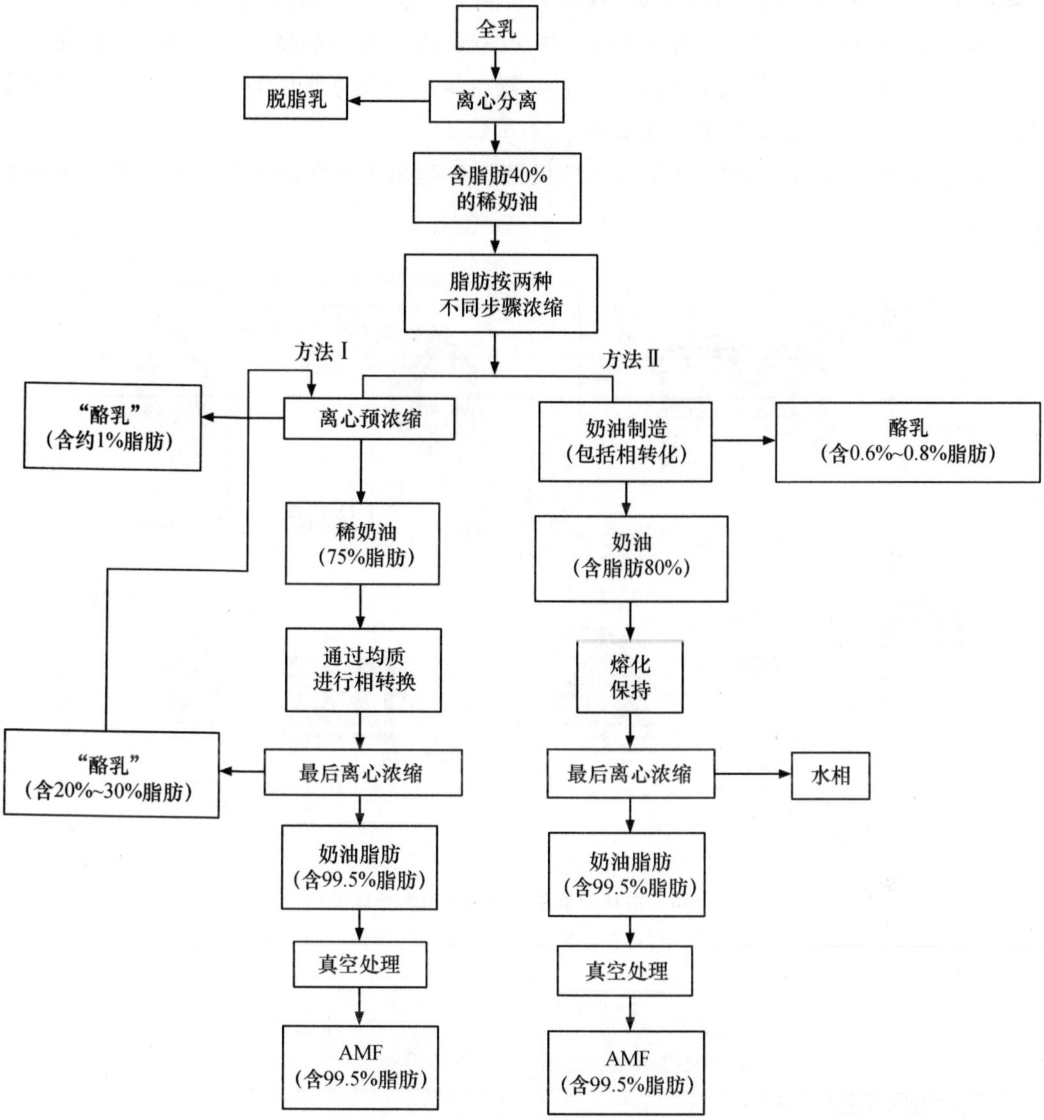

图 8-5　AMF 生产的一般流程

二、用稀奶油生产 AMF

用稀奶油生产 AMF 的生产线概括如图 8-6。巴氏杀菌的或没有经过巴氏杀菌的含脂肪 35%～40%的稀奶油由平衡槽 1 进入 AMF 加工线，然后通过板式热交换器 2 调整温度或巴氏杀菌后再被排到离心机 4 进行预浓缩提纯，使脂肪含量达到约 75%（在预浓缩和到板式热交换器时的温度保持在约 60 ℃），"轻"相被收集到缓冲罐 6，待进一步加工。同时"重"相即酪乳部分可以通过分离机 5 重新脱脂，脱出的脂肪再与稀奶油在平衡槽 3 混合，脱脂乳回到板式热交换器 2 进行热回收后进入一个贮存罐。经在缓冲罐 6 中间贮存后浓缩稀奶油被输送到均质机 7 进行相转换，然后输送到最终浓缩器 9。由于均质机工作能力比最终浓缩器高，所以多出来的浓缩物要回流到缓冲罐 6。均质过程中部分机械能转化成热能，为避免干扰生产线的温度平衡，这部分过剩的热要在冷却器 8 中去除。

最后，含脂肪 99.8%的乳脂肪在板式热交换器 11 中再被加热到 95～98 ℃，排到真空干燥器 12 中干燥，使水分含量不超过 0.1%，然后将干燥后的奶油在板式热交换器 11 中冷却到 35～40 ℃，这也是常用的包装温度。

用于处理稀奶油的 AMF 加工线上的关键设备是用于脂肪浓缩的分离机和用于相转换的均质机。

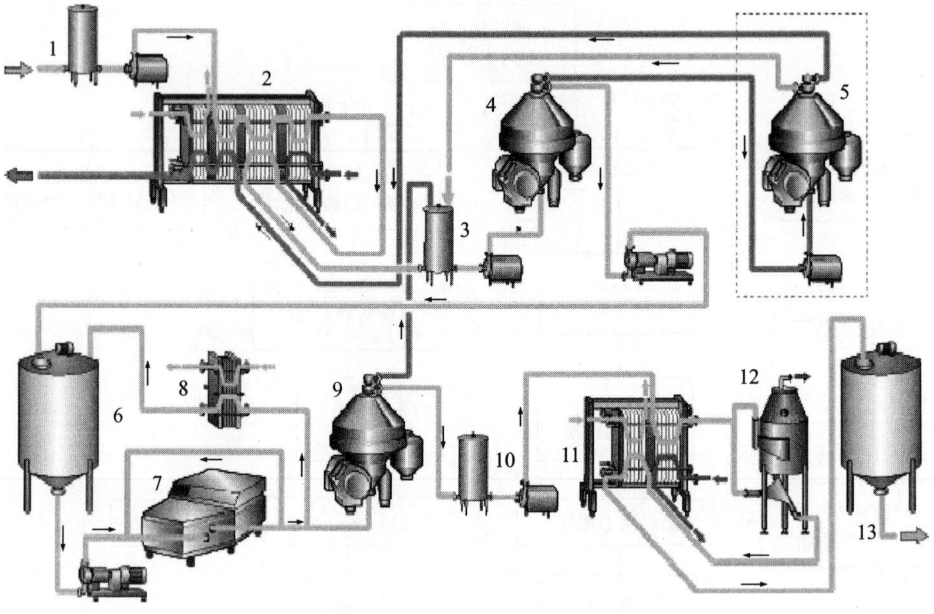

图 8-6　用稀奶油生产 AMF 的生产线流程

1. 平衡槽　2. 板式热交换器(加热或巴氏杀菌用)　3. 平衡槽　4. 离心机(预浓缩用)　5. 分离机(备用的)　6. 缓冲罐　7. 均质机　8. 冷却器　9. 最终浓缩器　10. 平衡槽　11. 加热/冷却的板式热交换器　12. 真空干燥器　13. 贮存罐

三、用奶油生产 AMF

AMF 经常以奶油为原料来生产。实验证明，当使用新生产的奶油作为原料时，通过最终浓缩要获得鲜亮的奶油有一些困难，奶油会产生轻微混浊现象。当用贮存两周或更长时间的奶油生产时，这种现象则不会产生。

不加盐的甜性稀奶油常被用作 AMF 的原料，酸性稀奶油和加盐奶油也可以作为原料。

图 8-7 是用贮存过一段时间的奶油为原料生产 AMF 的标准生产线。

奶油在奶油熔化和加热器 1 中熔化和加热后，热产品被输送到保温罐 2，在此贮存 20～30 min，确保完全熔化，也是为了使蛋白质絮凝。从保温罐 2 出来的产品被输送到浓缩器 3，浓缩后上层轻相含有 99.5%的脂肪，再转到板式热交换器 5，加热到 90～95 ℃，再到真空干燥器 6，最后再回到板式热交换器 5，冷却到包装温度 35～40 ℃。重相可以被输送到酪乳罐或废物收集罐。

如果所用奶油直接来自连续的奶油生产机，也会和前面讲的用新鲜奶油的情况相同，出现云状油层上浮的危险，然而使用密封设计的最终浓缩器(分离机)，通过调整机器内的液位就可能得到体积稍微少点的含脂肪 99.5%的清亮油相。同时重相相对脂肪含量高一些，大约含脂肪 7%，体积略微多一点，因此重相应再分离，所得稀奶油和用于制造奶油的稀奶油原料混合，再循环输送到连续奶油生产机。

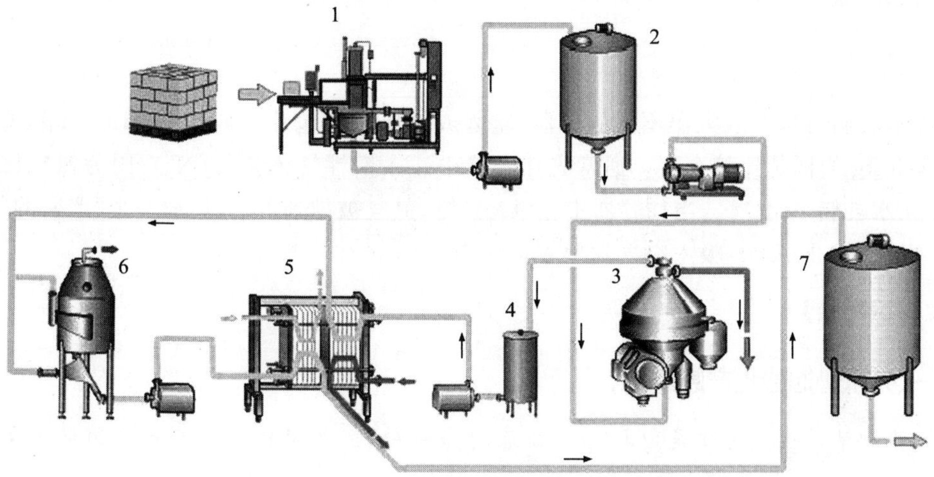

图 8-7　用奶油制作 AMF 的生产线流程

1. 奶油熔化和加热器　2. 保温罐　3. 浓缩器　4. 平衡槽　5. 加热/冷却用板式热交换器　6. 真空干燥器　7. 贮藏罐

四、AMF 的精制

1. 磨光

磨光是用水洗涤从而获得清洁、有光泽的产品。在最终浓缩后的奶油中加入 20%～30%的水，所加水的温度和油的温度相同，保持一段时间后，再将水和蛋白质分离出来。

2. 中和

通过中和可以减少油中游离脂肪酸的含量。高含量的游离脂肪酸(FFA)会引起奶油及其制品产生酸败。将浓度为 8%～10%的碱液(氢氧化钠)加到奶油中，其加入量与油中游离脂肪酸的含量要相当，大约保持 10 s 后再加入水，加水比例和洗涤相同，最后皂化的游离脂肪酸和水相一起被分离出来，油应和碱液充分地混合，但混合必须柔和，以避免脂肪的再乳化。

3. 分级

分级是将油分离成为高熔点和低熔点脂肪的过程，这些分馏物可用于不同产品的生产。

有几种分级脂肪的方法，但一般不使用添加剂，其过程简单描述如下：

将无水乳脂(AMF)即通常经洗涤所得到的尽可能高的“纯脂肪”熔化，再慢慢冷却到适当温度，在此温度下，高熔点的分馏物结晶析出，同时低熔点的分馏物仍保持液态，经特殊过滤就可以获得一部分晶粒，然后再将滤液冷却到更低温度，其他分馏物结晶析出，经过滤又得到一级晶粒，可以一次次分级得到不同熔点的制品。

五、分离胆固醇

分离胆固醇是将胆固醇从无水乳脂中除去的过程。分离胆固醇常用方法是用改性淀粉或β-环状糊精(β-CD)和乳脂混合，β-CD分子包裹胆固醇，形成沉淀，再通过离心分离的方法将其除去。

六、包装

无水乳脂可以装入大小不同的容器，家庭或饭店用的包装一般为1～19.5 kg，工业生产用185 kg的桶装比较合适。通常先在容器中注入惰性气体氮气(N_2)，因为氮气比空气重，比无水乳脂AMF轻，当往容器中注AMF时，氮气被排到上层，形成一个“严密的气盖”保护AMF，防止AMF吸入空气发生氧化作用。

【知识拓展】

一、无水奶油的生产原理

无水奶油的生产主要是以乳化破裂原理为基础的，其原理是将巴氏杀菌的稀奶油浓缩，然后利用机械作用力破坏脂肪球膜，使脂肪游离，形成含有分散水滴的连续脂肪相，然后将分散的水滴从脂肪相中分离出去，便得到无水奶油(图8-8)。

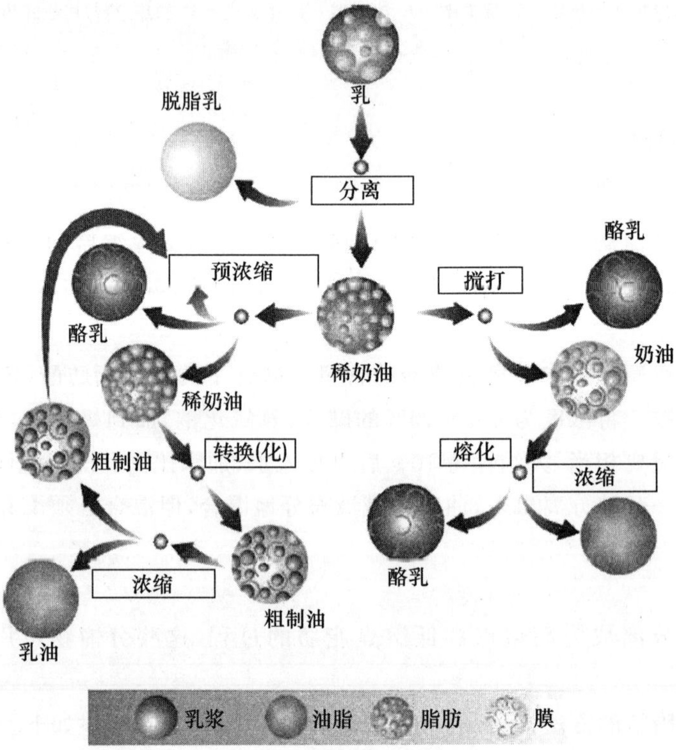

图8-8　AMF生产基本原理

二、奶油的连续式生产工艺

传统的奶油生产法为间歇生产法，随着奶油生产技术的发展，在工艺上趋于连续化生产，这种连续化生产的工艺采用的设备是连续式奶油制造机。这种设备以传统的搅拌法为基础，将物理成熟后的稀奶油连续送入连续式奶油制造机，在其中完成搅拌、洗涤、排液、加盐、压炼等工艺。

连续式生产工艺降低了劳动强度，提高了生产效率。连续奶油生产机所用酸性稀奶油每小时可生产容积200～500 kg的奶油，用甜性稀奶油每小时可生产200～10 000 kg的奶油。

连续式奶油制造机的构造如图8-9所示。

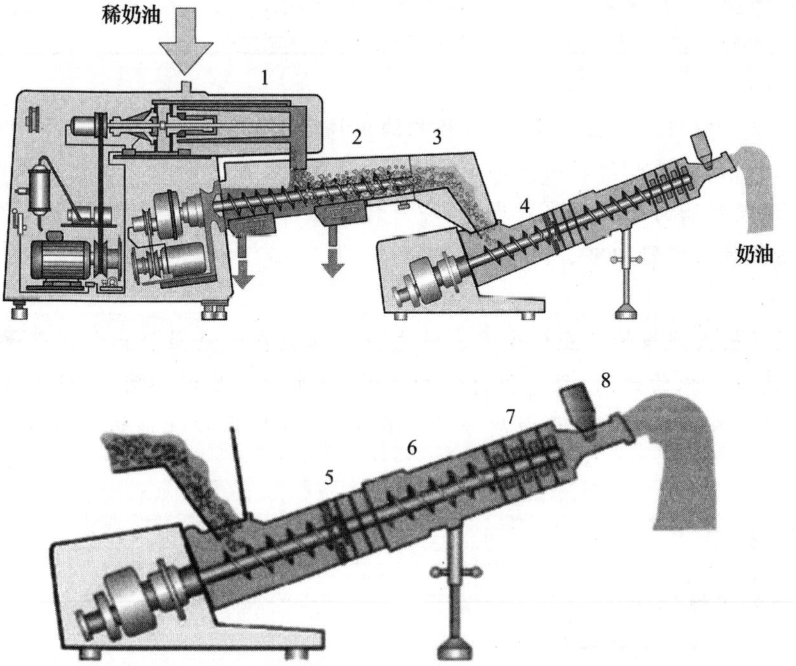

图8-9　连续式奶油制造机的构造

1. 搅拌桶　2. 分离口(第一压炼段)　3. 榨干段　4. 第二压炼段

5. 喷射室　6. 真空压炼区　7. 后处理段　8. 传感器

工作过程：稀奶油首先加到双重冷却的有搅打设施的搅拌桶中，搅拌设施由变速电动机带动。

在搅拌桶中，脂肪球快速转化为奶油粒，转化后的奶油团粒和酪乳通过分离口(也叫第一压炼口)。奶油团粒用循环冷却酪乳洗涤。螺杆把奶油进行压炼，同时也把奶油输送到下一道工序。在离开压炼工序时，奶油通过一锥形槽道和一个带孔的盘，即榨干段，以除去剩余的酪乳，然后奶油颗粒继续到第二压炼段。每个压炼段都有自己不同的电机，使它们能按不同的速度操作以得到最理想的结果，正常情况下第一阶段螺杆的转动速度是第二段的两倍。紧接着最后压炼阶段可以通过高压喷射器将盐加入到喷射室。下一个阶段是真空压炼区，此段和一个真空泵连接，在此可将奶油中的空气含量减少到和传统制造奶油的空气含量相同。最后阶段由四个小区组成，每个区通过一个多孔的盘相分隔，不同大小的孔盘和不同形状的压炼叶轮使奶油得到最佳处理。第一小区也有一喷射器用于最后调整水分含量，一旦经过调整，奶油的水分含量变化限定在0.1%的范围内保证稀奶油的特性保持不变。感应水分含量、盐含量、密度和温度的传感器，配备在机器的出口处，可以用来对上述参数进行自动控制。最终成品奶油从该机器的末端喷头呈带状连续排出，进入奶油仓，再被输送到包装机。

三、重制奶油的生产

重制奶油指的是一般用质量较次的奶油或稀奶油进一步加工制成的含水量小于2%，含脂率大于98%，不含蛋白质的奶油。具有特有的奶油香味，在常温下保存期比甜性奶油的保存期长得多，可直接食用，用于烹调或食品加工。

重制奶油的生产方法有煮沸法和熔融法。

1. 煮沸法

这种方法一般用于小型企业，是将稀奶油搅拌分出奶油粒后，将其放入锅内，或将稀奶油直接放入锅内，用慢火长时间煮沸，使其水分蒸发，随着水分的减少和温度的升高，蛋白质逐渐析出，煮到油面上的泡沫减少时，即可停止煮沸。然后静置降温，使蛋白质沉淀后，将上层澄清油装入容器即可。

2. 熔融法

一般用于较大规模的工业化生产。首先将奶油放在带夹层缸内加热熔融后加温至沸点（对于变质有异味的奶油，经一段时间的沸腾，随水分蒸发的同时，异味也被除去），然后停止加温，静置冷却，使水分、蛋白质分层降在下部，或用离心机将奶油与水、蛋白质分开，将奶油装入包装容器。

四、涂抹奶油

（一）新鲜涂抹奶油

1. 新鲜涂抹奶油的特性

奶油要具有良好的涂抹性能，就必须在使用的温度下具有良好的可塑性。当固体脂肪的含量为20%～30%时，奶油就会具有良好的涂抹性能。

2. 新鲜涂抹奶油的种类

新鲜涂抹奶油的分类如表8-9所示。

表8-9　涂抹奶油的分类

种类	脂肪的质量分数/%
全脂涂抹奶油	72～80
中脂涂抹奶油	50～60
低脂涂抹奶油	39～40
特低脂涂抹奶油	小于30

3. 新鲜涂抹奶油加工

涂抹奶油与一般奶油的生产工艺相同，但在乳分离、奶油搅拌时要注意控制脂肪含量在20%～30%。

(二)乳制涂抹奶油

1. 乳制涂抹奶油的特性

乳制涂抹奶油是由奶油和植物油混合得到的常规产品。在一些国家,混有10%奶油的涂抹奶油仍被视为麦淇淋,特别是在英国和瑞士。在美国,含25%奶油与75%麦淇淋的混合产品被视为高档的麦淇淋,而不是真正的乳制涂抹奶油。

2. 乳制涂抹奶油的种类

(1)中低脂乳制涂抹奶油 中低脂乳制涂抹奶油用水来取代一大部分脂肪,成为一种低热量的食品,它的脂肪含量为55%～60%。乳脂肪SFI(固体脂肪指数)对产品的涂抹性能也有着决定性的作用,一般调整总脂肪中不饱和脂肪酸的比例,是通过加入一定量的植物油来实现的。

(2)低脂乳制涂抹奶油 低脂乳制涂抹奶油脂肪的质量分数约为40%,约为奶油产品的一半或更少。瑞典生产的“拉特和纳贡”(Latt&Lagom)就是一种成功的低脂乳制涂抹奶油,该产品完全用于涂抹食品。

(3)特低脂乳制涂抹奶油 特低乳制涂抹奶油是脂肪含量低于25%的奶油产品,这种产品仍然为油包水(W/O)体系,英国生产的“金路微斯特”是典型代表,该产品中含25%的脂肪,其水相由脱脂乳、酪乳和变性淀粉组成。

3. 乳制涂抹奶油的加工

(1)工艺流程 普通乳制涂抹奶油(含脂率为80%左右)的生产工艺流程主要有两种。一种与奶油的生产工艺一样,其中植物油可在不同的阶段添加,如在分离前混入原料乳中或在杀菌前混入稀奶油中等。

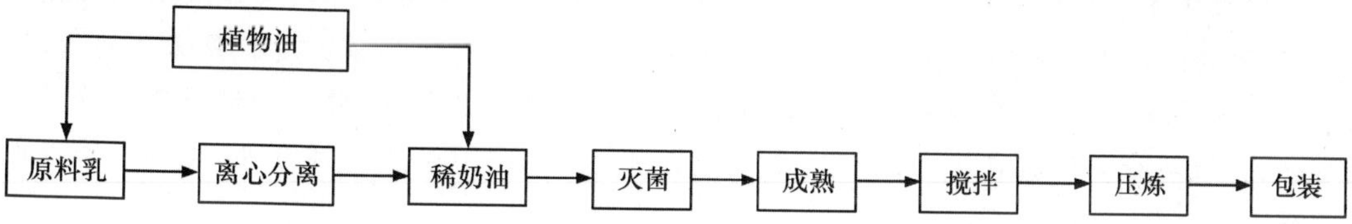

另外一种生产工艺的代表是“布里高特”生产工艺,其与麦淇淋工艺相同。

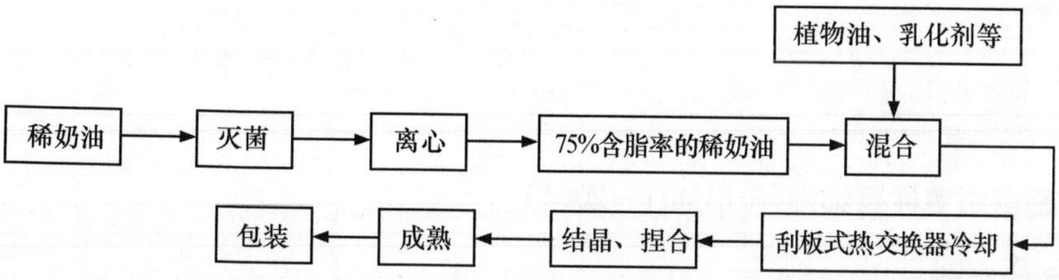

(2)工艺要点 许多W/O型的乳制涂抹奶油使用典型的麦淇淋加工设备和工艺,但不同种类的乳制涂抹奶油会有一些不同的加工细节。通常来说,乳制涂抹奶油的加工条件要比麦淇淋严格,特别是在将水相加入到油相中形成W/O乳状液时。在添加水相时使用螺旋桨搅拌器来混合,强力的搅拌可增加乳化体系的黏度。要认真控制结晶和捏合操作单元,以期得到理想的形状和黏稠度。通常采用两个刮板式热交换器来冷却,但在一个刮板式热交换器后接着一个结晶缸的装置也在使用。在捏合乳制涂抹奶油时广泛采用的是针栓旋桶机。在刮板式热交换器产生大脂肪结晶以前装配有预结晶单元。

五、再制奶油的生产

再制奶油是用质量较次的奶油或稀奶油进一步加工制成的水分含量低、不含蛋白质的奶油。这种奶油在我国牧区手工制造的较多，也可在工厂大规模生产。再制奶油生产是充分利用奶源和提高奶油保存期的一种方法。这种奶油在少数民族地区叫作黄油，也叫作酥油。

(一)再制奶油特性

再制奶油含水分不超过2%，其突出优点是在常温下保质期比甜性奶油长得多。此种奶油可用于直接食用或烹调及食品加工方面。

(二)再制奶油的生产

再制奶油的生产方法有：煮沸法、熔融静置法和熔融离心分离法3种。

1. 煮沸法

煮沸法工艺流程如下，稀奶油搅拌分出奶油粒后将其放入锅内或者把稀奶油直接放入锅内，以慢火较长时间煮沸，使其中水分蒸发，随着水分的减少和温度的升高，蛋白质逐渐析出。煮至油面上的泡沫减少即可停止煮沸(注意不要煮过头，否则油色变深)，静置降温，使蛋白质沉淀后将上部澄清之油装入马口铁罐或木桶即为成品。此法生产的奶油具有特有的奶油香味。

2. 熔融静置法和熔融离心分离法

熔融静置法和熔融离心分离法工艺流程如下，此两种方法可用于较大规模的工业化生产，即把奶油在夹层缸内加热熔融后继续加温至沸点。如用的是稍变质有异味的奶油，则保持一段沸腾时间，使部分水分蒸发的同时挥发除去其中的异味，停止加温再冷却静置使水分、蛋白质分层沉淀在下部或者用离心分离机将奶油与水和蛋白质分开，将奶油装入包装容器。

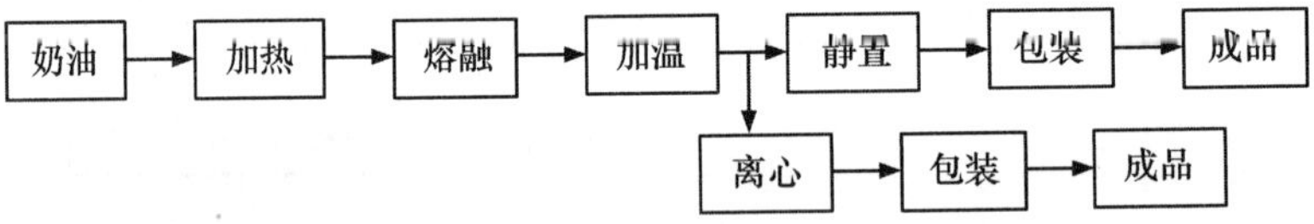

六、奶油感官质量评鉴细则(RHB 401—2004)

(一)样品的制备

将选定用于感官评鉴的样品事先存放于10～12 ℃恒温箱中，保证在统一呈送时样品温度恒定和均一，防止因温度不均匀造成样品评鉴失真。

样品的制备标示应采用盲法，不应带有任何不适当的信息，以防对评鉴员的客观评定产生影响，样品应随机编号，对有完整商业包装的样品，应在评鉴前对样品包装进行预处理，以去除相应的包装信息。

(二)实验室要求

感官评鉴实验室应设置于无气味、无噪音区域中。为了防止评鉴前通过身体或视觉的接触使评鉴员得到一些片面的、不正确的信息，影响他们感官反应和判断，评鉴员进入评鉴区时要避免经过准备区和办公区。

1. 评鉴区

评鉴区是感官评鉴实验室的核心部分，气温应控制在20～22℃范围内，相对湿度应保持在50%～55%，通风情况良好，保持其中无气味、无噪音。应避免不适宜的温度和湿度对评鉴结果产生负面的影响。

评鉴区通常分为三个部分：品评室、讨论室和评鉴员休息室。

2. 准备区

根据样品的贮存要求，准备区要有足够的贮存空间，防止样品之间的相互污染。准备用具要清洁，易于清洗。要求使用无味清洗剂洗涤。准备过程中应避免外界因素对样品的色香味产生影响，破坏样品的质地和结构，影响评鉴结果。样品的准备要具有代表性，分割要均匀一致。样品的准备一般要在评鉴开始前1 h以内，并严格控制样品温度。评鉴用器具要统一。

(三)人员要求

感官评鉴人员是以乳制品专业知识为基础，经过感官分析培训，能够运用自己的视觉、触觉、味觉和嗅觉等器官对乳制品的色、香、味和质地等诸多感官特性做出正确评价的人员，参加评鉴人员不少于7人。作为乳制品感官评鉴人员必须满足下列要求：

必须具备乳制品加工、检验方面的专业知识；

必须是通过感官分析测试合格者，具有良好的感官分析能力；

应具有良好的健康状况，不应患有色盲、鼻炎、龋齿、口腔炎等疾病；

具有良好的表达能力，在对样品的感官特性进行描述性时，能够做到准备、无误，恰到好处；

具有集中精力和不受外界影响的能力，热爱评鉴工作；

对样品无偏见、无厌恶感，能够客观、公正地评价样品；

工作前不使用香水、化妆品，不用香皂洗手；

不在饮食后1 h内进行评鉴工作；

不在评鉴开始前30 min内吸烟。

(四)操作步骤

1. 外形和色泽

将样品置于自然光下观察。

2. 滋味和气味

在通风良好的室内，取样品先闻其气味，后品尝其滋味，多次品尝应用温开水漱口。

3. 组织状态

用小刀切取部分试样，置于白色盘中，在自然光下观察其组织状态。

(五)评鉴要求

1. 感官指标

按百分制评定，其中各项分数见表8-10。

表 8-10　奶油感官指标项目分数分配表

项目	分数
滋味及气味	65
组织状态	20
色泽	10

2. 奶油感官评分

具体项目评分见表 8-11。

表 8-11　不同碘值的稀奶油物理成熟程序

项目	特征	得分
滋味及气味	具有奶油的纯香味，无其他异味	65
	味纯、但香味较弱	63～61
	平淡而无滋味	55～50
	有较弱的饲料味	50～45
	有较显著的不愉快异味	45～40
组织状态	组织状态正常	25
	较柔软发腻、粘刀或脆弱、疏松者	15～12
	有孔隙或水珠	15～12
	外表浸水	15～12
色泽	正常、均匀一致	5
	过白或着色过度	3～2
	色泽不一致	2～1
外形	外形良好，具有该产品正常的形状	5
	包装合格	4
	包装较差	3

(六)评鉴数据处理

1. 得分

采用总分 100 分制，即最高 100 分；单项最高得分不能超过单项规定的分数，最低是 0 分。

2. 总分

在全部总得分中去掉一个最高分和一个最低分，按下列公式计算，结果取整：

$$总分=\frac{剩余的总得分之和}{全部评鉴员数-2}$$

3. 单项得分

在全部单项得分中去掉一个最高分和一个最低分，按下列公式计算，结果取整：

$$单项得分=\frac{剩余的单项得分之和}{全部评鉴员数-2}$$

【项目测试题】

一、填空题

1. 稀奶油的脂肪含量为__________。

2. 奶油的主要成分是__________。

3. 用稀奶油和甜性、酸性奶油，经过熔融，除去蛋白质和水分而制成，具有特有的脂香味，含脂肪98%以上的奶油是__________。

4. 将稀奶油置于搅拌器中，利用机械的冲击力使脂肪球膜破坏而形成脂肪团粒，这一过程称为__________，分离出来的液体称为__________。

5. 奶油生产时的加盐量一般为__________。

6. 将奶油粒压成奶油层的过程称__________。

7. 奶油生产时一般选用的中和剂是__________。

8. 乳脂肪由液体转变为__________的物理状态，这一过程称之为稀奶油物理成熟。

二、判断题

1. 奶油应呈均匀一致的颜色、稠密而味纯。（　　）

2. 奶油中不含有脂溶性的维生素A、维生素D和维生素E。（　　）

3. 稀奶油成熟时的温度愈低，脂肪结晶愈快，成熟所需的时间也愈长。（　　）

4. 奶油加盐的目的是增加风味，抑制微生物繁殖、提高奶油保藏性。（　　）

项目九

干酪的加工

【知识目标】

①掌握干酪的概念、分类及营养；②熟知干酪发酵剂和凝乳酶的作用；③掌握天然干酪一般加工工艺、熟知再制干酪加工过程。

【技能目标】

①能按照根据国家标准区分市售干酪产品类别；②能够按照操作工艺，初步进行契达干酪、涂抹型再制干酪的生产，并能根据产品出现的质量问题，提出解决方案。

【项目描述】

本项目主要介绍干酪的基础知识及天然干酪和再制干酪的加工技术；阐述依据天然干酪、再制干酪的工艺流程如何完成契达干酪、涂抹型再制干酪的生产，并通过关键点的引入，介绍干酪制品常见的质量缺陷。

【思维导图】

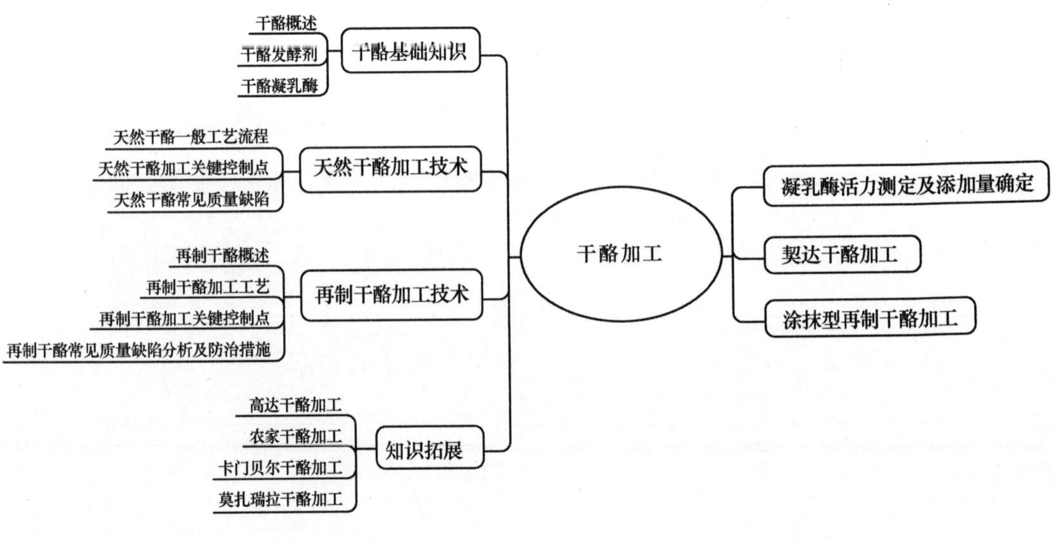

【相关知识】

一、干酪基础知识

干酪已有10 000多年的历史。没有人确切地知道第一次制作干酪是在什么时候、什么地点。正如许多发明一样，干酪可能也是在同一时代由不同的部落发明的。在气候温暖的东地中海地区，人们用皮革、陶器或木质容器盛放挤好的奶，那里的条件有利于细菌的生长和产酸，当pH降低到酪蛋白的等电点后引起蛋白质沉淀，鲜乳变成酸凝乳，接下来人们又把凝乳块中的乳清排除，得到了一种简单形式的新鲜干酪，第一块干酪很可能就是这样得来的。再后来，人们将凝块用盐浸渍，既增加了风味，又获得了更长的保存期。

不经过酸化而用凝乳酶凝乳是干酪制作过程的一个飞跃。在温暖的气候条件下人们将乳放在动物胃中进行保存和运输。温度促进细菌发酵、乳糖产酸，在高pH条件下，动物胃中的凝乳酶比单独用酸更易使乳形成凝胶，且这种凝胶更富弹性和伸缩性，水分更少。早期所有的干酪都是以未经处理的乳为原料制作的，在18世纪50年代，法国微生物学家路易斯·巴斯德发明了巴斯德杀菌，干酪制作工艺得以改变。未经热处理的牛乳本身含有一些微生物，制作过程中还会引入一些微生物，这不仅会使干酪变质而且还会危害消费者的健康。正是由于这个原因，在当时，干酪仅仅是一种小规模的、劳动密集型的生产。巴氏杀菌法第一次使干酪的大规模生产得以实现。

几个世纪以来，人们通过偶然或必然的措施改进干酪的基本制作过程，使干酪的制作从开始的中东地中海国家传到西欧、太平洋和美洲国家，继而发展到现在的全世界。目前，干酪制作工艺已发展成一门科学。在过去的50年里，有关干酪的生物学和微生物学的研究都已有了很大进展，但是，在世界范围内的许多工艺技术大部分都没有发生本质性的变化。

（一）干酪概述

1. 干酪概念

联合国粮农组织和世界卫生组织（FAO/WHO）制定了国际上通用的干酪定义：干酪是以乳、稀奶油、脱脂乳或部分脱脂乳、酪乳或这些产品的混合物为原料，经凝乳酶或其他凝乳剂凝乳，并排除乳清而制得的新鲜或发酵成熟的产品。未经发酵成熟的产品称为新鲜干酪；经过长时间成熟的产品称为成熟干酪。国际上把这两种干酪统称为天然干酪。

我国食品安全国家标准GB 5420—2010对干酪也有相应规定：干酪是成熟或未成熟的软质、半硬质、硬质或特硬质、可有涂层的乳制品，其中乳清蛋白/酪蛋白的比例不超过牛奶中的相应比例。可由下述方法获得：

①在凝乳酶或其他适当的凝乳剂的作用下，使乳、脱脂乳、部分脱脂乳、稀奶油、乳清稀奶油、酪乳中的一种或几种原料的蛋白质凝固或部分凝固，排出凝块中的部分乳清而得到。这个过程是乳蛋白质（特别是酪蛋白部分）的浓缩过程，即干酪中蛋白质的含量显著高于所用原料中蛋白质的含量。

②加工工艺中包含乳和（或）乳制品中蛋白质的凝固过程，并赋予成品与①所描述产品类似的物理、化学和感官特性。

2. 干酪的营养与健康功效

干酪加工是对乳的特殊浓缩过程，10 kg乳约生产1 kg干酪。除了将乳中的蛋白质、脂肪等主要成分浓缩近 10 倍外，干酪的成熟过程中还会形成胨、多肽、小肽、氨基酸、游离脂肪酸及无机化合物等小分子物质，并富含有机酸、多种矿物质元素和维生素等营养成分。因此干酪具有极高的营养价值和生物学价值。现将几种主要干酪的组成成分列于表 9-1。

表 9-1　不同干酪的主要化学成分及含量(每 100 g)

干酪名称	能量/kcal	水分/g	蛋白质/g	碳水化合物/g	脂肪/g	单不饱和脂肪酸/g	胆固醇/mg	钠/mg	钙/mg	磷/mg	叶酸/μg	维生素 B_{12}/μg
契达干酪	404	37.02	22.87	3.09	33.31	9.246	99	653	710	455	27	1.1
爱达姆干酪	392	29.16	35.75	3.22	25.83	7.515	68	1 376	1 184	694	7	1.2
马苏里拉干酪	300	50.01	22.17	2.19	22.35	6.537	79	627	505	354	7	2.28

(1)蛋白质　干酪中的蛋白质质量分数为 20%～30%，每 100 g 干酪能提供正常人体膳食所需要蛋白质的 30%～50%。干酪中的蛋白质成熟发酵后，由于凝乳酶和发酵剂微生物产生的蛋白分解酶的作用而形成胨、肽、氨基酸等可溶性物质，极易被人体消化吸收，其消化率高达 96%～98%，是理想的蛋白质供给食物。同时，干酪能提供除蛋氨酸和半胱氨酸以外所有人体必需的氨基酸，其含量高于儿童和成人的每日摄入量。另外，干酪中还具有各类生物活性多肽物质，包括阿片肽、降血压肽、矿物质结合肽、抗菌肽、免疫调节肽、细胞调节肽、抗癌肽、降胆固醇肽等，各种肽的活性和含量随着成熟时间而变化。

(2)脂肪　干酪中的脂肪占固形物的 45%以上，赋予浓郁的干酪风味，细腻、柔韧的口感及组织状态。干酪在微生物酶的作用下可分解为各类脂肪酸，包括饱和脂肪酸、单不饱和脂肪酸及多不饱和脂肪酸。脂肪酸的成分随季节变化而变化，夏季饱和脂肪酸含量下降，不饱和脂肪酸含量增加，其中最常见的不饱和脂肪酸为油酸。另一方面，干酪中含有 0.1～2.5 g/kg 的共轭亚油酸，后者是亚油酸的同分异构体，是一种新发现的营养素，目前在欧美的健康食品界，几乎已经成了预防现代文明病的“万灵丹”，从抗癌到预防心血管疾病、糖尿病，到体重控制上，几乎是生活在 21 世纪的现代人不可或缺的健康元素。也有营养专家提出，共轭亚油酸中含有反式脂肪酸，被认为是导致冠心病风险增加的主要因素之一。但是研究显示，反刍类动物的反式脂肪酸与人造反式脂肪酸结构不同，不存在这种危害，相反，研究表明其与冠心病的患病率呈现轻微负相关的关系。

(3)乳糖　干酪中的乳糖含量很少，而且在干酪成熟 2 周后几乎完全消失。原料乳中的乳糖大部分转移到乳清中。但是，微量的乳糖也是干酪的重要成分，残留在干酪凝块中的乳糖，在干酪成熟过程中乳酸菌利用乳糖发酵产生乳酸，从而抑制杂菌繁殖；同时乳酸菌在繁殖过程中产生的蛋白酶，还可以促进干酪成熟；另一部分乳糖会变成羰基化合物，形成干酪风味。因此成熟干酪基本不含乳糖，而世界上约有 70%的成人患有乳糖不耐症，因此患有乳糖不耐症的人可选择摄食干酪以获得乳中的营养成分。

(4)维生素及矿物质　干酪中富含所有的矿物质和维生素，其中丰富的钙含量也是干酪被誉为“奶黄金”的主要原因。每千克半硬质或硬质干酪中含钙 6～11 g，软质干酪中因为经过牛乳的酸化过程，钙含量较低。一份 50 g 半硬质或硬质干酪的钙含量可完全满足成人日需求量(1 200 mg)的 1/3～1/2。因此，对于孕妇、中老年人及生长发育旺盛的青少年儿童来说，干酪是最好的补钙食品之一。

除了钙以外，干酪也是磷、锌和镁的优良来源，其中的磷、钙形成酪蛋白磷酸钙复合物对于骨骼、牙齿的强健起促进作用，而且对人体能量的产生至关重要。而干酪中相对较高的盐含量通常被认为与高血压有关，但研究表明干酪中的其他成分，如钙和特定的生物活性多肽，能抵消其副作用。此外，干酪中还含有丰富的脂溶性维生素，如维生素 A、维生素 D、维生素 E 和 B 族维生素。一份硬质干酪含有日常推荐摄入量 10%以上的维生素 B_2、20%以上的维生素 B_6 以及约 40%的维生素 B_{12}，而相应的能量只占日常饮食的 10%。

近年来，随着人们生活水平的提高，健康意识不断提升，新型功能性干酪的开发和研制备受世界各国的重视。如低脂肪型、低盐型干酪的研制，还有添加膳食纤维、N-乙酰基葡萄糖胺、益生菌、益生元等保健成分的干酪；添加植物蛋白的复合蛋白干酪等。特别是低脂干酪，由于脂肪含量的降低，产品的质地、风味和营养结构均受到较大的影响，因此如何改善干酪的口感、营养功效是近年来干酪研究的热点。

3. 干酪的分类

据不完全统计，全世界共有干酪 900 余种，其中比较有名的有 400 余种。若要把每一种干酪都精确地定位在某一类中，是非常困难的，因为干酪的配方五花八门，不同国家生产干酪的工艺各具特色。但是，也有些干酪区别仅在于干酪的大小、包装方法、原产地或名称不同，它们的制作方法、风味及质构特性非常相似，每个国家分类原则不同，很有可能一种干酪属于两种或两种以上的类别，因此国际上目前尚未有统一的分类方法。

1971 年 Burkhalter 代国际乳品联合会(IDF)承担了干酪种类的综合研究，基于用于干酪制作的乳的种类、凝乳的内外表观特征及凝乳的化学组成，干酪可分为 395 种，这些种类的具体特征概要见表 9-2。即便如此，从出版的文献中可以发现水分分布范围仍存在不同的分类依据。例如，许多作者将干酪分为硬质的或非常硬质的、半硬质的、半软质的和软质的，这些种类的干酪所对应的水分含量在不同的出版物上其数据也有所不同(表 9-3)，因此导致了不同依据间的基础分类的差异。

表 9-2　干酪的分类标准

原料乳	干酪类型	特征		组成
		内部	外观	
牛乳	硬质干酪	大圆孔	硬、干外皮	干物质中脂肪含量
绵羊乳	半硬质干酪	中圆孔	硬、油性外皮	水分
山羊乳	软质干酪	小圆孔	软、油性外皮	非脂乳固形物中的水分
水牛乳	酸凝干酪	不规则孔	软、白霉外皮	
	乳清干酪	无孔	软、绿霉外皮	
		青纹	软外皮、外涂石蜡	
		白霉	无外皮	
		加香料		
		加植物		

表 9-3　根据水分含量的干酪分类

干酪分类	水分/%			
	A	B	C	D
非常硬	ns[①]	ns	<25	26～34
硬质	<42	20～42	25～36	26～50
半硬质	43～55	44～55	36～40	45～50[②] 或 42[③]
半软质	43～55	ns	ns	45～55
软质	<55	<55	<40	48～55[④] 或 50～80[⑤]

（摘自 Burkhalter,1981;A. IDF 公文 141;B. Scott,1986;C. Davis,1965;D. Chapman 和 Sharpe,1981）
注:①ns,未详细表明;②细菌成熟;③内源霉菌成熟;④表面霉菌成熟;⑤非成熟。

目前,国际上比较流行的天然干酪分类是基于干酪的硬度、成熟特征和加工工艺进行分类,如表 9-4 所示为根据天然干酪的硬度和成熟特征进行分类,根据干酪的制造工艺不同分类如下:

表 9-4　根据天然干酪的硬度和成熟特征分类

干酪类型		与成熟有关的微生物	水分含量/%	主要品种	原产地
天然干酪	软质干酪	不成熟	40～60	农家干酪 稀奶油干酪 里科塔干酪	美国
		细菌成熟		比利时干酪 手工干酪	比利时、意大利
		霉菌成熟		卡门贝尔干酪 布里干酪	法国
	半硬质干酪	细菌成熟	38～45	砖状干酪 莫扎瑞拉干酪	德国、意大利
		霉菌成熟		法国羊奶干酪 罗奎福特干酪	法国
	使质干酪	细菌成熟	30～40	高达丁酪 荷兰爱达姆干酪	荷兰
		细菌成熟（丙酸菌）		埃曼塔尔干酪 格鲁耶尔干酪	瑞士
	特硬干酪	细菌成熟	25～30	契达干酪 帕尔梅散干酪	英国、意大利

(1)新鲜干酪　这类干酪一般不需要经过成熟,或者成熟期非常短,仅仅为几天。有的新鲜干酪需要经过轻微压榨,或适度加入霉菌发酵剂。如农家干酪、夸克干酪、稀奶油干酪均属于这类干酪。

(2)未压榨型成熟干酪　这种干酪凝乳切割时使凝乳块尽可能小,然后自然排除乳清,之后在干酪表面撒上霉菌或细菌使它快速成熟,成熟期 1～3 个月。如法国布里干酪、卡门贝尔干酪和庞特伊维克干酪(表面霉菌和细菌)。

(3)压榨型成熟干酪　这类干酪在成熟前经过或轻或重的压榨,成熟期为 2～18 个月。

如：契达干酪、曼彻格干酪。

(4)经过煮制和压榨的成熟干酪　这类干酪在制作时，凝乳块先要经过适当的热处理，然后再进行搅拌排乳清，装入模具后重力压榨成型，它们的成熟期可达4年。如荷兰的高达干酪、意大利特硬质的帕尔梅散干酪、瑞士的格鲁耶尔干酪和埃曼塔尔干酪。

(5)仿丝型干酪　这类干酪在生产过程中，凝乳需切成极小的块，自然排放乳清，然后在热水中揉和，直到形成平滑光亮的团块，产品具有良好的拉丝性。最具代表性的是意大利莫扎瑞拉奶酪，是制作比萨饼必不可少的原料之一。

我国国家标准GB5420—2010，规定干酪分为三种：

(1)成熟干酪　生产后不能马上使(食)用，应在一定温度下储存一定时间，以通过生化和物理变化产生该类干酪特性的干酪。

(2)霉菌成熟干酪　主要通过干酪内部和(或)表面的特征霉菌生长而促进其成熟的干酪。

(3)未成熟干酪　未成熟干酪(包括新鲜干酪)是指生产后不久即可使(食)用的干酪。

(二)干酪发酵剂

1. 发酵剂的种类

在干酪加工过程中，用于干酪发酵与成熟的特定微生物培养物称为干酪发酵剂。发酵剂的选择在一定程度上决定了凝乳的风味和质构特征及在干酪加工中所用的温度下产生合适的酸度。依据微生物的种类可将发酵剂分为两类：

(1)细菌发酵剂　细菌发酵剂主要以乳酸菌为主，应用的主要目的在于产酸和产生相应的风味物质，几乎所有的发酵乳制品都会采用乳球菌属、链球菌属、明串珠菌属或乳酸杆菌属的菌株作为发酵剂，有时还要使用短杆菌属和丙酸菌属的菌株，使干酪产品形成特有的组织状态。干酪工业常用的细菌发酵剂常用菌种见表9-5。

表9-5　细菌发酵剂常用菌种

种(或亚种)	主要用途及特点
乳球菌属	
乳酸乳球菌乳酸亚种	嗜温型发酵剂，适合于大多数干酪类型
乳酸乳球菌乳亚种丁二酮变种	常用于高达、爱达姆干酪，常与其他菌株混合使用
乳酸乳球菌乳脂亚种	球形或卵形，成对或链状排列，嗜温型发酵剂，适合于大多数干酪类型
链球菌属	
嗜热链球菌	嗜热型发酵剂，用于多数干酪，尤其是经热烫处理的硬质或半硬质干酪
乳杆菌属	
德氏乳杆菌保加利亚亚种	嗜热型发酵剂，用于多数干酪，尤其是经热烫处理的硬质或半硬质干酪，同型乳酸发酵
瑞士乳杆菌	嗜热型发酵剂，用于多数干酪类型，尤其是经热烫处理的硬质或半硬质干酪
明串珠菌属	
肠膜明串珠菌乳脂亚种	嗜温型发酵剂，用于高达、爱达姆、新鲜干酪的生产
丙酸细菌属	
薛氏丙酸菌	常用于瑞士格鲁耶尔和埃曼塔尔干酪的生产

在干酪的生产过程中,发酵剂菌种的选择与干酪生产所用的生产工艺条件密切相关。例如,乳酸乳球菌乳酸亚种和乳酸乳球菌乳脂亚种是嗜温性发酵剂菌种,生产过程中凝乳加热温度应控制在40 ℃左右。又如,帕尔梅散干酪或埃曼塔尔干酪是硬质干酪,凝乳加热温度约为53 ℃,因此,必须用嗜热性的发酵剂,例如唾液嗜热链球菌亚种、瑞士乳杆菌或者德氏乳杆菌保加利亚亚种。

将明串珠菌属与其他菌属混合,可以赋予成熟干酪特殊的风味,如肠膜明串珠菌与乳酸乳球菌乳酸亚种、乳脂亚种混合发酵。瑞士埃曼塔尔干酪和格鲁耶尔干酪生产中选用丙酸菌作为发酵剂,一方面所产生的丙酸赋予干酪不同的风味特征,另一方面所产生的CO_2,赋予干酪一定的"孔眼",形成特殊的组织状态。

(2)霉菌发酵剂　主要是对脂肪分解能力强的卡门贝尔干酪青霉(*P. camenberti*)、干酪青霉(*P. caseicolum*)、娄地青霉(*P. rogueforti*)等,作用于脂肪,从而产生更加丰富的风味。

某些酵母,如解脂假丝酵母(*Cand. lypolytica*)等也在一些品种的干酪中得到应用。

根据发酵剂在干酪中的作用分为两类:

(1)主发酵剂　指能够代谢乳糖生成乳酸或乳酸盐的发酵剂,主要由嗜热型或嗜温型的乳酸菌菌株组成。例如,制作荷兰爱达姆(Edam)和高达(Gouda)干酪的发酵剂主要由同型乳酸发酵的乳酸球菌以及能够进行柠檬酸代谢的乳酸乳球菌和明串珠菌菌株构成。尽管在这类干酪品种中,某些菌株(如乳酸乳球菌乳亚种丁二酮变种和肠膜明串珠菌乳脂亚种)能够代谢柠檬酸生成CO_2、双乙酰、3-羟基丁酮和丁二醇,但是由于其仍然能够代谢乳糖生成乳酸,而且主要以酸化作用为目的,故仍将这些发酵剂归属于主发酵剂类型。

(2)辅助发酵剂　这类发酵剂的作用是在干酪生产过程中促进并协调风味物质及色素的形成,改善干酪产品的组织结构,加快干酪后期成熟过程,提高干酪的质量。如表面成熟干酪品种的表面产黏细菌和酵母菌等。相对于主发酵剂而言,辅助发酵剂菌株的生长和繁殖速度较慢,酸化活力极为有限,甚至不具有酸化活力,其原因在于这些菌株主要采取有氧代谢方式,或者根本不以代谢乳糖进行生长。

辅助发酵剂中的微生物主要是一些霉菌和细菌,有些还可能包含一些酵母菌。干酪中添加辅助发酵剂,主要是因为其具有某些特殊的生理及生化特征,可有效弥补主发酵剂菌株在某些方面的缺陷和不足。这些特征主要包括耐盐性、低pH的生长能力、乳酸盐代谢能力、形成CO_2、蛋白(肽)水解以及脂肪水解和氨基酸转化能力等。辅助发酵剂可以采用浸渍、喷洒或直接加入原料乳的方法添加。但是对于表面成熟的干酪,向原料乳中直接添加的方法效果并不明显。

2. 发酵剂的作用

(1)发酵乳糖产生乳酸　干酪加工过程时,凝乳之前要加入乳酸菌发酵剂,其主要作用是产生乳酸。乳酸形成的酸性环境,使乳中可溶性钙的浓度升高,促进凝乳酶的活性,提高凝乳效果;促进凝块的收缩,产生良好的弹性,利于乳清的渗出,赋予制品良好的组织状态;可以防止有害微生物的生长,有的菌种还可以产生相应的抗生素,保证成品的品质。

(2)形成干酪特有的风味　乳酸菌发酵剂发酵乳糖产生乳酸,调节酸度,有利于菌体胞内酶和胞外酶分解蛋白质、脂肪形成小分子的氨基酸、肽、脂肪酸等产生风味物质;另一类发酵剂发酵柠檬酸产生多种化合物,其中乙醛、双乙酰赋予干酪独特的发酵风味。

(3)提高制品的营养价值、消化吸收率　发酵剂中的某些微生物可以产生相应的分解酶分解蛋白质、脂肪等物质，提高蛋白质、脂肪的消化吸收利用率。

(4)形成孔眼，赋予特殊的组织状态　丙酸菌常作为辅助发酵剂添加在干酪中，经丙酸发酵，使乳酸菌所产生的乳酸还原，产生丙酸和二氧化碳气体，使某些硬质干酪产生特殊的孔眼特征。

3. 干酪直投发酵剂的使用

在过去，干酪工业化生产过程中，使用继代发酵剂进行预酸化。继代发酵剂需要从贮藏发酵剂、母发酵剂、中间发酵剂到生产发酵剂逐级扩大培养。制作和使用过程烦琐、用量大，而且容易污染噬菌体，菌种的比例也会随着传代数的增加而有所改变，导致干酪品质下降。

直投式发酵剂属于由混合确定菌种以预定比例组成的高度浓缩发酵剂，活力通常是同体积继代发酵剂的50～100倍，可直接投入干酪槽中进行生产，不需要扩大培养，从而减少了噬菌体侵染和其他污染的危险。此外，直投式发酵剂的生产工艺，可以生产出传统方法不能制出的发酵剂，比如嗜热菌种和嗜温菌种的复配。另一方面，干酪生产中省略了发酵剂的制备工序，减少了菌种车间的投资和空间，降低了生产成本；防止了菌种的退化和污染；大大提高了劳动生产率和产品质量。

早在19世纪末期，丹麦汉森实验室首次生产出粉状商用发酵剂，该发酵剂是由不确定的菌株组成的混合菌种，这种混合菌种发酵剂以液态、深冻和冻干的形式提供给众多干酪生产者。到了20世纪末，浓缩工艺的改进使直投发酵剂被广泛接受。2000年，英国50%以上的干酪是用直投式发酵剂生产的。发展到21世纪的今天，国内外工业化干酪的生产已全部采用直投式发酵剂。

4. 影响发酵剂活力的因素

干酪生产中产酸速率对于干酪质量的影响至关重要。在干酪生产过程中，许多因素会抑制发酵剂菌种活性，例如干酪凝乳的加热速率、加热的最高温度或干酪凝乳的盐浓度，都会影响发酵剂的生长和产酸。

(1)牛乳中固有因素　发酵剂中的许多菌株受牛乳中固有因素的抑制，例如抗生素、游离脂肪酸、过氧化物酶，抗生素会抑制所有的发酵剂菌种的生长，但发酵剂菌株对于各种抗生素的敏感性是不同的，嗜温菌对青霉素的敏感性不如嗜热菌，而对链霉素的敏感性却比嗜热菌更强。

(2)噬菌体污染　干酪生产过程中，造成发酵剂失活的主要原因是噬菌体的感染。噬菌体是一种病毒，它会侵入和溶解发酵剂菌体细胞，从而抑制干酪生产过程中酸的产生，因此必须采取预防措施来控制噬菌体的生长。

(3)凝乳温度和热烫温度　干酪生产过程中，凝乳温度和加热温度都是需要进行严格控制的参数。通常情况下，原料乳经杀菌后，应直接冷却到凝乳温度，这一温度应与发酵剂菌株所需的最适生长温度相一致，如嗜温型发酵剂温度为32 ℃，嗜热型发酵剂温度则为37 ℃。在此温度下接种发酵剂，将有助于菌株在最短的时间内进入生长对数阶段，在一定程度上会影响干酪生产过程的总体时间。从凝乳温度到热烫温度是一个缓慢升温的过程，通常至少需要30～40 min。升温过快将会对发酵剂菌株的活力造成不良的影响，因此需要采取逐渐升温的方式以保证发酵剂菌种不受伤害。

(4)食盐　对于大多数干酪品种加工而言，都需要向其中添加一定量的食盐，食盐的添加将对干酪发酵剂菌株的生长产生很大的影响。当盐浓度高于5%时，大多数甚至所有的乳酸菌菌株将被抑制。但是，不同的菌株对于盐分的耐受性是不同的，为保证在加工过程中能较为方便地控制干酪的 pH，耐盐性常常被看作是发酵剂菌株筛选的一项重要指标。

另一方面，干酪加盐的方式会影响到发酵剂的生长。如果采用直接向凝块中撒盐的方式对干酪进行盐化，将会迅速抑制发酵剂菌株的产酸过程。相反，如果采用浸渍盐化的方式，干酪中的含盐量达到抑制菌株生长的水平就需要较长的时间，能够比较方便地控制干酪 pH 的变化过程。因此，依据菌株对不同盐浓度及 pH 的敏感性来筛选发酵剂菌种，将有助于在生产过程中对干酪中各项指标的优化控制，进而获得高质量的干酪产品。

(三)凝乳酶

1. 皱胃酶的特点

皱胃酶的等电点为 4.45～4.65，最适的凝乳 pH 为 4.8 左右，最适的凝乳温度为 40～41 ℃。皱胃酶在弱碱(pH 为 9)、强酸、热、超声波的作用下易失活。制造干酪时的凝乳温度通常为 30～35 ℃，时间为 20～40 min。生产中，如果添加过量皱胃酶或者温度上升过高、凝乳时间过长，则凝块变硬。20 ℃以下或 50 ℃以上则凝乳酶活性减弱。

随着乳品加工业的发展，人们对皱胃酶的需求量逐渐增大，推动了皱胃酶工业化生产的进程。20 世纪，随着干酪加工业在世界范围内的兴起，先前以宰杀小牛而获得皱胃酶的方式已不能满足干酪工业化生产的需要，而且成本较高。为此，人们开发了多种皱胃酶的替代品，如发酵生产的凝乳酶，从成年牛胃中获取的皱胃酶，或采用多种微生物来源的凝乳剂等。这些酶的凝乳能力通常不错，但是缺点都是在干酪成熟过程中出现苦味，因此目前还没有达到完全代替的程度。

2. 影响凝乳酶凝乳的因素

(1)pH 的影响　由于 pH 为 4.8 时，皱胃酶活性最高。所以较低的 pH 不仅增加凝乳酶的活性，同时酪蛋白胶束的稳定性也会降低，这些都会促进凝乳，缩短凝乳时间，形成的凝块较硬。

(2)钙离子的影响　钙离子含量增多，会促进副酪蛋白酸钙的生成，加速凝乳酶凝乳，因此生产中往往加入 $CaCl_2$，提高凝乳效果。

(3)温度的影响　皱胃酶的凝乳作用，在 40～41 ℃条件下作用最快，20 ℃以下或 50 ℃以上则凝乳酶活性减弱。

(4)牛乳加热的影响　牛乳若先加热至 42 ℃以上，再冷却到凝乳所需的正常温度后，添加皱胃酶，则凝乳时间延长，凝块变软，此种现象被称为滞后现象，其主要原因是牛乳经 42 ℃以上加热处理后，酪蛋白胶粒中磷酸盐和钙被游离出来所致，随着牛乳温度的升高，溶解性的磷酸钙和柠檬酸钙盐转变为不溶性盐类，影响副酪蛋白酸钙的形成，导致凝乳效果不佳。

二、天然干酪加工工艺

国际上通常把干酪扩展为三大类，即天然干酪、再制干酪和干酪食品，这三类干酪的主要规格如表 9-6 所示。天然干酪在生产的最初阶段，原料乳在酸或凝乳酶的作用下形成凝乳，后序对凝乳的处理决定了干酪的特性。现以硬质、半硬质干酪为例，介绍天然干酪的基本工艺。

表 9-6　天然干酪、再制干酪和干酪食品的主要规格

名称	规格
天然干酪	以乳、稀奶油、部分脱脂乳、酪乳或混合乳为原料，经凝固后，排出乳清而获得的新鲜或成熟的产品，允许添加天然香辛料以增加香味和滋味。
再制干酪	用一种或一种以上的天然干酪，添加食品卫生标准所允许的添加剂（或不加添加剂），经粉碎、混合、加热熔化、乳化后而制成的产品，含乳固体 40%以上。此外，还包括下列 2 条规定： 1. 允许添加稀奶油、奶油等乳脂以调整脂肪含量。 2. 为了增加香味和滋味，所添加的香料、调味料及其他食品必须控制在乳固体 1/6 以内。 3. 不得添加除脱脂乳粉、全脂乳粉、乳糖、干酪素以及来自乳以外的脂肪、蛋白质及碳水化合物。
干酪食品	用一种或一种以上的天然干酪或再制干酪，添加或不加添加食品卫生标准所规定的添加剂，经粉碎、混合、加热乳化而成的产品，产品中干酪比例须占 50%以上。此外，还规定： 1. 所添加的香料、调味料或其他食品须控制在产品干物质的 1/6 以内。 2. 添加的非乳脂肪、蛋白质、碳水化合物不得超过产品总质量的 10%。

（一）天然干酪基本加工工艺流程

原料乳 → 预处理 → 巴氏杀菌 → 冷却 → 添加发酵剂 → 预酸化 → 添加氯化钙、硝酸钾 →

添加凝乳酶凝乳形成 → 凝块切割 → 搅拌、加热 → 全排乳清 → 堆积 → 盐渍 → 成型压榨 → 成熟

（二）加工关键控制点

1. 原料乳要求

虽然各种哺乳动物的乳都可用于干酪生产，但在干酪的工业化生产中，牛乳是最主要的原料。在法国、西班牙和其他地中海国家，有很大一部分干酪是用绵羊乳和山羊乳制作的，而在世界上其他一些地区，也有用水牛乳、骆驼乳和马乳制作干酪的。不同原料乳的成分之间有显著的品种差异，因此会影响由它们作为原料制成的干酪特性。

牛乳的化学组成和微生物数量会影响干酪的出品率和品质。用于干酪生产的原料乳必须满足国家收奶标准，以确保干酪具有良好的品质或赋予凝乳特殊的质构和风味特征。

(1)牛乳的化学组成　原料乳的化学组成决定凝乳的特征、最终干酪产品的产量和质构、形体特征。就原料乳而言，通常通过以下几方面予以考虑：

①酪蛋白和乳脂肪含量：干酪的出品率主要取决于原料乳的酪蛋白和脂肪含量，乳清蛋白和非蛋白氮一般不进入干酪中。在部分全脂乳生产的干酪中，脂肪/酪蛋白比率会影响干酪凝块的脱水收缩，决定最终的水分及脂肪含量，进而影响干酪的口感和组织状态。例如契达干酪的生产中，若成品干物质中脂肪含量过高，质构比较松散。

②乳糖含量：乳中乳糖的含量决定乳酸产量，乳糖含量不足会造成凝乳时间延长，形成的凝块较软，脱水收缩能力差，最终影响干酪产品水分含量和其他特性。

③矿物质含量：原料乳中的 Ca^{2+} 含量及活性变化，会影响乳的凝固性和脱水收缩能力。

(2)牛乳中的抑菌物质　牛乳中存在抑制细菌生长的物质,如天然抗菌物质(乳氧化酶体系)或残留的抗生素,这些物质会抑制发酵剂中乳酸菌的生长和干酪的成熟,因此用于干酪生产的原料乳必须进行抗生素的检测,选择无抗乳。

(3)原料乳中的微生物　用于干酪生产的原料乳,微生物数量应尽可能低,每毫升不宜超过 50 万个,体细胞也是检测时重要的质量标准。其主要的原因是有很多微生物会产生不良的风味,如某些乳酸菌,出现类似酵母的风味或卷心菜味,粪链球菌有可能造成 H_2S 味。尽管大多数干酪的原料乳要经过巴氏杀菌,但是丁酸梭状芽孢杆菌具有较强的耐热性,在干酪成熟过程中产生大量氢体,破坏干酪的组织状态,且产生不良风味,如高达干酪和埃蒙塔尔干酪容易出现此类缺陷。另一方面,原料乳中嗜冷菌所产的耐热性脂肪酶在许多干酪中会造成酸败味或肥皂味。

2. 原料乳的预处理

(1)离心净乳　某些形成芽孢的细菌能够耐受巴氏杀菌,对于干酪的生产和成熟造成很大的危害。通过离心净乳,可以减少乳中丁酸梭状芽孢杆菌孢子的数量,利于提高产品的质量,由于通过离心机会分离出约占 3%的含有细菌和芽孢的浓缩物,这会降低干酪得率,因此浓缩物需经过 UHT 处理后再打回到原料乳中。

(2)标准化　干酪生产中,除了对原料乳脂肪标准化外,还要对酪蛋白及酪蛋白/脂肪(C/F)的比例进行标准化,因此要根据不同产品的要求,调整原料乳中脂肪和蛋白质之间的比率,一般要求 C/F=0.7 主要方法有:

①通过离心或自然形成稀奶油的方法除去部分乳脂肪;②加入脱脂牛乳;③加入稀奶油。

[例] 今有原料乳 1 000 kg,含脂率为 4%,用含酪蛋白 2.6%、脂肪 0.01%的脱脂乳进行标准化,使 C/F=0.7,试计算所需脱脂乳量。

解:①全乳中的脂肪量 1 000×0.04=40 (kg)

②原料乳中酪蛋白比率 根据公式:酪蛋白%=0.4F+0.9= (0.4×4) +0.9=2.5

③全乳中酪蛋白量 1000×0.025=25 (kg)

④原料乳中 C/F=25/40=0.625

⑤因为希望标准化后 C/F=0.7

所以标准化后乳中的酪蛋白应该为 40×0.7=28 (kg)

⑥应补充的酪蛋白量 28-25=3 (kg)

⑦所需脱脂乳量为 3/0.026=115.4 (kg)

加盐干酪在盐渍过程中,渗入干酪中的盐分使总干物质增加而脂肪量不变,所以相对含脂率 48%的新鲜干酪,在吸取 1.7%左右盐分后含脂率降为 46.5%,盐分可使干酪总干物质含量增加约 2%,因此生产干酪时须考虑这一因素。

(3)均质　均质可导致乳中结合水上升,一般不能生产硬质和半硬质类型的干酪。而生产蓝霉干酪和 Fata 干酪的原料乳(或以 15%~20%稀奶油的状态)须经均质处理,目的是减少乳清排出,促进脂肪水解并使干酪增白,水解游离脂肪酸是这两种干酪风味物质的重要组成部分。

(4)预杀菌　如果原料乳要在低温条件下暂存一段时间,要对原料乳进行预杀菌,通常采用 63~65 ℃加热 15~20 s 的条件进行处理,其目的是防止嗜冷菌产生耐热性脂肪酶和蛋白酶,同时也可以降低一些有害菌的数量。通常牛乳的初次预杀菌,并不能破坏致病菌,但可以用来延长干酪生产前原料乳的贮存期。研究表明：牛乳经初次杀菌处理后冷藏，在生产干酪之前再进行巴氏杀菌，这种加工方式是一种有效提高契达干酪的产量和质量的方法。

(5)冷藏　在工业化干酪生产中，由于各车间生产进程的不同，在正式生产之前将原料乳冷藏是不可避免的。通常经杀菌冷却至 4 ℃以下，在 4～6 ℃下暂存，在此期间原料乳中的嗜冷菌仍会生长，尽管这些菌的最适生长温度为 20～30 ℃，但它们在 7 ℃以下仍能生长。虽然大多数的嗜冷菌经巴氏杀菌就可杀灭，但它们产生的胞外酶却非常耐热，能耐受 HTST 巴氏杀菌，在这些酶与干酪成熟过程中出现的腐败变质关系密切。

3. 巴氏杀菌及冷却

传统上所有的干酪都是用未经处理的生乳为原料制作的，因为生乳中的许多成分有助于干酪风味的形成。但是未经处理的乳同样存在有害微生物，制作过程中稍不注意，不仅会使干酪变质，还会危害到消费者的健康。

杀菌的目的是杀灭原料乳中的致病菌和绝大多数的有害菌，使酶类失活，干酪产品质量稳定、安全卫生。同时，原料乳的热处理温度过高会导致其物理化学性质发生变化，而这些变化会影响凝乳酶凝乳过程。

当牛乳热处理温度超过 80 ℃，乳清蛋白中的 β-乳球蛋白与 κ-酪蛋白通过硫氢键相互作用，抑制凝乳酶对酪蛋白的作用，而使干酪生产中出现凝乳慢的现象。此外，高温处理会破坏牛乳中盐类离子的平衡，随着牛乳受热温度的升高，溶解性的磷酸钙和柠檬酸钙盐转变为不溶性盐类，影响副酪蛋白酸钙的形成，进而影响皱胃酶的凝乳效果，使凝块松软，收缩作用变弱，易形成水分含量过高的干酪。因此，在实际生产中多采用 63 ℃、30 min 的保温杀菌，或是通过片式热交换器进行 72 ℃、15 s 的高温短时杀菌。

4. 添加发酵剂进行酸化

原料乳经杀菌后，冷却到 30～32 ℃，直接打入干酪槽（图 9-1）中。干酪槽为水平长椭圆形或方形不锈钢槽，且有保温（加热或冷却）夹层及搅拌器（手工操作时为干酪铲和干酪耙）。然后加入发酵剂，充分搅拌 3～5 min，进行短时发酵，以保证充足的乳酸菌数量，此过程即为预酸化。30～60 min 后取样测定酸度，使最后酸度控制在 0.18～0.22°T。由于该乳酸发酵酸度很难控制，为使干酪成品质量一致，有些企业用 1 mol/L 的盐酸调整酸度，一般调整酸度到 0.21°T 左右，具体的酸度值应根据干酪的品种而定。

在实际的生产中，经常出现酸化缓慢或产酸失败等异常现象。其主要原因是乳中含有治疗牛乳房疾病的抗生素，或是发酵剂中可能含有噬菌体；其次是生产车间在进行清洗消毒时，生产设备残留洗涤剂或灭菌剂，抑制了乳酸菌的发酵。

5. 添加添加剂

干酪生产中，最基本的添加剂是发酵剂和凝乳酶。有时为了改善乳的凝固性获得硬度适宜的凝乳、保持每批产品色泽一致、防止产气菌的污染，保证最终成品质量一致及提升干酪质量，也有可能使用其他食品添加剂。

(1)氯化钙　干酪生产过程中，由于原料乳受热过度、盐类失衡等原因，往往造成凝乳时间延长、凝乳状态不佳等现象，这会使凝块在切割环节中，出现碎粒增多，以至于乳清排放过程中，牛乳蛋白质、脂肪的损失较大。为了改善原料乳的凝固性能，提高干酪质量，可在 100 kg 原料乳中添加 5～20 g 的氯化钙（预先配成 10%的溶液），以调节盐类平衡，增加游离钙离子浓度，促进副酪蛋白钙的形成，从而保证凝块的质量。

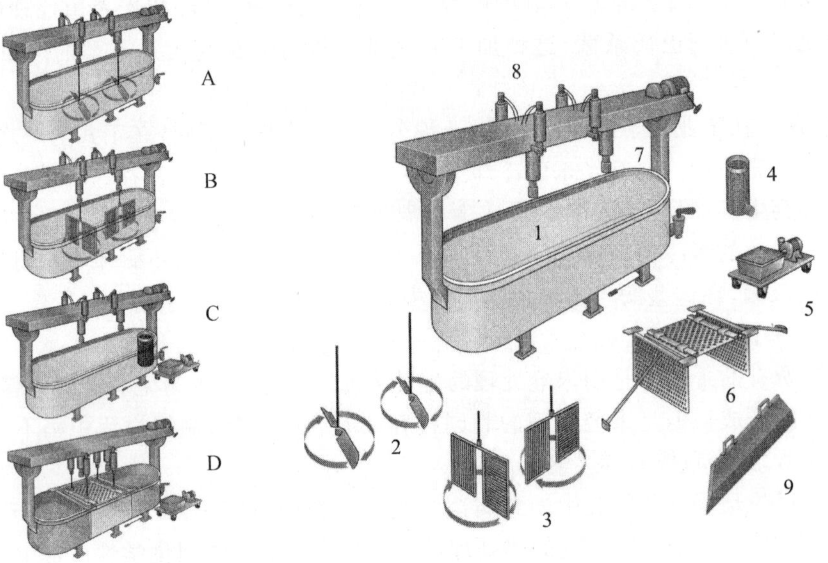

图 9-1　带有干酪生产用的干酪槽

A. 槽中搅拌　B. 槽中切割　C. 乳清排放　D. 槽中压榨

1. 带有横梁和驱动电机的夹层干酪槽　2. 搅拌工具　3. 切割工具　4. 置于出口处过滤器干酪槽内侧的过滤器　5. 带有一个浅容器小车上的乳清泵　6. 用于圆孔干酪生产的预压板　7. 工具支撑架　8. 用于预压设备的液压筒　9. 干酪切割刀

(2)色素　牛乳的色泽主要与其含有的胡萝卜素含量有关，随着季节和所喂饲料而异，其色泽存在一定的差异，为保证干酪成品颜色一致，需在原料乳中加 β-胡萝卜素或胭脂红等色素物质。在青纹干酪生产中，有时添加叶绿素，来突出青霉菌产生的青绿色条纹。色素在使用时需用少量灭菌水将色素配制成 1%～10%的稀释溶液，然后再加入到原料乳中充分混合。

(3)硝酸盐($NaNO_3$ 或 KNO_3)　干酪生产中，由于原料乳的质量和生产过程操作不当，会造成丁酸菌和大肠杆菌在干酪中的残存，这会使产品在成熟过程中异常产气。硝酸盐可抑制这些细菌，但是其用量必须依照牛乳的组成、各种干酪的加工工艺等因素精确确定。因为过量的硝酸盐也会抑制发酵剂生长，影响干酪的发酵成熟，甚至使成熟过程终止。由于硝酸盐存在食用安全风险，国标规定其在原料乳中最大允许用量为 30 g/100 kg，在一些国家禁止使用。如果牛乳经离心除菌或微滤处理，那么硝酸盐的添加量就可大大减少甚至不用。

6. 添加凝乳酶及凝乳的形成

凝乳酶的添加是干酪凝乳的一个重要工艺环节。通常按凝乳酶的活力和原料乳的量计算凝乳酶用量。使用时先用 1%的无菌食盐水将凝乳酶配成 2%溶液，然后加入到 30～32 ℃乳中，均匀搅拌 2～3 min 后，在 30～31 ℃条件下静置 30 min 左右，即可使乳凝固形成凝块。活力单位一般为(1∶10 000)～(1∶15 000)的液体凝乳酶，每 100 kg 牛乳需添加 30 mL。需要注意的是，凝乳酶添加时尽量沿管壁边徐徐加入边搅拌，搅拌时不要使原料乳中产生气泡。为利于凝乳酶的分散，可在自动计量系统中安装喷洒器，使凝乳酶通过喷嘴均匀分布在牛乳表面。

7. 凝块切割

乳凝固后，通常要判断凝块的硬度以确定是否能够切割。因为切割过早或过迟对干酪的得率和质量都有不良影响，切割过早，则凝块颗粒太弱，搅拌和堆积时易碎；切割过迟，则凝块过硬，不利于凝块的切割和乳清的析出。通常按照如下方法进行判断：将一把小刀刺入凝固乳表面然后慢慢挑起，裂纹呈现玻璃样分裂状态，就可认为凝块已适宜切割，典型的方法是用刀在凝乳表面切 2 cm 深、5 cm 长的切口。凝块的切割主要采用机械切割和手工切割两种方式。

(1)手工切割　手工切割通常用固定有金属丝的不锈钢框架来完成，通常将这种切割框架称为干酪刀，这种干酪刀分为水平式和垂直式两种，钢丝刃间距一般为 0.70～1.27 cm，见图 9-2。切割时先用水平式刀沿着干酪槽长轴平行切割，再用垂直式刀沿长轴垂直切，接着再沿短轴进行垂直切割。切割时应注意动作要轻、稳，防止将凝块切割得过碎和不均匀，影响干酪质量。

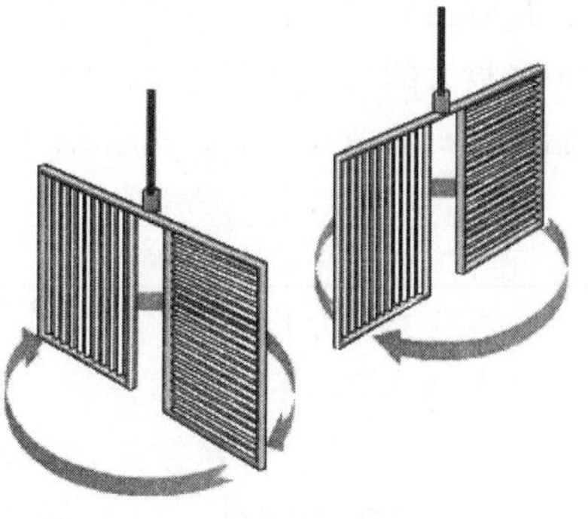

图 9-2　手工干酪切割刀

(2)机械切割　大型机械化生产采用机械切割，在密闭式水平干酪槽(图 9-3)中，搅拌和切割由焊在一个水平轴上的工具来完成，水平轴由一个带有频率转换器的装置驱动，这个具有双重用途的工具是搅拌还是切割取决于其转动方向。凝块被剃刀般锋利的辐射状不锈钢刀切割，不锈钢刀背呈圆形，以给凝块轻柔而有效的搅拌。另外，干酪槽中还配备安装能够自动操作的乳清过滤网，以及能够分散凝乳酶溶解液的喷嘴，同时该喷嘴还可与 CIP 清洗系统联接。

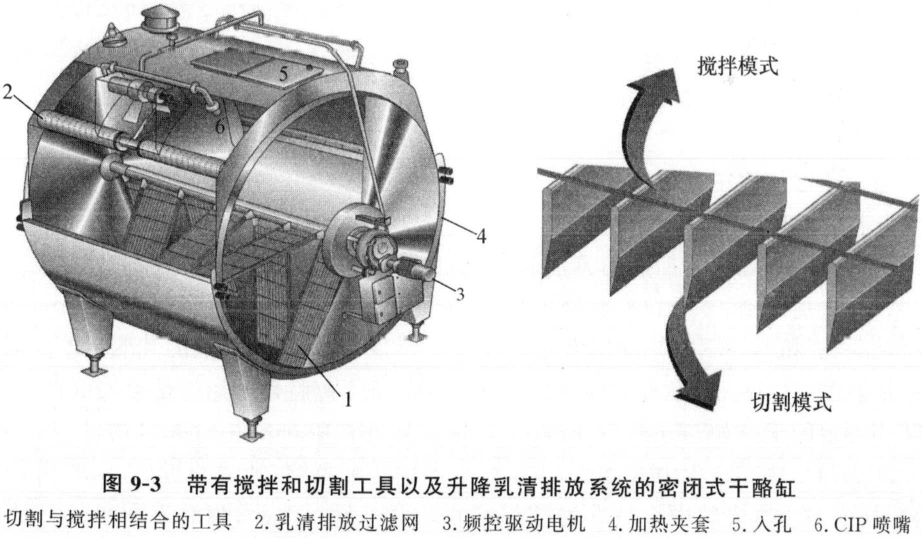

图 9-3　带有搅拌和切割工具以及升降乳清排放系统的密闭式干酪缸

1. 切割与搅拌相结合的工具　2. 乳清排放过滤网　3. 频控驱动电机　4. 加热夹套　5. 入孔　6. CIP 喷嘴

干酪凝块切割的目的在于使凝乳转化块为小凝块，加快乳清从凝块中流出的速度，同时增加了凝块的表面积，改善了凝块的收缩脱水特性。凝乳粒的大小对于干酪乳清排放起着重要的作用，最终影响干酪的水分含量。切块大时，最终干酪中含水分高；切块小时，干酪中含水量低，同时更多的表面暴露出来，脂肪会损失越多，产品质地通常较硬。而切得太大，则大块的凝乳容易在后面搅拌时被弄碎。良好的切割时机，会使新凝乳表面形成切割护层，从而防止脂肪和其他乳组分损失。通常，生产工艺中需加热至较高温度的凝乳应切割成较小块，加热至较低温度的凝乳应切割成较大块状。

8. 搅拌、初排乳清、二次加温

为了促进干酪颗粒中的乳清排放，凝块切割后要对凝块进行搅拌及加温。

(1)前期搅拌　刚刚切割后的凝块较脆，对机械处理非常敏感，因此要求搅拌必须很缓和且足够慢，使搅拌中的凝块在乳清中保持悬浮，表面形成光滑的薄膜，同时防止凝块沉降在干酪槽底部形成黏团，导致蛋白质、脂肪的流失。前期的缓慢搅拌应持续到第一次乳清排出时，15～25 min。随着乳清的排出，凝块会沉淀在干酪的底部形成团块，这会使搅拌机械受很大的力。低脂干酪的凝块沉积到干酪槽底部的趋势要强于其他类型的干酪，因此低脂干酪凝块搅拌时要比高含脂率凝块的搅拌强烈些。

(2)初排乳清　一般经过 15 min 左右，要进行初次乳清排放，目的是热烫时加水提供空间并降低热烫时的能源消耗。通常情况下，乳清排出时仍要继续搅拌，这样可避免颗粒粘连在一起，同时由于凝乳块的逐渐坚实，所以搅拌速度可逐渐加快，乳清排出量一般为牛乳体积的 30%～50%。

(3)中期搅拌　从第一次排出乳清后到热烫前的搅拌称为中期搅拌，一般历时 5～20 min，其主要目的是进一步促进凝乳粒的收缩。由于发酵剂乳酸菌的适宜生长温度和凝乳酶的最适温度均在 30 ℃左右，因此，在此过程中，前期搅拌和中期搅拌期间要保持温度和时间恒定，使每批产品的凝乳程度及酸度保持恒定，这样才可获得质量稳定的产品。另一方面，在随后的热烫过程中由于温度升高，乳酸菌的生长将受到抑制，如果提前热烫时间(即改变中期搅拌时间)，乳酸菌的生长提前受到抑制，产酸受到阻碍，结果致使凝乳颗粒酸度不足。

(4)凝块加热　在干酪的制造过程中，为使凝块的大小和酸度符合要求需要进行热处理。通过加热，产酸细菌的生长受到抑制，产品的 pH 趋于稳定；同时，加热也促进凝块的收缩并伴以乳清析出(脱水收缩)。整个升温过程中，搅拌仍不能停止，以促进凝块的收缩和乳清的排出，防止凝块沉积和相互粘连。根据干酪品种不同，加热方式也有所不同，通常包括两种方式：

①通过干酪槽或罐夹层中的蒸汽加热；

②向凝块/乳清混合物中直接加入热水。

加热的时间和温度由加热的方法和干酪种类决定。加温越高，排出的水分越多，干酪越硬。一般将加热到 44 ℃以上时处理称之为热烫。某些特硬干酪酪，如 Emmental、Gruyere、Parmesan 和 Grana，其热烫温度甚至高达 50～56 ℃，只有极耐热的乳酸菌才有可能存活下来。其中之一为薛氏丙酸杆菌，该菌对于 Emmental 干酪特性的形成是至关重要的。

某些类型的干酪如 Gouda 和 Edam，需要从凝乳粒中排出相对大量的乳清。为此，常通过向乳清和凝块混合物中直接加入热水，来促进凝乳收缩、乳清的析出，同时稀释乳清中的乳糖，从而减少凝乳粒中可被乳酸菌利用的乳糖含量。因此，相对于同水分含量但未加热水处理的产品，其酸度较低。热水的加入量不同也会导致产品的 pH 和水分含量发生变化。热烫过程中，升温的速度应严格控制，初始时每 3～5 min 升高 1 ℃，当温度升至 35 ℃时，则每隔 3 min 升高 1 ℃。当温度达到 38～42 ℃，应根据干酪的品种确定终止温度，停止升温。如果太快，干酪凝块收缩过快，表面形成硬膜，影响乳清的进一步排出，使成品水分含量过高。

9. 全排乳清

随着加热和搅拌的进行，凝块颗粒的敏感性下降，更多的乳清在乳酸、高温、机械搅拌的作用下从凝乳粒中析出。最终搅拌的时间长短取决于干酪所需的酸度和水分含量。当乳清酸度达 0.17%～0.18%时，凝块收缩至原来的一半（豆粒大小），用手捏干酪粒感觉有适度弹性或用手握一把干酪粒，用力压出水分后放开，如果干酪粒富有弹性，搓开仍能重新分散，即可全排乳清。此时一般将干酪粒堆积在干酪槽的两侧，促进乳清的进一步排出。排出的乳清中脂肪含量一般约为 0.3%，蛋白质 0.9%。若脂肪含量在 0.4%以上，证明操作不理想，影响干酪最终出品率。传统的干酪槽（图 9-1 中 C），在底部安装一个金属过滤网，乳清自此排放，形式很简单。

乳清的全排方式依据干酪品种的不同而采取不同的方法。例如：将凝块乳清混合物用泵送至一个振动或滚动式过滤网，以使乳清排掉，如图 9-4。同时从乳清中分离出的凝块，直接泄入模具中，由于凝块在收集和压榨之前暴露在空气中，凝块将不会完全融合。在干酪内部，存留大量的细小气泡。在成熟过程中生成并释放出的二氧化碳填入进来并逐渐扩大这些气孔，通过这种方式形成的孔眼呈不规则形状。

图 9-4　凝块和乳清于滚动过滤器中分离

1. 凝块乳清混合物　2. 排放凝块　3. 乳清出口

图 9-3 是带乳清排放系统的全机械化干酪罐。一个纵向的且带有槽的过滤网自不锈钢缆上悬下，该缆与外部的提升驱动机相连。过滤网通过一个接口，与乳清吸入管线相连，然后通过罐壁与外部的吸入管相连。在过滤网上安装液位电极控制升降电机。在整个乳清排放期间，保持过滤网正好位于液面以下，启动信号自动给出。预定的乳清量能被排掉，它通过提升电机的脉冲显示器来控制。安全开关显示了过滤网的高位和低位。乳清应该总是在高容量下排放，持续 5～6 min。排放进行同时，搅拌停止。

10. 堆积

乳清排出后，将干酪粒堆积在干酪槽的两侧，如图 9-5 所示，上面可用带孔木板或不锈钢板压 5～10 min 使其成块，并继续排出乳清，此过程称为堆积。在此过程中应注意避免空气进入干酪凝块中，以使凝乳粒融合在一起，形成均一致密的块状。有的干酪品种在此过程中还要保温，以调整排出乳清的酸度，进一步使乳酸菌达到一定的活力，保证成熟过程对乳酸菌的需要。

图 9-5　手工堆积干酪

如图 9-6 是一种先进的机械化“堆酿”机，生产能力为每小时 1～8 t 干酪。该机器通常有 2～4 条传送带，每条传送带以预定的或可调的速度分别驱动。凝块和乳清混合物被均匀分散在乳清排放网上，大部分乳清由此排走。凝块落在多孔的第一条传送带上，配合搅拌器进一步促进乳清的排除。第二条传送带上凝块能成片和融合，在每一条传送带上都有围栏以控制凝块的摊片宽度。随后被送到第三条传送带时，凝块翻转，堆酿，继续融合。在第三条传送带末端，凝块被切割成相同大小的条，然后落入第四条传送上。第四条传送带用于加盐，干盐在传送带前端加入凝块，随后搅拌使之有效混合，凝块被传送落入带有螺旋推进器的漏斗，由此，进入成块器或再经传送带送到装模装置。

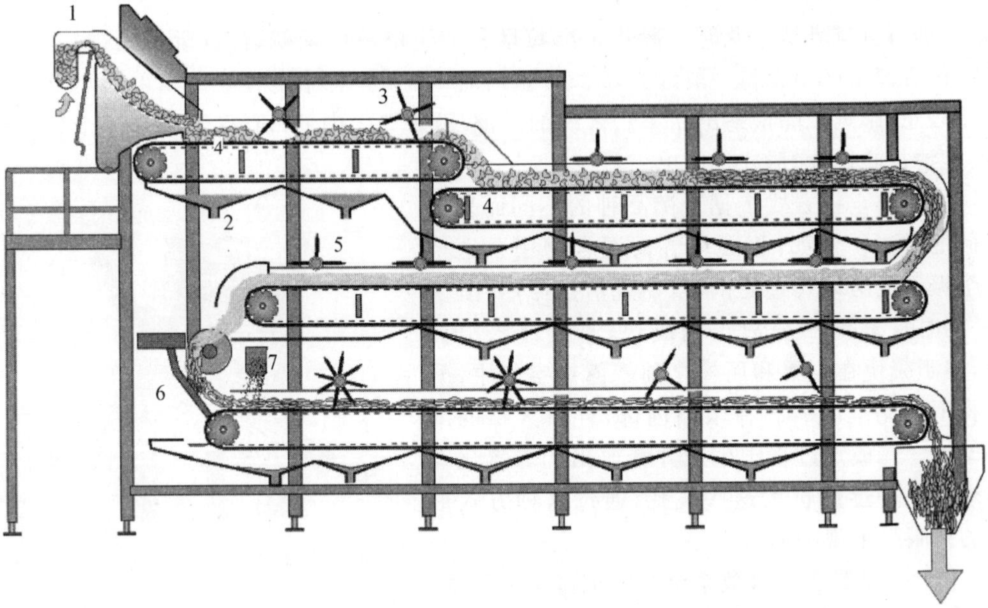

图 9-6　连续化系统堆酿机(集脱乳清、堆积成片、熔融、加盐于一体)

1. 乳清过滤器　2. 乳清收集器　3. 搅拌器　4. 变速驱动传送带　5. 用于搅拌契达干酪凝块的搅拌器
6. 切成碎条　7. 加干盐系统

11. 入模、成型、压榨

如前所述，当乳清全排后，凝乳粒会根据干酪的种类特点不同，有所差异：不经堆积，直接送入模具成型；保温堆积成块后，切成规定尺寸入模；通过新型堆酿机堆积、切条、加盐后入模。通常情况下，经过堆积后形成的干酪凝块，要切成方砖形或小立方体装入成型器或模具中进行成型压榨，赋予干酪一定的形状。

切割的凝块大小应略小于成型器，以免入模时挤压干酪凝块，使凝块松散，空气混入其中，最后不能形成组织致密的干酪产品。干酪成型器可由不锈钢、塑料或木材制成，依干酪的品种不同，其形状和大小也不同(图 9-7)。成型器周围设有小孔，由此排出乳清。一般情况下，还可借助干酪布或孔网达到排出乳清的目的。

对于硬质和半硬质干酪，还要对其进行进一步的压榨。其目的是：①进一步最终排出乳清；②形成组织状态；③在以后的长时间成熟阶段使干酪表面形成一层坚硬的外皮。在成型器内装满干酪凝块后，放入压榨机进行压榨定型。压榨的压力与时间依干酪的品种而有所不同，但目的都是为了更好地排出乳清，促进凝乳颗粒完全融合。压榨的压力与时间依干酪的品种各异，在压榨初始阶段压力不宜过大，要逐渐加压。因为，初始高压压紧的外表面会使水分封闭在干酪体内。因此在实际的生产中，首先进行预压榨，一般压力为 0.2～0.3 MPa，时间为 20～30 min。预压榨后取下进行调整，视其情况可以再进行一次预压榨或直接正式压榨。将干酪反转后装入成型器内以 0.4～0.5 MPa 的压力在 15～20 ℃，有的品种要求在30 ℃左右条件下再压榨12～24 h。小批量干酪生产可使用手动操作的垂直或水平压榨，气力或水力压榨系统可使所需压力的调节简化。如图9-8所示为垂直压榨器。

图9-7　干酪成型模具

图9-8　带有气动操作压榨平台的垂直压榨器

大批量生产所用的压榨系统有多种，如在压榨系统上配置计时器，用信号提醒操作人员按预定加压程序改变压力。如图9-9为传送压榨，适用于预压榨和最终压榨时间间隔最小的情形。传送压榨和自动填充隧道式压榨设备通常都配置CIP系统。

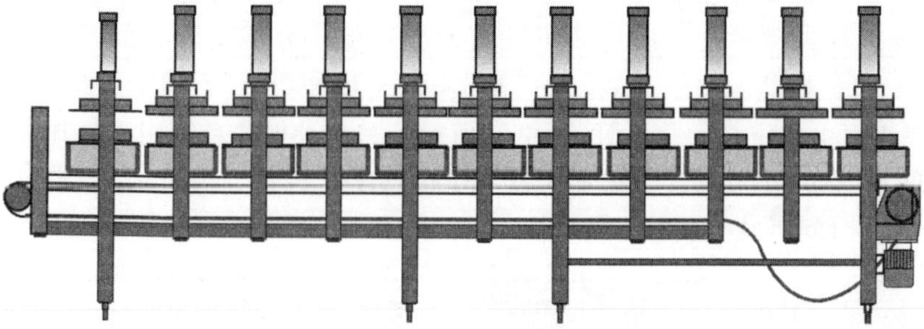

图9-9　传送压榨

上述压榨系统可完成粒纹干酪(图9-10)的压榨；而对于圆孔干酪(图9-11)则需预压榨成块并将其切成合适大小尺寸的条后再入模压榨。压榨结束后，需将干酪从成型器中取出，并切除多余的边角。压榨结束后，从成型器中取出的干酪称为生干酪。

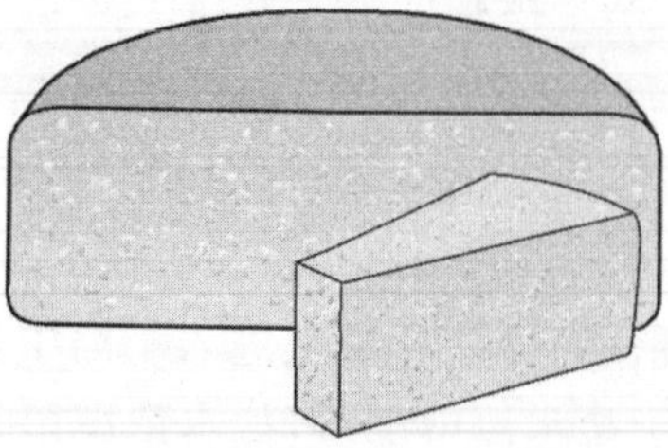

图9-10　粒纹质地干酪

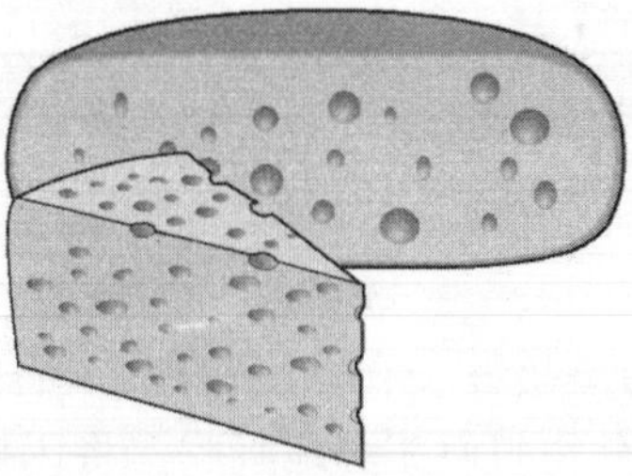

图9-11　圆孔干酪

12. 加盐

在干酪中加盐其主要目的包括：

①抑制腐败微生物及病原体生长，延长干酪产品保质期；

②调节发酵剂的活力，降低成熟期中发酵剂的作用；

③有助于渗透压的作用和盐对蛋白质的作用，使凝块进一步排出水分；

④盐的引入，使副酪蛋白上的钠和钙发生离子交换，亲水性增强，使产品表面变得更加光滑。

干酪中的盐分浓度，直接影响干酪成熟过程中的生物学和化学反应。盐的加入量依干酪的品类而有所不同，通常干酪中盐的含量为 0.5%～3%，而蓝霉干酪或白霉干酪的一些类型通常盐含量为 3%～7%。但是由于种类的不同，干酪中的水分含量存在较大差异，这就使得盐分在干酪的液相中所占的比例也存在很大的差异，通常为 2%～8%。盐分的含量、添加方式以及它们对盐分在水相状态下达到平衡所需时间的影响，都会影响干酪的品质。不同类型干酪的盐含量如下(%)：农家干酪 0.2～1.0、埃蒙塔尔干酪 0.4～1.2、高达干酪 1.5～2.2；契达干酪 1.75～1.95。

一般而言，在乳中不含有任何抗菌物质的情况下，添加原始发酵剂的 5～6 h 后，pH 在 5.3～5.6 时，可在凝块中加盐。盐化时间取决于：①盐浓度；②干酪的大小(越大，时间越长)、盐水的温度和盐含量。依据干酪品种的不同，加盐方式也不同。一般包括如下几种：

(1)干盐法　干盐法一般在成型压榨前使用，即将所需的食盐撒在干酪粒(块)中，或者将食盐涂布于生干酪表面，如图 9-12、图 9-13 所示。加干盐可通过手工或机械进行，手工加盐要尽可能地均匀撒在已彻底排放了乳清的凝块上。为了充分分散，凝块需进行 5～10 min 搅拌。机械撒盐的方法很多，一种是与契达干酪加盐相同，即干酪条通过契达机的最终段上，在表面上加定量的盐，如图 9-6(7)所示。另一种加盐系统用于莫扎瑞拉(Mozzarella)的生产，如图 9-14 所示。干盐加入器装于热煮压延机和装模机之间，经过这样处理，一般 8 h 的盐化时间可减少到 2 h 左右。

图 9-12　干酪的涂布加盐法

图 9-13　干盐法

(2)湿盐法　干酪生产中，浸渍盐化较为常用。此法可使盐分分散进入干酪中，利于干酪对盐分均匀而充分地吸收。将压榨后的生干酪浸于盐水池中浸渍，盐水浓度第 1～2 天为 17%～18%，以后保持 20%～23%的浓度。为了防止干酪内部产生气体，盐水温度应控制在 8 ℃左右，盐浸时间 4～6 d。

盐水在使用前，通常需要进行巴氏杀菌，要注意选择耐腐蚀的材质与盐水接触，如钛钢。或者选择加入次氯酸钠、山梨酸钾等抑菌物质，防止由盐水中微生物引发的腐败变质。同时要对盐水的浓度、钙离子浓度、pH、温度进行监测，以便获得优质稳定的产品。

①每天需用相对密度计测定盐水浓度，以保证其浓度恒定在15%～25%。当盐溶液浓度低于16%时，酪蛋白溶解性增加，吸水、膨胀导致表面变黏。所以在10～14 ℃下盐浓度应达18%～23%。

②新鲜盐水中需要添加适量 $CaCl_2$，以保证盐水中 Ca^{2+} 的浓度与干酪液相中的 Ca^{2+} 浓度相等。防止干酪表面出现黏滑的现象。

③盐水的pH应与干酪保持一致，通常用盐酸调节至5.2～5.3。若盐水pH过高，则干酪外皮会变黏，甚至引起盐水腐败。

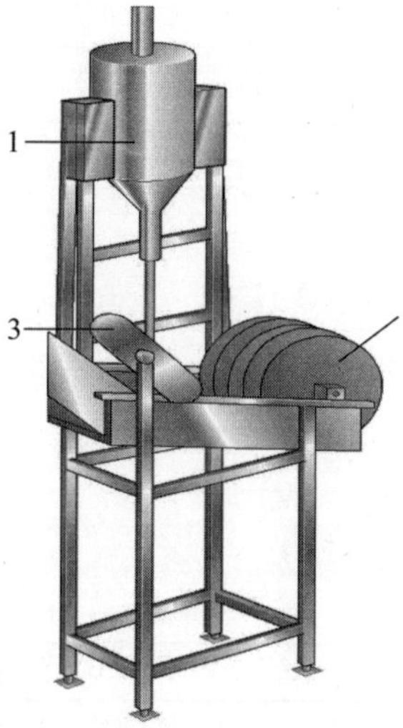

图 9-14 用于帕斯塔-费拉塔类干酪的干盐机

1. 盐容器 2. 槽轮
3. 用于干酪的熔融的液位控制

④盐水的温度，夏天控制在12 ℃，冬天12～14 ℃。盐渍系统有很多种，最常用的系统是将干酪放置在盐水容器中，容器置于12～14 ℃的冷却间内。图9-15所示为手工控制系统，它是盐渍方法的基础。生产上连续盐渍分为表面盐化和深浸盐化：

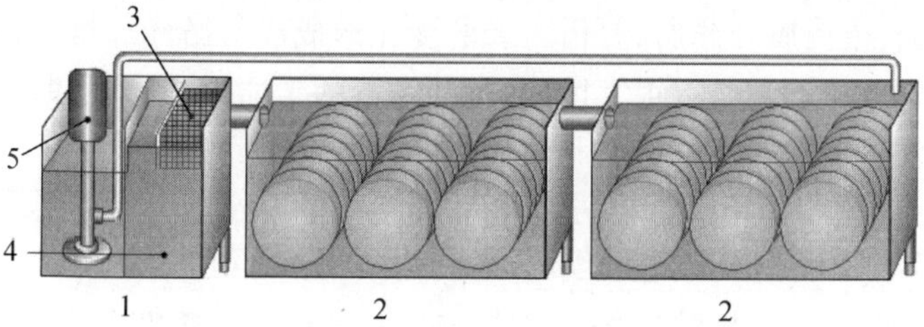

图 9-15 带有容器和盐水循环设备的盐渍系统

1. 盐溶解容器 2. 盐水容器 3. 过滤器 4. 盐溶解 5. 盐水循环泵

①表面盐化：在盐化系统中，干酪被悬浮在容器内进行表面盐化，为保证表面湿润，干酪浸在盐液液面之下，容器中的圆辐保持干酪之间的间距，这一浸湿过程可以程序化，图9-16所示为盐化系统的原理。

②深浸盐化：带有可绞起笼箱的深浸盐化系统也是基于同样的原理。笼箱大小可按生产量设计，每一个笼箱占一个浸槽，槽深2.5～3 m。为获得一致的盐化时间（先进、先出），当盐浸时间过半时，满载在笼箱中的干酪要倒入另一个空的笼箱中继续盐化，否则就会出现所谓先进、后出的现象。在盐化时间上，先装笼的干酪和最后装笼的干酪要相差几个小时，因此，深浸盐化系统总要多设计出一个盐水槽以供空笼使用。图9-17所示为一个深浸盐化系统。

(3)混合法 是指在定型压榨后先涂布食盐，过一段时间后浸入食盐水中的方法。

13. 成熟

将生鲜干酪置于一定温度和湿度条件下，经一定时期在有益微生物（发酵剂）和酶的作用下，使干酪发生一系列的微生物学、生物化学和物理方面变化的过程，称为干酪的成熟。

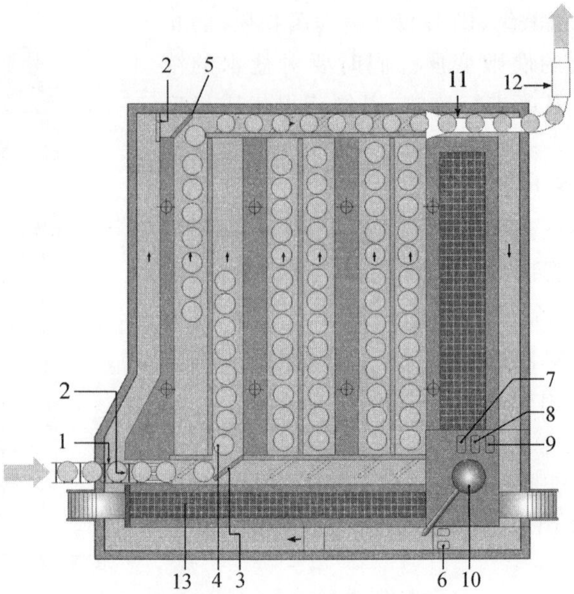

图 9-16　浅浸盐化系统

1. 带有可调板的入口传送装置　2. 可调隔板　3. 带调节隔板和引导门的入口　4. 表面盐化部分　5. 出口门　6. 带滤网的两个搅拌器　7. 用泵控制盐液位　8. 泵　9. 板式热交换器　10. 自动计量盐装置(包括盐浓度测定)　11. 带有沟槽的出料输送带　12. 盐液抽真空装置　13. 操作区

这些变化涉及乳糖、蛋白质和脂肪,并由三者的变化形成成熟循环。这一循环随硬质、半硬质和软质干酪的质地的不同而有很大区别,每一类群的干酪随品种不同也会差别显著。成熟的主要目的是改善干酪的组织状态和营养价值,增加干酪的特有风味。

干酪的成熟通常在成熟库(室)内进行,见图 9-18。不同类型的干酪成熟条件不同,一般以细菌成熟的硬质和半硬质干酪,温度为 5～15 ℃,空气相对湿度为 85%～90%,而软质干酪及霉菌成熟干酪为 95%。当相对湿度一定时,硬质干酪在 7 ℃条件下成熟需 8 个月以上,在 10 ℃以上需 6 个月以上,而在 15°C 时则需 4 个月左右。软质干酪或霉菌成熟干酪需 20～30 d。

图 9-17　深浸盐化系统

笼箱 10 层 10 m×1.1 m,容纳一班的生产量

图 9-18　干酪机械化贮藏室

干酪成熟的过程及管理如下：

(1)前期成熟　将待成熟的新鲜干酪放入温度、湿度适宜的成熟库中，每天用洁净的棉布擦拭其表面，防止霉菌的繁殖。为了使表面水分蒸发得均匀，擦拭后要反转放置，此过程一般要持续 15～20 d。

(2)上色挂蜡　为了防止霉菌生长和增加美观，将前期成熟后的干酪清洗干净后，用食用色素染成红色(也有不染色的)。待色素完全干燥后，在 160 ℃的石蜡中进行挂蜡。为了食用方便和防止形成干酪皮，现多采用塑料真空包装及热缩密封。

(3)后期成熟和贮藏　为了使干酪完全成熟，以形成良好的口感、风味，还要将挂蜡后的干酪放在成熟库中继续成熟 2～6 个月。成品干酪应放在 5 ℃及相对湿度 80%～90%条件下贮藏。干酪在销售时需要冷藏，冷藏温度 0～6 ℃。

干酪的成熟是个复杂的过程，其中以生物化学与微生物学为主。现在的研究普遍认为，干酪的成熟是以乳酸发酵、丙酸发酵为基础，受干酪的 pH、水分含量、盐分含量和贮存期间的温度、湿度、表面处理以及凝乳的化学组成、凝乳的微生物构成等综合因素的影响。

干酪成熟受多种因素影响，在其他条件相同时，成熟温度在允许范围内，水溶性含氮物的增加与温度成正比，即温度越高，成熟越快；水分含量增多时成熟度增加；重量大的干酪成熟度好；食盐多的干酪成熟较慢；凝乳酶在凝块中残留量多者成熟较快。

(三)天然干酪常见质量缺陷

干酪生产过程复杂，难以控制，生产中常常因为原料乳的质量、生产条件、加工操作控制不当等原因引起成品的风味、色泽、组织状态的缺陷。

1. 质地干燥

干酪生产过程中，凝块搅拌升温时，温度过高是干酪中水分排出过多导致制品干燥的主要原因，同时凝乳切割过小、高温搅拌处理时间过长、酸度过高及原料含脂率低等也会引起制品干燥。对此，除改进加工工艺外，也可利用表面挂石蜡、真空包装及在高温条件下进行成熟来防止水分的进一步挥发。

2. 组织疏松

凝乳中存在裂隙，酸度不足，乳清残留于凝乳块中，压榨时间短或成熟前期温度过高等均可能引起此种缺陷。防止方法：进行充分压榨并在低温下成熟。

3. 干酪液化

这种现象多发生于干酪表面。其原因是干酪中污染了能在中性和酸性条件下生长繁殖的微生物，后者异常发酵使蛋白质水解造成的。

4. 体积膨胀

正常情况下，干酪成熟过程中可能缓缓生成微量气体，但能自行在干酪中扩散，不会形成大量气孔。但是由原料乳和加工引入的微生物，则会产生大量气体，是干酪的主要缺陷之一。通常，成熟前期产气是由于大肠杆菌污染所致，后期产气则是由梭状芽孢杆菌、丙酸菌及酵母菌繁殖产生的。因此生产中必须严格控制原料乳的质量和生产车间、操作人员的消毒环节，通过离心除菌或使用产生乳酸链球菌肽的乳酸菌作为发酵剂，必要时也可添加硝酸盐，或者调整干酪水分和盐分含量来抑制产气菌的生长繁殖。

5. 苦味

干酪制品出现苦味是极为常见的质量缺陷。酵母或非发酵剂菌都可引起干酪变苦。极微弱的苦味是构成一部分干酪风味成分之一，这由特定的蛋白胨、肽所引起。另外，高温杀菌、原料乳的酸度高、凝乳酶种类及添加量以及成熟温度高等均可能产生苦味。食盐添加量多时，可降低苦味的强度。

6. 有异味

干酪中若存在厌氧性芽孢杆菌，会分解蛋白质生成硫化氢、硫醇、亚胺等物质，产生恶臭味。干酪中的酸败味，主要是生长中污染微生物分解乳糖或脂肪等生成丁酸及其衍生物所引起的。

三、再制干酪加工

（一）再制干酪概述

在国外，干酪已是人们日常膳食中不可缺少的必需品，是世界乳品市场的主要产品，各国都有其独特、先进、完善的加工技术。在国内，由于没有成熟整套的加工技术，生产不出风味纯正、品质优良的干酪产品，再加之人们对干酪的风味及营养价值的认识不足，因此生产和消费还很落后。但近年来随着中国加入世贸组织，人们对西餐与奶制品的认可和需求量的不断提高，干酪产品在乳制品中的比例也在不断增加，其中再制干酪以其风味温和、营养丰富、易于保藏的特点不断推陈出新，市场占有率不断攀升。

1. 再制干酪定义及分类

再制干酪，又称融化干酪、加工干酪或重组干酪，是干酪家族中的一个重要分支，是以两种或两种以上天然干酪为主要原料，经粉碎后添加乳化剂、稳定剂融化而成的制品。我国食品安全国家标准 GB 5420—2010 规定：再制干酪是以干酪（比例大于 15%）为主要原料，加入乳化盐，添加或不添加其他原料，经加热、搅拌、乳化等工艺制成的产品。由此可见，我国在原料干酪的用量上与国际标准差距还是比较大的。

再制干酪的分类方式多种多样，按照 FDA 食品法规（2001 版）规定，将再制干酪分为巴氏杀菌再制干酪（PC），巴氏杀菌再制干酪食品（PCF）和巴氏杀菌涂抹型再制干酪，如表 9-7 所示。从包装形式上再制干酪分为独立片状包装的产品、锡箔包装的三角、圆形或方块状产品，还有用玻璃罐、小容器或不定型塑袋包装的再制干酪产品。按照食用方式划分再制干酪又分为冷食和热食两类。习惯上，人们按照其状态分为块状再制干酪和涂抹再制干酪、切片再制干酪三类。其中块状再制干酪又包括可用来切片冷食的干酪、切片烘烤的干酪或者搓碎烘烤的干酪；涂抹型再制干酪中有许多不同黏稠度的品种。

表 9-7　再制干酪分类

类别	水分（%W/W）	脂肪（%W/W）	干物质（%W/W）	产品特点	应用
巴氏杀菌再制干酪	≤43	—	≥47	成分主要有天然干酪、乳化盐、酸味剂	比萨、干酪汉堡、面包等
巴氏杀菌涂抹型再制干酪	44～60	≥20	—	可另添加脱脂乳粉、乳清制品以及食用胶（最大添加量为 0.8%）	应用广泛，可作为各种食品的辅料蘸食或涂抹食用，也可以用在比萨、干酪汉堡、面包中等融化后食用

续表9-7

类别	水分（%W/W）	脂肪（%W/W）	干物质（%W/W）	产品特点	应用
巴氏杀菌再制干酪食品	≤44	≥23	—	可另添加脱脂乳粉、乳清制品，天然干酪添加量更少	巴氏杀菌干酪食品也可能会加入甜椒、水果、蔬菜或者肉

2. 再制干酪的产品特点

再制干酪是将天然干酪再加工的过程，因此它相对于天然干酪，在结构上发生了一定的变化。与天然干酪相比较，再制干酪具有如下产品特点：

(1)再制干酪由于有热处理工序，可以破坏天然干酪中大部分残留微生物和酶的活性，使再制干酪相对天然干酪具有相对较好的稳定性和保藏性，即使是在较高的温度环境下也能存放较长的时间。

(2)通过加热融化及乳化等工艺的加工处理，去除了天然干酪强烈的发酵气味，使再制干酪的风味温和清淡，口感细腻爽滑，更容易被消费者接受。并且再制干酪产品口味变化繁多，丰富了该类产品的种类。

(3)其加工方式灵活多样，产品自由度大，包装形式多样，容量随意变换，具有多种消费形式，适合在任何时间消费，食用方便。

(4)再制干酪可通过控制加工条件和选择不同的基料配方生产出具有不同特性(如切片性、熔化性和流动性)、质地、风味、大小以及形状各异的干酪。

(5)由于天然干酪是主要的加工原料，保留了天然干酪中的营养元素，同时配方中还可添加多种营养辅料或强化营养素，使再制干酪产品具有更丰富的营养价值。

3. 我国再制干酪市场现状及发展趋势

被称为“奶黄金”的干酪，是西方国家餐桌上不可缺少的一种膳食。然而，受饮食习惯、消费习惯的影响，对于中国普通消费者来说接受程度十分有限。据市场调研结果显示：国人希望干酪的风味为偏甜，不要太咸，不要太硬，奶油味浓一些的。为此国内各大中型乳品企业为迎合消费者需求相继推出各种口味的再制干酪产品，如早餐、成长、片状、块状干酪等多种系列，涵盖原味、火腿、蔬菜、巧克力、水果干酪等多种口味，这些产品已成为我国干酪制品消费的主要品种。

然而，目前国内生产再制干酪的厂家却屈指可数，只有上海光明乳业、天津吉百福、北京伊利乳业、内蒙古蒙牛乳业、北京三元乳业等几家公司，其中法国独资百吉福公司是国内第一家专业再制干酪生产厂家，自 1997 年进入中国后，引进先进的法国生产技术，专门为中国消费者开发系列“百吉福”牌奶酪，如奶酪宝宝、棒棒奶酪、人人奶酪等，产品包装精美、营养丰富、风味柔和，是同类产品的亮点，引领中国再制干酪产品的生产和消费方向；上海光明乳业也是国内生产再制干酪产品比较早的一家乳品企业，其产品主要以注重营养强化的切片再制干酪和注重风味特色的涂抹型再制干酪为主；伊利和蒙牛均从国外进口再制干酪后，在国内进行无菌再包装；北京三元乳业依托美国卡夫的设备和干酪技术，以生产天然干酪为主，该公司的莫扎雷拉干酪专供国内洋快餐店。由此可见，目前我国自主研发的再制干酪产品与国外相比，产品品种仍较为单一，多为具有开发智力、适合儿童食用的水果风味涂抹型再制干酪产品；价格昂贵，目标消费人群少。但是，随着人们生活水平的提高，城市工作生活的节奏的加快，人们追求更安全、营养、美味时尚、即时食用的食品，干酪产品市场有较大潜力。

（二）再制干酪加工工艺

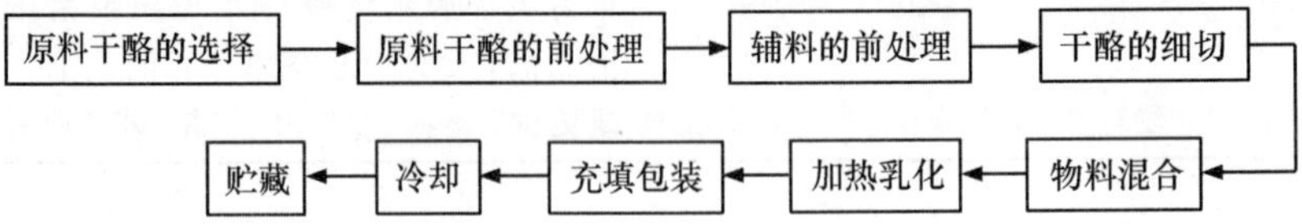

（三）再制干酪加工关键控制点

1. 原料干酪的选择

原料干酪的种类、组成、品质、成熟期对再制干酪成品的类型、外观、风味、组织状态、保存性期起决定作用，是加工制造中最为重要的环节。

（1）干酪的种类　再制干酪的原料一般以成熟的硬质干酪为主体，如：契达干酪、高达干酪、干酪。有时为了赋予产品独特的风味，常与奶油干酪、布里干酪、卡门贝尔干酪等软质干酪并用。

（2）干酪组成　为了生产出组成成分一定的再制干酪产品，必须严格控制好原料干酪的组成。原料干酪中的水分、脂肪以及固形物中脂肪含量不仅决定产品水分、脂肪的含量，而且影响乳化的状态和制品质地。同一水分含量的产品，高蛋白质、低脂肪的产品组织状态偏硬，风味偏淡；相反低蛋白、高脂肪的产品组织状态偏黏，风味饱满。

（3）干酪的品质　原料干酪在色泽、外观、组织上存在适度缺陷，仍可以在再制干酪中应用，如果缺陷严重会影响产品的风味和口感。如：天然干酪表面长霉菌，只要除去仍可以食用；但若是内部长霉菌，不仅除去比较困难的，还会给成品带来霉臭味。因此必须制定严密的品质管理制度，严格控制原料干酪品质以保证成品质量均一稳定，通常有霉菌污染、气体膨胀、异味等缺陷的原料均不予以使用。

（4）原料干酪成熟度　原料干酪的成熟度对品质特性有很大影响。成熟期短的干酪适合做风味温和的硬质再制干酪；成熟期长的原料干酪风味浓郁，加热熔融性有所提高，但水合作用较弱，组织脆而柔软。一般将成熟期短的、中度成熟期、成熟期长的干酪，各自按照适当的比例配合，赋予不同品种再制干酪的产品特色。

在块状再制干酪加工中，一般选择细菌成熟的硬质干酪，如 Gouda 干酪、Cheddar 干酪和 Edam 干酪作为原料。为满足制品的风味及组织，成熟 7～8 个月风味浓的干酪占 20%～30%；为了保持组织润滑，则成熟 2～3 个月的干酪占 20%～30%；搭配中间成熟度的干酪 50%，使平均成熟度在 4～5 个月之间，水分含量在 35%～38%，可溶性氮 0.6%左右。过熟的干酪，由于有的析出氨基酸或乳酸钙结晶，不宜作原料。

2. 原料干酪的前期处理

原料干酪的预处理室要与正式生产车间分开。预处理包括去掉干酪的包装材料，削去表皮，清拭表面、粉碎等环节。

（1）干酪的去皮　去皮的厚度根据干酪状态而定，如果去皮过厚，损耗多；去皮薄，乳化时容易残留未溶解的皮，而影响组织状态。

（2）干酪的粉碎　分为初步切割和粉碎两次，切割大小适度，有利于干酪的混合和融化，缩短乳化时间。先用切割机将原料干酪切成块状，然后用粉碎机粉碎成 4～5 cm 的面条状。近年来,此项操作多在熔融釜中进行。

(3)预混　将所需质量的原料干酪以及预算的水、乳化盐混合。

3. 辅料的前期处理

(1)乳化盐的预溶　乳化盐用50～60 ℃水溶解。

(2)乳粉的水合　用40～60 ℃温水搅拌15 min后,在该温度下充分水合2～3 h。

(3)增稠剂、乳化剂的溶解　用75 ℃热水高速剪切15 min,使其全部溶解。

4. 乳化过程

天然干酪通过乳化过程,酪蛋白与乳化盐相互作用,即钙的螯合作用和离子交换,提高了酪蛋白的溶解性和水合能力。优质的块状再制干酪应具有纯正的风味和良好的硬度、弹性和切片性。乳化过程中融化锅内搅拌器的转数、乳化温度、搅拌时间、抽真空环节对产品品质有一定的影响。

(1)乳化温度　是保证乳化过程、杀灭微生物不可缺少的必要条件。从保存性来讲,必须达到80 ℃以上,一般在80～140 ℃范围内,选择时根据成品类型及特点确定乳化温度。通常,成品最终产品含水量越高,其乳化温度越高。

(2)搅拌速度　不同类型的融化锅具有不同的搅拌特点,根据最终制品的种类,决定所选融化锅类型,即搅拌速度。

(3)搅拌时间　再制干酪的乳化时间受很多因素影响,乳化时间一般为7～12 min。如果所使用的乳化盐是以溶液状态加入,乳化时间会缩短。

(4)抽真空　可以除去挥发气体和气体物质,使产品质地更均匀,无气孔存在。

大型加工厂,切成片、条的干酪被融化,而小型工厂被传送至不同类型的融化锅,如图9-19所示为史蒂芬融化锅,这种锅的底部备有2～3个高速旋转的特殊刀具,通常采用1 500 r/min及3 000 r/min两种转速。在密闭条件下,短时间完成融化,适于块状再制干酪生产。

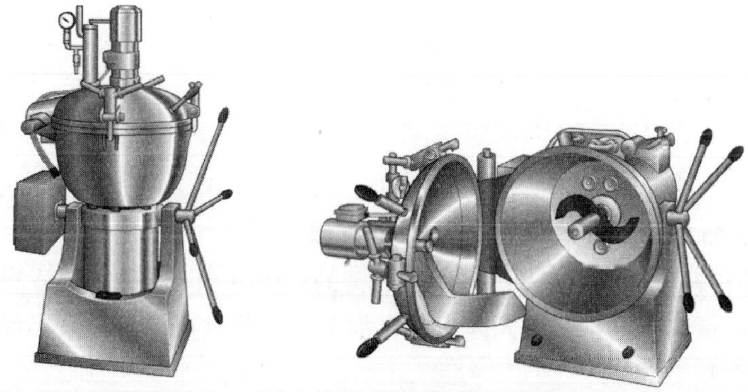

图9-19　史蒂芬融化锅

操作时,在融化锅中加入适量的水,通常为原料干酪重的5%～10%。产品的含水量为40%～55%,但还应防止加水过多造成脂肪含量下降。按配料要求加入适量的调味料、色素等添加物,然后加入预处理粉碎后的原料干酪,开始向融化锅的夹层中通入蒸汽进行加热。当温度达到50 ℃左右,加入1%～3%的乳化剂,如磷酸钠、柠檬酸钠、偏磷酸钠和酒石酸钠等。这些乳化剂可以单独使用,也可以混用。最后将温度升至60～70 ℃,保温20～30 min,使原料干酪完全融化。加乳化剂后,如果需要调整酸度时,可以用乳酸、柠檬酸、醋酸等，也可以混合使用。产品的 pH 不得低于 5.3。乳化剂中磷酸盐能提高干酪的保水性，可以形成光滑的组织状态；柠檬酸钠有保持颜色和风味的作用。在进行乳化操作时，应加快釜内搅拌器的转数，使乳化更完全。在此过程中应保证杀菌温度，乳化结束时，应检测水分、pH、风味等，然后抽真空进行脱气。

图 9-20、图 9-21 所示是两种连续式再制干酪融化锅，适于高脂肪的涂抹型再制干酪和切片型再制干酪。此机器采用直接或间接加热，一边吹入蒸汽一边低速（30～60 r/min）搅拌，随着温度升高，搅拌速度加快（90～120 r/min）、5～10 min 升高到 80～90 ℃。

图 9-20　自动连续式再制干酪融化锅

图 9-21　连续式再制干酪融化锅

5. 充填包装

经乳化的干酪应趁热进行充填灌装，无论是机械化还是人工操作，输送时都要保持一定的温度，不使凝固。与融化锅连续作业，及时对漏斗和管道进行清洗消毒，并且注意避免污染，以保证良好的卫生和规定的货架期。不同的产品特性和包装设备决定了产品的充填方式，包装材料多使用玻璃纸或涂塑性蜡玻璃纸、铝箔、偏氯乙烯薄膜等。

6. 冷却及贮藏

通过冷却可使产品成型，形成稳定的组织，保证良好的物性。热灌装后的产品根据最终产品特性采用冷却方式有所不同，可通过传送带经过冷却通道，30 min 降至室温，或者在室温条件下放至 24 h 后，移入 2～4 ℃冷库。通常，再制干酪在低于 10 ℃条件下贮藏、销售，货架期可达 8～10 个月。

（四）再制干酪常见质量缺陷分析及防止方法

质量优良的再制干酪具有柔和的香味、致密的组织和滑润的口感、适当的软硬度和弹性，呈均匀一致的蛋黄色，透明，有光泽。但在加工和保藏过程中有时会出现下述缺陷。

1. 过硬或过软

再制干酪过硬的主要原因是所用原料干酪成熟度低、蛋白质分解少、水分添加少和 pH 过低。另外，脂肪含量不足、熔融乳化不完全、乳化剂的配比不当等也可能影响其硬度。硬度不足是由于原料干酪平均成熟度过高、加水量多、pH 过高及脂肪含量过高造成的。

防止方法：原料干酪的成熟度控制在 4～5 个月；水分含量不要低于标准要求，控制在 40%～45%；pH 控制在 5.6～6.0，pH 高时补加乳酸或柠檬酸等。

2. 脂肪分离

表现为干酪表面有明显的油珠渗出，这与乳化时处理温度和时间不足有关，也与干酪长时间在乳脂肪熔点以上的温度贮存有关。另外，原料干酪成熟度过高、脂肪含量过多、水分不足或 pH 太低也易引起脂肪分离。

防止方法：在原料中添加低成熟度高的干酪含量，增加水分，提高 pH 和乳化温度，延长乳化时间。

3. 出现砂状结晶

砂状结晶中 98%是以磷酸三钙为主的混合磷酸盐。这种缺陷产生的主要原因是乳化剂溶解不均匀、乳化时间短、高温加热等。此外，当原料干酪的成熟度过高或蛋白质分解过度时，也容易产生难溶的氨基酸结晶。

防止方法：将乳化剂全部溶解后再使用，乳化时间要充分，乳化时搅拌要均匀，追加低成熟度的干酪。此外，正确使用多聚磷酸盐和柠檬酸盐等措施，也可有效地防止该缺陷的发生。

4. 膨胀和产生气孔

刚加工后产生气孔，是由于乳化不足或未进行抽真空引起的；保藏过程中出现气孔及膨胀，是由于污染了酪酸菌、蛋白分解菌、大肠杆菌和酵母等微生物引起的。

防止方法：调配时尽量使用高质量的原料，提高乳化温度，采用可靠的杀菌手段。

5. 异常风味及其他

原因有很多，如低质量的原料干酪易带酸臭、陈腐臭、鱼臭、脂肪分解臭、霉臭，或酸味、苦味、辣味等异味；一些磷酸盐的异常风味；保藏中脂肪氧化引起的氧化臭；制品冷藏的不当、包装破损引起的腐败、异常发酵、霉菌的污染；有时也与熔融乳化温度过高有关。

任务 1　凝乳酶活力测定及添加量确定

【任务设计】

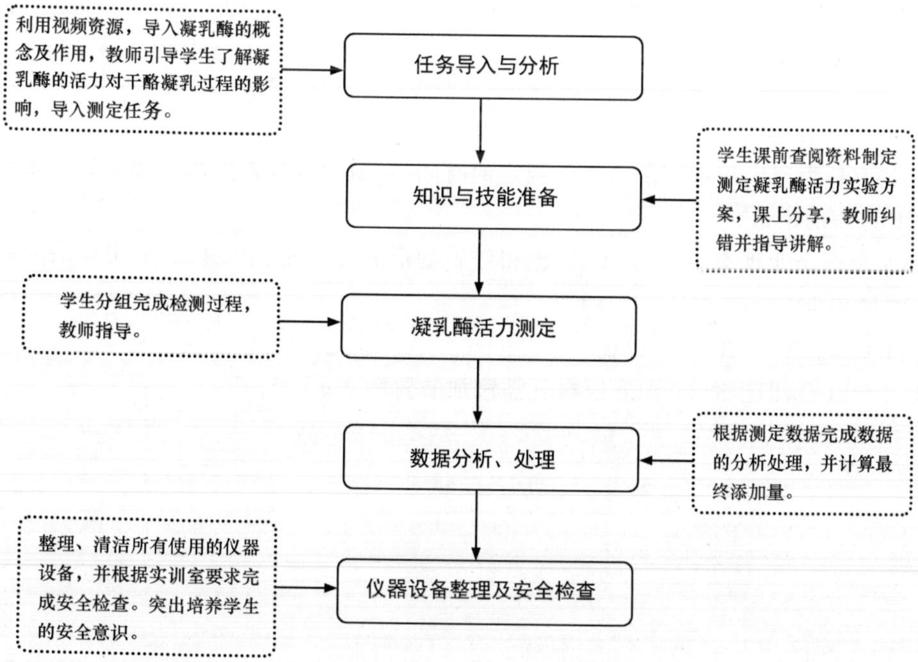

【案例导入】

某乳品企业现要以 500 kg 牛乳为原料生产一批契达干酪。现有某品牌凝乳酶，生产前要进行活力测定，以保证凝乳效果，并要根据其实际活力计算凝乳酶添加量，车间生产人员将该凝乳酶送至化验室进行检测。

【任务实施】

凝乳酶是天然干酪加工中一类重要的添加物，最主要作用是使牛乳凝固，除几类新鲜干酪通过乳酸凝乳，几乎所有干酪生产都依靠凝乳酶或类似酶进行凝乳。但是有些酶对于干酪的风味会产生不良影响。皱胃酶是公认的较理想的凝乳酶，具有较高的凝乳活性，蛋白质分解活性较低。在实际的生产中，若凝乳酶添加不足会使牛乳凝固时间延长，影响最终产品得率；若添加过量，成熟过程中会出现蛋白质过度水解，产生苦味肽，引起干酪质构缺陷。因此在天然干酪生产前，必须按照其正常的凝乳条件进行活力测定，保证凝乳效果同时避免过量添加。

一、仪器和试剂

待测凝乳酶；脱脂乳或脱脂乳粉；1 mol/L 的盐酸；1%的食盐溶液；恒温水浴锅；玻璃棒；计时器。

二、操作过程

(1)将 100 mL 脱脂乳(若想得到较好的再现性，应取脱脂乳粉 9 g 配成 100 mL 的溶液)，用 1 mol/L 的盐酸调整乳酸度为 0.18 °T。放入水浴锅内加热至 35 ℃，添加 1%的凝乳酶食盐溶液 10 mL，迅速搅拌均匀，保持温度为 35 ℃，准确记录从开始加入酶液到凝乳时所需要的时间(s)，此时间也被称为皱胃酶的绝大强度。

(2)活力计算

$$\text{凝乳酶活力}=\frac{\text{供式乳数量}}{\text{皱胃酶}}\times\frac{2\,400(\mathrm{s})}{\text{凝乳时间}(s)}$$

式中：2 400(s)为测定皱胃酶活力时所规定的时间(40 min)，凝乳酶活力确定后可根据酶活力计算皱胃酶的用量。

[例] 生产企业现有 500 kg 牛乳，测得皱胃酶活力为 100 000 单位，采用该活力的凝乳酶需要添加多少？

解：$1:100\,000=X:500000$

则 $X=2(\mathrm{g})$，即生产 500 kg 原料乳需添加皱胃酶 2 g。

任务 2　契达干酪加工

【任务设计】

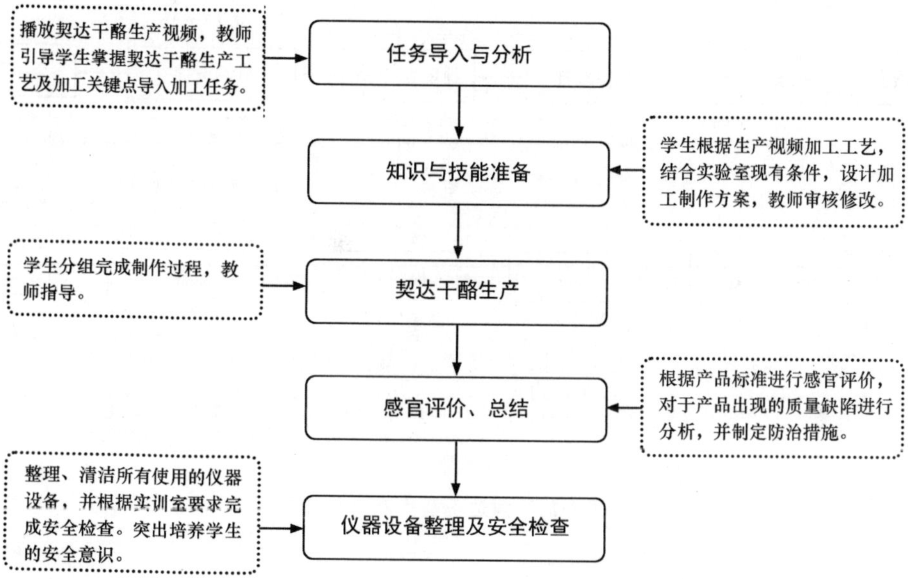

【任务实施】

契达干酪是世界上生产最为广泛的干酪，原产地为英国。传统的契达干酪为鼓形，质量为 26 kg 左右，产品质地光滑致密，内部为金黄色，随着成熟颜色会加深。新鲜的契达干酪风味比较柔和，且常带有轻微的咸味，随着成熟期的延长，风味愈发浓郁，且带有辛辣味。本任务是利用现有实验设施进行契达干酪的初步制作。

一、器具材料

(1)器具　杀菌锅、干酪槽、干酪刀、干酪耙、干酪布、模具、温度计、pH 计。

(2)材料　原料乳、皱胃酶、氯化钙、直投发酵剂、硝酸钾、食盐、盐酸、30%双氧水、食用蜡。

二、工艺流程

契达干酪工艺流程如图 9-22 所示。

契达干酪生产过程

三、操作要点

1. 原料乳要求

用于生产干酪的原料乳必须是健康的新鲜优质乳，同时必须满足如下要求：

(1)感官鉴定：色泽、风味等指标符合国家标准。

(2)酒精试验：72%酒精试验呈阴性。

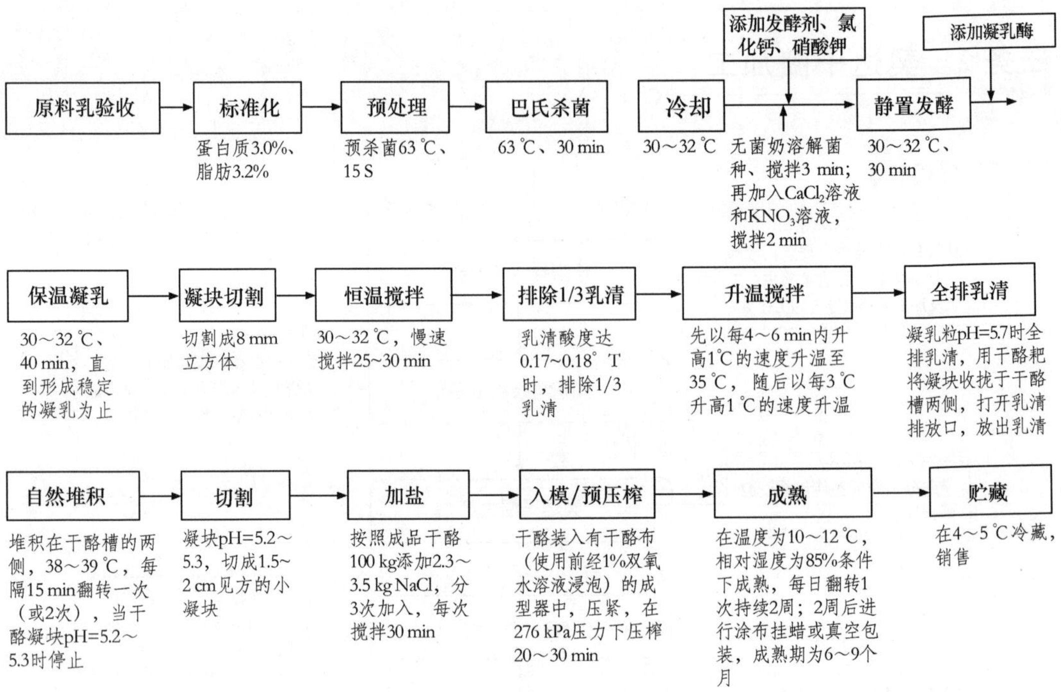

图 9-22　契达干酪生产工艺流程

(3)酸度：18°T 以下者。

(4)总干物质≥11.8%、蛋白质≥3.0%、脂肪≥3.2%。

(5)细菌总数≤50 万 CFU/mL。

(6)为了确保干酪发酵正常进行，必须进行抗菌素检测。

2. 标准化

用于生产契达干酪的原料乳，必须进行标准化处理，使原料乳中蛋白质达到 3.0%以上、脂肪达到 3.2%以上。

3. 原料乳预处理

验收合格的原料乳需预热至 60 ℃进行离心净乳，除去 90%带孢子的细菌，如丁酸芽孢杆菌，避免该菌在干酪成熟中产生大量气体，破坏干酪的组织状态和风味。随后进入巴氏杀菌器，采用 63 ℃、15 s 的杀菌，以防止嗜冷菌的增殖。若不能及时用于生产，原料乳需要降温至 4～6 ℃暂存。

4. 巴氏杀菌

经暂存的原料乳采用 63 ℃、30 min 的保温杀菌，随后冷却至 30～32 ℃，打入事先用 3%双氧水消过毒的干酪槽。

5. 添加发酵剂、氯化钙、硝酸钾

准确计算并称取原料乳量的 0.01%的 $CaCl_2$ 和原料乳量的 0.02%的 KNO_3，用适量灭菌水溶解备用；按照直投发酵剂厂家推荐用量根据原料乳量计算实际添加量，在无菌条件下准确称取直投发剂并用经灭菌、冷却至 30 ℃的牛乳将其充分溶解后，加入到干酪槽内，搅拌 3～5 min。随后将配制好的 $CaCl_2$ 溶液和 KNO_3 溶解徐徐加入原料乳中搅拌均匀 2～3 min。

6. 静置发酵

物料在干酪槽内保持 30～32 ℃静置发酵 30 min。

7. 保温凝乳

根据凝乳酶活力和原料乳用量计算添加量并称量，随后用灭菌水静置发酵 30～40 min 后，测定牛乳酸度达到 0.18～0.20°T 时，即可添加凝乳酶，若未达到预定酸度，需用 1 mol/L 盐酸滴加、搅拌，调整后再添加凝乳酶，搅拌 4～5 min 后，静置凝乳。

8. 凝块切割、恒温搅拌

凝乳酶添加 40 min 后，要判断是否是切割最佳时机，可以将食指沿凝乳表面 45°方向，插入凝块中约 3 cm，然后将手指慢慢挑起，如果切面整齐平滑，手指上无小片凝块残留，且渗出的乳清透明时，即可开始切割。选择钢丝刃间距 0.8 mm 的干酪刀，先沿干酪槽长轴用水平式刀平行切，再用垂直式刀沿长轴垂直切割后，最后沿短轴垂直切，切成 0.7～1.0 cm 小立方体，切割时，手要稳而平。

9. 加温搅拌及排除部分乳清

凝乳切割后，形成小的凝块，在温度 30～31 ℃条件下缓慢搅拌，促进乳酸菌发酵产酸和凝块收缩渗出乳清。搅拌时一定轻而缓，以免过强的外力破坏凝乳粒，造成脂肪、蛋白质的流失，大约搅拌 25～30 min 后，测定乳清的酸度，乳酸度达 0.17～0.18°T，即可排除 1/3 量的乳清。

10. 升温搅拌

部分乳清排放后，向干酪槽夹层通入热蒸汽，以每 4～6 min 内升高 1 ℃的速度缓慢升温至 35 ℃，随后以每 3 ℃升高 1 ℃的速度升温至 38～39 ℃，升温过程中一定严格控制蒸汽温度和通入量，最终温度不能超过 40 ℃，并保持 38～39 ℃，低速搅拌 60～90 min。

11. 全排乳清

乳清全排的时机，对于干酪质地的影响较为明显，当搅拌时间过长，乳清酸度过高时，会使干酪过酸、过于干燥；当酸度不足时，干酪成熟时又易出现腐败变质。通常用凝乳块的 pH 和乳清的酸度来控制。一般当乳清酸度达 0.20～0.22°T、凝乳块 pH＝5.7，即可排除全部乳清。

12. 自然堆积

乳清全排后，干酪粒经堆积在干酪槽的两侧，上面用带孔木板或不锈钢板压着，使乳清排除，凝结成块，当堆积成厚度为 10～15 cm 的凝块时，可将凝乳块切成 15 cm×25 cm 大小的凝块，然后 2～3 个凝块堆积在一起。同时，堆积过程要可向夹层通入适当蒸汽，控制凝块温度保持在 38 ℃左右，并且每 10～15 min 翻转叠加一次。大约堆积 1～2 h，测定凝块 pH＝5.2～5.3 即可进行下一步操作。

13. 切割加盐

堆积结束后要将大的凝块切成 1.5～2 cm 见方的小凝块，按照成品干酪 100 kg 添加 2.3～3.5 kg NaCl，分 3 次加入，此环节需要手工搅拌和翻转凝块，使盐均匀分散并溶解在干酪块中，并在此过程中需向干酪夹层通入冷水，使干酪凝块降温至 30～31 ℃，经 30 min 左右，干酪凝块表面无不溶性盐且变得光亮，即可。

14. 入模、预压榨、修整、压榨

干酪布使用前经 1%双氧水溶液浸泡 30 min，然后将干酪布铺在干酪模具中，随后把加完盐的干酪小凝块装入模具中，并要压紧，随后在温度为 27～29 ℃、压力为 276 kPa 条件下预压榨 20～30 min。之后脱模，用刀修整干酪边角，换干酪布，再次入模，在 350～

400 kPa 的压力下正式压榨 20～24 h。

15. 成熟、挂蜡

在温度为 10～12 ℃，相对湿度为 85%条件下成熟，每日翻转 1 次持续 2 周；2 周后进行涂布挂蜡或真空包装，成熟期为 6～9 个月。

四、硬质干酪感官评定标准

如下表 9-8 为硬质干酪感官评定标准。

表 9-8　硬质干酪感官品评标准

	评价标准	评分标准
色泽	1. 白色至淡黄色	15～20 分
	2. 异常	10～15 分
风味	1. 具有品种特有的纯香味，微酸，无任何外来气味	40～45 分
	2. 良好，但香味不明显	35～40 分
	3. 一般，但无苦味	30～35 分
	4. 有饲料味、苦味、腐败味、霉味等异常味	20～30 分
组织状态	1. 切面质地均匀，致密，无裂缝和脆硬等现象，圆形硬质干酪自然发酵的有圆形和椭圆形小孔，纯乳酸菌发酵干酪，无气孔	30～35 分
	2. 质地粗糙，过硬或松软	25～30 分
	3. 易脆，带状或针状	20～25 分
	4. 纯乳酸发酵干酪有孔眼，发酵干酪孔眼不正常，呈网状或多裂缝者	15～20 分

任务 3　涂抹型再制干酪的加工

【任务设计】

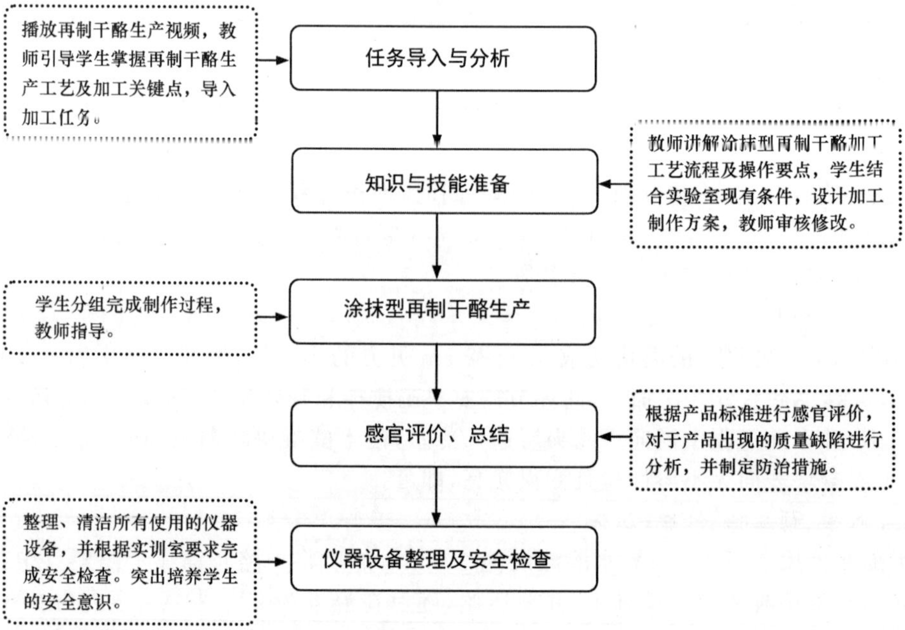

【任务实施】

再制干酪是以两种或两种以上天然干酪为原材料，经切割、粉碎、添加溶解盐、加热搅拌、充分乳化，趁热灌装而制成的产品。其种类繁多，可根据消费者的喜好，添加不同的风味物质，生产出不同质地、组织状态的干酪。本任务是制作一种组织细腻，口感柔软、鲜咸适口，具有良好流动性和延展性的涂抹型再制干酪。

一、器具材料

(1)器具　融化锅、高速搅拌器、压盖机、塑料包装盒、不锈钢操作台、pH 计、硬度计、粘度计。

(2)材料　新西兰契达干酪(水分 33.57%、盐分 1.89% 、脂肪 34.8%、pH=5.21)、荷兰高达干酪(水分 40.85%、盐分 1.56%、脂肪 30.9%、pH=5.71)、全脂乳粉、无水黄油、磷酸氢二钠、焦磷酸钠、碳酸氢钠、黄原胶、刺槐豆胶、瓜尔豆胶、火腿肉、火腿香精。

涂抹型再制干酪生产过程

二、工艺流程

涂抹型再制干酪工艺流程如图 9-23 所示。

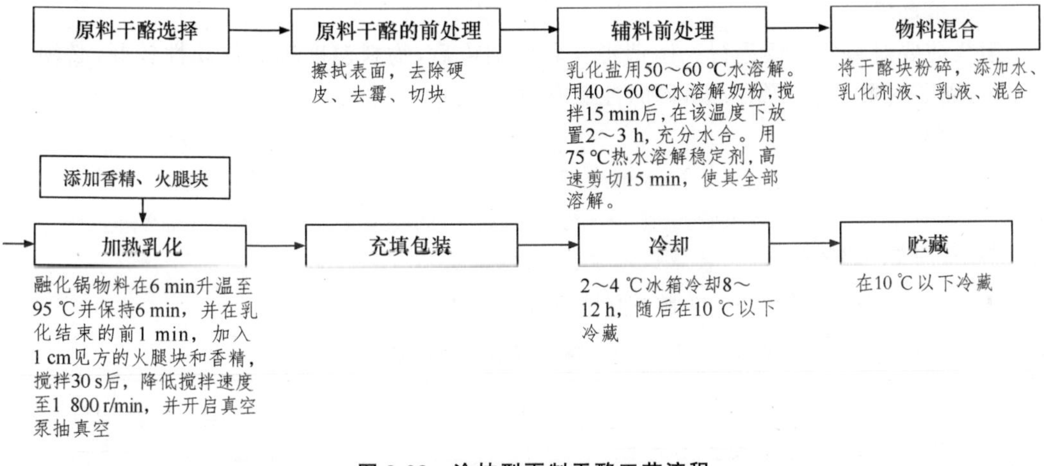

图 9-23　涂抹型再制干酪工艺流程

三、配方

原料干酪由成熟期为 3 个月高达、成熟期 5 个月契达按照 2∶1 比例组成，添加量为 50%、全脂乳粉 5%、黄油 6%；焦磷酸钠 2.1%、磷酸氢二钠 0.3%、碳酸氢钠 0.1%；黄原胶、刺槐豆胶、瓜尔豆胶按 2∶2∶1 添加 0.3%。

四、操作要点

1. 原料干酪的选择

4～5 个月的高达干酪和成熟期为 5～6 个月的契达干酪作为涂抹再制干酪的原材料。比例在 1∶1 平均成熟度在 5 个月时的成品，其组织状态和风味口感最佳。

2. 原料干酪的前期处理

去除干酪皮，去皮要适当，过多损耗多；若过少乳化时容易残留未溶解的皮，而影响组织状态。去皮后将干酪切割成大块，利于干酪的混合和融化，缩短乳化时间。

3. 辅料的前期处理

(1)乳化盐用50～60 ℃水溶解。

(2)乳粉的水合：用40～60 ℃温水搅拌15 min后，在该温度下放置0.5～1 h，使其充分水合。

(3)增稠剂、乳化剂用75 ℃热水高速剪切15 min，使其全部溶解。

(4)将火腿肉细切成1 cm见方的小块，备用。

4. 物料混合

将切成大块的干酪投入融化锅，开启搅拌器选用800 r/min搅拌30 s粉碎干酪，随后加入溶解的乳化盐、水合后的乳粉、溶解好的增稠剂和乳化剂。

5. 加热乳化

开启蒸汽阀门，向融化锅内通入蒸汽，开启搅拌器，选择2挡速度为1 200 r/min，使融化锅内物料在5～6 min达到90 ℃以上，并在此温度下乳化6 min。并在乳化结束的前1 min，加入1 cm见方的火腿块和香精，搅拌30 s后，降低搅拌速度至1挡800 r/min，并开启真空泵抽真空，除去挥发气体，使产品质地更均匀无气孔存在，同时避免再制干酪被吸入抽气管道中。

6. 充填包装

灌装前要对包装容器进行灭菌消毒。乳化结束后，物料温度较高流动性较好，必须趁热灌装，灌装时要注意避免污染，同时注意密封。

7. 冷却

热灌装后的产品置于2～4 ℃冰箱冷却8～12 h，随后在10 ℃以下贮藏。

五、感官评定标准

表9-9为涂抹型(火腿味)再制干酪感官评定标准。

表9-9　涂抹型(火腿味)再制干酪感官品评标准

	评价标准	评分标准/分
色泽	1. 白色至淡黄色，有光泽	15～20
	2. 色泽异常	10～15
风味	1. 具有品种特有的纯香味，火腿味与干酪味融合自然，无异味	40～45
	2. 良好，但香味不明显	35～40
	3. 一般，但无苦味	30～35
	4. 有饲料味、苦味、腐败味、霉味等异常味	20～30
组织状态	1. 质地均匀细腻，表面光滑、呈奶油状，涂抹性好	30～35
	2. 质地均匀细腻，表面光滑、呈奶油状，涂抹性较好	25～30
	3. 质地均匀细腻，表面光滑、稍软或稍硬，有涂抹性	20～25
	4. 质地粗糙，表面稍有乳清析出，涂抹性差	15～20

食品安全国家标准——干酪

【知识拓展】

高达干酪(Gouda Cheese)属于荷兰式干酪，是最知名的圆孔干酪类型的代表，是一种半硬质干酪。其外观是传统的扁平轮状，外壳色黄且薄，多用石蜡涂层；未成熟干酪的干酪团坚实，呈淡黄色，内部分布着不规则的小洞或大孔。随着干酪成熟，外壳变厚，组织内部柔软而有弹性，呈现出一种强烈的发酵风味，且有淡淡的坚果风味。其工艺流程参数如图9-24。

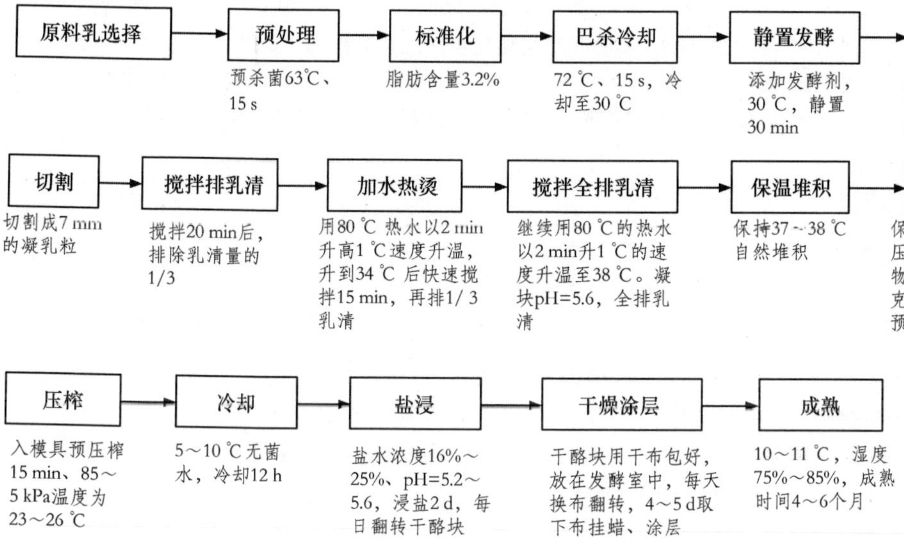

图 9-24　高达干酪工艺流程及参数

如图 9-25 所示为机械化高达干酪生产线。经脂肪标准化后的巴氏杀菌乳制成凝块并且乳清在 2 h 内进行常规处理。通常部分加热过程由直接加入原始乳量的 10%～20%的热水(50～60 ℃)来完成。为此就要求首先排放掉 20%～30%的乳清。在凝块制取完成后，再次排放乳清使凝块/乳清的比率达到 1：(3.5～4)，随后，将干酪槽中的内容物倾入一个缓冲罐 2，搅拌使凝块良好地分布在乳清中。缸要有夹套冷却，用冷水或冰水冷却凝块至 1～2 ℃，这一点在降低发酵剂活力的阶段是必要的。凝块/乳清混合物从缓冲缸用泵送入一个或更多个预压机 3 中。在预压榨开始前，预压机内先要注入乳清，通常用干酪槽排放最初的乳清，这样随后而至的凝块将不会在进入压榨桶时暴露在空气中。在连续生产时，干酪槽依次工作，并有规律地每间隔 20～30 min 排空一次。随着预压榨，在每一压榨桶底部的横切系统切出预定大小尺寸的酪坯，随后，酪坯被推出机口。通常酪坯由重力作用直接装入到从清洗机传送来的位于压榨桶下方的干净模具中。完整的机械化系统还包括：

模具的机械加盖 4；传送模具至传送压榨或隧道压榨机，在预定的压力和时间程序下压榨；压榨机的进出料；模具传送经过一个去盖器站脱盖 6；一个翻转装置 7，一个脱模系统 8 和一个称重天平 9 后到达盐化系统 10。

模具和模具盖分别传送回到一台综合模具和盖的清洗机 12 清洗后再次使用。经盐化后的干酪贮于生干酪贮存室约 10 d，室温为 10～12 ℃，随后继续在 12～15 ℃下于成熟室贮存 2～12 个月。

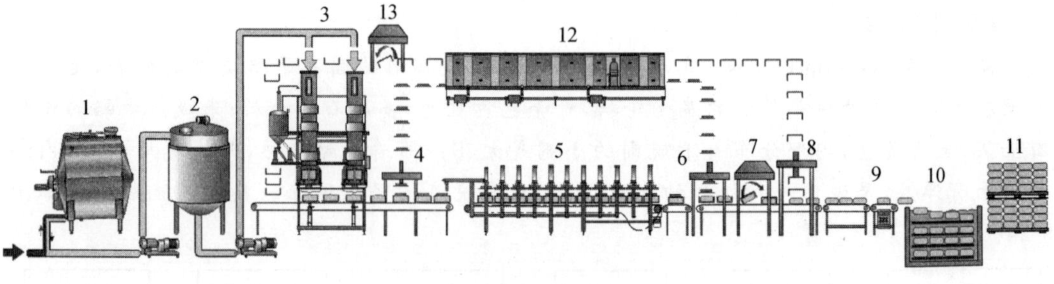

图 9-25　高达干酪机械化生产工艺流程

1. 干酪槽　2. 缓冲罐　3. 预压机　4. 加盖　5. 传送压榨　6. 脱盖　7. 模具翻盖　8. 脱模　9. 称重天平　10. 盐化　11. 成熟贮藏　12. 模具与盖清洗　13. 模具翻转

【项目测试题】

选择题

1. 国际上将(　　)和(　　)统称为天然干酪。

A. 新鲜干酪　　B. 硬质干酪　　C. 成熟干酪　　D. 软质干酪

2. 天然干酪加工中一般需加入氯化钙，其添加的目的是(　　)。

A. 改善原料乳的凝乳性　　B. 调节盐类平衡

C. 提高干酪质量　　D. 抑制产气微生物

3. 天然干酪加工中，杀菌温度不宜过高，其原因是(　　)。

A. 凝乳时间长　　B. 凝块软，收缩能力差

C. 最终水分含量高　　D. 产品成熟过程中易变质

4. 天然干酪加工中，影响凝乳效果的因素有(　　)。

A. pH　　B. Ca^{2+}浓度

C. 温度　　D. 湿度

5. 天然干酪加工中，凝块切割的判断时，食指呈(　　)角斜向插入凝块中 3 cm，手指向上挑起，切面(　　)，手指上无(　　)，且渗出的乳清透明即可切割。

A. 45　　B. 30　　C. 整齐平滑

D. 凝块不分开　　E. 小片凝块残留

6. 天然干酪加工中，全排乳清时机时，pH 应为(　　)，用手捏干酪粒，感觉有弹性，用力压出水分后，放开搓一下凝乳粒会(　　)，即可全排乳清。

A. 5.7　　B. 5.6　　C. 重新分开　　D. 能够聚合在一起

7. 天然干酪压榨的目的为(　　)。

A. 使凝乳形成特定的形状　　B. 迫使乳清流出

C. 在压力作用下使凝乳粒迅速结合

8. 天然干酪加盐的目的是(　　)。

A. 促进乳清排放　　B. 抑制酸度增长

C. 抑制腐败微生物及病原体的生长

D. 促进干酪成熟及风味的形成,产生适度的咸味

9. 天然干酪加盐的方法是(　　)。

A. 干盐　　B. 湿盐　　C. 混合盐法

10. 天然干酪的成熟条件一般为(　　)。

A. T=5～15 ℃　　B. T=10～15 ℃

C. 相对湿度 85%～90%　　D. 相对湿度 80%～90%

项目十

乳品厂设备的清洗杀菌及乳品厂废水的处理

【知识目标】

①掌握清洗的概念、类型和清洗剂的种类；②掌握CIP概念并掌握CIP清洗程序；③学会各种清洗消毒的方法，熟练掌握主要设备、容器的清洗和消毒的方法。

【技能目标】

①能掌握乳品厂主要设备、容器的清洗和消毒的方法；②能熟练按照CIP清洗的程序，操作相关仪器设备，能处理在CIP过程中出现的问题，并提出解决方案。

【项目描述】

设备的清洗杀菌及废水处理是乳品厂生产过程中不可缺少的两个重要环节。本项目主要介绍清洗的基本原理及清洗要求；对就地清洗的种类及清洗程序进行详细介绍；对乳品设备的杀菌术语、杀菌方法、杀菌消毒剂及应用进行了详细介绍；就减少废水的方向及废水处理方法进行了详细介绍，并对最新废水处理的方法进行展望。

【思维导图】

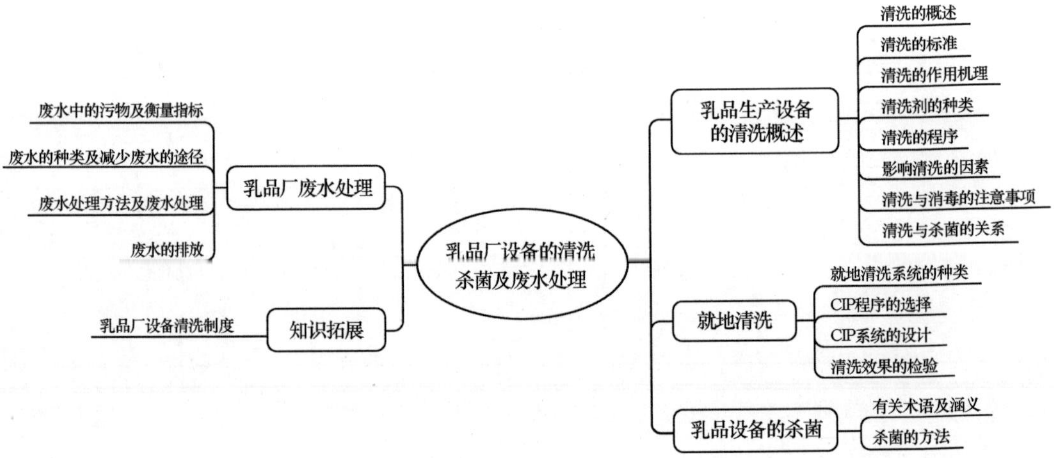

【相关知识】

一、乳品生产设备的清洗概述

(一)清洗的概述

所谓清洗是指通过物理和化学的方法去除被清洗物表面可见和不可见的杂物及有害微生物的过程。严格执行良好的卫生标准是进行高质量食品生产的前提条件之一。对于乳品企业来说,由于牛乳是大多数微生物生长繁殖的理想培养基,一旦受到微生物的污染,就很容易在生产中造成严重的质量事故。因此,工厂内的各项清洗程序对所有的乳品厂来说具有至关重要的作用。

黏结在乳品生产设备表面的污物主要是乳中的成分,细菌很容易藏匿于其中,并利用这些物质生长繁殖,造成对原料乳、半成品及成品乳制品的污染,从而使最终产品发生严重的腐败变质,因此需要及时除去乳品加工设备表面的污物。

当牛乳加热到 60 ℃以上时,"乳石"开始形成。乳石就是磷酸钙(镁)、蛋白质、脂肪等的沉积物,其形成的原因是乳浆已被磷酸钙和柠檬酸钙所饱和,当加热时钙从酪蛋白磷酸盐胶束中移去,就形成了不溶性的磷酸钙。经过一段较长时间的生产运行之后,"乳石"沉淀物紧紧地附着在受热表面。

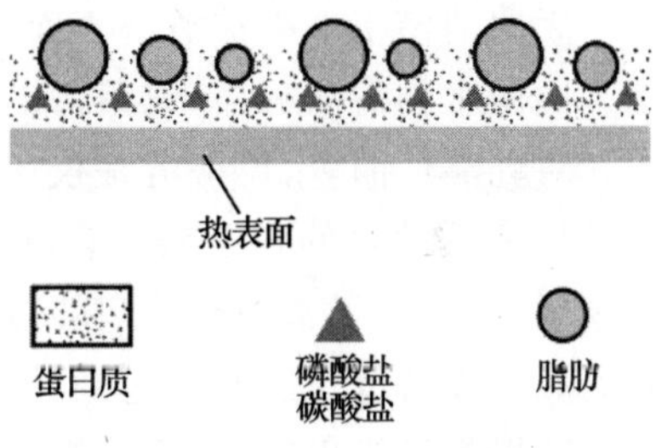

图 10-1　受热表面上的沉积物

在设备表面上,运行时间超过 8 h,沉淀物的颜色从稍带白色变成褐色。设备不需经过物理或化学清洗就能达到细菌清洁度,冷表面一层牛乳膜会粘附在管、泵、缸等的壁面上。当系统排空时,要尽可能快地进行清洗,否则,这层牛乳膜将会干固而难于除去。

清洗过程的选择取决于被清洗污物的类型和成分,同时也取决于被清洗设备的设计。冷乳是很容易从设备表面除去的,温水和 1%的碱液已足够了。但是,干的乳垢就必须通过与温的溶液接触,使之充分吸水膨胀,然后再用碱液来进行蛋白质的降解以及脂肪的乳化和皂化处理,才能将其去除。

"乳石"沉淀主要产生于热交换器的加热段,其程度取决于产品(牛乳)的性质、温度、黏度、脂肪含量、酸度,牛乳中空气含量、流量、热交换系数、温差、均质条件、加热速度、加热器设计、管路表面粗糙程度、冲洗水硬度等。

通过脱气、建立反压或把牛乳预加热到 65 ℃和 90 ℃(随后 UHT 处理)等手段,可以减少沉淀的形成。添加 β-乳球蛋白或使用 20 h 冷藏也可帮助减少沉淀的形成。pH 也很重要,若 pH 从 6.8 降到 6.4 将会形成大量的沉淀。此外,还要注意到季节对乳品生产的影响,一年中,一般 5 月、6 月是沉淀形成最少的阶段,但 4 月、9 月则是沉淀形成最多的时候。

沉淀的形成与 UHT 生产密切相关。有时由于高温处理产生的沉淀增加,将会导致严重的清洗问题。为此在生产过程中,需要相应延长清洗时间和选择不同的清洗剂。为了防止在 UHT 设备表面出现严重的沉淀,可以对牛乳进行预加热并保持一定的时间。清洗与产品直接接触的设备是食品生产过程中必不可少的工序。

(二)清洗的标准

清洗标准是指被清洗表面所要达到的清洁程度,有下面几种表示方法。

1. 物理清洁

物理清洁指从被清洗表面上去除肉眼可见的污垢。物理清洁可能会在被清洗表面上留下化学残留物。

2. 化学清洁

化学清洁指不仅去除了被清洗表面上肉眼可见的污垢,而且还去除了微小的、通常为肉眼不可见,但可嗅出或尝出的沉积物。

3. 微生物清洁

微生物清洁指被清洗表面通过消毒,杀死了绝大部分附着的细菌和病原菌。微生物清洁通常会伴有物理清洁,但不一定伴有化学清洁。

4. 无菌清洁

无菌清洁指杀灭被清洗表面上附着的所有微生物。这是 UHT 和无菌操作的基本要求。同微生物清洁一样,无菌清洁通常伴有物理清洁,但不一定伴有化学清洁。

对乳品厂而言,设备清洗仅达到物理清洁或化学清洁并不能符合卫生质量要求,因为乳品厂清洗的目的在于满足食品安全的需要,减少微生物污染以获得高质量的产品,符合法规要求,维护设备的有限运转以避免出现故障,使生产人员满意等,所以,微生物清洁才是乳品厂设备清洁所希望达到的标准。

这里必须指出,设备不需经过物理或化学清洗就能达到微生物清洁度。然而,需要清洗的表面如果首先经过物理清洗后,就更容易达到微生物清洁度。而乳品厂清洗工作的要求是要经常达到化学和微生物清洁度。因此,设备表面首先用化学洗涤剂进行彻底清洗,然后再进行消毒。

(三)清洗的作用机理

1. 水的溶解作用

溶解作用与清洗介质的极性有关。乳品厂中常用的清洗介质是水。水是极性化合物,对于油脂性污垢几乎没有溶解作用,对于碳水化合物(如糖)、蛋白质、低级脂肪酸有一定的溶解作用,而对于电解质及有机或无机盐类的溶解作用较强。

2. 热的作用

通过加热可加速污垢的物理与化学反应速度,使其在清洗过程中易于脱落,从而提高清洗效果,缩短清洗时间。

3. 机械作用

机械作用是指由运动而产生的作用,如由搅拌、喷射清洗液产生的压力和摩擦力。

4. 界面活性作用

界面是相与相之间的交界面,即两相间的接触表面。这里指的是清洗液与污垢,污垢与被清洗物体(如管道、罐体等),被清洗物体与清洗液之间的交界面。界面活性作用是指这些界面之间有选择的物理或化学作用的总称,包括湿润、乳化、分散、溶解、起泡等,而具有这种界面活性作用的化学物质称为表面活性剂。

5. 化学作用

化学作用是指清洗剂成分所发生的化学反应,如氢氧化钠等碱性清洗剂与油脂的皂化反应，与脂肪酸的中和反应，对蛋白质的分解反应，硝酸等酸性清洗剂对无机盐污垢的溶解反应以及过氧化物、氯化物类清洗剂对有机性污垢的氧化还原反应，有机螯合剂对金属离子的螯合作用等。

6. 酶的作用

酶的作用是指酶所具有的分解作用，如淀粉酶对淀粉的分解作用。

(四)清洗剂的种类

1. 无机碱类

最常用的无机碱类有氢氧化钠（苛性钠）、正硅酸钠、磷酸三钠、碳酸钠（苏打）、碳酸氢钠（小苏打）。若需要高碱度的清洗剂，混合原料中氢氧化钠和原硅酸钠将占很大的比例，会导致严重的皮肤烧伤，所以这些原料在使用时一定要小心。氢氧化钠在使用时逐渐转化成碳酸盐，在缺乏足够悬浮或多价螯合剂的情况下它们最终会在设备和器皿的表面形成鳞片或结霜。正硅酸钠、硅酸钠和碳酸氢钠碱度低，一般可作为与皮肤接触的清洗剂。

2. 酸类

通常使用的酸包括无机酸和有机酸。无机酸如硝酸、磷酸、氨基磺酸等，有机酸如羟基乙酸、葡萄糖酸、柠檬酸等。这些酸常用于除去碱性洗涤剂不能除去的顽垢。有些乳品设备只用碱或碱性混合剂来清洗是不能达到理想效果的，尤其是热处理设备，因此用酸洗是非常必要的，例如“乳石”的除去必须用酸。酸能烧伤皮肤，所以处理酸性材料时要十分小心。

酸一般对金属有腐蚀性，当清洗剂对设备有腐蚀作用时，必须添加抗腐蚀剂。由于我国有饮用热乳的习惯，即使是 UHT 乳（特别是大包装产品）也喜欢加热后饮用。所以当使用磷酸作为清洗剂时，要注意冲洗一定要彻底，否则磷酸根离子的残留会导致产品出现质量问题。这是因为如果乳中有磷酸根离子残留，产品的理化检测值会在正常范围内，产品从表面看也处于正常的状态，而这样的产品加热后，就会出现白色沉淀，原因是正常的乳中存在平衡状态的 $Ca_3(PO_4)^2 \rightarrow 3Ca^{2+} + 2PO_4^{3-}$，产品中残留的磷酸根离子在加热时会促使反应向逆向移动，从而形成磷酸钙[$Ca_3(PO_4)_2$] 沉淀。

3. 螯合剂

在清洗用水的硬度较高时，碱洗过程中会产生一定的化学反应。例如氢氧化钠溶液作为清洗液时发生的化学反应有

$$Ca(HCO_3)_2 + 2NaOH = CaCO_3\downarrow + Na_2CO_3 + 2H_2O$$

$$MgSO_4 + 2NaOH = Mg(OH)_2\downarrow + Na_2SO_4$$

$$CaSO_4 + Na_2CO_3 = CaCO_3\downarrow + Na_2SO_4$$

使用螯合剂的作用就是防止钙、镁盐沉淀在清洗剂中形成不溶性的化合物。螯合剂能承受高温，能与四价氨基化合物共轭。有几种不同的螯合剂可供选择，选择哪一种取决于清洗液的 pH。常用的螯合剂包括三聚磷酸盐、多聚磷酸盐等聚磷酸盐以及较适合作为弱碱性手工清洗液原料的 EDTA（乙二胺四乙酸）及其盐类，葡萄糖酸及其盐类也是常用的螯合剂。

表面活性剂

4. 表面活性剂

表面活性剂有阴离子型、非离子型的胶体和阳离子型几种类型。阴离子表面活性剂通常是烷基磺酸钠等。阳离子表面活性剂主要是

季铵化合物。阴离子表面活性剂与非离子表面活性剂最适合作为洗涤剂,而胶体与阳离子的产物通常用作消毒剂。

(五)清洗的程序

传统的乳品设备清洗是靠人工用刷子和清洗剂溶液进行的。清洗工人必须拆开设备,钻进大罐才能清洗设备表面,不仅费力,而且也不卫生;产品也常常受到清洗不彻底的设备的污染。循环就地清洗(CIP)系统能够实现良好的清洗和卫生效果。为了获得要求的清洁度,清洗操作一定要严格按照制定的清洗程序进行。

乳品厂中的清洗循环包括以下几个步骤:①通过刮落、排出、用水置换或者用压缩空气排除等方法来回收残留的产品;②用水预冲掉松散的污物;③用洗涤剂清洗;④用清水漂洗;⑤用化学药剂进行消毒,应再加一次最后清洗。

生产结束时,应从生产线中回收所有残留产品,它的重要性有三方面:①能减少产品损失;②有利于清洗;③能减轻废水处理系统的负担,并可节约废水处理费用。

必须留有时间让产品从罐壁和管道中排出。当设备表面覆有固体残留时,如在清洗奶油搅打器时,必须将残留其内的产品刮擦干净。清洗之前,要先用水将生产线中的残乳冲出,如果有条件,也可将管线中的乳吹入或用水冲入收集罐中。

1. 水预洗

生产结束后,要立即进行预冲洗。否则牛乳残留物会变干,黏附在设备表面上,更难清洗。如用温水进行预冲洗,乳脂肪残留物很容易被冲走,但其温度不能超过 55 ℃,以免蛋白质变性。

预冲洗必须连续进行,直到从设备中排出的水干净为止,因为任何在该系统中松散的污物都将增加洗涤剂的消耗量,并在使用氯水作消毒剂时降低其作用效果。如果设备表面上存在干的乳产品残留物,浸泡设备会好一些,浸泡将使污物松软,从而使清洗更有效。

预冲洗阶段排出的水和乳的混合物可收集在贮罐中,进行特殊的加工。有效的预冲洗可以除去至少 90%的非结焦残留物,一般为总残留的 99%。

2. 清洗剂清洗

受热面上的污物通常用碱性和酸性清洗剂进行清洗,按照这个顺序或反过来都行,但都要用中间介质水进行漂洗。冷表面通常用碱来清洗,只是偶尔用酸液清洗。

为了能使碱性洗涤剂溶液(氢氧化钠)与污物膜充分接触,有必要在溶液中加入一些能降低液体表面张力的表面活性剂,通常使用的有阳离子表面活性剂(烷基、芳基、磺酸盐)和阴离子表面活性剂。洗涤剂也必须能够“分散”污物并且能使悬浮的颗粒分散,防止再絮集。多聚磷酸盐是有效的乳化剂和分散剂,它也可以使水软化,最常使用的是三磷酸钠和络合的磷酸盐混合物。

3. 清水漂洗

经洗涤剂清洗后,设备表面还需用水冲洗足够长的时间,以充分去除洗涤剂的微量残留。因为清洗后,任何残留的洗涤剂都可以再污染牛乳,所以冲洗后,设备中各个部分的残液均需彻底排除干净。

漂洗常用软化水来进行,以免形成的钙垢在表面沉淀。因此,钙盐含量高的水必须在离子交换器中软化到 2～40 dH (德国硬度)。经强碱或强酸溶液在高温下处理后,设备和管道系统实际上是无菌的。还需防止在该系统中停留过夜的冲洗水中的细菌生长,这可用酸化漂洗水的办法使其 pH<5 来防止。例如添加磷酸或柠檬酸等,酸性环境能防止大部

分细菌生长。

4. 消毒

用酸性和碱性洗涤剂进行合适的清洗，不仅能使设备达到物理和化学清洁度，而且也在很大程度上取得微生物清洁度。

微生物清洁度能通过消毒得到进一步提高，使设备实现无菌。在某些产品（如UHT乳）生产中，必须对设备进行彻底灭菌。

乳品设备可用下列方法进行消毒：热消毒（沸水、热水、蒸汽）；化学消毒（氯、酸、界面碘剂、过氧化氢等）。

每天加工产品前，应先进行消毒，当设备排出全部消毒溶液后就可以接收牛乳。如果在一天工作结束时进行消毒，应用清水把消毒剂溶液冲洗干净以防止残留物对金属表面的腐蚀。

（六）影响清洗的因素

为了达到理想的效果，就必须采取有效的清洗方法，其主要表现就是对清洗过程中五个要素的控制是否合理。五个清洗要素包括清洗剂、清洗液中清洗剂的浓度或含量（清洗液浓度）、清洗时间、清洗温度以及清洗流量。这五个要素中的任何一个都是很重要的，特别是在实际操作中考虑到生产成本和生产效率的需要，必须对以上五个要素进行逐一有效控制，以保证它们彼此之间的相对平衡。

1. 清洗剂

洗涤剂所选用的范围较广，选用不同洗涤剂所能达到的清洗效果也各不相同。有关洗涤剂的种类将在后面作详细介绍。

2. 清洗液浓度

清洗开始之前，溶液中洗涤剂的量必须调整到正确的浓度，在清洗过程中，清洗液被漂洗水和牛乳残留物所稀释，同时也发生了一系列的中和反应。所以在清洗的过程中，有必要检测清洗液的浓度，否则将会严重影响清洗效果。洗涤剂的用量必须始终遵照供应厂商提供的使用说明。提高清洗浓度后可适当缩短清洗时间或弥补清洗温度的不足，但是清洗液浓度的提高会造成清洗费用的增加，而且增加其浓度并不一定会提高清洗效果，有时还会因起泡等现象降低清洗效果，或者使清洗时间延长。试验发现当清洗液浓度达到某一浓度时，可以在最短的时间内使设备清洗干净，低于此浓度或高于此浓度都会使清洗时间延长，使用过多的洗涤剂只会使清洗产生不必要的浪费。

清洗过程中，为确保清洗液浓度能够维持均匀、稳定的状态，最好采用自动添加系统。若采用人工添加方式，则尽可能地保证在整个清洗循环过程中均匀地加入清洗剂，以避免产生洗涤剂一次性加入后循环管路中局部洗涤剂浓度过高。同时在清洗过程中要随时监控清洗液的浓度。

3. 清洗温度

清洗温度是指清洗循环时清洗液所保持的温度，这个温度在清洗过程中应该保持稳定。通常，洗涤剂的清洗效果随温度的上升而增加，清洗温度的升高一般会缩短清洗时间或降低清洗液浓度，但是相应的能量消耗就会增加，而混合洗涤剂通常有一个最佳的使用温度。根据经验，采用碱性洗涤剂清洗的温度与产品在加工过程中的温度一样，至少70 ℃，用酸性洗涤剂清洗要求温度为68～70 ℃。

由于乳品厂中的清洗主要是针对加工过程中产生在设备内表面上的乳垢，因此清洗温度一般不低于60℃。温度的升高会提高化学反应的速度，一般来说，温度每升高10℃，化学反应速度会提高1.5～2.0倍。因此，对一般的加工设备清洗而言，若使用氢氧化钠，温度为80～90℃；若使用硝酸，温度为60～80℃。清洗UHT设备时，清洗温度将有明显的提高。对于复合清洗剂所应选用的清洗温度则要遵照供应商所给出的建议。

4. 清洗流量

机械清洗管道系统、罐和其他加工设备时，靠洗涤剂的流速来提供机械作用。洗涤剂供液泵的能力比产品泵的能力高，液流在管道内产生1.5～3.0 m/s的流速，在这个速度下，液流呈湍流，具有很强的冲击力，从而在设备的表面产生良好的洗刷效果。提高清洗液流量可以缩短清洗时间，并补偿清洗温度不足所带来的清洗不足，但提高流量所带来的设备和人工费用也会增加。

作为一般的清洗原则，清洗液流速至少应符合：管路内为1.5 m/s、垂直罐中为200～250 L/(m^2·h)、卧式罐250～300 L/(m^2·h)。而热交换器清洗时的流速应比生产时高出10%。

5. 清洗时间

洗涤剂清洗阶段的持续时间必须通过计算或测定清洗效果来决定，以获得最佳的清洗效果，同时还要考虑电力、加热、水和人工等项的费用。只用洗涤剂溶液冲洗管道系统是不够的，洗涤液还需要在管道中循环足够长的时间，才能溶解污物。循环所需时间的长短需根据沉淀物的厚度和洗涤液的温度来确定。凝结了蛋白质的热交换器板片的清洗需经硝酸溶液循环20 min，而用碱液溶解乳罐壁上的薄膜有10 min就足够了。

清洗时间受很多因素的影响，如清洗剂种类、清洗液浓度、清洗温度、产品类型、生产管线布置以及设备的设计等。延长清洗时间意味着人工费用增加的同时，也会使停机时间延长，造成生产效率下降和生产成本提高。但是，如果一味地追求缩短清洗时间，可能导致达不到清洗效果。

(七)清洗与消毒的注意事项

乳品厂设备的清洗和消毒必须分两个不同操作阶段进行，不能将这两个过程同时进行，否则得不到清洗和消毒的预期效果。在清洗和消毒两个过程中，清洗更为重要，清洗彻底比不经清洗而直接进行消毒的效果要好得多，因此，清洗是首要的。使用过的设备和管路首先必须立即清洗，然后才能加热进行消毒、杀菌。

①器具、设备及管路使用之后，要立即先用冷水或温水冲洗，因附着于器具、设备及管路上的牛乳如不马上洗掉，任其干燥则会发生蛋白质变性，并与盐类形成一种坚固的胶状膜，再洗就很困难。冲洗时水温不宜太高以防蛋白质硬化，一般水温最好保持在38～60℃。

②洗涤剂的乳化能力与它的表面张力有关，同时也与它的渗透力有关。使用洗涤剂溶液清洗时温度需保持在60～72℃。清洗金属器具、设备和管路时，使用洗涤剂的温度可以保持在71～72℃，然后用93～94℃的热水冲洗。玻璃奶瓶则常用60～63℃的洗涤剂溶液处理，然后用38～43℃的清水冲洗，最后用15～16℃的清水喷射。

③如果用洗涤剂处理后仍发现有乳垢，则必须用弱酸或六偏磷酸钠等溶液处理，否则在杀菌时不能获得有效的消毒作用。一般乳垢仅在热牛乳与金属壁接触时才能形成，所以，乳垢不会在奶桶、贮乳槽和冷却器以及输送冷牛乳的管路中形成。

④乳品厂设备的清洗方法视设备的类型、产品种类、牛乳的进厂数量、时间和消毒杀菌

所采用的温度条件等因素而定，较理想的制度是每当用洗剂溶液处理后随即用六偏磷酸钠溶液处理，一般每隔 1 d 进行酸处理以消灭和预防乳垢的形成。

⑤罐结石和罐垢是由于使用硬水而形成的，因此，对洗瓶机用水要特别注意。罐结石和罐垢中含有大量的碳酸钙，这可以用适当的酸进行处理。一般用稀磷酸、甲酸或者使用添加适量阻化剂的硝酸，在市场上出售的阻化剂一般为喹啉型的有机氯化合物。

⑥对某些金属如铝及锡必须注意防腐蚀，铝制设备和器具使用的洗液中至少要含有25%的硅酸钠，而不能含氢氧化钠。为防止镀锡设备的腐蚀，最好将硅酸钠及亚硫酸钠（后者约为 10%）添加于洗液中。

⑦玻璃瓶和器具以及管路不受任何普通洗涤剂或化学药品杀菌剂的侵蚀，但搪瓷设备或器具则不应使用含有游离苛性钠的清洗剂。

⑧所有的金属包括不锈钢都会受氯的腐蚀，特别是使用软水，而且当 pH 很低时更易腐蚀。然而，如果使用适当强度的次氯酸盐且能很快将洗剂溶液完全冲洗掉时，则不会发生腐蚀作用。如果更进一步防止其潜在的腐蚀作用，可以使软水中含有大约 0.01%的碳酸钠，杀菌剂溶液中氯含量一般不能大于 200 mg/L。

⑨清洗后的器具、容器、设备等可以使其干燥，或者再用杀菌剂溶液处理。具体操作方法则因各种设备种类不同而异，如对于奶桶则使其充分干燥即可，对于牛乳管路则使用稀薄的含氯溶液冲洗。器具设备不使用时最好保持干燥状态，因为没有水分时细菌不易生长繁殖。使用之前再进行一次消毒处理是很必要的，即使在前一夜已经经过清洗和消毒处理，在次日使用之前也要再处理一下。

（八）清洗与杀菌的关系

清洗与杀菌的目的在于除去污垢及有害微生物，单凭清洗不可能完全彻底除去微生物，所以通常是先用清洗手段除去全部污垢及大部分微生物，然后再采用杀菌手段消除残余的微生物。

清洗与杀菌两者之关系概括如下：

①利用清洗除去污垢，排除影响杀菌效率的因素，同时尽可能降低微生物的绝对数，以减少杀菌剂的消耗（杀菌效果）。

②利用清洗除去成为微生物营养源的污垢，抑制微生物的生长繁殖。

③利用清洗除去成为微生物隐蔽物和载体的污垢，增强并提高杀菌效果。

④单凭清洗不能完成的除菌作用，可由杀菌来完成，以降低清洗消耗（节水、节能）。

清洗与杀菌关系密切，要从效率、效果、经济三方面考虑。清洗是杀菌的前提，多数情况下没有清洗就不存在有效的杀菌。

二、就地清洗系统种类及特点

就地清洗（CIP 清洗）即设备（热交换器、罐体、管道、泵、阀门等）及整个生产线在无需人工拆开或打开的前提下，通过清洗泵和生产设备形成的闭合回路，清洗液高速流过设备内部产生一种能除去沉淀污物的机械冲击力。而清洗大罐时，是在罐的顶部安装一个清洗喷射装置，洗涤剂溶液由上沿罐壁靠其重力流下，达到清洗目的。此项技术被称为就地清洗（cleaning in place，CIP）。

CIP 清洗系统简介

(一)就地清洗系统特点

CIP 可以自动控制，用化学药液和水循环清洗，其特点是：

①清洗成本低。水、清洗剂、杀菌剂及蒸汽的耗量少。

②设备利用率高。缩短了清洗时间，可以加快设备周转。

③劳动效率高。无须拆卸设备，可半自动或全自动控制。

④安全。工人无须拆卸设备，也不必进入大型槽、罐之内。

⑤准确。可按预先编排好的程序，有效减少人为失误。

(二)就地清洗系统种类

就地清洗系统的分类见表 10-1。

表 10-1　就地清洗系统的种类

种类名称	特　点
CIP	机械设备及管路等无须拆卸，可半自动或全自动进行预清洗、洗剂清洗、清水冲洗及杀菌剂清洗
COP	清洗困难的机械设备中个别零部件经手工清洗
CCS	由远距离中心控制室控制程序控制车间设备及管路无拆卸就地循环清洗
SCS	为最合理化清洗方式，全部都自动化

20 世纪 50 年代末，大部分乳品厂的设备清洗方式是采用非中心控制清洗系统，即在每个设备旁边备有酸、碱液槽及泵，由手动操作来对单机进行清洗。缺点是清洗成本高，清洗剂耗量大，劳动效率低。到 60 年代初和 70 年代，开始采用远距离中心控制清洗系统，清洗用的冷热水及加热的清洗剂溶液都由一个中心控制的 CIP 清洗泵站来集中供给，通过一系列管路送到每一个需要清洗的设备，各个管路上的阀可以由中心控制室远距离按程序自动开闭。优点是自动化程度高，节省劳力，清洗剂溶液可以回收再利用，故成本低，效率高。但其缺点是水平管路多而长，每次清洗时必有大量水及清洗剂溶液存留于管路中，管路中存留的水会显著稀释了清洗剂溶液的浓度，因而必须配制高浓度的清洗剂溶液。管路越多，距离越远则清洗成本会越高，故近几年来大型乳品厂又有反过来采取非中心控制清洗系统的趋向，而采取更为合理化的全自动操作，即所谓 SCS 系统，每个大型设备(如超高温灭菌机等)都带有自己的自动清洗系统。

中心控制和非中心控制清洗系统的各自特点如表 10-2 所示。

表 10-2　中心控制与非中心控制清洗系统比较

中心控制清洗系统	非中心控制清洗系统
洗剂溶液可由中心控制室集中控制	管路短故可节省
可简化有效地分派洗剂	洗剂损失小
可集中回收洗出的乳液	可缩短水冲洗时间
可简化酸液及碱液的收集和中和，便于排放，避免环境污染及腐蚀	易于调节

任务 1　就地清洗(CIP)

【任务设计】

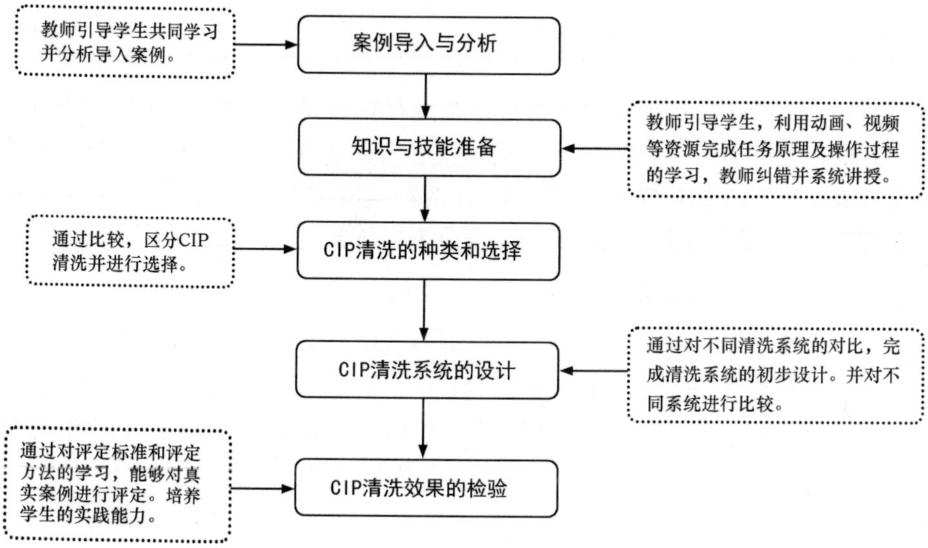

【案例导入】

2012 年 6 月 27 日，一位微博用户发帖称，其购买的光明乳业产品“优倍”出现质量问题，产品中碱含量超标。光明乳业发布声明，承认部分 950 mL“优倍”产品因操作不慎，渗入清洗用食品级碱水，并宣布召回全部相关产品。由于“问题牛奶”只涉及上海地区，因此“含碱”牛奶并未流入外地市场。光明乳业朱建毅表示，渗入食用级碱水的牛奶对人体不会产生严重危害，且公司已召回全部有质量问题的产品。

【任务实施】

一般乳品厂中总作业时间的 20%以上都被繁杂的清洗所占用，其中机器设备和管路的拆卸和重新组装占用了清洗时间的 40%。随着加工技术的不断提高特别是灭菌手段的改进(使用板式或管式换热器)及管道式输送技术的应用，就地自动清洗被乳品企业广泛应用。

一、CIP 程序的选择

乳品厂每次生产结束后立即用温水(35～50 ℃)进行预清洗，由泵循环清洗直到排出的水中无乳汁痕迹为止，然后用碱液循环清洗，再用水冲洗，用酸液清洗，最后用水冲洗。一般清洗操作程序如表 10-3 所示。

CIP 原位清洗
流程展示

表 10-3 一般清洗操作程序

操作	目的	使用的洗剂	时间/min	温度/℃
预清洗	除去较大的固形物	水	3～5	35～50
碱清洗	除去附着之乳垢	苛性钠碱性洗剂	3～15	94 以下
中间冲洗	除去碱液洗剂	软水	3	常温或热水
酸清洗	除去无机物	磷酸盐 150 mg/L 或硝酸	15～30	94 以下
最后清洗	除去附着之残留洗剂	清水	3	常温或冷水

乳品厂的 CIP 程序要根据清洗的线路中是否存在有受热表面，而采用不同的清洗程序，将其划分为：①用于管路系统，罐和其他不受热面设备的 CIP 程序；②用于巴氏杀菌器和其他受热表面设备的 CIP 程序（UHT 等）。两种类型的主要区别在于第二类中包含一个酸洗循环，以除去受热设备表面上的变性蛋白质和盐类。

（一）冷管路及其设备的清洗程序

乳品生产中的冷管路主要包括收乳管线、原料乳储存罐等设备。牛乳在这类设备和连接管路中由于没有受到热处理，所以相对结垢较少。因此，建议的清洗程序如下：①水冲洗 3～5 min；②用 75～80 ℃热碱性洗涤剂循环洗涤 10～15 min（若选择氢氧化钠，建议溶液浓度为 0.8%～1.2%）；③水冲洗 3～5 min；④建议每周用 65～70 ℃的酸液循环一次（如使用浓度为 0.8%～1.0%的硝酸溶液）；⑤用 90～95 ℃的热水消毒 5 min；⑥逐步冷却 10 min（储奶罐一般不需要冷却）。

（二）热管路及其设备的清洗程序

乳品生产中，由于各段热管路生产工艺目的不同，牛乳在相应的设备和连接管路中的受热程度也就有所不同，所以要根据具体结垢情况，选择有效的清洗程序。

1. 受热设备的清洗

受热设备是指混料罐、发酵罐以及受热管道等。①用水预冲洗 5～8 min；②用 75～80 ℃热碱性洗涤剂循环洗涤 15～20 min；③用水冲洗 5～8 min；④用 65～70 ℃酸性洗涤剂循环洗涤 15～20 min（如使用浓度为 0.8%～1.0%的硝酸或 2.0%的磷酸）；⑤用水冲洗 5 min；⑥生产前一般用 90 ℃热水循环 15～20 min，以便对管路进行杀菌。

2. 巴氏杀菌系统的清洗程序

对巴氏杀菌设备及其管路一般建议采用以下的清洗程序：①用水预冲洗 5～8 min；②用 75～80 ℃热碱性洗涤剂循环洗涤 15～20 min（如使用浓度为 1.2%～1.5%的氢氧化钠溶液）；③用水冲洗 5 min；④用 65～70 ℃酸性洗涤剂循环洗涤 15～20 min（如使用浓度为 0.8%～1.0%的硝酸或 2.0%的磷酸）；⑤用水冲洗 5 min。

3. UHT 系统的正常清洗程序

UHT 系统的正常清洗相对于其他热管路的清洗来说要复杂和困难。UHT 系统的清洗程序与产品类型、加工系统工艺参数、原材料的质量、设备的类型等有很大的关系。针对我国现有的生产工艺条件，为达到良好的清洗效果，板式 UHT 系统可采取以下的清洗程序：①用清水冲洗 15 min；②用生产温度下的热碱性洗涤剂循环洗涤 10～15 min（如使用

137 ℃，浓度为2.0%～2.5%的氢氧化钠溶液）；③用水冲洗至中性，pH为7；④用80 ℃酸性洗涤剂循环洗涤10～15 min（如使用浓度为1%～1.5%的硝酸溶液）；⑤用清水冲洗至中性；⑥用85 ℃热碱性洗涤剂循环洗涤10～15 min（如使用浓度为2.0%～2.5%的氢氧化钠溶液）；⑦用清水冲洗至中性，pH为7。

对于管式UHT系统，则可采用以下的清洗程序：①用清水冲洗10 min；②用生产温度下的热碱性洗涤剂循环洗涤45～55 min（如使用137 ℃，浓度为2.0%～2.5%的氢氧化钠溶液）；③用水冲洗至中性，pH为7；④用105 ℃酸性洗涤剂循环洗涤30～35 min（如使用浓度为1%～1.5%的硝酸溶液）；⑤用清水冲洗至中性。

4. UHT系统的中间清洗

UHT生产过程中除采用以上的正常清洗程序外，还经常使用中间清洗（aseptic intermediate cleaning，AIC）。AIC是指生产过程中在没有失去无菌状态的情况下，对热交换器进行清洗，而后续的灌装可利用待装罐中的无菌乳进行正常灌装。采用这种清洗是为了去除加热面上沉积的脂肪、蛋白质等垢层，降低系统内压力，有效延长运转时间。AIC清洗程序如下：①用水顶出管道中的产品；②用碱性清洗液（如使用浓度为2%的氢氧化钠溶液）按“正常清洗”状态在管道内循环，但循环时要保持正常的加工流速和温度，以便维持热交换器及其管道内的无菌状态，循环时间一般为10 min；③当压降降到正常水平时，即认为热交换器已清洗干净。此时用清洁的水替代清洗液，随后转回产品生产。当加工系统重新建立后，调整至正常的加工温度，热交换器可接回加工的顺流工序正常生产。

二、CIP系统的设计

在乳品厂，就地清洗站包括贮存、监测和输送清洗液至各种就地清洗线路的所有必需的设备。就地清洗一般有两种方式，集中式清洗和分散式清洗。

1. 集中式就地清洗

集中式清洗系统主要用于连接线路相对较短的小型乳品厂（图10-2）。水和洗涤剂溶液从中央站的贮存罐泵至各个就地清洗线路。洗涤剂溶液和热水在保温罐中保温，通过热交换器达到要求的温度。最终的冲洗水被收集在冲洗水罐中，并作为下次清洗程序中的预洗水。来自第一段冲洗的牛乳和水的混合物被收集在冲洗罐中。洗涤剂溶液经重复使用变脏后必须排掉，贮存罐也必须进行清洗，再灌入新的溶液。每隔一定时间需排空并清洗就地清洗站的水罐，避免使用污染的冲洗水，以防已经清洗干净的加工线受到污染。

**小型乳品厂
CIP原位清洗**

在中小型乳品厂，可建立一个CIP中心站。首先从中心站中将清洗水、热的洗涤液及热水通过管道网路泵送到各个回路中去，然后再将用过的液体经管道送回中心站的各自贮罐中。用此方法能够较容易地控制清洗溶液的正确浓度，并对清洗液进行重复使用。中心站一般设有水、酸、碱、加热的热交换器，水、酸液、碱液罐、回收罐以及维持清洗剂浓度的计量设备和废弃酸液、碱液的贮存罐。图10-3为中央就地清洗站的例子。

这种类型的清洗站通常自动化程度很高，各个罐都配有高、低液位监测电极。清洗溶液的回流情况可通过导电传感器来控制。导电率通常与乳品厂中使用的清洗液浓度呈比例，用水冲洗的过程中，洗涤剂溶液的浓度越来越低，低到预设的值时，转向阀将液体排掉，

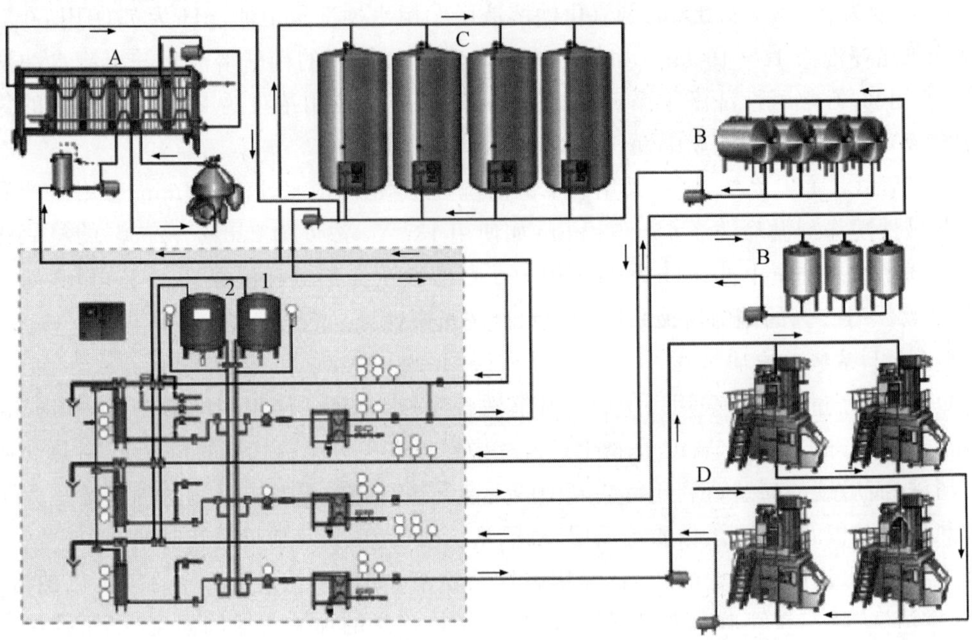

图 10-2 集中式就地清洗的原理

清洗单元(虚线之内的部分):1. 碱性洗涤剂罐 2. 酸性洗涤剂罐

清洗对象:A. 牛乳换热器 B. 暂存罐 C. 奶仓 D. 灌装机

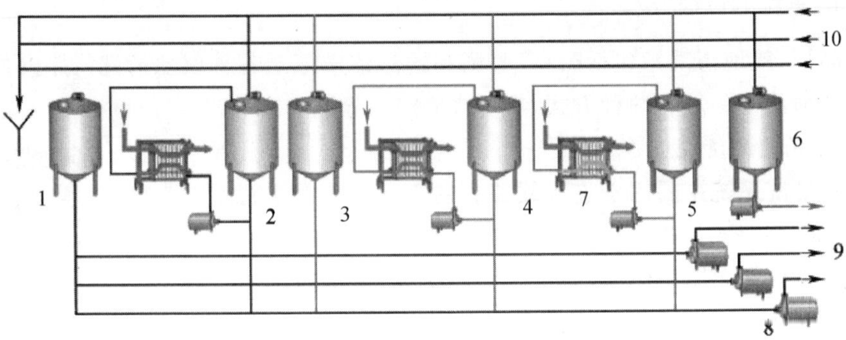

图 10-3 普通的中央就地清洗站的设计

1. 冷水罐 2. 热水罐 3. 冲洗水罐 4. 碱性洗涤剂罐 5. 酸性洗涤剂罐 6. 冲洗乳罐

7. 用于加热的板式热交换器 8. CIP 压力泵 9. CIP 压力管线 10. CIP 返回管线

而不返回洗涤剂罐。就地清洗的程序由定时器控制,大型的就地清洗站可以配备多用罐。

2. 分散式就地清洗

大型的乳品厂由于集中安装的就地清洗站和周围的就地清洗线路之间距离太远,所以利用分散式就地清洗具有一定的优势。这样,大型的就地清洗站就被一些分散在各组加工设备附近的小型装置所取代。

图 10-4 所示的是分散式就地清洗系统的原理,也称卫星式就地清洗系统。其中仍有一个供碱液和酸性洗涤剂贮存的中心站。

碱性洗涤剂和酸性洗涤剂通过主管道分别送到各个就地清洗装置中,冲洗水的供应和

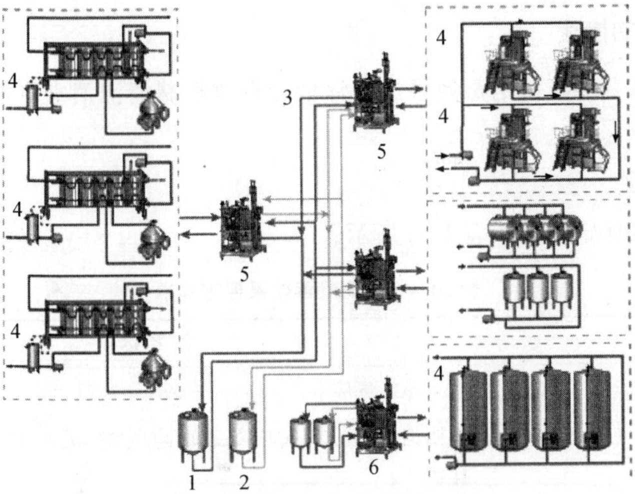

图 10-4　卫星式就地清洗系统

1. 碱性洗涤剂贮罐　2. 酸性洗涤剂贮罐　3. 洗涤剂的环线　4. 被清洗对象
5. 卫星式就地清洗单元　6. 带有自己洗涤剂贮罐的分散式就地清洗

加热(酸性洗涤剂的供给及加热)则在卫星站就地安排,图 10-5 为带有两条清洗线路,并装有 2 个循环罐和 2 个与洗涤剂和冲洗水回收罐相连的浓洗涤剂计量泵的分散式系统的 CIP 装置。

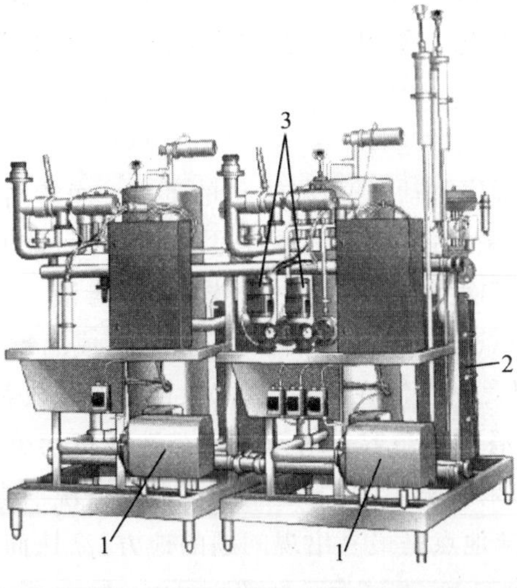

图 10-5　带有两条清洗线路的 CIP 装置

1. 压力泵　2. 热交换器　3. 计量泵

利用卫星式就地清洗系统,可以用少量的清洗液完成清洗程序。运用一台大功率循环泵,使洗涤剂高速流过线路。第一次冲洗获得的残留牛乳浓度高,因此处理容易,蒸发费用低。分散式就地清洗比使用大量液体的集中式就地清洗对废水系统的压力要小。

三、清洗效果的检验

定期对加工器具的清洗消毒效果进行评估能有效控制清洗消毒质量、费用等，并为高品质产品生产提供保证。

(一)标准设定

清洗消毒效果评定标准如表 10-4 所示。

表 10-4　清洗消毒效果评定标准

项目	指标
气味	应无不良气味
外观	不锈钢罐、管道、阀门等表面应光滑，无积水，无奶垢和其他异样物
微生物	虽然不能达到无菌要求，但越接近无菌越好

(二)评定方法

1. 评估频次

各类机械设备的评估频次如下：①奶槽车，生乳接收前和清洗消毒后检查；②贮乳罐(包括生乳罐、半成品罐、成品罐等)、管道每周检查一次；③板式换热器，每月检查一次，或按供应商要求检查；④净乳机、均质机、泵类，每周检查一次，如有异常情况应及时拆开检查；⑤灌装机，每天灌装前检查一次，手工清洗的部分，应在安装前仔细检查清洗效果，并避免安装时的再次污染。

2. 检测程序

清洗消毒效果的检测程序包括：①取样人员的手应干净清洁，取样前及时消毒，取样容器应为无菌，确保取样在无菌条件下进行，取样过程中应尽可能避免污染；②被检样品应进行外观检测、酸度滴定、风味检测等来判断是否被清洗消毒液污染；③热处理的产品应取样进行大肠菌群的检测，取样点包括巴氏杀菌器冷却出口、成品罐、灌装后第一单元产品等；④包装的产品检测，灌装机是一个潜在的污染源，大部分灌装机都会有手工清洗消毒部分，安装时被再污染的部分和消毒死角容易对杀菌产品造成再污染，因此，灌装的第一份产品应进行大肠杆菌检测，其结果应呈阴性；⑤检查加工器具清洗消毒后的微生物状况，一般有两种方法：一是涂抹法，涂抹地点是最易出现问题的地方，涂抹面积为 10 cm×10 cm，理想的结果是细菌总数≤100 个/100 cm^2，大肠杆菌≤1 个/100 cm^2，酵母菌≤1 个/100 cm^2，霉菌≤1 个/100 cm^2；二是最后冲洗试验，即清洗消毒后取残留的水来进行微生物检测，理想效果应控制细菌总数≤100 个/100 cm^2，大肠杆菌≤1 个/100 cm^2。

任务2　乳品设备的杀菌

【任务设计】

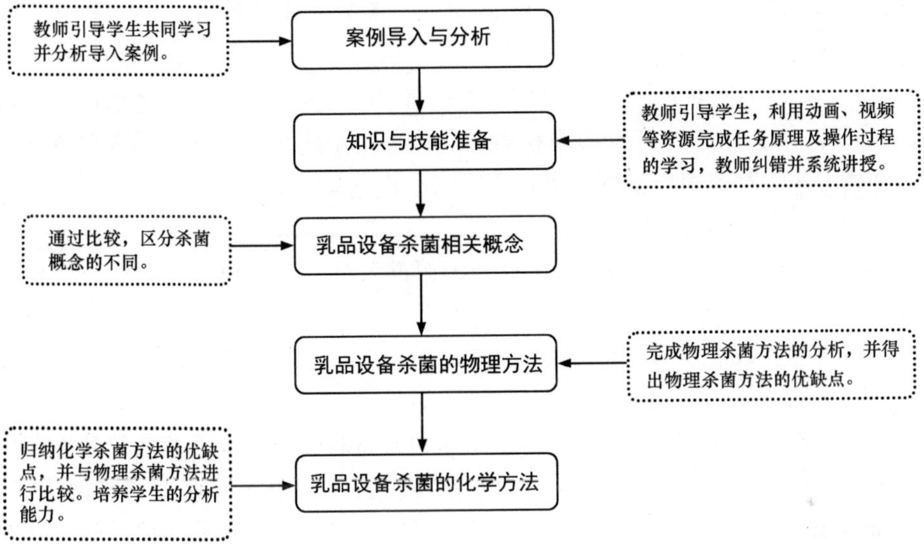

【案例导入】

2011年9月3日网络连续报道《蒙牛低脂高钙奶发酸发绿　厂方称“一筐橘子总有一两个坏的”》《蒙牛变质奶后续：消费者、媒体希望看到蒙牛诚恳态度》，看到报道后，乳制品研究的专家湖南农业大学食品科技学院刘成国教授表示：“牛奶变质，原因是微生物污染，这有可能是出现在生产工艺环节，也有可能是因为二次污染。”“如果出现在生产环节就可能是生产环节的杀菌不彻底，包括包装容器杀菌不彻底。”刘教授表示，在加工过程中，一旦有个别工序控制不严格，杀菌不彻底，就将导致在原料、设备中混入菌类，经过一段时间在瓶内发酵，最后导致变质。

【任务实施】

产品质量是决定企业生存和发展的前提，保证产品的质量对于乳品企业尤为重要。杀菌技术在乳品加工中的运用，是保证牛奶产品质量的有效保证。乳品加工的整个环节中的设备的杀菌包括以下几个工序。

1. 收奶、净化、贮奶工序

主要设备是挤奶机、鲜奶暂存罐、鲜奶运输罐、贮奶槽、净乳机以及热交换器等。乳品企业与奶直接接触的设备均为不锈钢设备，在鲜奶杀菌前，这些设备要先进行消毒，一般用蒸汽杀菌 10～15 min。

2. 预热、配料、均质、杀菌浓缩工序

主要设备是板式(或管式) 热交换器、配料台、配料缸、均质机、杀菌机、浓缩罐。上述设备产前消毒宜采用热水(90 ℃以上) 循环杀菌 15～20 min。

3. 喷粉工序

主要设备是贮奶缸、高压均质机、粉塔。贮奶缸、高压均质机以及管路的产前消毒同杀菌浓缩工序一样，也是用 0 ℃以上的热水循环杀菌 15～20 min。粉塔的产前杀菌要用热空气烘塔，进风温度 100～120 ℃约 20 min，班后一般清扫干净即可。

4. 筛粉、晾粉、包装工序

与奶粉直接接触的设备主要是接粉台、振动筛、晾粉桶、包装机等。上述设备除粉桶可用蒸汽消毒外，其余均应用 75%的酒精消毒。该工序是防止二次污染的关键控制点，包括人员、环境卫生等都要引起足够的重视。

5. 液态奶生产设备的产前消毒

液态奶生产设备主要是 UHT 杀菌机和无菌灌装机。其他设备的消毒与奶粉生产设备基本相同。

(1)产前消毒　通常采用热消毒法，即按照正常生产温度要求(137～142 ℃)，对整个物料走过的系统进行热水消毒，循环 30 min 为宜。

(2)无菌灌装机的消毒程序　无菌灌装机是包装材料的 H_2O_2 杀菌系统和无菌风的制造系统的有机组合。包装材料的 H_2O_2 杀菌有两种，一种是热的 H_2O_2 的浸泡法，另一种是 H_2O_2 的涂抹加热灭菌法。两种方法都要保证 H_2O_2 的浓度和有效杀菌时间(18～45 s)。无菌风制造系统要求整个生产过程中绝对无菌，它本身在生产前也要进行消毒杀菌，才能达到绝对无菌状态。因此，无菌灌装机必须自带 CTP 和 SIP(即自身清洗系统和自身消毒系统)，只要生产厂家严格按照这两个系统的要求运行就可达到无菌灌装机自身的无菌状态。

一、有关术语及含义

(1)灭菌　所有的微生物完全杀灭。

(2)杀菌　杀死有害微生物，尚残存少许非致病菌。

(3)消毒　不是完全杀灭所有的微生物，而是指杀死对人类具有病原性的特定的微生物，以防止感染。

(4)除菌　利用机械的作用除去绝大部分细菌。

(5)防腐　防止因微生物而引起的腐败。

(6)防菌防霉　抑制细菌及霉菌生长，防止细菌及霉菌繁殖。

杀菌就是通过使用杀菌物质使微生物的污染降到公共要求的安全水平，或在没有公共卫生要求的情况下降到一个很低水平的过程。乳品工厂中常用的杀菌方法有物理法和化学法两种。但是，由于杀菌是为了达到微生物清洁或无菌清洁的标准，所以要根据不同的灭菌对象来选择不同的杀菌方法。表 10-5 列出了不同杀菌方法所能达到的杀菌效果。

表 10-5　不同杀菌方法所达到的杀菌效果

杀菌方法	所能杀死的微生物						
	霉菌	酵母	革兰氏(+)	革兰氏(－)	芽孢	致病菌	病毒
50～70 ℃,10 min	+	+					
70 ℃,30 min	+	+					
100 ℃,5 min	+	+	+	+			
120 ℃,20 min	+	+	+	+	+	+	+
70%乙醇	+	+	+	+		+	+
碘液,pH<4	+	+	+	+		+	+
氯气/100 mg/L	+	+	+	+		+	+
20%～30%的过氧化氢	+	+	+	+		+	+
90～95 ℃							
季铵盐			+				
酚醛树脂	+	+	+	+		+	+
酚衍生物	+	+	+	+		+	
酸,pH<4				阻止生长			+

二、杀菌的方法

(一)物理法杀菌

物理杀菌就是通过加热、辐射等物理性的处理手段使微生物致死的过程。乳品厂中常用的处理手段有蒸汽杀菌、热水杀菌以及紫外灯照射三种。

1. 蒸汽杀菌

生产前对罐和管道可用蒸汽杀菌,温度为 76.6 ℃时喷射 15 min 以上,或 93.3 ℃时喷射 5 min。

2. 热水杀菌

用热水对设备进行杀菌,要求所用热水的温度应在 82.2 ℃以上,并最少要保持 15 min。设备应缓慢降温,以防造成设备损坏。

3. 紫外线灯杀菌

紫外线灯杀菌法主要用于对设备表面及生产环境中空气的杀菌。乳品厂加入到原料中的水可用紫外光处理,UHT 灌装机上方也可用紫外灯杀菌。但紫外灯的高度应设置在有效杀菌范围内,并且灯管定期更换。

紫外线杀菌原理

(二)化学法杀菌

1. 化学杀菌剂基本要求

①杀菌力强,应具有广谱性杀菌;②低浓度状态下具有有效的杀菌作用,杀菌时间短;③制剂形态和适用形态稳定,效力持续良好;④适宜条件下性能稳定,不受 pH、温度、紫外线、有机物、金属离子和清洗剂等影响或影响很小;⑤作业性良好,无变色、着色、发泡现象,无臭,无刺激性,易溶于水;⑥对机械设备、容器无残留及吸附,对现场残留量定性、定量检测简便;⑦对设备等无腐蚀性及污染性,或腐蚀及污染极轻微;⑧安全性高、毒性小,符合食品卫生、公共卫生、劳动保护要求;⑨对环境不造成污染,BOD、COD 值低,可以利用活性污

泥处理，生物分解性高，排水负荷低，无土壤蓄积等环境污染问题。

2. 杀菌消毒剂的种类

常见的杀菌消毒剂如表10-6。

表10-6 杀菌消毒剂种类

分类	杀菌消毒剂名称
醛类	甲醛、乙二醛、戊二醛、α-溴肉桂醛
醇类	乙醇、异丙醇、苄醇
过氧化物	过氧化氢、过碳酸钠、过氧化焦磷酸钠、过乙酸
碘化物	游离子碘制剂、碘水溶液、碘酊、碘苯酚、有机碘化物、碘仿、碘代百里酚、碘附(iodophos)
氯化物	无机氯化合物、氯气、漂白粉、高漂粉、次氯酸盐、二氧化氯、有机氯化合物、氯胺T、氯胺B
阳离子表面活性剂(逆性皂)	烷基二甲基苄铵盐、烷基三甲基苄铵盐、烷基异唑啉铵盐、烷基吡啶铵盐
两性表面活性剂	氨基酸盐内铵盐型、咪唑啉内铵盐型
阴离子表面活性剂	十二烷基硫酸钠
苯酚系统	苯酚、杂酚皂液(来苏儿)、卤代苯酚化合物、甲酚、二甲酚、对氯间二甲酚、联苯化合物
双胍系统	多聚双胍
气体杀菌剂	环氧乙烷、环氧丙烷、甲醛、臭氧

乳品工业生产中常见的杀菌剂包括：次氯酸盐、含碘杀菌剂、季铵盐化合物、酸性阴离子表面活性剂、过氧化物等。

(1)次氯酸盐　乳品工业中常用次氯酸钠杀菌，其应用范围如表10-7所示。次氯酸钠在水中生成次氯酸(HClO)，不稳定的次氯酸立即释放出具有杀菌作用的新生态氧[O]，其反应式为 $HClO = HCl + [O]$。使用这种杀菌剂的优点是作用迅速、无泡沫、无矿物质膜形成、杀菌范围广泛、容易配制、经济。但这种杀菌剂的稳定性受光、热、有机物等的影响，而且由于氯散失较快会降低杀菌效果，同时在铁离子含量较高的水中使用次氯酸时会产生锈色沉淀。此外，次氯酸盐与酸混合会产生有毒气体，并易使皮肤过敏。

表10-7 次氯酸盐的推荐应用范围及质量浓度

应用范围	推荐使用质量浓度/(mg/L)
不锈钢设备	100～200
CIP杀菌	100
空气喷雾	500～1000
多孔表面	200～2000
加工用水	5～20
墙壁	200～400
不要求冲洗的设备内表面杀菌	小于200

二氧化氯(ClO_2)是一种强氧化剂，其有效成分为 ClO^-，它可杀死包括细菌繁殖体、细菌芽孢、真菌和病毒在内的一切微生物。而且无毒性残留，是国际上公认的氯水消毒剂中最理想的更新换代产品。

(2)Iodopher(含碘杀菌剂)　含碘杀菌剂只在酸性条件下才起作用，因此受杀菌环境的 pH 影响较大。含碘杀菌剂推荐使用的范围和浓度如表 10-8 所示。

表 10-8　碘杀菌剂的应用范围及推荐使用量

应用范围	推荐使用质量浓度/(mg/L)
瓷砖墙	25
传送带	25
手杀菌	25
高铁离子水	25
CIP 杀菌	25
不锈钢设备	25
铝设备	25
无要求冲洗的设备表面	≤25

碘杀菌剂具有对微生物作用范围广泛、迅速、使用过程中渗透性好、容易配制、容易控制和有效期长的特点。特别是在有机物存在时，杀菌作用效果比次氯酸盐强。碘杀菌剂稀释时基本无毒，也不受水的硬度影响，它对皮肤无刺激性，对设备表面一般不染色(但对塑料可能出现染色现象)。当加入酸时，碘杀菌剂还有助于防止矿物质膜的形成。

但是，除了在碱性条件下(pH≥7 的环境下)碘杀菌剂的作用微弱外，它对芽孢和噬菌体的杀菌作用也不如次氯酸盐强。当温度高于 46 ℃时，由于碘挥发逸出，碘杀菌剂的杀菌效果将会降低，而且会产生有刺激性的碘的气味。

(3)季铵盐化合物　季铵盐化合物是由 4 个有机基团与氮原子连接而成的阳性大分子。常用季铵盐包括二辛基二甲基铵溴、十二烷基二甲基苯胺氯。但是，并不是所有的季铵盐都具有好的杀菌效果，其活力取决于附在氨原子上的烷基链的长度和结构。

在正常情况下，季铵盐一般会产生高泡沫，且具有轻微润湿性和清洗特性。在稀释状态下季铵盐为无色，温度上升时也较稳定。季铵盐作用的 pH 范围宽。另外，季铵盐杀菌剂的货架期长、渗透性好，易于配制和控制，对大部分金属无腐蚀性。季铵盐作用于绝大多数细菌，但对革兰氏阴性菌有选择性或作用缓慢。季铵盐能与洗涤剂的残留物反应形成一层白膜，在 CIP 中起泡。有关季铵盐的使用范围和使用质量浓度见表 10-9。

表 10-9　季铵盐的推荐应用范围和建议的质量浓度

应用范围	推荐使用质量浓度/(mg/L)
不要求冲洗的设备表面	≤200
设备杀菌	200
地面消毒	400～800
用于墙壁和天花板霉菌的控制	2 000～5 000

必须强调的是在发酵乳生产设备中最好不要使用季铵盐来杀菌，因为它能黏附于不锈钢设备表面，从而可能会导致发酵失败，造成严重的经济损失。

（4）酸性阴离子表面活性剂　酸性杀菌剂是特殊的阴离子表面活性剂与磷酸或柠檬酸的混合物，其保质期较长，性质稳定，而且能防止矿物质膜的形成。但是，这类杀菌剂对软质金属具有腐蚀作用。虽然酸杀菌剂根据所用的表面活性剂的不同，其起泡性的高低会有所不同，但其主要缺陷是在 CIP 中易起泡。

酸杀菌剂对细菌营养体细胞有杀菌效果，对酵母、霉菌的杀菌效果较差，而对芽孢不起作用。酸杀菌剂的杀菌效果对酸度的要求较为严格，当 pH 维持在 2 左右时，才会取得良好的杀菌效果，有机物、碱液、水的硬度的存在也能降低酸杀菌剂杀菌的有效性。

（5）过氧化物　杀菌所用的最重要的过氧化物是过氧化氢（双氧水）和过氧乙酸。过氧化氢作用缓慢，虽然有将其用于设备（罐、管道）杀菌的，但更多情况下是将其用作包装材料的杀菌剂，例如利乐灌装机纸盒成型前的杀菌就是使用的过氧化氢。过氧乙酸是一种杀菌作用迅速的杀菌剂，有着广泛的应用。35%的过氧化氢具有极强的氧化能力，可以破坏微生物的原生质，达到杀菌的效果，而且在杀菌后自身分解为氧气和水，是一种广谱、高效的环保型消毒剂。

过氧化氢对细菌和真菌都有杀菌效果，但其需要与杀菌表面接触较长时间。过氧乙酸对细菌（包括芽孢）、酵母、霉菌和病毒都有杀菌效果，但是这种有效性与温度有关，并且会由于有机物的干扰很快丧失。过氧乙酸和过氧化氢均不产生泡沫，可用于喷雾和管道循环。但是因为它们分别具有较强的腐蚀性和辛辣味，所以不适用于手工清洗程序中。

过氧乙酸杀菌液的使用浓度一般要求 50～750 mg/L 有效过氧乙酸。用于包装杀菌的过氧化氢浓度一般要求在 35%左右，用于设备杀菌的过氧化氢浓度一般控制在 1.0%～2.5%。稀释后的过氧化氢无腐蚀性，且应用范围广泛。过氧乙酸可用于玻璃瓶、塑料类、橡胶材料的杀菌，但要注意其对有些橡胶材料可能有降解作用。当将过氧乙酸用于不锈钢材料的设备、容器杀菌时，水中的氯的质量浓度不能超过 150 mg/L。同时过氧乙酸也不能经常用于马口铁表面、铝、锌和铜制品的杀菌。

3. 影响化学杀菌剂杀菌效果的因素

影响化学杀菌剂杀菌效果的因素主要包括杀菌剂的浓度、pH、作用时间、温度、有机物的存在等。

（1）浓度　一般来说，提高杀菌剂浓度会增加杀菌效果。但浓度不能无限制地提高，特别是对于与乳品接触的表面进行杀菌时，应注意控制所用杀菌剂的浓度不能超过可冲洗浓度的标准，否则残留液会污染产品。

各种杀菌剂的浓度效果见表 10-10。

表 10-10　各种杀菌剂的浓度效果

杀菌剂	微生物	n
过氧化氢	伤寒埃伯泽氏菌	0.5
甲醛	大肠杆菌，微球菌属，炭疽芽孢杆菌孢子，黄色微球菌	1.0
	黏质沙雷氏菌，绿脓杆菌	1.3～1.5
季铵盐	大肠杆菌，食用球酵母	2～3

续表10-10

杀菌剂	微生物	n
酚	伤寒埃伯泽氏菌，金黄色葡萄球菌，微球菌、炭疽芽孢杆菌孢子	4.0～6.4
甲酚	伤寒埃伯泽氏菌，金黄色葡萄球菌	5.5～9.5
苛性钠	黑曲霉孢子	1.60～3.95
乙醇	金黄色葡萄球菌	11.3
次氯酸钠	圆孢芽孢杆菌，炭疽芽孢杆菌	1.0
	枯草杆菌孢子	1.6～1.7
	黑曲霉孢子	0.95
碘	黑曲霉孢子	1.15
氧化丙烯	枯草杆菌孢子	0.7～0.9
氧化丙烯气体	枯草杆菌孢子	0.7
环氧乙烷	枯草杆菌孢子	1.0～1.1
	绿脓杆菌	2.1～3.1
环氧乙烷气体	枯草杆菌孢子	1.27～1.35

杀菌作用也是一种化学反应，药剂浓度、作用温度、作用时间都与杀菌效果具有密切关系。通常是浓度、温度升高，则作用时间可缩短，反之则作用时间会延长。致死速度常数 k 与药剂浓度 c 之间具有下式之关系。

$$k = Acn$$

式中：A，n 均为常数，不同杀菌剂的 n 值不同。大多数杀菌剂 n 值大致为 1 左右（表 10-10）。

对于次氯酸盐来说，随着使用浓度的增加，杀菌液的 pH 会增高。当 pH 超过 8.5 时，其杀菌效果将会下降；而当 pH 达到 10 时，它将不再具备杀菌作用。此外，高浓度氯对包括不锈钢在内的金属具有腐蚀性，并会导致橡胶垫的损坏，同时，还增加了对员工的危害性，并将可能影响产品的风味。乙醇浓度与杀菌效果关系如表 10-11 所示。

表 10-11　乙醇体积分数与杀菌效果

乙醇体积分数/%	葡萄球菌	
	+	—
100	40 s	50 s
80～95	—	10 s
50	10 s	20 s
40	45 s	60 s
30	45 s	60 min
20	120 min	180 min

注：+表示细菌生长；—表示细菌死亡。

(2) pH　pH 是影响杀菌效果的主要因素。一般来说，随着 pH 的增加，杀菌效果将会减弱。具体来说当 pH 小于 5.0 时，氯溶液会变得极不稳定，并生成氯气，从而造成对员工的极大危害和对设备的严重腐蚀，当 pH 大于 5.0 时，含碘杀菌剂将会失去作用，其最佳的 pH 范围是 4.0～4.5。季铵类化合物呈中性，与其他杀菌剂相比受 pH 影响较小，但此类化合物还是在弱碱性条件下(pH7～9)的杀菌作用最强。酸性杀菌剂在酸性环境下作用时，其最佳有效 pH 范围是 2～4，而在 pH 大于 4.5 时失效。

水的硬度会对杀菌剂的 pH 及清洗效果造成不利影响，含碘杀菌剂和酸性阴离子杀菌剂对此特别敏感，而次氯酸盐可耐受 30 dH 德国硬度的水，大部分季铵盐在 60 dH 德国硬度的水中还有效。

(3)作用时间　随着杀菌剂作用时间的增加，所得到的杀菌效果也会增加。有研究表明，配比正确的杀菌剂与被处理表面充分接触 30 s 后，能使埃希氏大肠杆菌和金黄色葡萄球菌减少 99.99%。而在实际操作时，杀菌剂的作用(接触)时间一般不低于 2 min。

(4)温度　温度也是杀菌效果的主要影响因素，一般为 10～40 ℃。通常随着温度的升高，杀菌效果则提高，但酸类的杀菌作用，即使在低温下也会很好发挥其杀菌作用，其温度的影响也较其他杀菌剂影响较小。

但是，由于氯和碘杀菌剂具有挥发性，它们会随着温度的升高而逸出，所以建议在常温的水中使用。碘杀菌剂的最高使用温度应不超过 43.3 ℃，氯杀菌剂不超过 48.8 ℃。对于季铵盐和酸性阴离子杀菌剂来说，在温度不超过 54.4 ℃时，它们会随温度的升高表现出好的杀菌效果；而当温度低于 15.5 ℃时，杀菌效果则会降低。

(5)有机物的存在　良好的清洗是有效杀菌的第一步。因为需要杀菌设备的表面必须是清洁的，否则脂肪的残留会对微生物起到很好的保护作用，从而无法达到杀菌的目的。这点对氯、碘杀菌剂的杀菌效果更为重要。

4. 各种杀菌剂的作用机制

不同杀菌剂的作用机理是不同的，它们的作用机理和作用见表 10-12 和表 10-13。

表 10-12　各种杀菌剂的作用机制

杀菌剂	作用机制
醇	蛋白质变性，溶菌，抑制代谢机制
酚	细胞膜破坏，与蛋白质起反应
卤素	酶蛋白，核蛋白的 SH 基氧化破坏
甲醛	与酶蛋白及其他蛋白的活性基反应，对细胞膜起作用
戊醛	对核酸合成及蛋白合成起阻碍，损伤细胞膜
环氧化物	与核酸成分起反应
β-丙内酯	细胞膜破坏并与核酸成分起反应
季铵盐	细胞膜损伤，酶蛋白变性
氯	酶抑制，细胞膜损伤蛋白核酸沉淀
双酚	细胞膜损伤

表 10-13　杀菌剂的抗菌倾向

杀菌剂	革兰氏阳性菌	革兰氏阴性菌	结核菌	芽孢	病毒
醇	○	○	○	×	○
氯	○	○	×	×	×
氯化物	○	○	×△	□	○
碘化物	○	○	○	□	○
性皂	○	○×	×	×	×○
两性表面活性剂	○	○	□	×	×
汞化物	○	○	×	×	×
甲醛水	○	○	□	□	□
甲醛	○	○	○	○	○
戊醛	○	○	○	○	○
环氧乙烷	○	○	○	○	○
甲酚	○	○	○	×	×
双酚	○	△	×	×	×
聚双酚，醇酯	○	○	—	○□	×

注：○有效；□ 稍有效；△ 几乎无效；×无效；— 不明。

任务3　乳品厂废水处理

【任务设计】

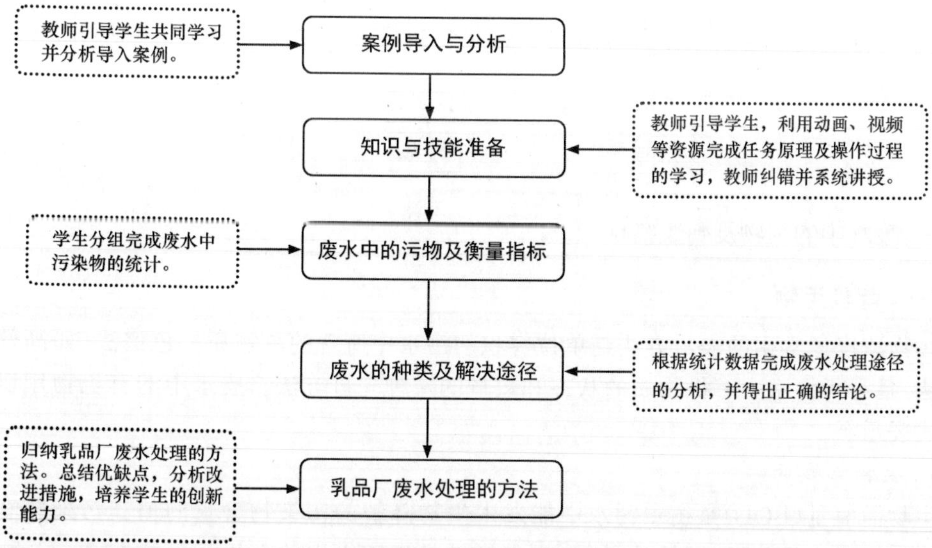

【案例导入】

2016年9月22日，从北京市环保局网站获悉，近日，市环保局发布了京环保监察罚字〔2016〕123号行政处罚决定书，决定对北京鸿达乳品有限公司违规行为处罚款46 480.6元。北京市环保局于2016年6月28日对北京鸿达乳品有限公司进行了调查，同时在北京鸿达乳品有限公司污水总排口进行了水样采集，之后委托北京市环境保护监测中心进行了监督性检测。2016年7月4日北京市环境保护监测中心出具了报告编号为CC16072的检测报告，检测结果显示北京鸿达乳品有限公司排放的废水中化学需氧量浓度454 mg/L，氨氮浓度8.48 mg/L，悬浮物浓度36 mg/L，超过了《水污染物综合排放标准》(DB 11/307—2013)中规定的排入地表水体B排放限值(化学需氧量30 mg/L，氨氮1.5 mg/L，悬浮物10 mg/L)。

北京市环保局表示，北京鸿达乳品有限公司的上述行为违反了《北京市水污染防治条例》第七条的规定。北京市环保局依据《北京市水污染防治条例》第七十八条第一款的规定，北京市环保局决定处46 480.6元罚款。并限北京鸿达乳品有限公司于接到处罚决定书之日起十五日内缴纳罚款。逾期不缴纳罚款的，每日按罚款数额的百分之三加处罚款。

【任务实施】

乳品厂在生产过程中会产生大量废水，废水中的主要成分以乳固体为主，还有其他各种清洗剂和杀菌剂等。这些废水若不经处理就被排放到环境中，将会对环境造成污染。例如，废水中残留的乳蛋白质、脂肪、碳水化物等营养成分为微生物提供了养分，促进了水中微生物生长繁殖，消耗水中的溶解氧，进而厌氧繁殖分解含硫蛋白质产生硫化氢、硫醇、丁酸等恶臭化合物，从而危害水质。清洗用的清洗剂呈碱性或酸性，会对水体的酸碱性造成影响。清洗剂和杀菌剂中多含有氯、磷、氮等元素，会增加水中有机物的含量。因此，乳品厂废水处理及减少水的用量对减少生产成本和降低环境污染是非常必要的，废水处理工艺流程如下：

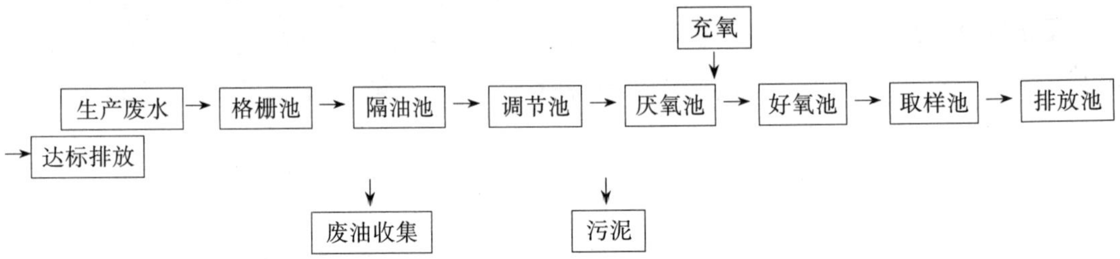

一、废水中的污物及衡量指标

(一)有机污物

污物浓度最常用的表示方法是单位容积的污水中所含的总物质。色谱法(如高效液相色谱法)是分析污水中有机物质的状态和数量的一种先进方法。废水中的有机物用以下几种形式表示。

1. 生物需氧量

生物需氧量(BOD)是衡量污水中能发生生物降解的污染物含量的值。污染物在有氧的情况下被微生物分解(用氧消耗量)。需氧量是指废水中的有机污染物在20 ℃条件下，通过微生物分解5 d(BOD_5)或7 d(BOD_7)所消耗的氧量。BOD以mg氧量/L或g氧量/m^3来表示。下列公式是以城市的污水情况计算的：

$$BOD_7 = 1.15 \times BOD_5$$

2. 化学需氧量

化学需氧量(COD)是指废水中能被化学氧化剂氧化的污物数量。用于氧化的试剂通常是指较高温度下的重铬酸钾或高锰酸钾的强酸溶液(以确保完全氧化)。氧化剂的消耗量提供了测定有机物质含量的依据,它相当氧气的含量,其结果用 mg 氧/L 或 g 氧/m^3 来表示。

COD/BOD 的比值表明了生物降解污物的难易程度。比值低,如 COD/BOD<2,表示降解污物相当容易,而比值高则表示相反。此关系不能在一般条件下应用,但对于城市污水的 COD/BOD 的典型比值通常<2。

FIL-IDF 公告 138 号文件(1981 年)中指出,乳品厂废水的 COD/BOD_5 的比值根据乳品生产的条件、产品的不同类型而异,如液态乳、奶油或干酪比值在 1.16 到 1.57 之间变化,平均值为 1.45。而在其他的乳制品如乳粉、乳清粉、乳糖和酪蛋白中的生产中,其比值从 1.67 到 2.34 之间变化,平均值为 2.14.

3. 燃烧残值

燃烧残值是指废水中干物质燃烧前后重量变化的百分含量(%),燃烧前后的重量差代表有机物的数量。要测定燃烧残值,首先要确定样品中的固形物含量,然后让其有机物质充分燃烧。

4. 总有机碳

总有机碳(TOC)是测量有机物质含量的另一指标,它是通过测量样品全部氧化所产生的二氧化碳的量来确定的,单位是 mg/L。

(二)无机污物

污水中无机物的成分包括了几乎所有的盐类,在水中以离子状态和浓缩盐的形式存在。污水中的这些盐类通常并不重要。目前,污水处理加工都致力于减少氮盐、磷盐及重金属的含量。氮和磷的化合物非常重要,因为它们中许多是有机物,是藻类的培养基。由于藻类的生长,次生现象得以进行,从而生成进一步的有机物质。当这些有机物质分解时,会比污水中原有的有机物分解所需的氧量高出许多。

二、废水的种类及减少废水的途径

(一)乳品厂废水的种类

乳品厂的废水可以分为三类:冷却水、环境卫生废水、生产废水。

1. 冷却水

冷却水通常不受污染,它直接被排放到雨水管道系统,即从雨水或雪水的排放系统排出。

2. 环境卫生废水

环境卫生废水可先与生产废水混合再排放到污水处理厂或直接排放到污水处理厂。

3. 生产废水

生产废水来自于牛乳及其制品的泄露以及与牛乳生产直接接触的设备的清洗废水,废水的浓度和成分组成取决于生产程序、操作方法和生产工厂的设计。

污水处理装置应按照乳品厂产生的最高有机污物数量来设计处理量。废水中的脂肪有较高的BOD值(表10-14),还易黏附在主系统的壁上,由于脂肪上浮,导致沉降罐中出现沉降问题。所以乳品厂应先通过一个悬乳装置,在废水中充入"分散水"(在400～600 kPa压力下,往水中充入细小的分散气泡被称为可溶的空气悬浮液)气泡载着脂肪,迅速上升到表面,根据装置的大小可用人工或机械的方法将其在此处排掉。悬乳装置通常紧挨着乳品厂,废水能连续流过该装置。除去了油脂的废水与环境卫生废水混合后被排至废水处理装置。

表10-14 部分乳制品的BOD值

产品	BOD_5/(mg/L)	BOD_7/(mg/L)
稀奶油(脂肪40%)	400 000	450 000
全脂乳(脂肪4%)	120 000	135 000
脱脂乳(脂肪0.005%)	70 000	80 000
乳清(脂肪0.05%)	40 000	45 000
浓缩乳清(60%DM)	400 000	450 000

乳品厂由于使用酸性和碱性清洗剂对乳品设备进行清洗,所以废水的pH在2～12变化。pH高与低均会影响到微生物的活性,在污水处理的生物处理阶段,微生物分解有机污物,并使其生成生物污泥(细胞碎屑)。通常,pH高于10或低于6.5的废水极易腐蚀管道,因此不能排入废水处理系统。所以,用过的洗涤剂通常收集在位于清洗装置附近的混合罐中。在废水被排放前,测定其pH,并进行调整,pH达到7.0时才可排放。

(二)减少废水的途径

乳品厂水消耗量用每处理1吨牛乳所用水量(m^3)来表示。典型的水/牛乳比值为2.5/1,但经严格节约用水,这一比率有可能降至1/1。

乳品厂减少废水和废品的主要途径如下。

1. 原料乳处理过程

在收奶过程中,特别是当奶槽车被排空时,要尽量使奶槽车的出口比收集容器或罐高出至少0.5 m,并且连接软管要很好地拉直,以确保奶槽车能充分排空。所有的管线要确认并做好标记,以防管线接错,管道接错会导致产品的错误混合以及牛乳泄漏损失。当安装管道时,管道应该有一个经过计算的小斜度,以使管道能自排。另外,管道一定要有管架支撑以防振动,振动将会引起连接部分松动,导致泄漏。所有的贮罐均应安装上液位控制装置以防止溢流,当达到最高允许液位时,供料泵自动停止,仪器报警或者自动阀系统打开将产品转到另一个预选贮罐中。保持地面干燥,这样可较易发现泄露。在罐和管道用水冲洗之前,确保管道和罐应是良好排空的。检查连接部分的密封性。如果有空气渗入管道系统,将会引起加热器内受热程度加剧,均质机点蚀问题严重,并会引起牛乳和稀奶油罐中泡沫增多(这样不易被排空)。

2. 产品生产过程

(1)干酪生产区域 保证开口的干酪容器不注满;牛乳液位与容器边缘的距离应少于10 cm。收集乳清,开发其商业用途以免作为废弃物排掉。地板上的凝乳应扫到一起作固体废物处理,而不应用水将其冲入地沟。

(2)奶油生产区域 稀奶油和奶油比牛乳更易黏附于设备表面,在清洗之前应将其除去,否则将会使污物聚集。在奶油生产结束后,所有与产品接触的表面均应用手工刮净。稀奶油和残留的奶油可以用蒸汽和热水将其收集在一个容器中,再作处理分离。

(3)乳粉生产区域　蒸发器应该在尽可能低的液位下操作，以防止过度受热。冷凝水可通过冷却塔作为冷却水循环，或者泵回锅炉。泄露的干粉应该打扫干净，作为固体废弃物处理。

(4)牛乳包装区域　灌装机带有排水管，将水排到一个或几个容器中。返回的包装要破包以后收集在容器中，甜的和酸的液体混合物可用作动物饲料。

三、乳品厂废水处理的方法

(一)废水处理方法

废水的处理方法有许多种，采取何种处理方法取决于减少污染程度的要求。废水处理常用的方法有以下几种。

1. 物理处理

物理处理方法通常是指采用沉淀、过滤、离心分离、气浮、蒸发结晶、反渗透等方法分离、回收废水中不溶解的呈悬浮状态的污染物(包括悬浮物、胶体物和油类等污染物)，从而使废水得到初步净化。

废水物理法处理过程

使用滤网格栅、沙子捕集器和初级沉淀池对污水进行初级物理处理。其中格栅的作用是截留塑料、碎布、食物残留物等大的固体物质，被截留物连续地从格栅上刮下，单独处理，通常是填埋；砂子捕集器使砂子和其他的重颗粒沉到池底，而脂肪和其他比水轻的杂质浮到表面，沉积物由泵抽走，漂浮的泡沫由刮板刮除；空气吹入沙子捕集器可以使细小的颗粒保持悬浮，并且防止腐败菌滋生引起不良气味。

2. 化学处理

化学处理通常是指采用中和、混凝、氧化还原、萃取、汽提、吹脱、吸附、离子交换以及电渗透等方法分离、去除废水中呈溶解、胶体状态的污染物或将其转化为无害物质。

化学污水处理，也称为沉降，它的主要目的是要除去磷。城市的污水系统中每人每天排入2.5～4 g的磷，主要以磷酸盐形式存在。洗涤剂约占磷酸含量的30%，其余70%主要来自于人们的排泄物和食物残渣。以铁和铝为絮凝剂的化学处理法几乎可以100%地除去水中存在的磷，而常规的生物处理方法只能减少磷含量的20%～30%。

沉降阶段开始于“絮凝池”，在絮凝池中加入絮凝剂，并通过搅拌使之与水充分混合。这就会导致不溶的磷酸盐沉淀下来，最初细小的颗粒也逐渐地聚集成大的絮片，大絮片在“预沉淀池”中沉降下来，清液从该池中溢流入用于生物处理的池子中。

在物理和化学相结合的处理方法中，预沉淀是最后一步。水被慢慢地导入一个或多个池中，在此微细的颗粒也像最初的污物一样逐渐地沉入池底。沉降池应配有一个能将沉淀物连续刮入到贮槽的装置和一个将澄清的表层水带走的槽内槽。

3. 生物处理

生物处理是指通过微生物的代谢作用，使废水溶液、胶体以及微细悬浮状态的有机物、有毒物等污染物质，转化为稳定、无害物质的废水处理方法。生物处理法又分为需氧处理和厌氧处理两种方法。需氧处理法目前常用的有活性污泥法、生物滤池和氧化塘等。厌氧处理法，又名生物还原处理法，主要用于处理高浓度有机废水和污泥，使用的处理设备，主要为消化池等。

在化学处理之后，溢流水中残留的有机杂质在微生物的作用下得以分解，例如细菌，它可以消耗掉水中的有机物质。微生物必须利用氧气来发挥它们的作用，氧气的提供是靠往

“曝气池”中充入空气实现的。微生物连续地再生，形成“活性污泥”。这些污泥可以通过在后沉淀池中的沉淀从水中除去。大部分污泥在“曝气池”中再循环以保持生物分解过程的进行；过量的污泥可以从这个过程中除去并作进一步处理，净化的污水被排入收集器。可以代替曝气池的有“生物滤池”，生物滤池是一个充满碎石和碎塑料的容器，废水由过滤池顶部通过旋转分配器喷洒下来，慢慢地穿过过滤床，废水通过循环的空气氧化。微生物膜粘附在石头等的表面，将废水中的有机杂质分解。

4. 污泥处理

各个处理阶段的沉积物被收集在一个浓缩罐中，往罐中加入化学药品以便于固体颗粒的进一步聚集。

为了进一步分解有机物质，减少有害物质的生成，最后需将沉淀物泵入消化器中，在消化器中厌氧条件下，有机物分解为二氧化碳、沼气和少量的氢气、氨和硫化氢。消化器中的沉积物是均匀的、几乎没有气味的、黑色的物质，它仍有较高的水含量，达到94%～97%，所以要将其脱水。在离心倾析器中脱水非常有效，它排出的固相部分约占原体积的1/8。

二氧化碳和沼气是消化器中气体的主要成分，沼气可以作为加热燃料。脱水的沉积物可以当肥料或者填埋，再或者只是简单地当垃圾存放。

(二)乳品厂废水处理

乳品厂废水处理可采用以下几种简单的方法，但有效的方法是将这几种方法相结合。

1. 后沉淀

废水处理的最初形式只是通过物理沉降法简单地除去大团的固体杂质。当这种处理方式不能满足要求时，就用生物处理方法来加以补充以便分解有机物质。当磷的散布带来了一系列问题的时候，许多污水处理厂使用了化学处理方法作为第三阶段处理。因为化学沉淀阶段滞后，所以处理厂中这种类型的加工方法被称为后沉淀。后沉淀处理有3个阶段：物理处理、生物处理和化学处理，该方法有效可靠，但相当昂贵。

2. 预沉淀

经验已经证明，如果在第一阶段把化学沉淀与物理沉淀结合起来使用也可以获得同样的效果。这个系统被称为预沉淀。这种方法也显现了它的重要合理性，因为绝大部分的污水处理是在第一个阶段进行的。在预沉淀池中磷的含量已经减少了90%，BOD值也减少了75%。两段处理方法在20世纪80年代得以开展，化学处理与物理沉降在第一阶段结合，会使高级磷数减少90%，使BOD值减少70%，这就大大减轻了第二阶段生物沉降的负荷，与传统的后沉降相比，其需要的沉降容积和能量输入均大大减少。

3. 直接沉降

直接沉降是一个单段加工过程，只有物理处理和化学处理相结合，像预沉淀处理一样，没有微生物处理阶段。

4. 同步沉降

两阶段处理，先采用物理处理，而后使用生物与化学方法相结合进行处理，这种方法没有额外地增加昂贵的沉降容积，也达到了磷值减小的要求，但与生物和化学方法分别单独处理相比效率较低。

(三)废水处理新技术

1. 曝气生物滤池

曝气生物滤池简称BAF，是近年来国际上兴起的污水处理新技术之一。目前在欧美和日本等国家已有上千座大小各异的污水处理厂应用了这种工艺。它可广泛应用于城市污水、小区生活污水、生活杂排水和食品加工废水、酿造等有机废水处理，具有去除 SS，CODcr，BOD_5，硝化与反硝化、脱氮除磷、除去 AOX（有害物质）的作用，其最大特点是集生物氧化和截留悬浮固体于一体，并节省了后续二次沉淀池。该工艺有机物容积负荷大、水力负荷大、水力停留时间短、出水水质高，因而所需占地面积小、基建投资少、能耗及运行成本低。

2. 膜生物反应器

膜生物反应器（MBR）最先应用于微生物发酵行业，在废水处理领域的应用研究始于 20 世纪 60 年代末的美国。MBR 家族按照对膜组件功能的利用方式不同，可以分为固液分离 MBR、无泡曝气 MBR 和萃取 MBR（即 EMB）。早期的 MBR 主要局限于生活污水和城市污水处理，着眼于有机物的去除。20 世纪 80 年代末，MBR 处理对象拓宽到工业废水、石化废水、发酵废水甚至堆肥、填埋场沥滤液等废水处理方面。20 世纪 90 年代初，开始研究 MBR 用于废水脱氮除磷。

膜生物反应器技术是由膜组件和生物反应器组成的膜生物反应器，它可使反应器中维持很高的 MLSS 浓度和很长的 SRT 时间，所以反应器的效率相当高，提高了单位体积的有机负荷，减小了占地面积。由于膜的隔离作用，使得生长速度很慢的硝化细菌得以在反应器中积累，且随着 MLSS 的逐渐提高硝化细菌数量也在不断增加，反应器中的硝化能力增强，并且膜出水可不含细菌、病毒、寄生虫卵等，出水浊度低，完全符合国家排放标准。

混合废水通过格栅，大颗粒、可沉淀固体及漂浮物被拦截，进入调节池，经调节水量、水质和预曝气后用泵输送至混凝反应池，分别加入适量的 PAC、PAM 溶液进行混凝和絮凝反应，反应液自流入沉淀池进行固液分离。经过上述预处理的废水上清液溢流进入 PW—W 膜生物反应器，在充氧曝气和微生物的作用下将有机物降解为二氧化碳和水，并由膜组件进行固液分离，处理后废水达标排放。

物化沉淀池分离的污泥和 PWW 膜生物反应器排放的少量剩余污泥分别排至污泥池，再用泵输送至污泥脱水机进行脱水，泥饼外运填埋处理。

四、废水的排放

废水的排放要符合《饮料制造废水治理工程技术规范》（HJ 2048—2015）和《乳制品工业水污染物排放标准（征求意见稿）》的排放标准的规定。因此，一定要有出口控制装置以便能连续地测量和记录废水的流量，并按流量的等比分量取样检测，以确保废水的排放达到有关规定。

【知识拓展】

乳品厂 CIP 设备清洗制度

1. 目的

规范车间生产线各工段班后的 CIP 清洗作业，使清洗按一定要求、程序和质量以达到预定的目标，即：所有接触物料的工具、管道、设备都得到充分清洗，禁止任何清洗死角存在，从而防止任何污染源造成产品不合格。

2. 范围

该规程适用于车间生产线收奶工段、预处理工段，灌装工段的班后 CIP 清洗工作。

3. 材料

3.1 NaOH：片碱(≥96%)HNO_3：工业硝酸(65%～68%)。

3.2 测定终点用精密试纸(6.4～8.0或1～14)，必要时用pH计。

3.3 测定清洗液酸、碱浓度。

3.4 每段清洗前都要测定酸、碱清洗液的浓度，如不够补到规定浓度。

4. CIP清洗操作规程：

4.1 收奶工段

4.1.1 清洗液所经流程为物料所经的流程。

4.1.2 清洗程序及要求：

a. 预冲洗：生产结束，用自来水把工具、管道、奶缸、喷淋头奶渍、泡沫冲洗干净。

b. 水洗：用60 ℃以上的热水，循环10～15 min。

c. 碱洗：碱液浓度2%～3%，温度80 ℃，循环10～15 min。

d. 水洗：循环10～15 min至中性pH6.8～7.2止。

e. 酸洗：循环10～15 min，酸液浓度1%～1.5%。温度60 ℃。

f. 水洗：至中性(pH6.8～7.2)，管道归位。

4.1.3 管口冲洗，罐体喷淋分开；要求罐体喷淋5 min，管口冲洗2 min。

4.1.4 每个月进行一次人工检查罐的清洗状况。(操作员进入罐中检查焊接部位和搅拌器及喷淋)

4.2 预处理工段(配料、UHT、熟奶段分开清洗)。

4.2.1 清洗液所经流程为物料所经的流程。

4.2.2 清洗程序及要求：

a. 预冲洗：生产结束，用自来水把管道、奶缸、喷淋头奶渍、泡沫冲洗干净。

b. 水洗：用60 ℃以上的，热水，循环10～15 min。

c. 碱洗：碱液浓度2%～3%，温度80 ℃，循环10～15 min。

d. 水洗：循环10～15 min至中性pH6.8～7.2止。

e. 酸洗：循环10～15 min，酸液浓度1%～1.5%。温度60 ℃。

f. 水洗：至中性(pH6.8～7.2)，管道归位。

4.2.3 管口冲洗，罐体喷淋分开；要求罐体喷淋5 min，管口冲洗2 min。

4.2.4 UHT单独洗(按上述程序，碱液浓度5%，酸液浓度3%)，每天班后或连续生产12 h以上都要单独清洗UHT。每2个月拆洗一次。

4.2.5 冷排每1个月拆洗一次。(夏季，大的冷排10～15 d拆洗一次)

4.2.6 做好清洗原始记录(时间、温度、浓度、操作人等)。

4.2.7 每个月进行一次人工检查罐的清洗状况。(操作员进入罐中检查焊接部位和搅拌器及喷淋)。

4.3 灌装段清洗：

4.3.1 清洗液所经流程为物料所经的流程。

4.3.2 清洗程序及要求：

a. 预冲洗：生产结束，用自来水把管道、料桶、下料口奶渍、泡沫冲洗干净。

b. 水洗：用60 ℃以上的，热水，循环10～15 min。

c. 碱洗：用80 ℃左右的碱液循环清洗20 min左右，碱液浓度2%～3%。

d. 水洗：用水冲洗至中性(pH6.8～7.2)。

e. 酸洗：用 60 ℃左右的酸液清洗 20 min 左右，酸液浓度 1%～1.5%。

f. 水洗：用水冲洗至中洗(pH6.8～7.2)。

4.3.3　灌装头要求每天拆洗，并经过二氧化氯消毒液浸泡，料桶每周拆洗一次，熟奶段管道每月拆洗一次。

4.3.4　做好清洗记录(时间、温度、浓度、操作人等)。

4.4　监督与检查：

4.4.1　各工段清洗必须责任到人。

4.4.2　CIP 清洗状态，工段长、班组长必须认真检查。

4.4.3　特殊情况及时与生产经理联系。

【项目测试题】

一、选择题

1. CIP 清洗过程中，细菌清洁度通过哪个步骤获得？(　　)

A. 水洗　　B. 碱洗　　C. 酸洗　　D. 消毒

2. 清洗时较为理想的平均流速是？(　　)

A. 1.0 m/s　　B. 1.5 m/s　　C. 2.1 m/s　　D. 3.0 m/s

3. 当水的硬度太大时，对清洗造成什么明显的影响？(　　)

A. 产生不可溶矿物质　　B. 不能有效去除细菌等微生物

C. 使蛋白质变性沉积　　D. 腐蚀设备和管道造成污染

4. 为使清洗液接触到污渍薄膜，可添加(　　)。

A. 碱液　　B. 酸液　　C. 强氧化剂　　D. 表面活性剂

5. COP 清洗时，不锈钢部件不能被(　　)浸泡过长时间。

A. 热水　　B. 氯类消毒液　　C. 酸液　　D. 碱液

6. 当清洗时氢氧化钠与硬水作用产生矿物质沉积，可用(　　)去除。

A. 过滤袋　　B. 酸液　　C. 增大流速　　D. 热水

7. 设备中残留的蛋白质在清洗时主要靠(　　)溶解。

A. 碱液　　B. 酸液　　C. 消毒液　　D. 热水

二、判断题

1. 进行 CIP 清洗时所选用的清洗剂只要符合清除设备和管道污垢这个条件即可。(　　)

2. 80%～90%的清洗任务需靠 COP 完成。(　　)

3. pH 计是快速检测水的质量的方法，但要获得较为准确的水的质量则需要电导率仪和酸碱滴定。(　　)

4. 清洗液存在一个最佳浓度，并不是浓度越高清洗效果越好。(　　)

5. 通过 CIP 清洗后设备和管道内部应达到无菌状态。(　　)

6. 为了保证清洗剂使用效果，必须控制清洗液的浓度、温度、持续时间和对清洗表面的机械作用。(　　)

参考文献

[1] 骆承庠.乳与乳制品工艺学[M].北京:中国农业出版社,2003.
[2] 陈志.乳品加工技术[M].北京:化学工业出版社,2006.
[3] 张和平.乳品工艺学[M].北京:中国轻工业出版社,2007.
[4] 张兰威.乳与乳制品工艺学[M].北京:中国农业出版社,2006.
[5] 李凤林,兰文峰.乳与乳制品加工技术[M].北京:中国轻工业出版社,2010.
[6] S. Suzanne Nielsen.食品分析.杨严俊,等译.北京:中国轻工业出版社,2002.
[7] 陈敏,王世平.食品分析与检验[M].北京:化学工业出版社,2007.
[8] 郭成宇.现代乳品工程技术[M].北京:化学工业出版社,2004.
[9] 郭本恒.乳品化学[M].北京:中国轻工业出版社,2001.
[10] 郭本恒.乳品微生物学[M].北京:中国轻工业出版社,2001.
[11] 靳敏,夏玉宇.食品检验技术[M].北京:化学工业出版社,2003.
[12] 康臻.食品分析与检验[M].北京:中国轻工业出版社,2006.
[13] 刘长虹.食品分析及实验[M].北京:化学工业出版社,2006.
[14] 武建新.乳品技术装备[M].北京:中国轻工业出版社,2000.
[15] 周树南.食品生产卫生规范与质量保证[M].北京:中国标准出版社,1997.
[16] 李晓红.乳制品加工与检测技术[M].北京:化学工业出版社,2013.
[17] 张列兵.新版乳制品配方[M].北京:中国轻工业出版社,2003.
[18] 孙君社.现代食品加工学[M].北京:中国轻工业出版社,2001.
[19] 黄晓玉,刘邻渭.食品化学综合实验[M].北京:中国农业大学出版社,2002.
[20] 朱俊平.乳及乳制品质量安全与卫生操作规范.北京:中国计量出版社,2008.
[21] 武建新.乳制品生产技术[M].北京:中国轻工业出版社,2002.
[22] 周光宏.畜产食品加工学[M].北京:中国农业大学出版社,2002.
[23] 曲祖乙,刘靖.食品分析与检验[M].北京:中国环境科学出版社,2006.
[24] 张宁.食品理化与微生物监测实验[M].北京:中国轻工业出版社,2004.
[25] 陈历俊.原料乳生产与质量控制[M].北京:中国轻工业出版社,2008.
[26] 李基红.冰淇淋生产工艺与配方[M].北京:中国轻工业出版社,2000.
[27] 吴祖兴.乳制品加工技术[M].北京:化学工业出版社,2007.
[28] 庞广昌.乳品安全性和乳品检测技术.北京:科学出版社,2005.
[29] 郭本恒.干酪[M].北京:化学工业出版社,2004.
[30] 严佩峰.畜产品加工[M].北京:重庆大学出版社,2007.
[31] 常峰.乳品加工技术[M].北京:化学工业出版社,2008.
[32] 李春.乳品分析与检验[M].北京:化学工业出版社,2008.
[33] 李晓东.乳品工艺学[M].北京:科学出版社,2011.
[34] 庞彩霞,姜旭德.乳品生产技术[M].北京:科学出版社,2013.
[35] 武建新.乳品生产技术[M].北京:科学出版社,2010.

[36] 苏东海. 乳制品加工技术[M]. 北京:中国轻工业出版社,2010.
[37] 罗红霞. 乳制品加工技术[M]. 北京:中国轻工业出版社,2012.
[38] 朱丹丹. 乳品加工技术[M]. 北京:中国农业出版社,2013.
[39] 王桂桢. 乳品加工技术[M]. 北京:中国质检出版社,2012.
[40] 詹现璞. 乳制品加工技术[M]. 北京:中国轻工业出版社,2011.
[41] 马兆瑞,秦立虎. 现代乳制品加工技术[M]. 北京:中国轻工业出版社,2010.
[42] 杨静. 乳与乳制品检测技术. [M]北京:中国轻工业出版社,2013.
[43] 刘希凤. 乳制品加工技术[M]. 北京:中国农业出版社,2020.
[44] 顾瑞霞. 乳与乳制品工艺学[M]. 北京:中国计量出版社,2006.
[45] 胡会萍. 陈志. 乳品生产应用技术[M]. 北京:中国轻工业出版社,2013.
[46] 张和平,张佳程. 乳品工艺学[M]. 北京:中国轻工业出版社,2010.
[47] 侯建平,雒亚洲,武建新. 乳品机械与设备[M]. 北京:科学出版社,2010.
[48] 农业职业技能培训教材编审委员会. 乳品检验员. 北京:中国农业出版社,2004.
[49] 刘希凤. 乳品加工技术[M] . 北京:中国农业出版社,2020.
[50] 张甦. 乳制品生产与检测技术[M] . 北京:科学出版社,2019.
[51] 陈霞. 益生菌乳制甜点研究及菌株保护策略研究[M]. 北京:中国商业出版社,2020.